水润亮颜
润泽肌肤

2.2 基础图形的应用——化妆品 Banner 设计

2.3 灯光色彩的层次——多彩 Banner 设计

3.2 欢快与动感——“暑期狂欢购”字体设计

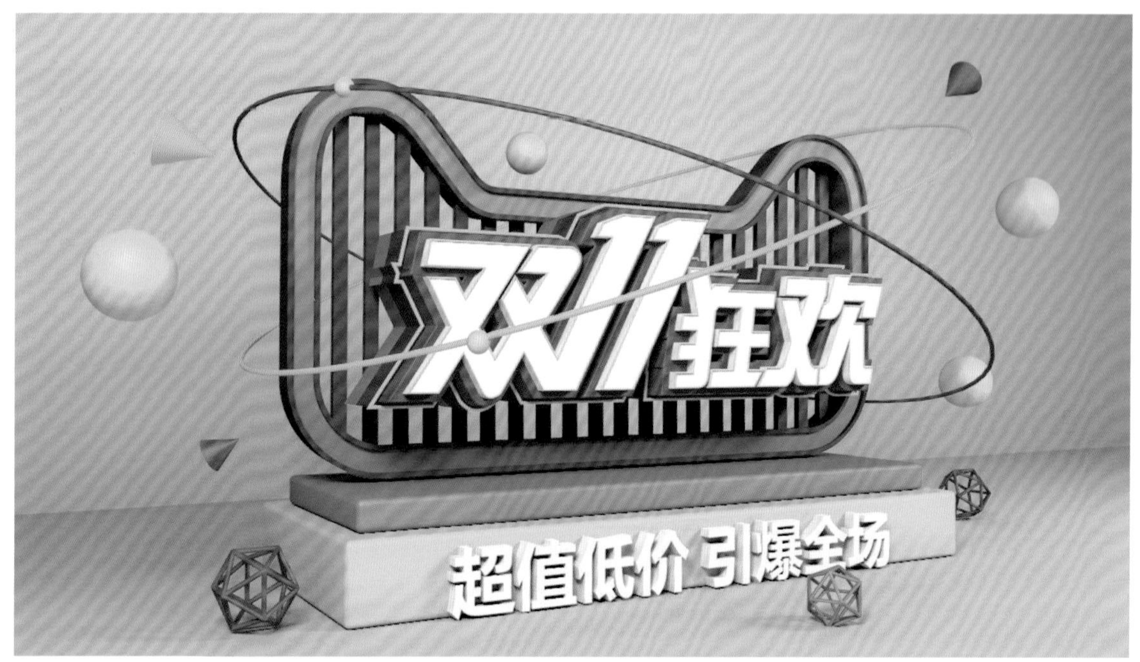

3.3 促销小招牌——“双 11 狂欢”立体字设计

4.2 午夜的灯光——“618 年中大促”首页设计

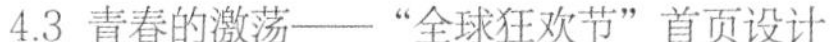

4.3 青春的激荡——“全球狂欢节”首页设计

5.2 立体的层次——黑金弯曲字体设计

5.3 弹力与飘带——促销活动的字体设计

6.2 省钱大作战——2.5D 风格页面设计

6.3 半价限时抢——Low Poly 风格海报设计

7.2 黑暗里的亮色——黑金风格页面设计

7.3 金属与色彩的碰撞——创意折扣字体设计

第 8 章 “618 狂欢盛典”主题页面设计

Cinema 4D 电商美工与视觉设计案例教程

|培训教材版|

樊斌 编著

人 民 邮 电 出 版 社
北 京

图书在版编目（CIP）数据

Cinema 4D电商美工与视觉设计案例教程 : 培训教材版 / 樊斌编著. -- 北京 : 人民邮电出版社, 2020.5
ISBN 978-7-115-53095-0

Ⅰ. ①C… Ⅱ. ①樊… Ⅲ. ①三维动画软件－教材
Ⅳ. ①TP391.414

中国版本图书馆CIP数据核字(2020)第049653号

内 容 提 要

这是一本讲解 Cinema 4D 在电商设计领域应用的图书。本书共 8 章，主要以案例的形式来介绍 Cinema 4D 的常用功能，以及电商设计的思路和方法。

本书结构清晰，文字通俗易懂，深入浅出地介绍了 Cinema 4D 的各项操作和常见问题。为了让读者能够活学活用，每一个 Cinema 4D 的知识点都有对应的案例。读者通过学习案例可以巩固相应的知识点，达到在操作中学习技术、掌握设计的目的。

本书可作为电商美工和视觉设计师学习 Cinema 4D 的基础与进阶教程，也可作为平面设计师和 Cinema 4D 爱好者的参考用书。

◆ 编　　著　樊　斌
　责任编辑　刘晓飞
　责任印制　马振武

◆ 人民邮电出版社出版发行　　北京市丰台区成寿寺路 11 号
　邮编　100164　　电子邮件　315@ptpress.com.cn
　网址　http://www.ptpress.com.cn
　三河市中晟雅豪印务有限公司印刷

◆ 开本：787×1092　1/16
　印张：14　　彩插：2
　字数：434 千字　　2020 年 5 月第 1 版
　印数：1－2 500 册　　2020 年 5 月河北第 1 次印刷

定价：45.00 元

读者服务热线：(010)81055410　印装质量热线：(010)81055316
反盗版热线：(010)81055315
广告经营许可证：京东工商广登字 20170147 号

前言

Foreword

Cinema 4D是一套整合了3D模型、动画和渲染的高级三维绘图软件，一直以高速的图形计算能力著称，并有令人惊奇的粒子系统，其渲染器在不影响速度的前提下，可以获得较高的图像品质。目前，Cinema 4D被广泛应用于电影、建筑、游戏、动画、电视包装、电商设计和UI动效等领域，成为视觉设计师必不可少的设计工具。

在设计领域，Cinema 4D崛起得非常快，目前在网页设计和电商设计领域都能见到它的身影。本书将重点针对电商设计来讲解Cinema 4D，尤其是使用Cinema 4D制作各种电商Banner和促销网页等。从内容来看，本书以案例教学为主，共8章，现在分别介绍如下。

第1章介绍了Cinema 4D的特点和应用，并对电商设计的发展前景进行了阐述，讲解了Cinema 4D在电商设计中的应用优势。

第2章介绍了Cinema 4D的各种基本参数化物体，虽然简单，但是也能做出好的效果。本章案例是设计两个Banner，一个是采用灰白色体现质感的化妆品案例，重点掌握Cinema 4D的操作和参数化物体，同时也介绍了灯光的处理方法；另一个是设计多彩的元素Banner，涉及不同的材质效果表现，挑战了逆光效果。

第3章介绍了Cinema 4D的生成器工具及其应用，并制作了两个案例，一个是“暑期狂欢购”的文字元素设计，除了文字设计之外，还包含了建模、灯光、材质部分的详细讲解；另一个是“双11狂欢”立体字设计，除了讲解如何制作输出，还介绍了元素堆积、丰富画面的小窍门。

第4章介绍了Cinema 4D的运动图形模块。掌握这一工具可以快速地制作出大量不同形态的阵列效果，本章的案例制作也是重点应用了这一技术。

第5章介绍了Cinema 4D的变形器工具，可以对制作好的模型做进一步的变形和动画设置。本章的设计案例相对复杂一点，对前面所学的技术做了系统的梳理。

第6章介绍了2.5D和Low Poly这两种常用的Cinema 4D设计风格。这两种风格因为简单易用、表现力强，被很多电商设计师所使用。

第7章介绍了金属风格的电商页面设计。

第8章通过一个大型的电商设计案例，把前面学习的内容做了完整的回顾，包括建模、材质、灯光和渲染等技术，还有色彩搭配等。

作为一名视觉设计师，笔者从来没有想到，设计行业在这几年会发生如此巨大的变化，从设计理念到设计工具，传统的东西在不停地被颠覆。在行业竞争如此激烈的今天，只有具备超越对手的个人能力，才能从众多从业者中脱颖而出。Cinema 4D不仅给设计师带来了新鲜感，还有很强的表现力，以及很高的效率，所以学习和掌握Cinema 4D是每个设计师都应该抓紧去做的事情。

作者

资源与支持

Resources and Support

本书由“数艺设”出品，“数艺设”社区平台（www.shuyishe.com）为您提供后续服务。

配套资源

案例素材及源文件

在线教学视频

资源获取请扫码

“数艺设”社区平台，为艺术设计从业者提供专业的教育产品。

与我们联系

我们的联系邮箱是 szys@ptpress.com.cn。如果您对本书有任何疑问或建议，请您发邮件给我们，并请在邮件标题中注明本书书名及ISBN，以便我们更高效地做出反馈。

如果您有兴趣出版图书、录制教学课程，或者参与技术审校等工作，可以发邮件给我们；有意出版图书的作者也可以到“数艺设”社区平台在线投稿（直接访问 www.shuyishe.com 即可）。如果学校、培训机构或企业想批量购买本书或“数艺设”出版的其他图书，也可以发邮件联系我们。

如果您在网上发现针对“数艺设”出品图书的各种形式的盗版行为，包括对图书全部或部分内容的非授权传播，请您将怀疑有侵权行为的链接通过邮件发给我们。您的这一举动是对作者权益的保护，也是我们持续为您提供有价值的内容的动力之源。

关于“数艺设”

人民邮电出版社有限公司旗下品牌“数艺设”，专注于专业艺术设计类图书出版，为艺术设计从业者提供专业的图书、U书、课程等教育产品。出版领域涉及平面、三维、影视、摄影与后期等数字艺术门类，字体设计、品牌设计、色彩设计等设计理论与应用门类，UI设计、电商设计、新媒体设计、游戏设计、交互设计、原型设计等互联网设计门类，环艺设计手绘、插画设计手绘、工业设计手绘等设计手绘门类。更多服务请访问“数艺设”社区平台www.shuyishe.com。我们将提供及时、准确、专业的学习服务。

目录

Contents

第5章 促销活动创意字体设计

第6章 2.5D和Low Poly风格页面设计

第7章 金属风格促销页面设计

第8章 “618狂欢盛典”主题页面设计

第 1 章

Cinema 4D 在电商设计中的运用

本章学习要点

Cinema 4D的技术优势　　Cinema 4D的应用领域　　Cinema 4D在电商设计中的作用

1.1 Cinema 4D 简介

1.1.1 Cinema 4D 是什么

Cinema 4D是一套三维绘图软件，以其高运算速度和强大的渲染器著称。Cinema 4D运用广泛，在广告、电影和工业设计等方面都有出色的表现。例如，《范海辛》《蜘蛛侠》《极地特快》《丛林大反攻》等电影在制作过程中都用过Cinema 4D。

目前，Cinema 4D的应用市场已经非常成熟，它逐渐成为许多一流艺术家和电影公司的首选。总体来讲，Cinema 4D具有以下技术优势。

1. 文件转换优势

Cinema 4D可以直接使用从其他三维软件导入的项目文件，不用担心会有破面、文件损失等问题，支持FBX、OBJ等多种常用的三维文件格式。

2. 强大的三维系统

Cinema 4D有建模、灯光、UV编辑、三维绘画、运动跟踪、雕刻、力学、动画、毛发和GPU渲染等多种模块，用户可以根据需要随时调用，在一个软件内就能实现自己的创意想法，避免了安装大量的插件或与其他软件配合的麻烦。

3. 强大的毛发系统

Cinema 4D所带的毛发系统十分强大并且便于控制，可以快速地造型，渲染出各种所需效果。毛发的形态十分真实，颜色能精确地控制，而且可以和物体产生碰撞，如图1-1所示。

4. 高级渲染模块

Cinema 4D自带的渲染器拥有很快的渲染速度，可以在短时间内创造出兼具质感和真实感的作品。它的材质也简单易用，无论金属的质感、玻璃的质感，还是塑料的质感，都表现得真实到位，如图1-2所示。

图1-1

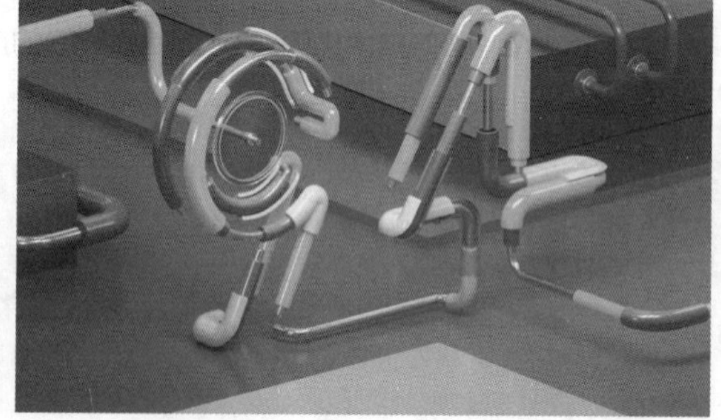

图1-2

5. BodyPaint 3D

使用三维纹理绘画模块可以直接在三维模型上进行描绘。软件提供多种笔触，支持压感和图层功能，功能强大。

6. MoGraph系统

MoGraph系统也叫作运动图形系统，它能提供给艺术家一个全新的维度和方法，是Cinema 4D中一个绝对的利器。它将类似矩阵式的制图模式变得极为简单有效而且易于操作，单一的物体经过奇妙的排列组合，同时配合各种效果器，单调的图形也会呈现不可思议的效果。小球可以附着在样条上并且互相分离、大小不一，如图1-3所示。

图1-3

7．Cinema 4D的预置库

Cinema 4D拥有丰富而强大的预置库，可以轻松地从预置中找到所需模型、贴图、材质、照明和环境，甚至是摄像机镜头等，极大地提高了工作效率。

8．Cinema 4D与After Effects无缝衔接

Cinema 4D中的灯光和摄像机信息都可以导入After Effects软件中，而且新版After Effects软件可以直接读取Cinema 4D文件并简单编辑。

1.1.2 Cinema 4D 的扩展性

Cinema 4D的版本也不断地更新，除了包含完整的建模工具、灯光系统、材质系统、动力学系统、动画系统、运动图形、变形器模块、效果器、动画系统，以及角色动画系统、雕刻系统、毛发系统和贴图绘制系统之外，在新的版本中还加入了GPU渲染器和运动跟踪模块，并且各个系统都进行了改良和更新。

Cinema 4D与同类型的3ds Max和Maya相比更易上手，很多功能实现起来更加简单，所以被越来越多的三维设计师和平面设计师使用。

除自身的功能强大外，Cinema 4D的交互性也很好。它不仅支持常规的FBX、3DS等三维格式，也能与矢量绘图软件Illustrator、特效软件Houdini和后期合成软件After Effects等相配合。

Cinema 4D还有一些功能强大的插件，比如粒子插件X-Particles和流体模拟软件Realflow。图1-4所示是设计师使用X-Particles制作的粒子创意，图1-5所示是设计师使用Realflow For Cinema 4D制作的流体效果。

图1-4

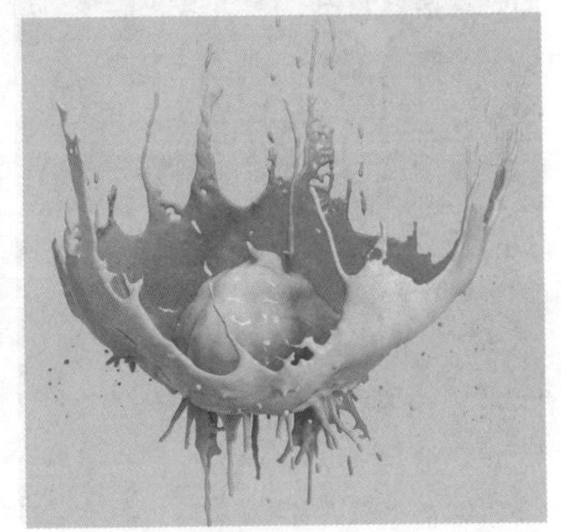

图1-5

1.2 电商设计简介

1.2.1 电商设计是什么

随着国内电子商务的飞速发展，针对广大消费者的电商设计也应运而生。电商设计是以产品销售为目的设计行业，主要是让顾客在了解产品优点的基础上积极下单购买，提高产品的销售转化率。

电商设计师除了需要掌握Photoshop、Illustrator等设计工具之外，还要有优秀的审美水平，掌握平面设计和动效设计的基本规则，了解淘宝店铺装修的代码，以及熟悉商家后台和不同平台在视觉方面的规则。电商设计师还必须对设计产生的效果负责，用设计手段提高店铺的销售转化率。

优秀的电商设计师还要学会分析数据，任何一个数据都会在短时间内对停留时间、点击率和转化率产生影响，这就需要学习整理和分析数据，并根据数据去改善设计，如图1-6所示。

图1-6

1.2.2 电商视觉的发展瓶颈

电商设计经过几年的发展和设计师们的共同努力，已经处于变革的边缘。目前的视觉表现形式已经不能满足设计需求了。10家店铺中可能有9家的设计类似，想要让自己的店铺从众多竞争对手中脱颖而出，必须要求电商设计师采用一些更优秀的设计表现手法。

一些优秀设计师别出心裁地从某些方面来做“新”的设计，于是方便快捷的Cinema 4D就成了首选。因为它可以做出不同于传统设计的三维效果，三维效果的视觉冲击力是远远胜过二维表现手法的，如图1-7和图1-8所示。

图1-7

图1-8

从另一方面来说，人工智能的飞速发展将进一步挤压打着设计师名号的“素材搬运工”和“Photoshop操作员”的生存空间，将真正的设计师从堆积素材和操作软件中解脱出来，进行真正的创意工作。Cinema 4D是一个非常主观的创作工具，这样的设计工具将被更多有才华的设计师发掘并使用，这些富有独特创意的作品即使是在未来也难以被“做图机器人”模仿。

每个电商设计师都应该保持积极的学习态度，紧跟行业的发展，掌握新的技能，将自己的设计能力最大限度地发挥出来。

1.3 Cinema 4D 在电商行业的应用与发展

1.3.1 为何要学习 Cinema 4D

国内的电商设计师群体越来越庞大，在常规的设计中，为了提高自己的竞争力，掌握一些独特的表现手法是很必要的，而Cinema 4D学习难度低、速度快、出图效果好，能满足电商节奏快、追求视觉表现力的行业特点。

电商行业竞争激烈，电商设计师之间的竞争也很激烈，多掌握一门技能可以增加竞争力，找到更好的工作。横向比较相关的艺术类型技能，Cinema 4D的立体造型表现手法是其中能较快上手并应用在工作中的。

1.3.2 Cinema 4D 的技术优势

现在电商设计对视觉表现的要求逐渐提高，为了提高行业内的竞争力，很多优秀的公司将“熟练使用Cinema 4D软件”作为招聘设计师的一个门槛。

1. Cinema 4D简单易用

在众多的三维软件中，无论使用哪一种，想做出立体效果都是一件费时费力的事情，但是在Cinema 4D中，很多视觉效果能用几个简单的功能快速实现，不需要复杂的操作。

Cinema 4D的建模工具是主流三维软件中较易上手的，主要的工具都有简单易懂的图标显示，使用十分方便。

2. Cinema 4D出图快

做设计时，如果自己完全设计每个细节、每个步骤，费时又费力；如果找素材、拼接素材，效果又往往达不到客户的要求。与其花许多时间做图，不如用Cinema 4D直接做场景并渲染出所需效果。

Cinema 4D的渲染器比较优秀，可以通过简单的调节快速地达到想要的效果，目前主流渲染器都有Cinema 4D的插件版本，例如VRay和Arnold，还有后起之秀Octane和Redshift渲染器等。在掌握了自带渲染器之后，可以根据喜好选择一款渲染器进行深入学习，以达到更好的视觉效果。图1-9所示是通过渲染插件渲染出的效果。

3. Cinema 4D效果好

Cinema 4D可以做出不同于传统平面表现方式的图像，且效果好、出图快，符合对视觉要求高而且又注重效率的电商行业。

图1-9

1.3.3 做出好作品才是目标

掌握Cinema 4D的各个参数并不难，通过讲述就可以理解；电商理论也不难理解，有大量前人的经验可以借鉴。但如果想把软件技术与设计创意结合，并设计一幅完整的作品时，这中间就会有一道鸿沟，本书的目的就是带领读者跨越这道鸿沟，让读者能够通过学习成长为一名合格的Cinema 4D电商设计师。

本书从Cinema 4D的基础开始讲解，把Cinema 4D的模型、灯光和材质技术融入案例中，随着课程的深入，笔者还会把Cinema 4D的更多功能融入案例中进行讲解，让读者学有所用、学有所练，将参数都应用在一个个鲜活的案例之中，拒绝填鸭式的参数讲解。

本书的案例由浅入深，由易至难，前面几章的案例会比较简单，如图1-10所示的是由基础参数化物体堆积成的Banner。

图1-10

中间章节会逐步加深技术的应用，如图1-11所示的“双11狂欢”的场景，使用了参数化物体、克隆和晶格等模型，以及更多的建模技巧，加入了颜色搭配、材质运用和整体结构等综合性知识。此外，有些案例会用到复杂的建模技术和合成技巧，如图1-12所示。

图1-11

图1-12

后续章节将继续增加难度，这些案例会使用更多的技术和创意。图1-13所示的“流金岁月”将从目标受众、模型搭建、金属材质、灯光效果、反光板制作和Photoshop修饰等多个方面，来完整讲述电商设计的流程和方法。图1-14所示的“狂欢盛典”也是一个比较复杂的设计场景，涉及的技术和细节更多。

图1-13

图1-14

第 2 章

基础图形的应用

本章学习要点

如何利用基础对象创建场景　Cinema 4D中的基本布光方法　Photoshop后期合成与调色

2.1 Cinema 4D 基础图形简介

2.1.1 参数化物体简介

按住“立方体”按钮，可弹出参数化物体面板，如图2-1所示。参数化物体是软件预设好的基础图形，虽然很简单，但是无论多复杂的模型或场景，大部分都可以从它入手进行修改而得到，所以参数化物体应该完全掌握，灵活使用。

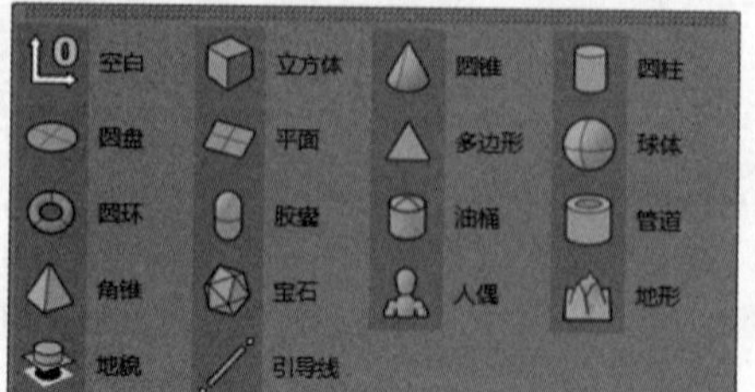

图2-1

单击“立方体”按钮，在视图中创建一个立方体，如图 2-2 所示。同时“对象”面板和“属性”面板会显示出来，如图 2-3 和图 2-4 所示。

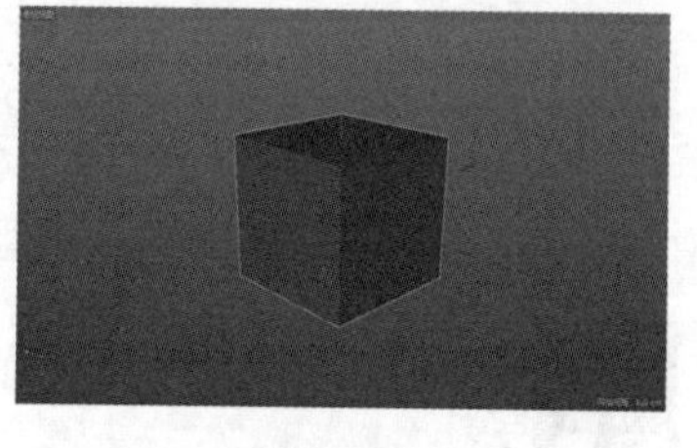

图2-2

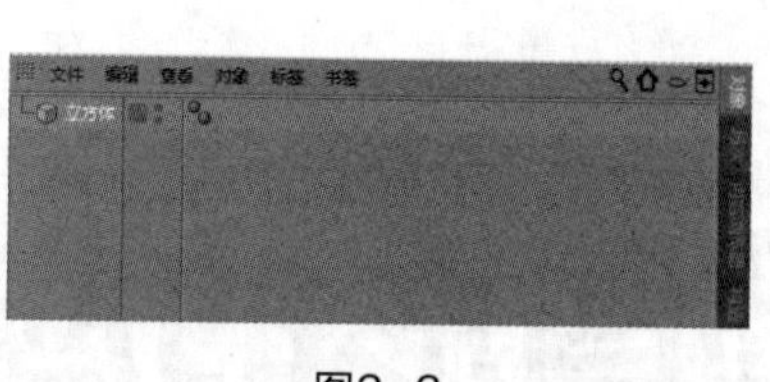

图2-3

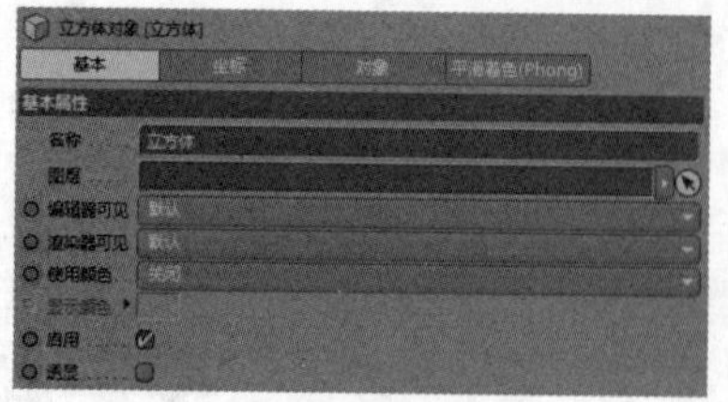

图2-4

在“属性”面板中，“坐标”选项卡可以控制“立方体”的 PSR（位置、缩放和旋转）参数。“P.X”“P.Y”“P.Z”可以改变物体在场景中的位置，“S.X”“S.Y”“S.Z”可以控制物体的缩放，“R.H”“R.P”“R.B”可以控制物体的旋转，如图 2-5 所示。

在“对象”选项卡中，“尺寸 .X”“尺寸 .Y”“尺寸 .Z”可以控制立方体的大小，“分段 X”“分段 Y”“分段 Z”可以控制立方体分段的数量，勾选“圆角”复选项可将立方体倒角，如图 2-6 所示。

图2-5

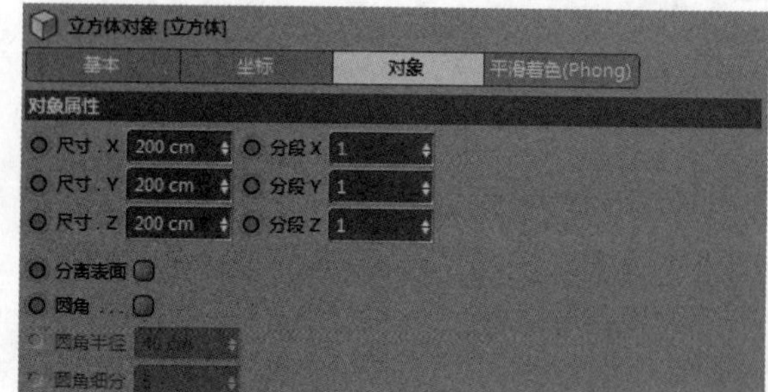

图2-6

控制参数化物体最常用的参数在“坐标”和“对象”面板中，灵活控制物体的位置、旋转和缩放等参数，再加上各自不同的对象属性就可以完成对参数化物体的常规控制。

2.1.2 参数化图形应用

参数化物体虽然简单，但是可以应用到很多方面。

例如，“立方体”可以做成可爱的小人，“圆锥”可作为帽子，“圆柱”可作为可乐瓶的基础图形，“圆环”可作为甜甜圈使用等，读者应该根据自己的需要灵活掌握，不要拘泥，如图2-7~图2-10所示。

图2-7

图2-8

图2-9

图2-10

2.2 基础图形的应用——化妆品 Banner 设计

2.2.1 制作思路

模型部分：使用参数化物体创建整个场景，用到了平面、圆柱、立方体、圆柱和圆锥，通过移动、缩放和旋转物体来表现整个场景的层次感。

材质部分：使用白色的漫反射材质来表现物体的质感。

灯光部分：使用冷光和暖光照亮不同的物体，以体现各自不同的层次关系。

后期部分：把场景渲染输出之后，在Photoshop中添加产品和广告词，调整颜色、对比度和明暗关系，最终的效果如图2-11所示。

图2-11

2.2.2 巧用基础图形搭建场景

步骤 01 设置好图像的整体大小，单击“渲染设置”按钮 ，在“输出”面板内设置“宽度”为1920像素、“高度”为600像素，其他保持默认，接下来的步骤是在这个尺寸内进行的，如图2-12所示。

步骤 02 创建两块“平面”，在“属性”面板的“对象”选项卡中设置“宽度”为2000cm、“高度”为

1000cm、“方向”为+Y，如图2-13所示。将其中一块“平面”旋转90°，并拖曳至后方，场景的地面和背景就设置好了，如图2-14所示。

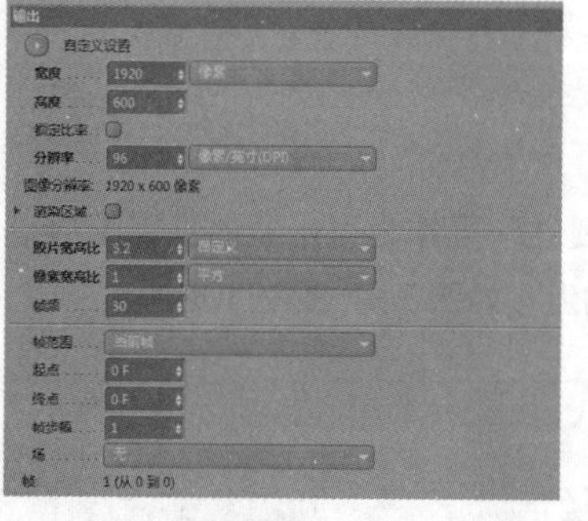

图2-12

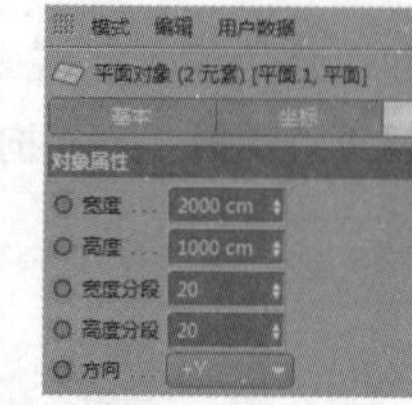
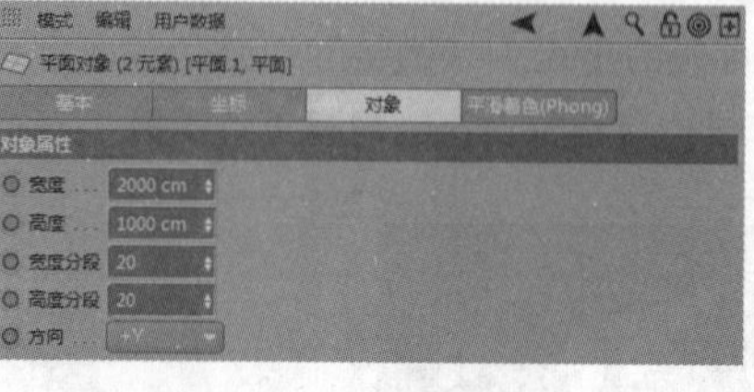

图2-13

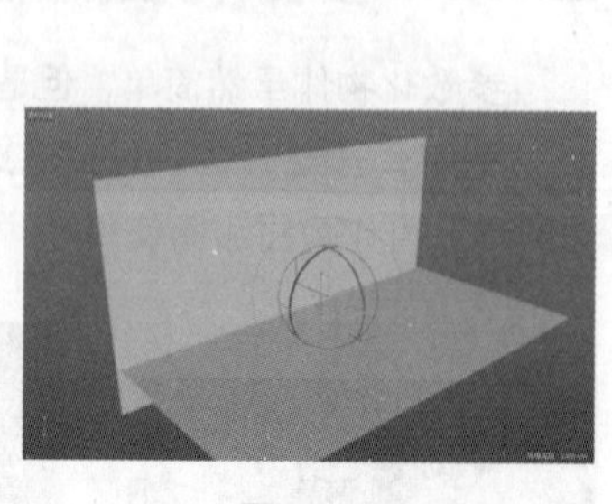
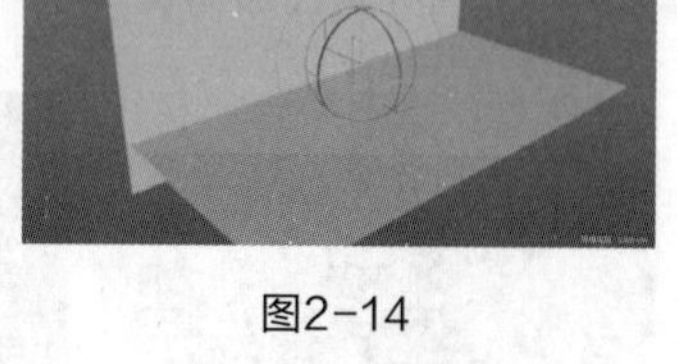

图2-14

步骤 03 单击“摄像机”按钮，创建“摄像机”，使其垂直于两个平面，在“对象”面板单击按钮切换至“摄像机”视角，并调整“摄像机”看到的角度，如图2-15所示。

步骤 04 创建“圆柱”，然后在“属性”面板的“对象”选项卡中设置“半径”为90cm、“高度”为55cm、“高度分段”为1、“旋转分段”为6、“方向”为+Y，如图2-16所示。在视图中拖曳它，将其移动到中间偏左位置，下方紧紧挨着平面，如图2-17所示。

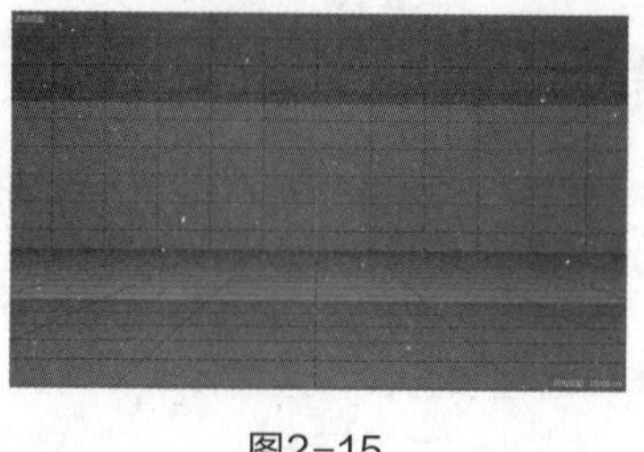

图2-15

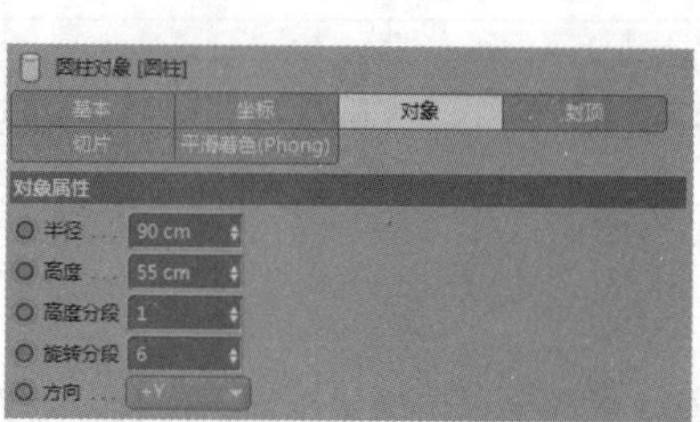

图2-16

图2-17

技巧与提示

“圆柱”按钮不仅可以创建圆柱，还可以通过减少它的“旋转分段”制作一个六边形柱体。

步骤 05 创建新的“圆柱”，在“属性”面板的“对象”选项卡中设置“半径”为60cm、“高度”为35cm、“高度分段”为1、“旋转分段”为36、“方向”为+Y，如图2-18所示。在视图中拖曳它，使其位于中间偏右位置，如图2-19所示。

图2-18

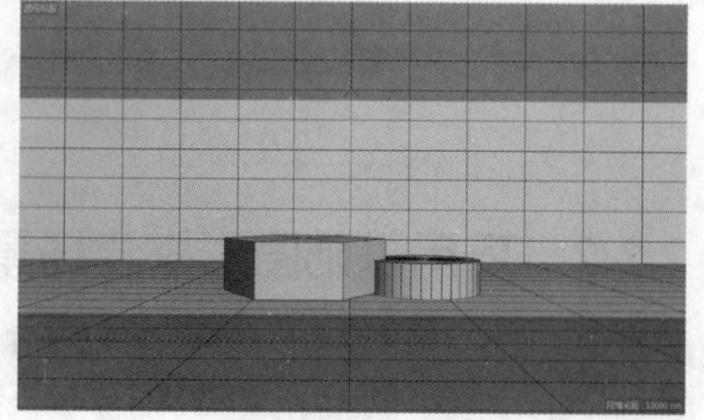

图2-19

步骤 06 将上一步的“圆柱”复制1份，在“属性”面板的“对象”选项卡中设置“半径”为120cm、“高度”为280cm、“高度分段”为1、“旋转分段”为72，如图2-20所示。在视图中拖曳它，并将其旋转90°，放置在“六边形圆柱”的后方，如图2-21所示。

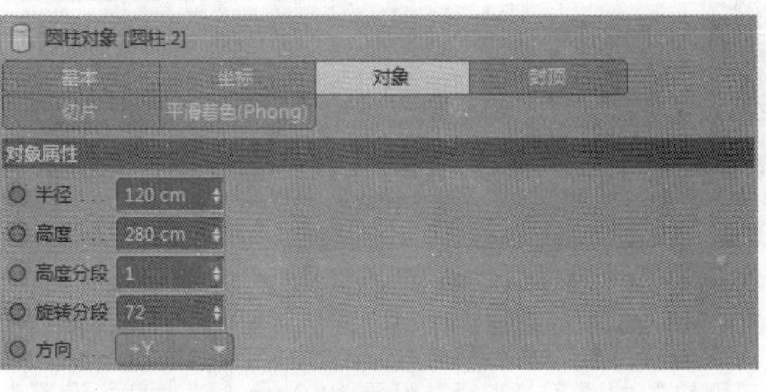

图2-20

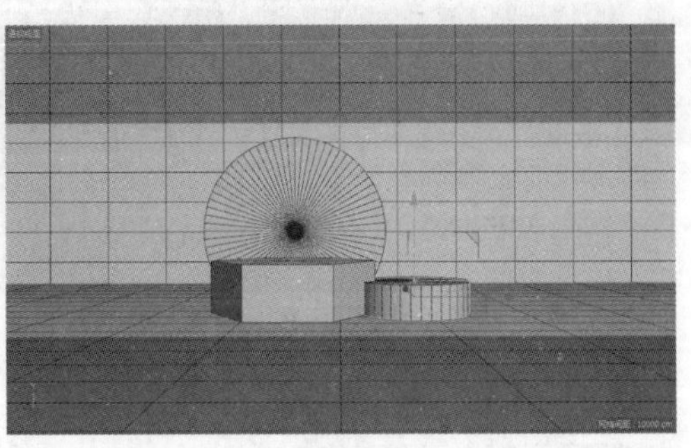

图2-21

步骤 07 新建“立方体”，在“属性”面板的“对象”选项卡中设置“尺寸.X”为350cm、“尺寸.Y”为100cm、“尺寸.Z”为180cm，如图2-22所示。将设置好的“立方体”放置在右后方，如图2-23所示。

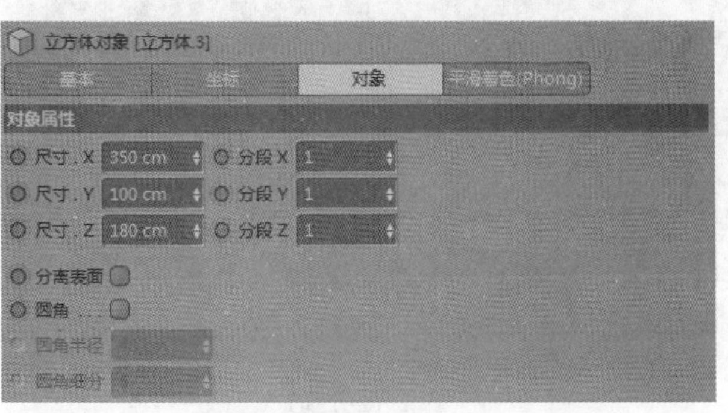

图2-22

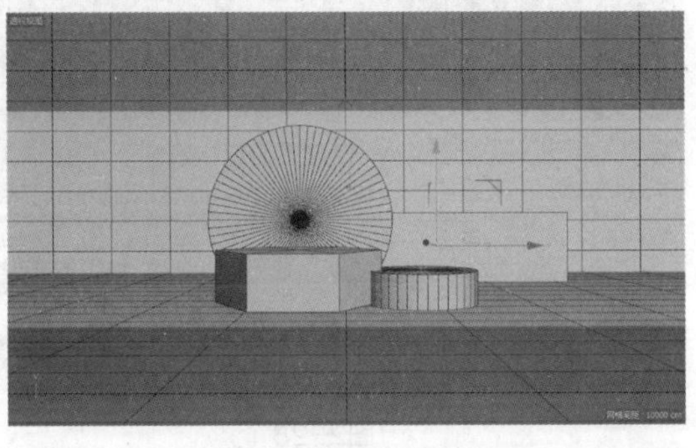

图2-23

步骤 08 创建新的“圆锥”，设置“顶部半径”为0cm、“底部半径”为90cm、“高度”为180cm、“高度分段”为8、“旋转分段”为36、“方向”为+Y，如图2-24所示。在视图中拖曳，将其置于前方小“圆柱”和“立方体”的中间位置，如图2-25所示。

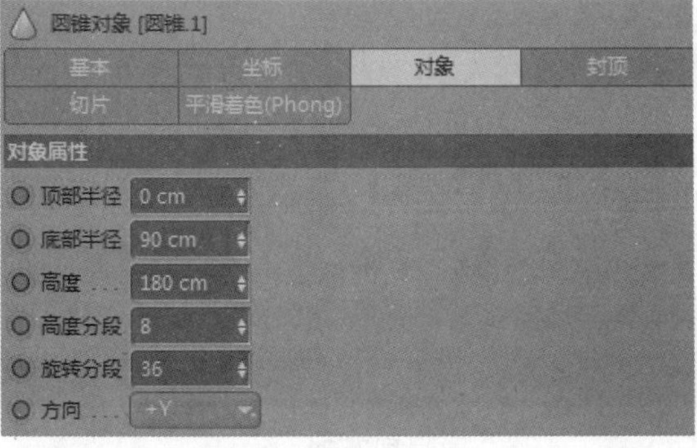

图2-24

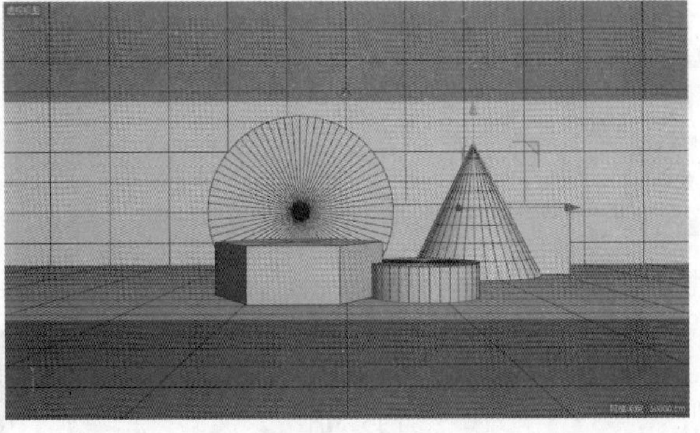

图2-25

步骤 09 新建“立方体”，在“属性”面板的“对象”选项卡中设置“尺寸.X”为400cm、“尺寸.Y”为35cm、“尺寸.Z”为280cm，如图2-26所示。将设置好的“立方体”放置在左后方，如图2-27所示。

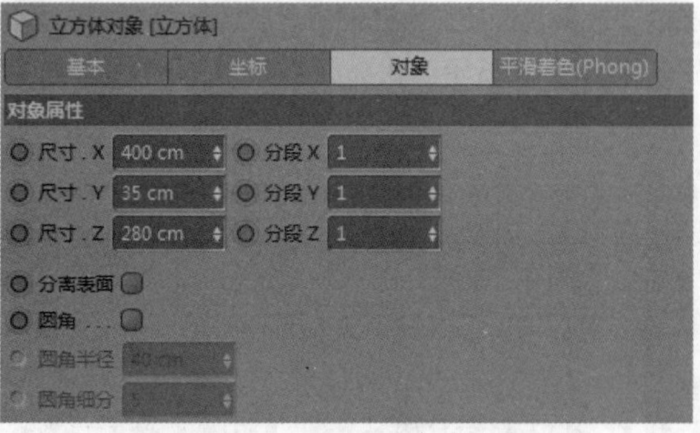

图2-26

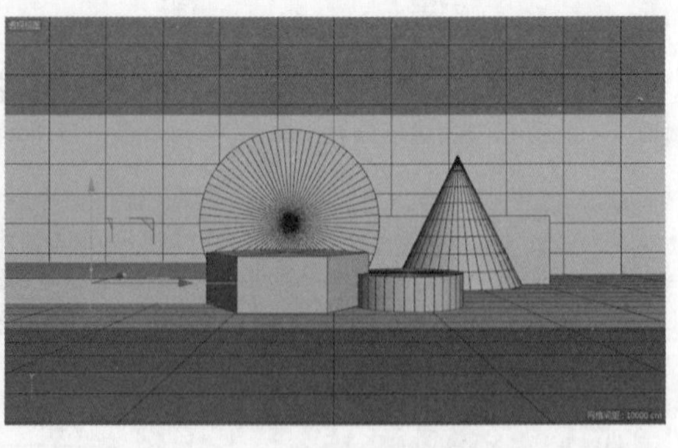
图2-27

步骤 10 将“圆锥”复制1份，把复制出来的“圆锥”的“底部半径”设置为50cm、“高度”设置为120cm，如图2-28所示。然后创建一个“圆柱”，缩小它，让“圆柱”穿过“圆锥”的中心，再将它们拖曳至视图的左侧，并且放置在紧贴长条“立方体”的上方位置，如图2-29所示。

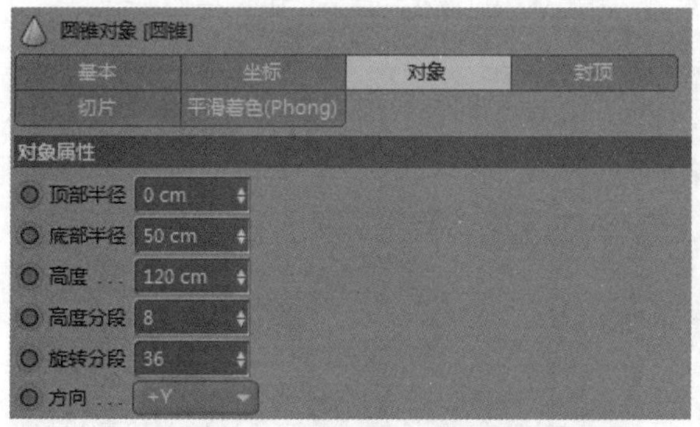

图2-28

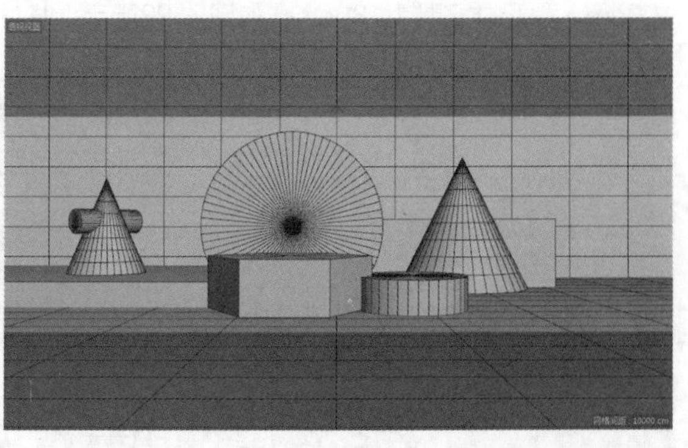
图2-29

步骤 11 新建“立方体”，在“属性”面板的“对象”选项卡中设置“尺寸.X”为130cm、“尺寸.Y”为120cm、“尺寸.Z”为270cm，如图2-30所示。将设置好的“立方体”放置在大“圆柱”的前方偏左位置，如图2-31所示。

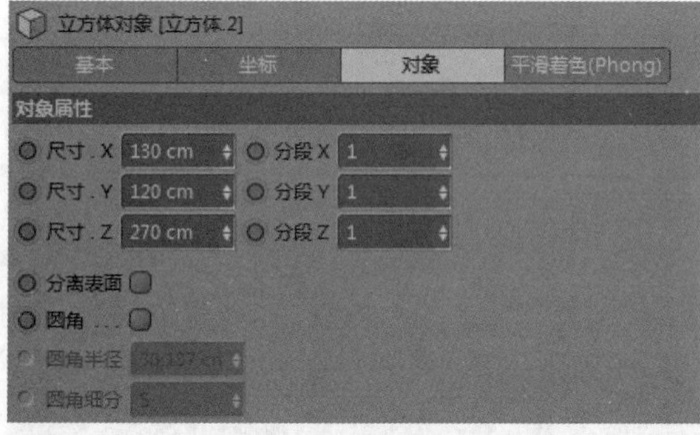

图2-30

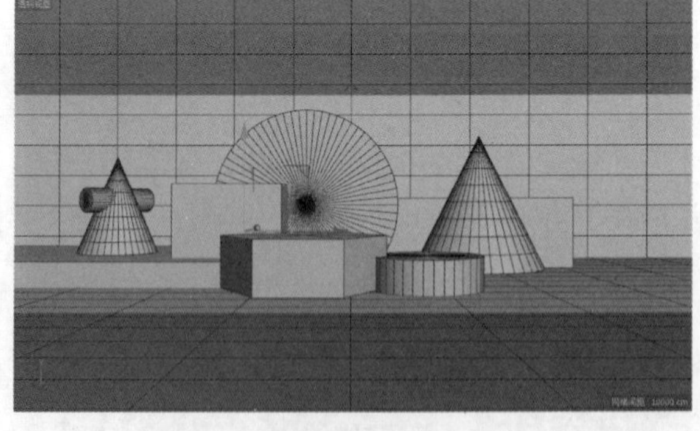
图2-31

步骤 12 新建“立方体”，在“属性”面板的“对象”选项卡中设置“尺寸.X”为400cm、“尺寸.Y”为35cm、“尺寸.Z”为350cm，如图2-32所示。将设置好的“立方体”放置在大“圆锥”前方偏右的位置，如图2-33所示。这样，这个场景的模型布置就基本完成了，下面对场景的各个部分进行微调，使其前后层次清晰有深度，如图2-34所示。

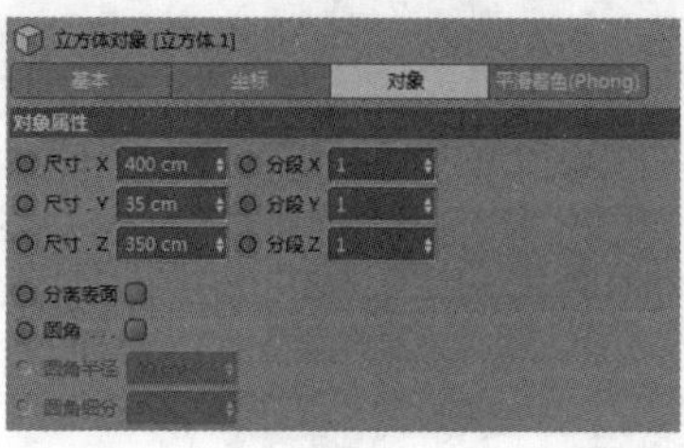

图2-32

图2-33

图2-34

技巧与提示

整个场景只用到了参数化图形，但是巧妙的搭配使得各个元素之间前后关系明确，富有层次感。既有前后层次，又有上下层次和内外层次。

在 Cinema 4D 中创建场景，建议采用由前到后、由中间到两边、由重要到次要的思路来进行处理，这样可以避免思路上的混乱和无意义的二次劳动。

2.2.3 场景布光和渲染设置

步骤 01 新建一个材质球，不做任何改变，将其赋予所有对象，如图2-35所示。

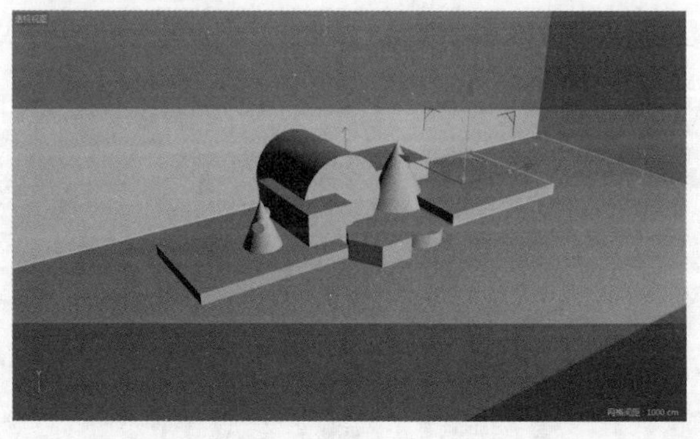

图2-35

步骤 02 因为这个场景材质单一、颜色单一，所以要在灯光方面下功夫，要合理利用灯光来体现层次和色彩。新建一处面光源，在“属性”面板的“常规”选项卡中设置“H”为40°、“S”为15%、“V”为100%、“投影”为“区域”，如图2-36所示。在“细节”选项卡中设置“水平尺寸”和“垂直尺寸”分别为500cm、“衰减”为“平方倒数（物理精度）”、“半径衰减”为600cm，这样就创建好一个发射暖光的面光源，如图2-37所示。

步骤 03 在视图中移动灯光到场景的前方偏右的位置，然后将灯光旋转为朝向场景中心，如图2-38所示。

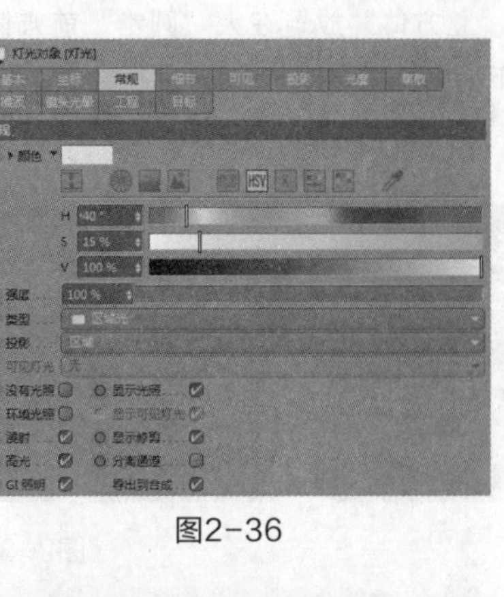

图2-36

图2-38

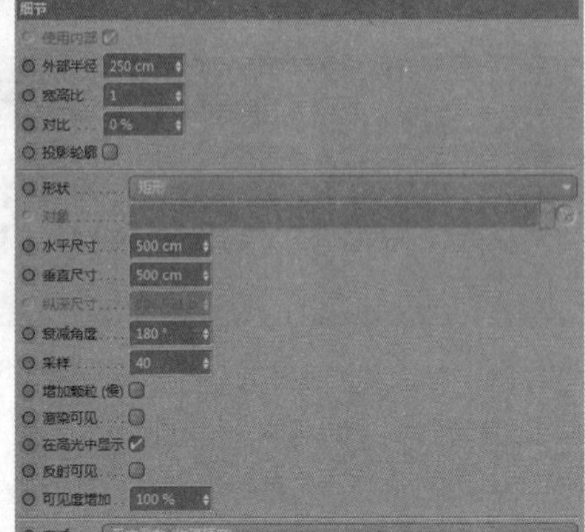

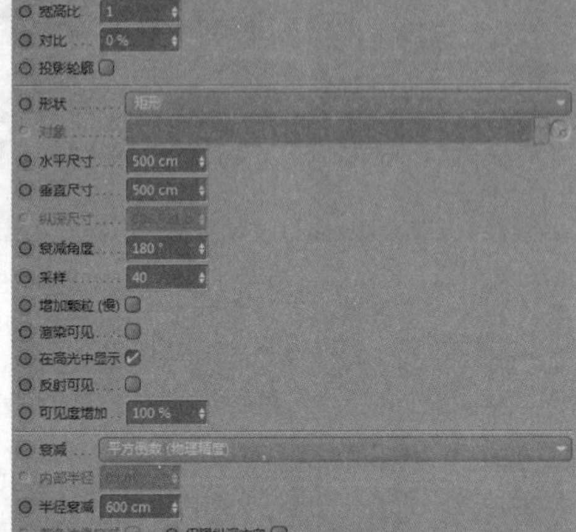

图2-37

步骤 04 将这束灯光复制1份。在“属性”面板的“常规”选项卡中设置“H”为200°、“S”为40%、“V”为100%、“强度”为70%，如图2-39所示。在“细节”选项卡内设置“水平尺寸”和“垂直尺寸”都为500cm、“衰减”为“平方倒数（物理精度）”、“半径衰减”为550cm，这样就创建好一个发冷光的面光源，如图2-40所示。

步骤 05 在视图中移动灯光到场景前方偏左的位置，然后将灯光旋转为朝向场景中心，如图2-41所示。

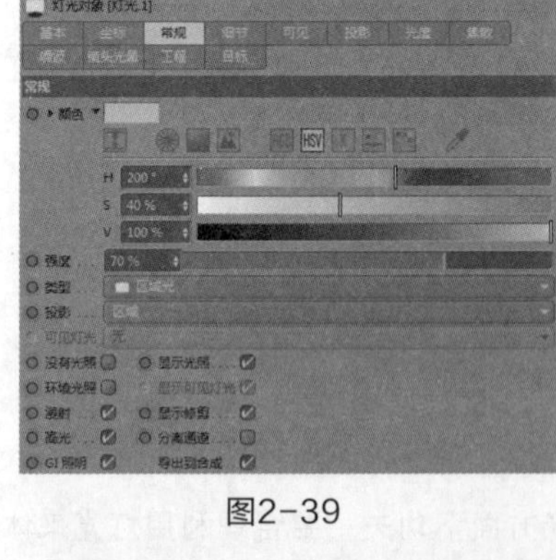

图2-39

图2-41

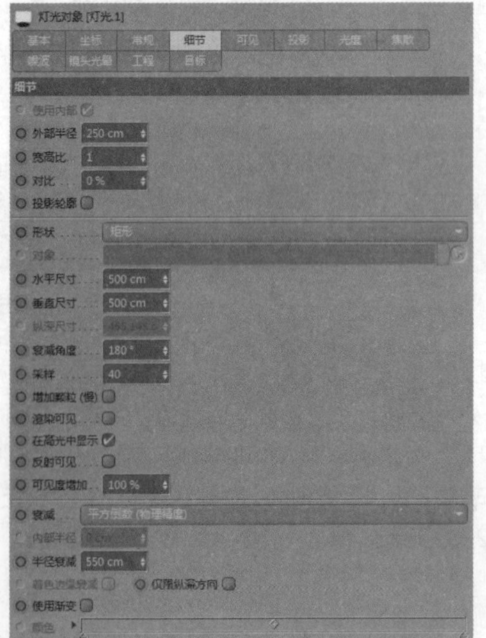

图2-40

技巧与提示

创建灯光必须要有主次之分，比如这个案例中，将暖光作为主光源，冷光作为辅光源，一暖一冷、一明一暗，打造出整个场景的质感。

步骤 06 现在渲染一张效果图，可以看到场景已经被照亮了，但是有些物体的边缘处及没有被灯光照亮的位置是漆黑的，如图2-42所示。为了解决这个问题，单击“渲染设置”按钮，弹出“渲染设置”面板，单击“效果”按钮，在下拉列表中选择“全局光照”，在“全局光照”面板的“常规”选项卡中，将“预设”设置为“室内-预览（小型光源）”，其他保持不变，如图2-43所示。

图2-42

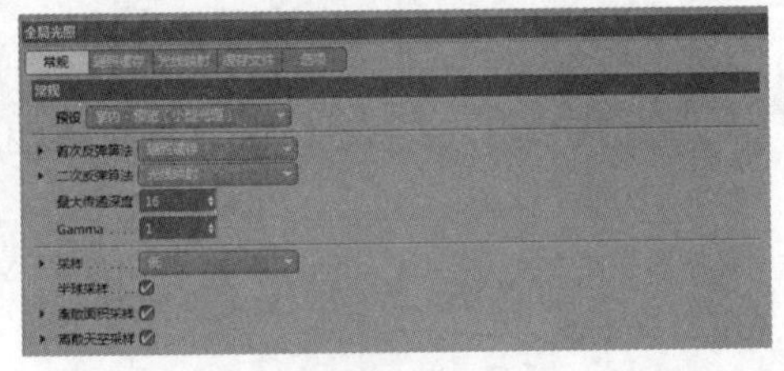

图2-43

技巧与提示

在真实的大自然中，光从光源照射到物体是经过无数次的反射和折射的，所以看到地面的任何地方都是清晰的。在Cinema 4D中，里面的光虽然也具有现实中光的所有性质，但是光的热能传递却不是很明显。在全局光照开启之前，软件仅会计算阴暗面和光亮面，而开启后将会计算光的反射和折射等光效。因此在渲染的时候，为了实现真实的场景效果，就要在渲染器中指定全局光照。开启全局光照后，当光从光源发射出来后，碰到障碍物会发生反射和折射，经过无数次的反射和折射后，物体表面和角落会有光感，就像真实的自然光。

全局光照的计算量很大，对计算机的性能要求比较高。渲染带有全局光照效果的场景，耗时可能会较长（取决于场景复杂度），读者可以根据自己的需要灵活使用。

步骤 07 再次渲染，可以看到漆黑的情况得到了改善，如图2-44所示，但是因为场景中物体是白色的，没有很好的区分度，所以要添加“环境吸收”来增强区分度。在“渲染设置”面板中单击“效果”按钮，在下拉列表中选择“环境吸收”，在“环境吸收”面板中双击“颜色”的黑色按钮，打开“颜色拾取器”面板，将“V”设置为40%，如图2-45所示，将“最大光线长度”设置为60cm，其他保持默认，如图2-46所示。

图2-44

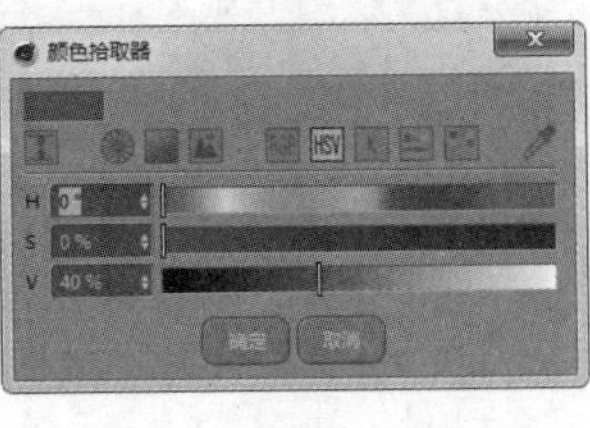

图2-45

图2-46

步骤 08 再次渲染，可以看到物体的边缘和相互接触的边缘的颜色微微加深了一些，这是“环境吸收”在起作用，如图2-47所示。

图2-47

技巧与提示

“环境吸收”可以解决漏光和阴影不实等问题，综合改善细节尤其是暗部阴影，增强空间的层次感、真实感，同时改善和加强画面明暗对比，增强画面的艺术性。

简而言之，开启“环境吸收”之后，局部的细节，尤其是暗部阴影会更加明显一些。

在本案例中，因为所有的物体是同一种材质，直接渲染会发现层次关系很不明确，所以要添加“环境吸收”来强调层次关系。

2.2.4 Photoshop 后期处理

步骤 01 在“图片查看器”中单击“另存为”按钮，将渲染的图片储存到电脑上，然后用Photoshop打开进行图像合成。中间的“六棱柱”是放置产品的位置，可是现在不是很亮，因此打开“渐变编辑器”，设置两端“色标”为白色、“左边透明”为0%、“右边透明”为100%，如图2-48所示。在“工具”选项卡中选择“径向渐变”。在图像上拖曳出一个新的白色渐变层，按快捷键Ctrl+T将它放大，在图层中设置“不透明度”为50%、“图层模式”为“柔光”，得到一个均匀的白色光晕，如图2-49所示。

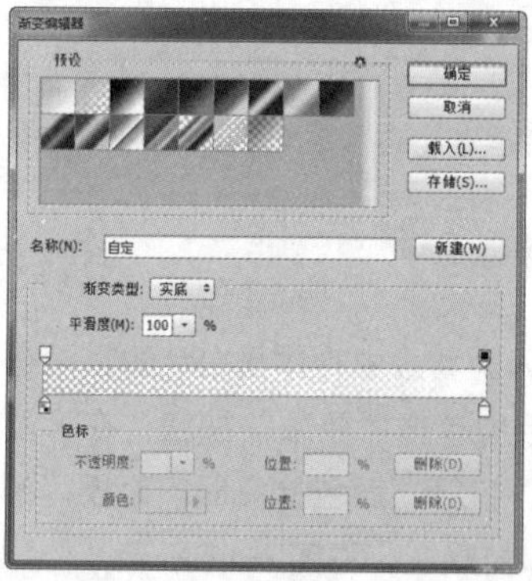

图2-48

图2-49

步骤 02 导入素材“化妆品”，将其放置在“六边形圆柱”上，然后使用“文本工具”输入广告语。本案例完成，效果如图2-50所示。

图2-50

2.3 灯光色彩的层次——多彩 Banner 设计

2.3.1 制作思路

模型部分：用Cinema 4D的参数化物体创建整个场景，用到了平面、圆柱、立方体、圆柱和圆锥，通过移动、缩放、旋转和扭曲变形器来调整场景的层次。

材质部分：使用了湖蓝和紫色的配色，一明一暗，凸显视觉。

灯光部分：通过逆光的方式照亮物体，并且使用HDR对反射材质的质感进行表现，以体现各自不同的层次关系。

后期部分：把物体渲染输出后，在Photoshop中添加主题和广告词，然后调整颜色、对比度和明暗关系，最终的效果如图2-51所示。

图2-51

2.3.2 利用基础图形搭建场景

步骤 01 设置好图像的整体大小，单击“渲染设置”按钮，在“输出”面板内设置“宽度”为1920像素、“高度”为600像素，其他保持默认，接下来的操作是在这个尺寸内进行的，如图2-52所示。

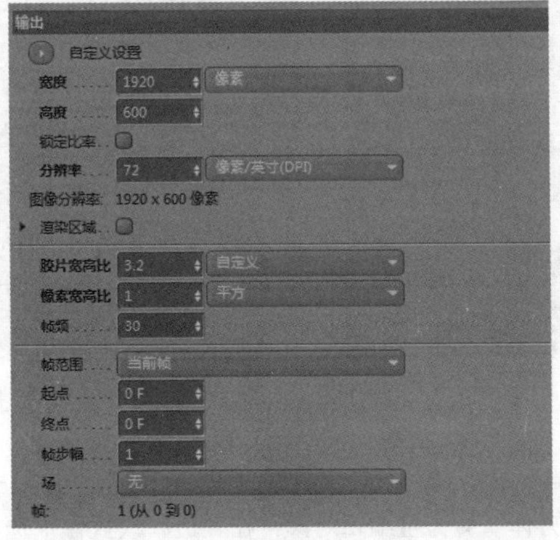

图2-52

步骤 02 单击创建“摄像机”按钮，在视图中创建了一台“摄像机”。因为需要一个斜上方俯视的效果，所以修改“摄像机”的位置参数。在摄像机“属性”面板中的“坐标”选项卡，设置“P.X”为1400cm、“P.Y”为1875cm、“P.Z”为1570cm，然后设置“R.H”为140°、“R.P”为-45°、“R.B”为0°，如

图2-53所示。另外，为了营造类似轴测图效果的场景，在“对象”选项卡中设置“投射方式”为“平行”，如图2-54所示。

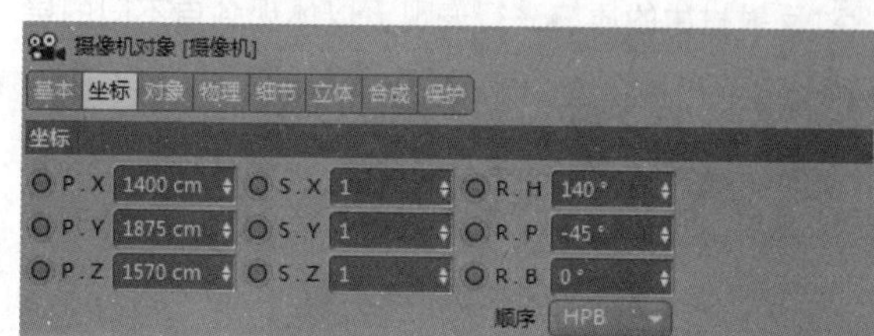

图2-53

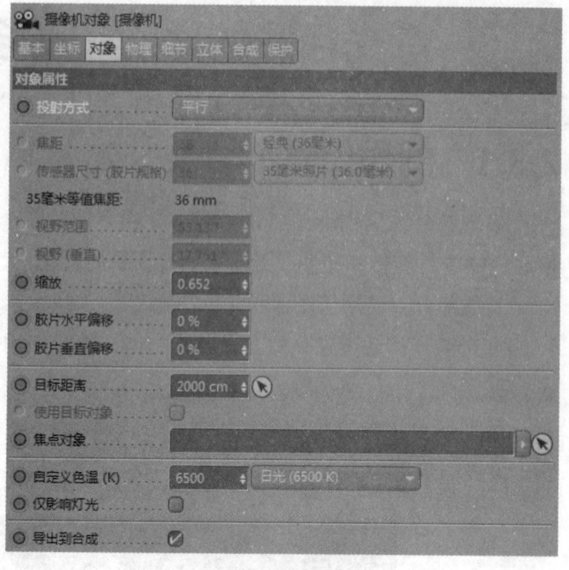

图2-54

技巧与提示

Cinema 4D 默认的摄像机视图就是透视图，遵循着近大远小的原理。

轴侧投影属于单面平行投影，它能同时反映立体的正面、侧面和水平面的形状，因而立体感较强。在 Cinema 4D 中，可以对摄像机设置这种图像表现方法，即把“投射方式”改为“平行”。

步骤 03 创建一个“平面”，把“平面”放大，使其在摄像机视图中不会露出边缘，如图2-55所示。

步骤 04 创建物体填充这个场景，创建一个“立方体”，在“属性”面板中设置“尺寸.X”“尺寸.Y”“尺寸.Z”都为150cm，如图2-56所示。

图2-55

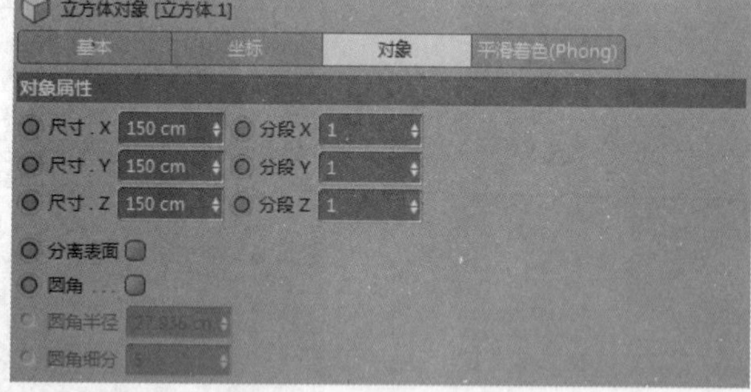

图2-56

步骤 05 将上一步中的“立方体”复制1份，在“属性”面板中将“尺寸.X”设置为75cm，单击“转为可编辑对象”按钮，将复制的“立方体”转为可编辑对象，在“边”模式下选中右上角的一条边，单击鼠标右键弹出编辑列表，选中“消除”命令可将这条边删除而不影响其他的边和面，如图2-57所示。这样就得到了一个“三角体”，如图2-58所示。

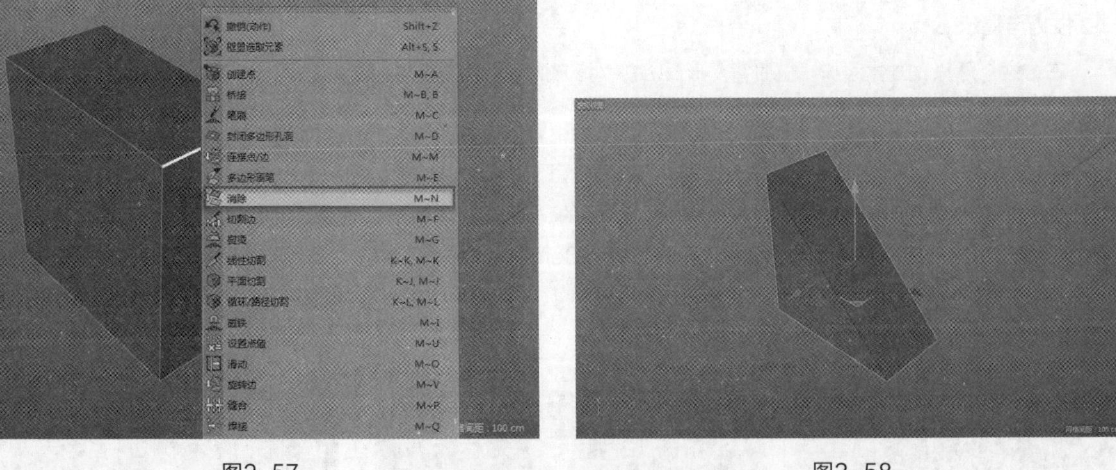

图2-57　　　　　　图2-58

步骤 06 复制1份这个“三角体”，并在x轴向上缩小一点，然后将两个“三角体”放置在“立方体”的旁边，接着将它们“群组”并命名为“立方体组合”，如图2-59所示。

图2-59

步骤 07 制作一个弯曲的“薄片”，创建一个“立方体”，在“属性”面板的“对象”选项卡中设置“尺寸.X”　“尺寸.Y”　“尺寸.Z”分别为90cm、10cm、850cm，设置“分段X”　“分段Y”　“分段Z”分别为10、2、40，如图2-60所示。新建“扭曲”对象，将“扭曲”设置为“立方体”的“子物体”，并且在“属性”面板的“对象”选项卡中设置“尺寸”分别为10cm、200cm、140cm，设置“模式”为“限制”、“强度”为90°，如图2-61所示。旋转“扭曲”变形器，将它调整至合适的位置，使“立方体”能够向上弯曲，如图2-62所示。

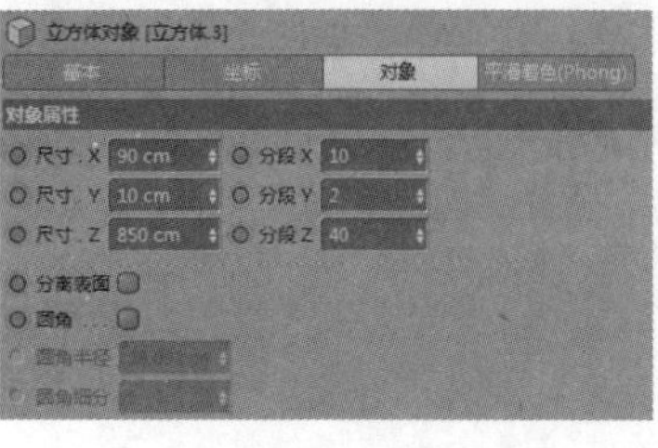

图2-60

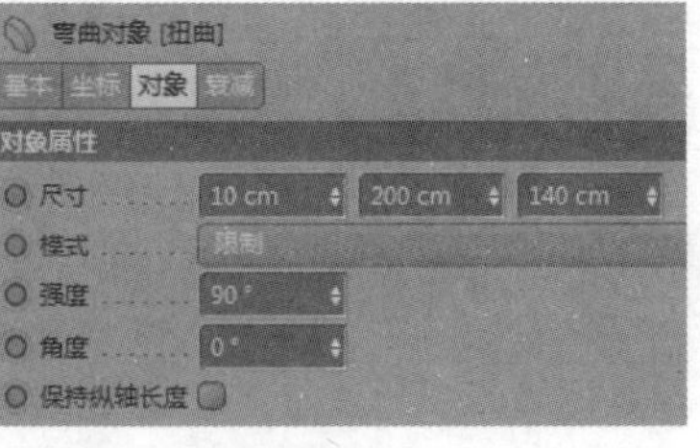

图2-61

图2-62

技巧与提示

在给这个薄片立方体添加“扭曲”变形器之前，把它的分段数设置得较高，是因为物体必须有比较多的分段才能变形。

步骤 08 单击“管道”按钮，在“属性”面板的“对象”选项卡中设置“内部半径”为80cm、“外部半径”为90cm、“旋转分段”为36、“高度”为120cm、“方向”为+Y，如图2-63所示。单击“切片”选项卡，勾选“切片”复选项，设置“起点”为-180°、“终点”为0°，如图2-64所示。得到半边管道，如图2-65所示。

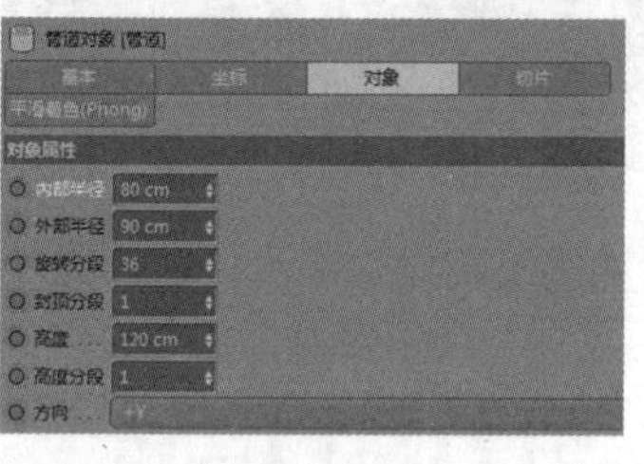

图2-63

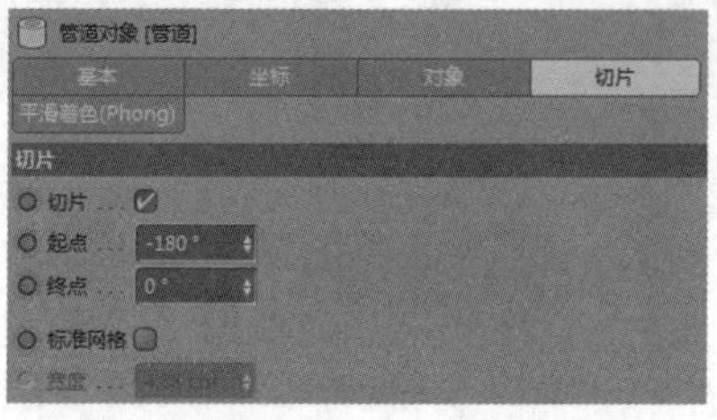

图2-64

图2-65

步骤 09 选中“管道”，单击“转为可编辑对象”按钮，将选中的“管道”转为可编辑对象，在“面”模式下选中“管道”的截面，单击鼠标右键弹出编辑菜单，选择“挤压”命令，将两个面拉出，如图2-66所示。得到一个类似拱门的造型，如图2-67所示。

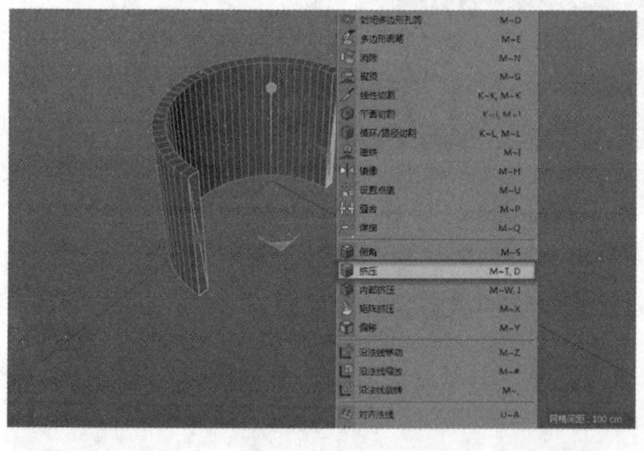

图2-66

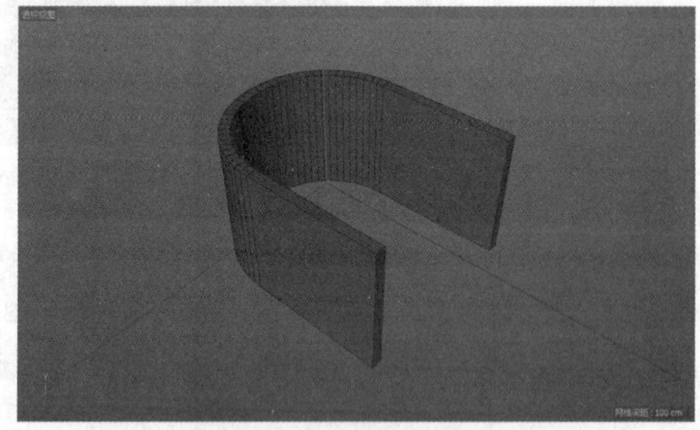

图2-67

步骤 10 单击“管道”按钮，在“属性”面板的“对象”选项卡中设置“内部半径”为75cm、“外部半径”为90cm、“旋转分段”为36、“高度”为45cm、“方向”为+X，如图2-68所示。单击“圆柱”按钮，在“属性”面板的“对象”选项卡中设置“半径”为70cm、“高度”为15cm、“旋转分段”为36、“方向”为+X，如图2-69所示。在“切片”选项卡，勾选“切片”复选项，设置“起点”为0°、“终点”为-180°，如图2-70所示。

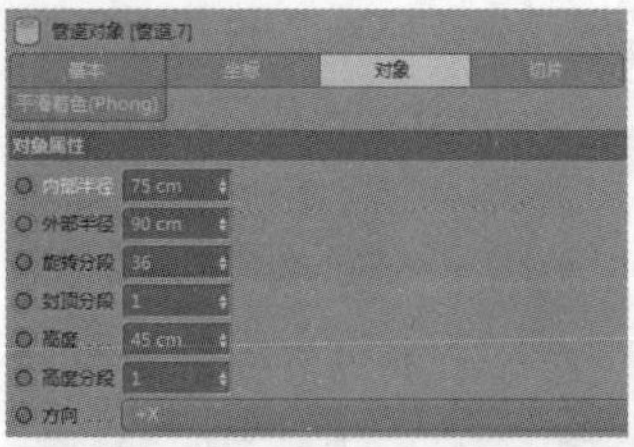

图2-68

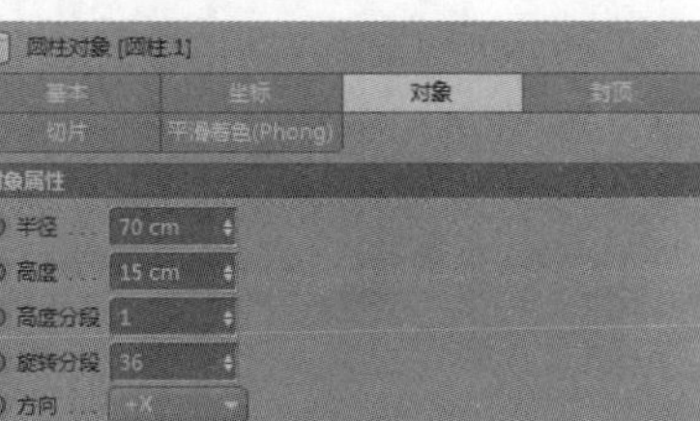
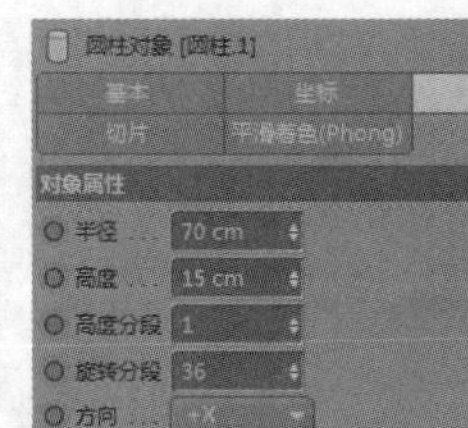

图2-69

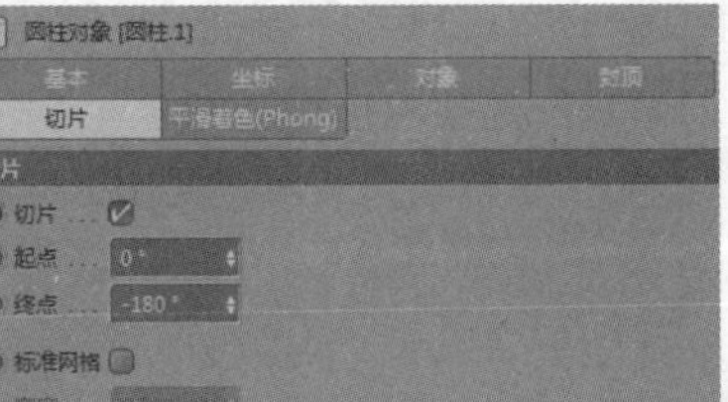

图2-70

步骤 11 调整管道和圆柱的位置，得到一个组合图形，如图2-71所示。

步骤 12 到这里，比较有难度的几个模型已经做好了，下面继续创建几个立方体、圆环和圆柱对象，将它们和之前的物体一起放置到合适的位置，再切换到“摄像机”视图进行精确调整，得到最终效果，如图2-72所示。

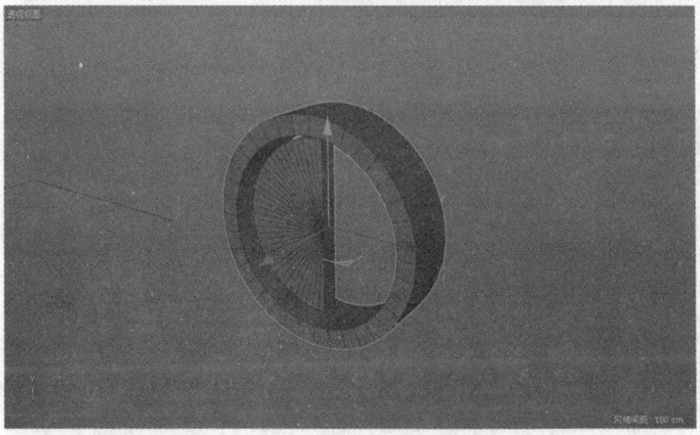

图2-71

图2-72

2.3.3 不同饱和度和明度的材质设置

步骤 01 本场景的主色调是紫色，点缀的颜色是孔雀绿。创建一个材质球，在“颜色”选项卡中设置“H”为260°、“S”为60%、“V”为50%，其他保持默认，得到一个低饱和度、低明度的紫色，如图2-73所示。将这个材质赋予作为地面的“平面”，如图2-74所示。

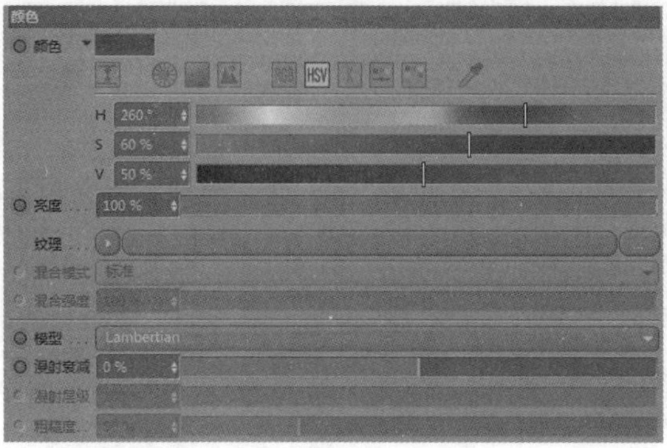

图2-73

图2-74

步骤 02 新建一个材质球，在“颜色”选项卡的“纹理”选项中选择“菲涅耳（Fresnel）”选项，如图2-75所示。单击“菲涅耳”进入设置面板，设置它的颜色，将左边的颜色设置为蓝色，设置“H”“S”“V”分别为210°、100%、90%，将右边的颜色设置为紫色，设置“H”“S”“V”分别为280°、100%、100%，如图2-76所示。将这个“材质”赋予场景中的三角体和弯曲片等元素，如图2-77所示。

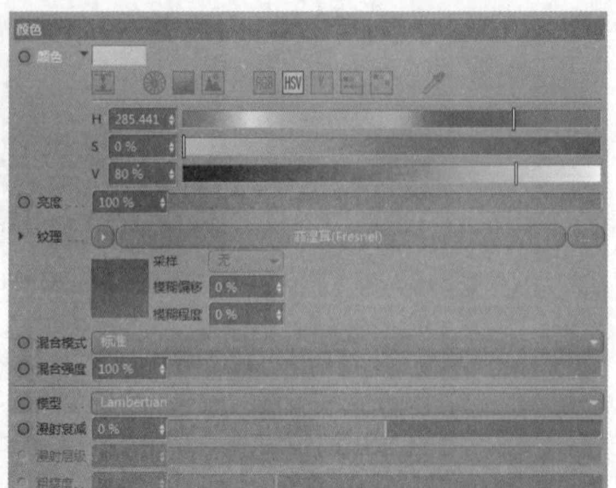
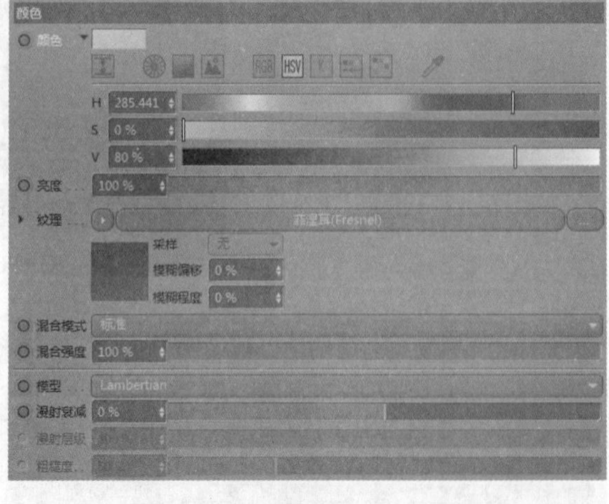

图2-75

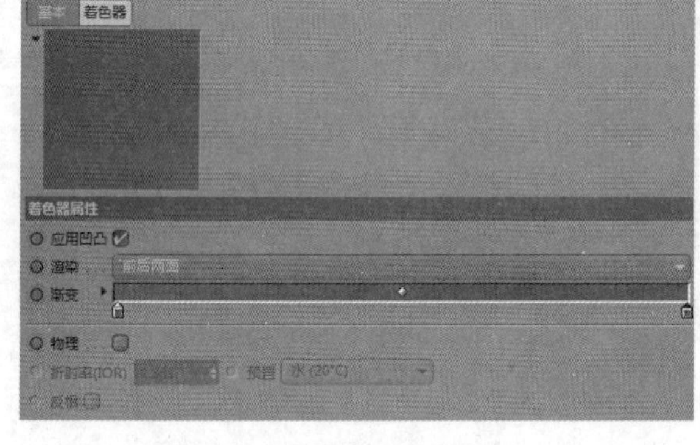

图2-76

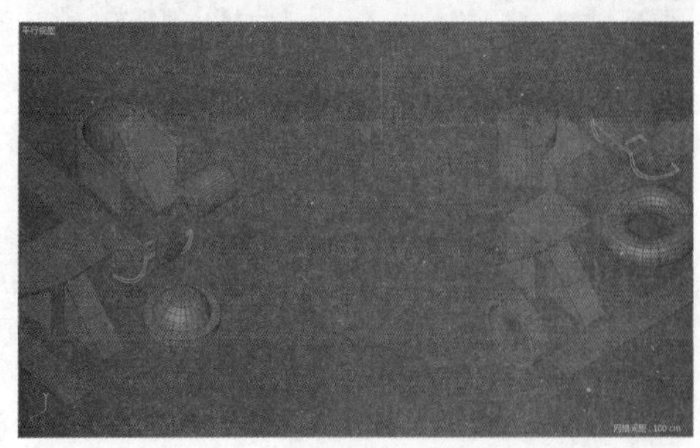
图2-77

步骤 03 新建一个材质球，在“材质”面板的“颜色”选项卡中设置“H”为190°、“S”为100%、“V”为90%，其他保持默认，如图2-78所示。得到一个湖蓝色的“材质”，将它赋予场景中的相关物体，如图2-79所示。

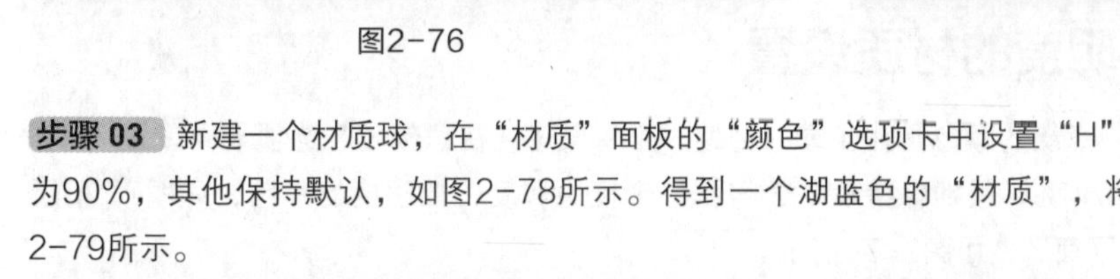

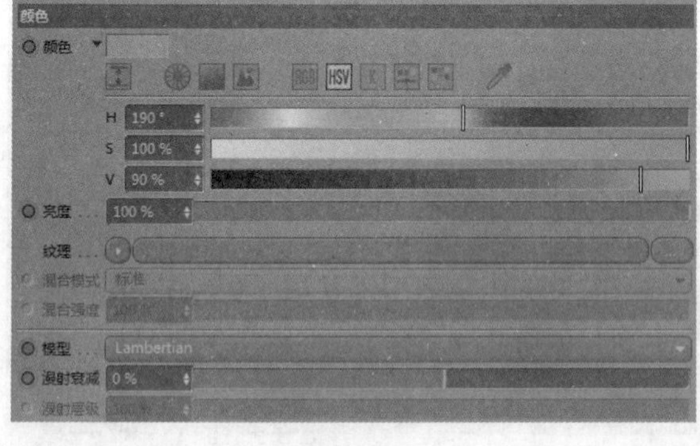

图2-78

图2-79

步骤 04 新建一个“材质”，在“材质”面板的“颜色”选项卡中设置“H”为260°、“S”为40%、“V”为80%，其他保持默认，如图2-80所示。在“反射”选项卡中单击“添加”按钮，选择“反射（传统）”，创建一个反射层，即“层1”，如图2-81所示。单击“层1”，设置“衰减”为“添加”、“粗糙度”为15%、“反射强度”为20%，其他保持默认，这样就得到了一个带反射的、低饱和度和低明度的紫色

"材质"，如图2-82所示。

步骤 05 将"材质"赋予剩下的物体，如图2-83所示。

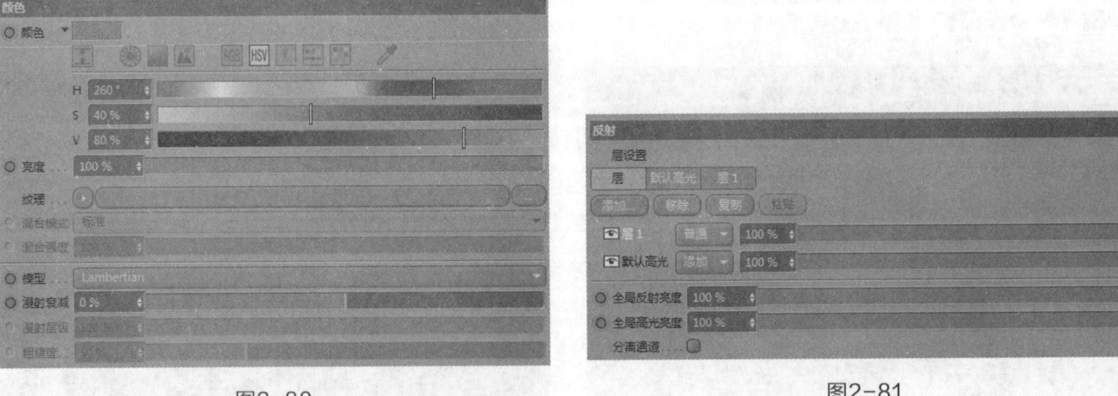

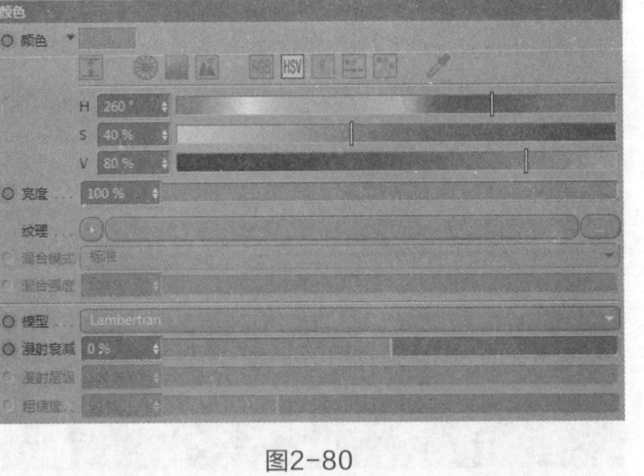

图2-80

图2-81

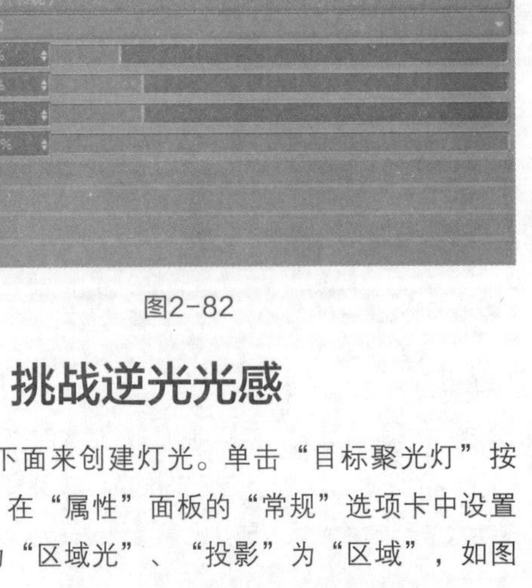

图2-82

图2-83

2.3.4 挑战逆光光感

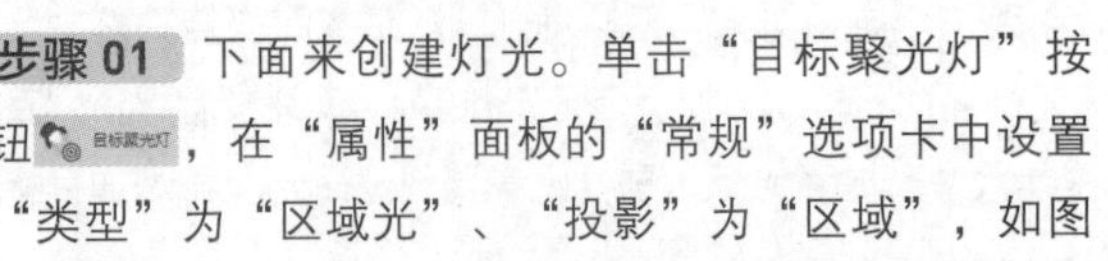

步骤 01 下面来创建灯光。单击"目标聚光灯"按钮，在"属性"面板的"常规"选项卡中设置"类型"为"区域光"、"投影"为"区域"，如图2-84所示。

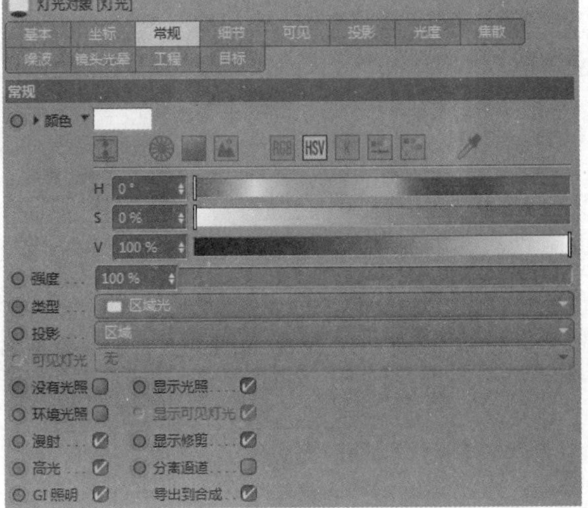

图2-84

步骤 02 在“细节”选项卡中，设置“外部半径”为500cm、“水平尺寸”和“垂直尺寸”都为1000cm、“衰减”为“平方倒数（物理精度）”、“半径衰减”为1800cm，如图2-85所示。

步骤 03 在视图中调整这束灯光的位置，让衰减的边缘靠近场景的中心，但不接触，如图2-86和图2-87所示。

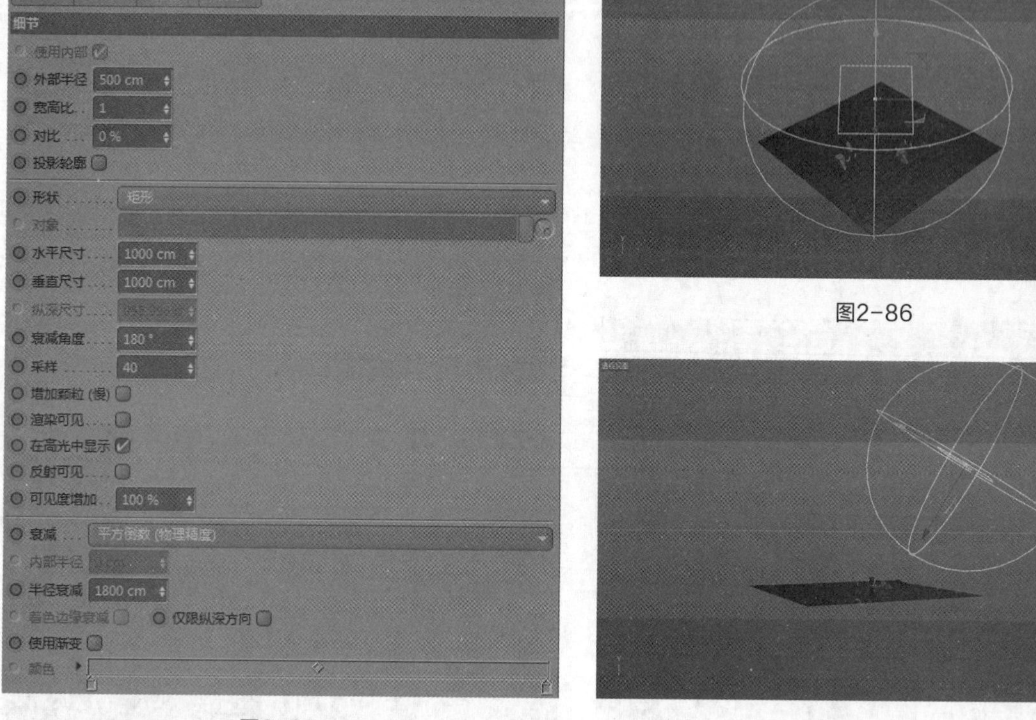

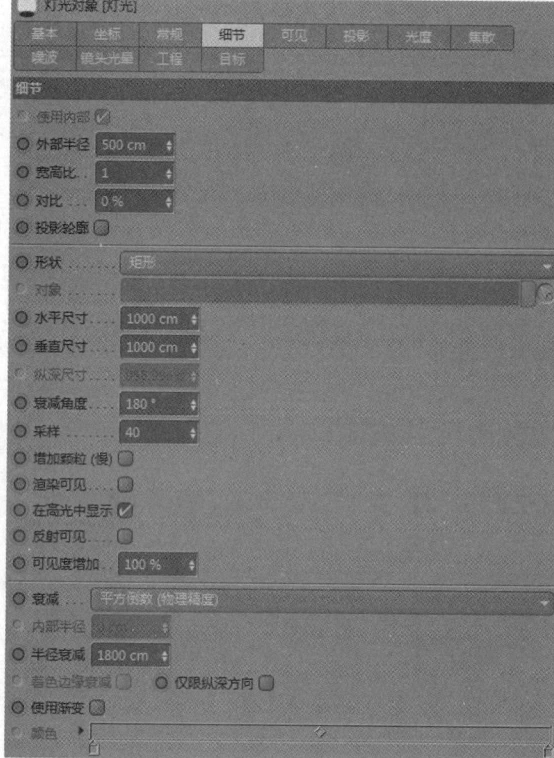

图2-85

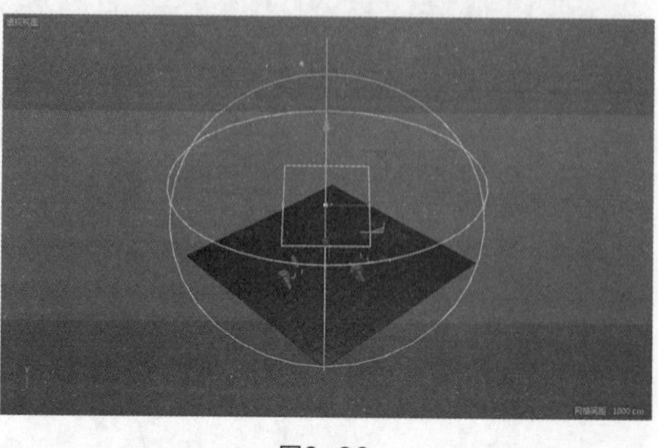

图2-86

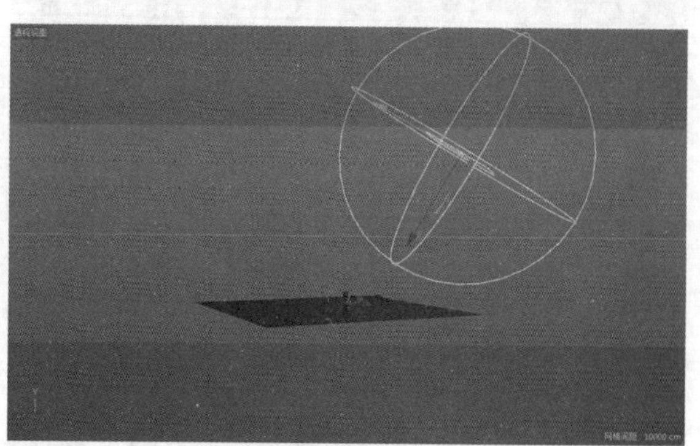

图2-87

技巧与提示

这里为什么要创建一盏“目标聚光灯”并把它调整为面光源呢?

目标灯光是最常用的灯光，目标灯光在创建时就会同时创建一个空白对象，无论灯光如何调整和变换，灯光会朝向这个空白对象，也就是说改变这个空白对象就可以改变灯光的朝向，非常方便。但是 Cinema 4D 并没有提供“目标面光源”这种灯光，所以常常创建“目标聚光灯”，然后在参数中改成面光源，这样比直接创建面光源再添加目标标签和目标对象要快捷一些。

步骤 04 将灯光复制2份，然后在视图中改变它们的位置，如图2-88和图2-89所示。

步骤 05 单击“渲染设置”按钮，打开“渲染设置”面板，在“效果”的下拉列表中选择“全局光照”复选项，这样场景中就打开了“全局光照”，如图2-90所示。

步骤 06 单击“渲染”按钮，进行渲染输出，最终效果如图2-91所示。

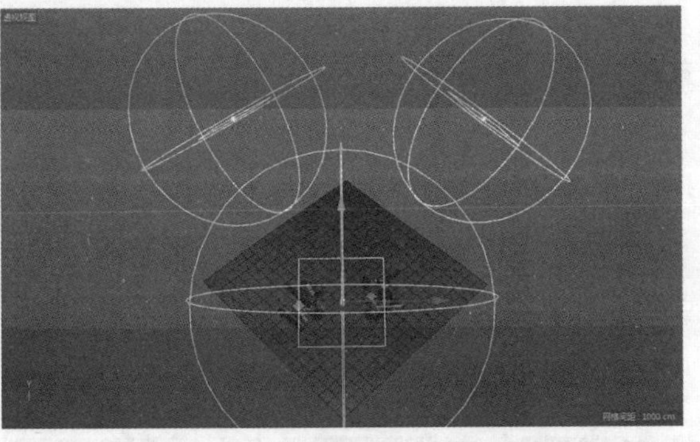
图2-88

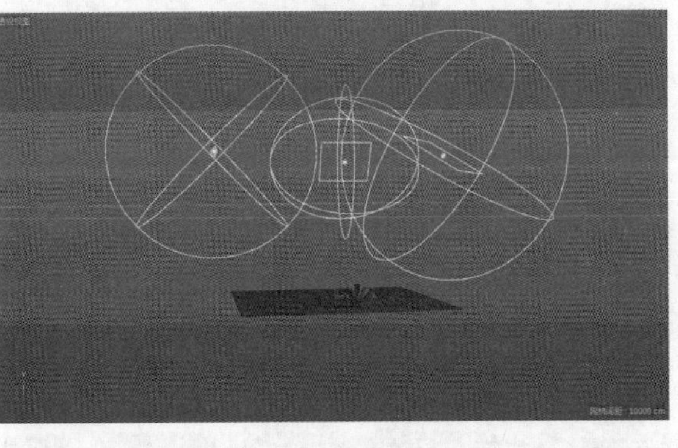
图2-89

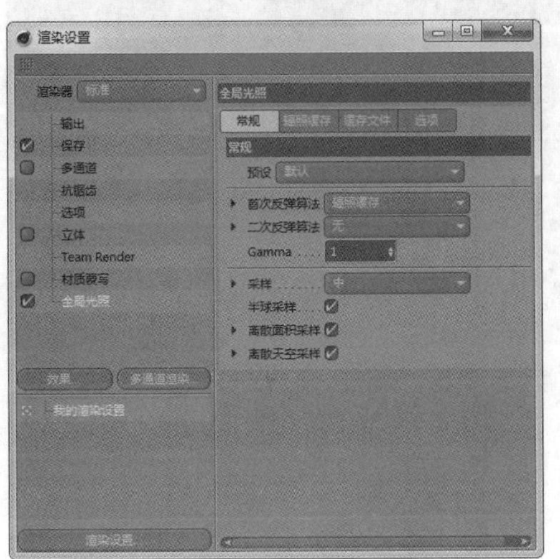

图2-90

图2-91

2.3.5 Photoshop 后期处理

步骤 01 将渲染好的图像保存到合适的位置，然后导入Photoshop中，现在的图像较为灰暗，所以需要进行整体颜色的调整。在“图层”面板单击中“创建新的填充图像或调整层”，找到“曲线”命令并新建“曲线”图层，将曲线的中间部分向上拉一点，这样整个场景就会明亮一些，如图2-92所示。

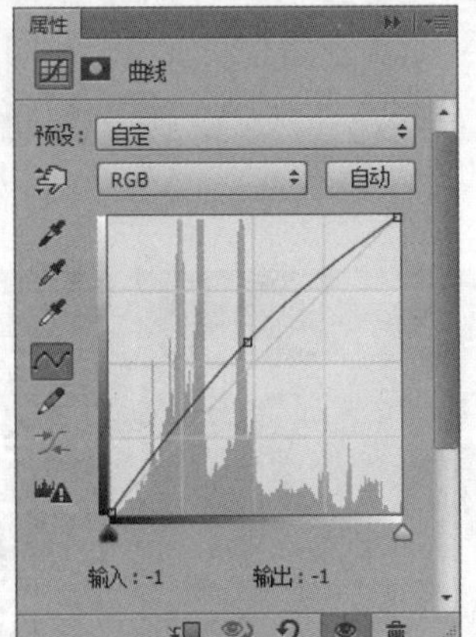

图2-92

步骤 02 在“创建新的填充或调整图层”中执行“色相/饱和度”命令，打开“色相/饱和度”面板，设置“饱和度”为+20，如图2-93所示。画面的颜色饱和度变高，如图2-94所示。

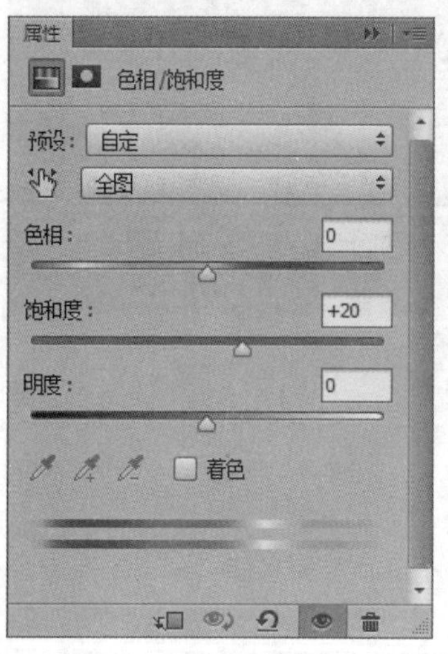

图2-93

图2-94

步骤 03 在“创建新的填充或调整图层”中执行“色彩平衡”命令，打开“色彩平衡”面板，将“洋红/绿色”的值调为-20，如图2-95所示。这样，画面的紫色更多，颜色更舒服，如图2-96所示。

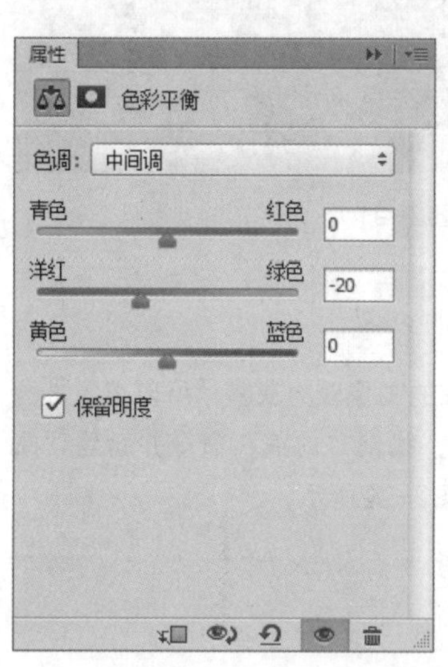

图2-95

图2-96

步骤 04 最后导入素材图形，放置在图像的正中心位置，得到最终的图像，如图2-97所示。

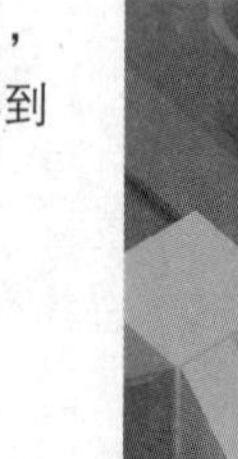

图2-97

第3章 生成器工具的应用

本章学习要点

- 使用样条配合生成器创建模型
- 不同材质和色彩的搭配方式
- 全局光照和天空环境的设置作用

3.1 常用生成器介绍

3.1.1 样条参数简介

在Cinema 4D的工具栏中，按住“画笔”按钮，即可打开所有关于样条的内容，如图3-1所示。单击“画笔”按钮，即可自由绘制样条，白色的一端代表是样条的起点，蓝色的一端代表是样条的终点，如图3-2所示。

样条面板的内容虽多，但是常用的就是“圆环”“螺旋”“星形”“文本”等几种，下面通过具体案例来介绍它们。

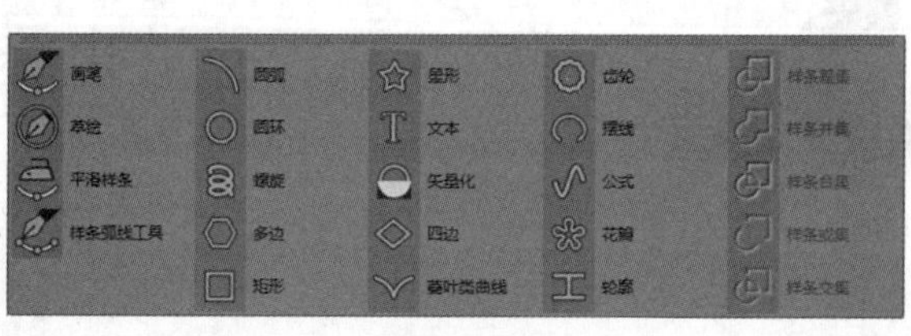

图3-1

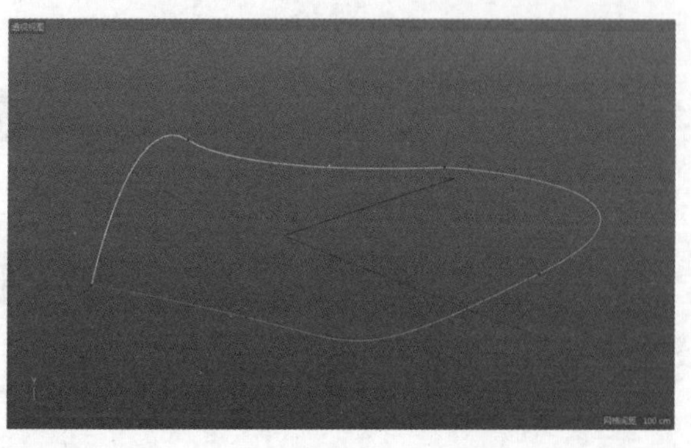

图3-2

3.1.2 挤压、旋转、放样和扫描等参数

在Cinema 4D的工具栏中，按住“细分曲面”按钮，即可打开所有关于生成器的内容，如图3-3所示。将多边形作为“细分曲面”的子物体可以使多边形物体变得平滑，将样条作为“挤压”的子物体可以将样条挤出厚度，将样条作为“旋转”的子物体可以旋转出三维对象，“放样”可以将多个样条组成三维对象，“扫描”是通过一根样条和一根作为路径的样条形成三维对象。

将多边形作为“细分曲面”的子物体，可以使多边形物体变得平滑，如图3-4所示。例如，将一个“立方体”赋予“细分曲面”后，“立方体”的边与边会形成平滑的过渡，使其像一个圆球一样，如图3-5所示。

图3-3

图3-4

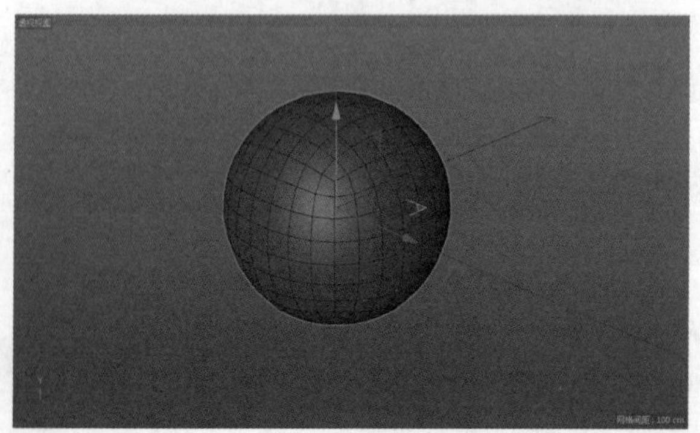

图3-5

将样条作为“挤压”的子物体，可以将样条挤出厚度，如图3-6所示。例如，将一个“星形”作为“挤压”的子对象，可以挤压出厚度，如图3-7所示。

图3-6

图3-7

将样条作为“旋转”的子物体，样条就会以中心为轴旋转出三维对象，如图3-8所示。例如，将绘制的“样条”作为“旋转”的子对象，默认的参数会以y轴为中心将“样条”旋转360°，如图3-9所示。

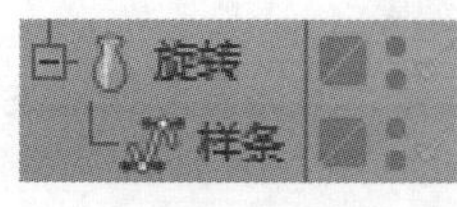

图3-8

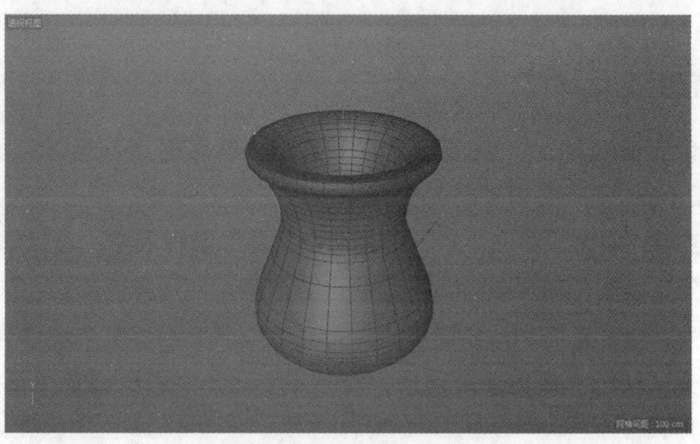

图3-9

“放样”可以将多个样条组合生成三维对象，如图3-10所示。例如，新建4个大小不同的“圆环”，将它们作为“放样”的子物体，即可根据它们的形状和大小生成三维对象，如图3-11所示。

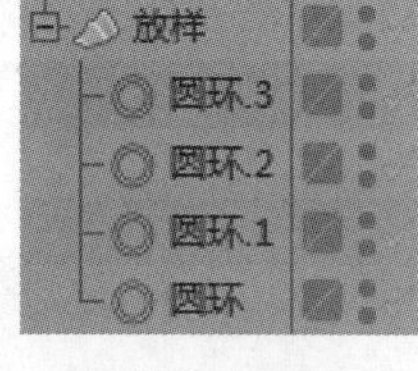

图3-10

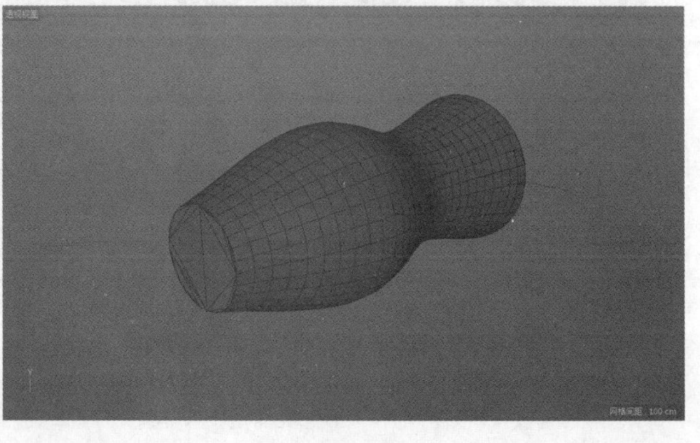

图3-11

“扫描”是通过一个作为形状的样条和一个作为路径的样条来生成三维对象，将两个样条作为“扫描”的子对象，作为路径使用的样条在下方，作为形状使用的样条在上方，如图3-12所示。例如，将一个“圆弧”和一个“圆环”作为“扫描”的子物体，能得到一个弯曲的柱体，如图3-13所示。

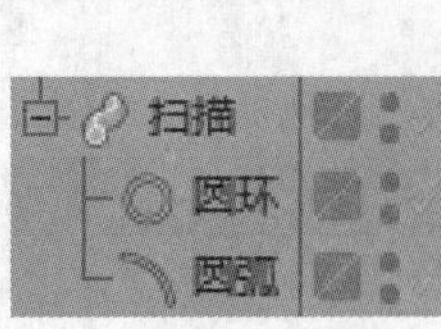

图3-12

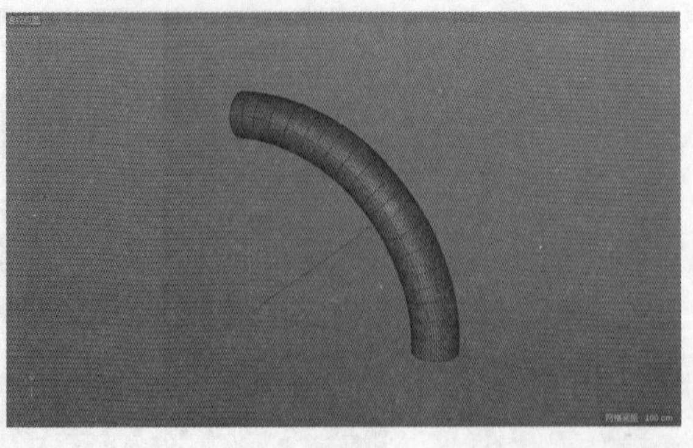

图3-13

3.2 欢快与动感——“暑期狂欢购”字体设计

3.2.1 制作思路

模型部分：在Illustrator中设计好线条文字，然后将其导入Cinema 4D中，使用“挤压”将文字挤出厚度，然后在Cinema 4D中勾勒样条，制作一块三角形的背板突出主题文字，接着利用“扫描”工具制作小弹簧装饰物，使用“平面”制作背景，使用“立方体”制作底座，最后增加一点圆球点缀场景。

材质部分：以蓝色和紫色作为画面的主要色彩，使用黄色和白色来突出文字主体。

灯光部分：通过正面光照亮场景，并且通过全局光照让整个场景更加细腻。

后期部分：把场景渲染输出之后，在Photoshop中添加细节，调整颜色、对比度和明暗关系，最终的效果如图3-14所示。

图3-14

3.2.2 将字体线条导入 Cinema 4D

步骤 01 将设计好的文字素材导入Cinema 4D中，软件弹出“导入”面板，将“缩放”参数保持为默认的1，勾选“连接样条”和“群组样条”复选项，单击“确定”按钮导入样条，如图3-15所示，导入样条效果如图3-16所示。

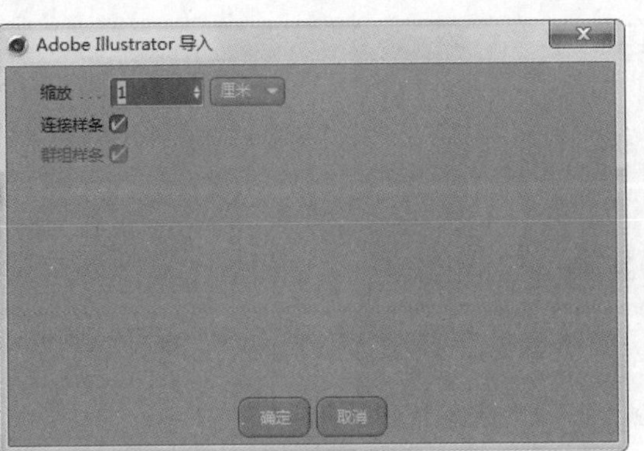

图3-15

图3-16

步骤 02 单击选中群组，然后按快捷键Shift+G取消群组，得到散乱的样条。使用“框选”工具框选上面的文字样条，按快捷键Alt+G进行群组，将其命名为1。使用“框选”工具框选下面的文字样条，按快捷键Alt+G进行群组，将其命名为2，如图3-17和图3-18所示。

步骤 03 调整样条1和样条2的位置，让它们在视口对齐，效果如图3-19所示。

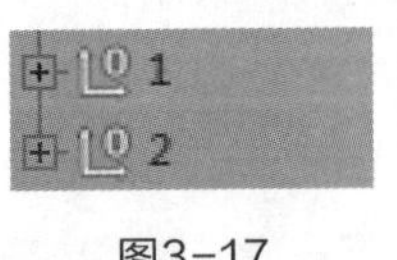

图3-17

图3-18

图 3-19

步骤 04 单击“挤压”按钮，将样条1作为它的子物体，在“属性”面板的“对象”选项卡中，设置“移动”的第3个数值为20cm，勾选“层级”复选项，其他保持默认，如图3-20所示。在“封顶”选项卡中，设置“顶端”和“末端”都为“圆角封顶”、“步幅”都为3、“半径”都为1cm，其他保持默认，如图3-21所示。得到的立体文字如图3-22所示。

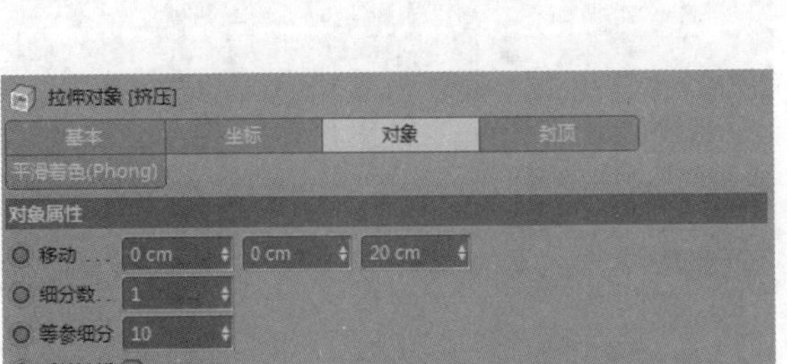

图3-20

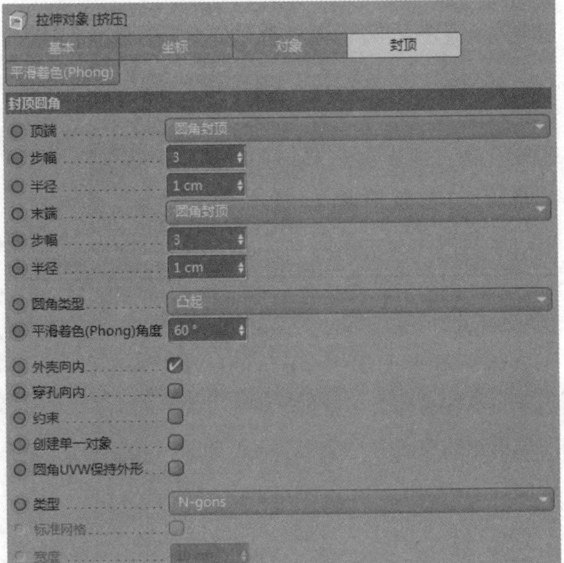

图3-21

图3-22

步骤 05 将创建好的“挤压”对象复制1份，然后把它的子对象样条1删掉，接着把样条2作为该“挤压”对象的子级，如图3-23所示。这样就得到了第2层立体字体，在视图中将其向后拖曳一些，如图3-24所示。

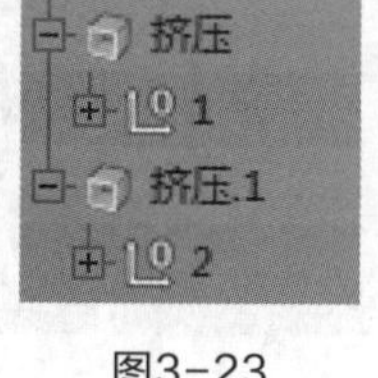

图3-23

图3-24

技巧与提示

此处直接复制一个“挤压”，然后删掉它的子物体，接着将样条2作为它的子物体，这样就避免了重复创建“挤压”的操作。

步骤 06 第1层字体是有不同的色彩变化的，所以要将其分散。选中“挤压”，按快捷键C，将其转化为“可编辑对象”，如图3-25所示。为了体现层次的变化，将文字中的个别笔画向前调整一下，使其前凸一点（具体可参考图3-14所示的效果图），这样主体文字就创建好了（将它们群组并命名为“文字”），效果如图3-26所示。

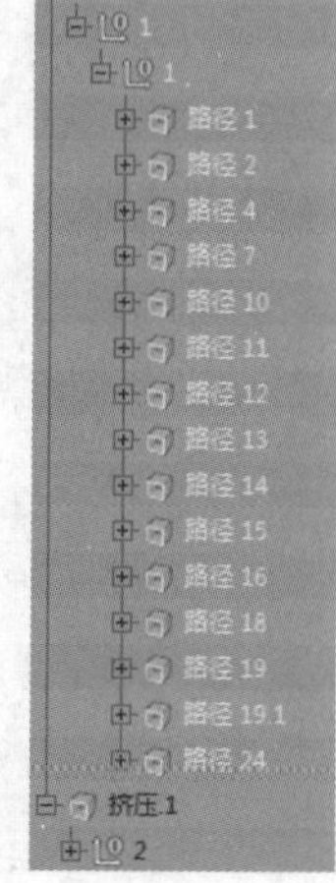

图3-25

图3-26

3.2.3 利用辅助元素突出主题文字

步骤 01 画面的主体文字创建好了，但是还要用背景图形来衬托。按F4键切换到正视图，使用“画笔”工具在文字的外轮廓勾勒出一个“三角形”样条，如图3-27所示。以这个“三角形”为蓝本，在它的外轮廓再勾画一个“三角形”，得到了两个“三角形”的样条，如图3-28所示。

图3-27

图3-28

步骤 02 单击“挤压”按钮，将小“三角形”作为它的子对象，在“挤压”的属性面板中，单击“对象”选项卡，设置“移动”的第3个数值为10cm，其他保持默认，如图3-29所示。在“封顶”选项卡中设置“顶端”和“末端”都为“圆角封顶”、“步幅”都为3、“半径”都为1cm，其他保持默认，如图3-30所示。

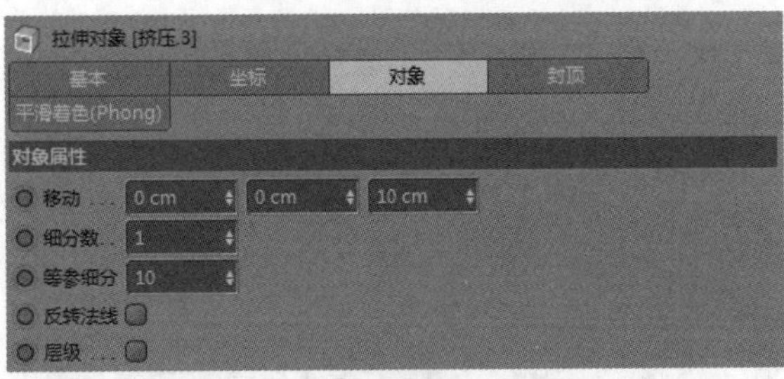

图3-29

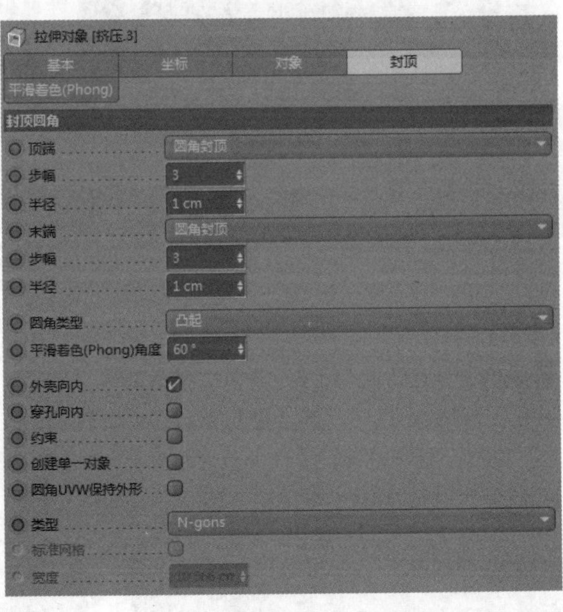

图3-30

步骤 03 复制1份“挤压”，删掉子对象，设置大“三角形”作为新“挤压”的子对象，然后在“挤压”的属性面板中，单击“对象”选项卡，设置“移动”的第3个数值为30cm，其他保持默认，如图3-31所示。在视口中拖曳它的位置，使两个“挤压”有前后关系（将两个“挤压”群组命名为“背板”），效果如图3-32所示。

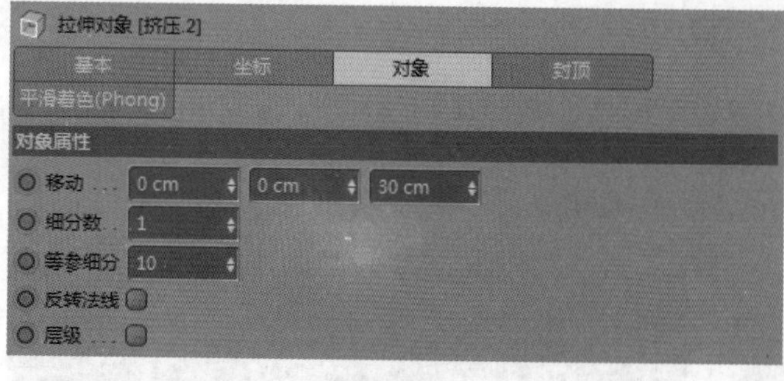

图3-31

图3-32

步骤 04 创建后面的装饰物，使用“画笔”工具在视图中画出3个样条，保证3个样条的曲率柔和、过渡平滑。如果不平滑，可以在“点”级别模式下使用“移动”工具调节它的手柄，如图3-33所示。进入这3个样条的“属性”面板的“对象”选项卡，设置“类型”为“贝塞尔（Bezier）”、“点插值方式”为“统一”、“数量”为30，如图3-34所示。

图3-33

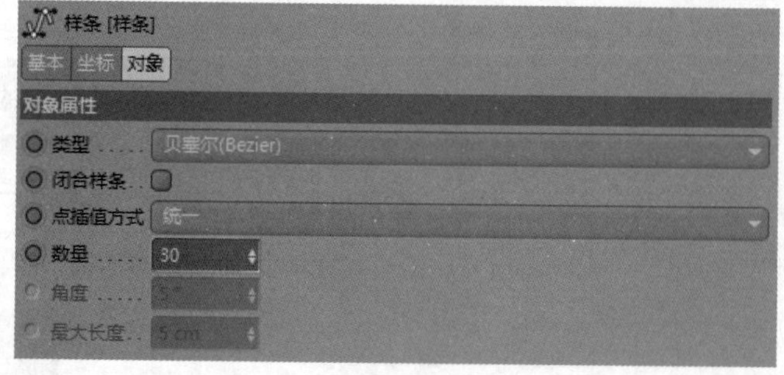

图3-34

技巧与提示

将“点插值方式”设置为“统一”是为了能手动设置点差值的数量，点差值数量越多，样条越平滑，例如在这个案例中设置为 30。

步骤 05 新建3个“扫描”对象，然后新建“星形”对象，在“属性”面板的“对象”选项卡中设置“内部半径”为10cm、“外部半径”为17cm、“点”为5，其他保持默认，如图3-35所示。将“星形”复制两个，将3个“星形”和3个样条分别作为3个“扫描”对象的子物体，如图3-36所示。这样得到了3个“星形”形状的“扫描”物体，如图3-37所示。

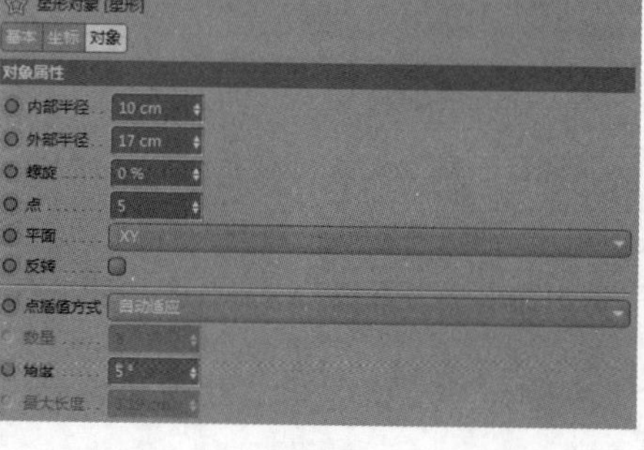

图3-35

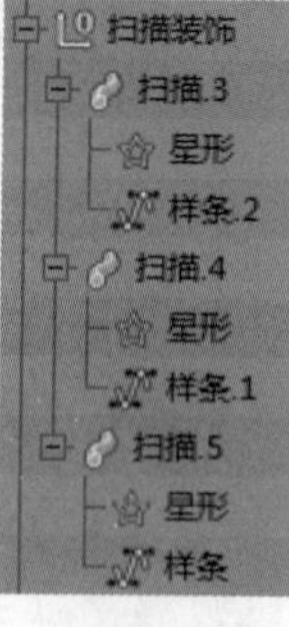

图3-36

图3-37

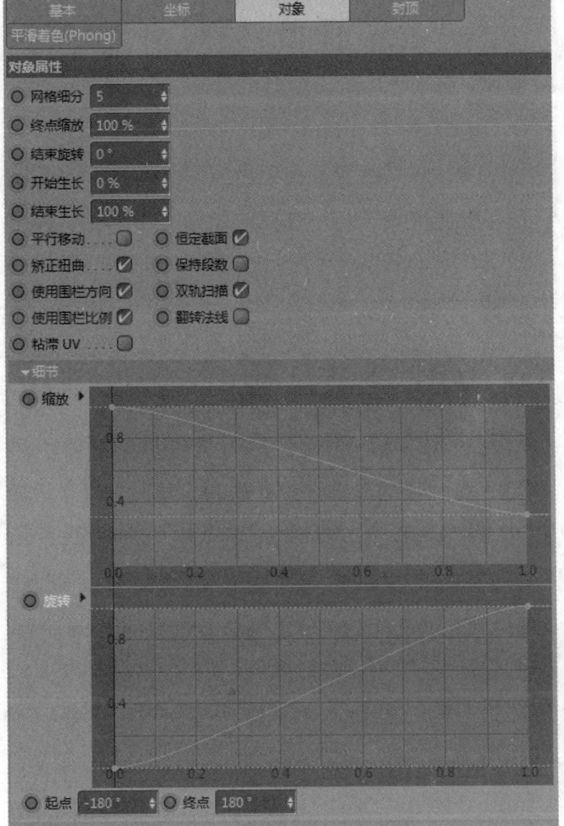

图3-38

步骤 06 “扫描”得到的效果还不够好，需要增加一点扭曲旋转。单击“扫描”属性面板中的“对象”选项卡，打开“细节”选项组，将“缩放”面板的右侧点向下拖曳，将“旋转”面板的左边点拖曳至最下方，右边点拖曳至最上方，如图3-38所示。这样“星形”物体就会有粗细和旋转的变化，更加生动（将3个物体群组命名为“扫描装饰”），效果如图3-39所示。

图3-39

技巧与提示

“缩放”和“旋转”的调整是根据实际情况来的，如果设置时出现起点大、终点小的情况，则可以将“缩放”的调整颠倒一下。

步骤 07 创建弹簧物体，单击“螺旋”按钮，创建一个螺旋线，在“属性”面板的“对象”选项卡中设置“起始半径”为15cm、“开始角度”为0°、“终点半径”为4cm、“结束角度”为960°、“半径偏移”为50%、“高度”为40cm、“高度偏移”为50%、“细分数”为100，其他保持默认，如图3-40所示。然后新建一个半径为3的“圆环”和1个“扫描”对象，将“圆环”和“螺旋”作为“扫描”的子物体，得到一根弹簧物体。将弹簧物体复制2份，分别放置在不同的位置（将弹簧物体群组命名为“弹簧线”），效果如图3-41所示。

步骤 08 创建几个大小不一的小球，分别放置在不同的位置，完成场景的创建，效果如图3-42所示。

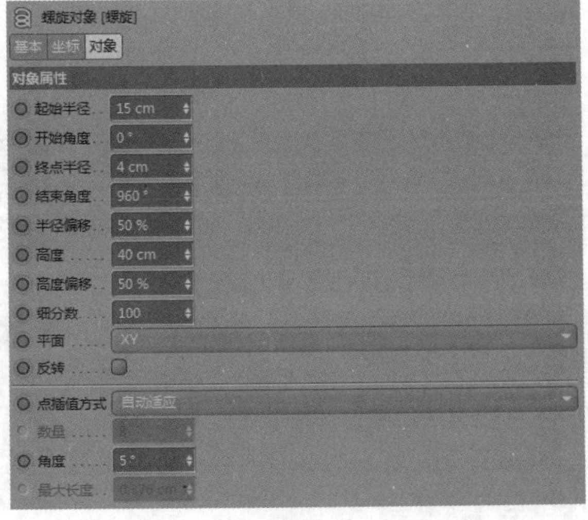

图3-40

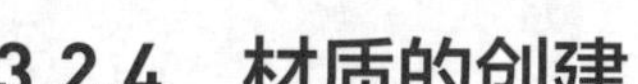

图3-41

图3-42

3.2.4 材质的创建

步骤 01 场景以紫色为主色调，蓝色和黄色为辅助色。新建一个材质球，打开“材质编辑器”，设置“颜色”为紫色，设置“H”“S”“V”分别为280°、100%、80%，其他保持默认，得到深紫色的材质，如图3-43所示。将材质赋予场景中的弹簧、扫描装饰、背板的第2块和文字的底部，效果如图3-44所示。

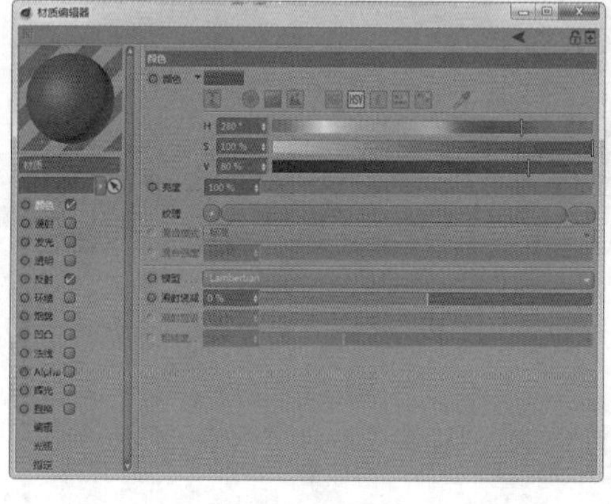

图3-43

图3-44

步骤 02 新建一个材质球，打开“材质编辑器”，将“颜色”设置为蓝色，“H”“S”“V”分别设置为190°、100%、100%，其他保持默认，得到蓝色的材质，如图3-45所示。将材质赋予场景中的弹簧、扫描装饰、背板的第2块和文字的碎笔画，效果如图3-46所示。

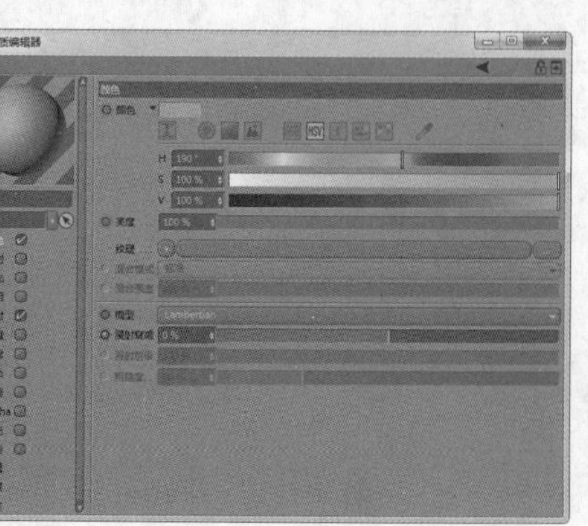

图3-45

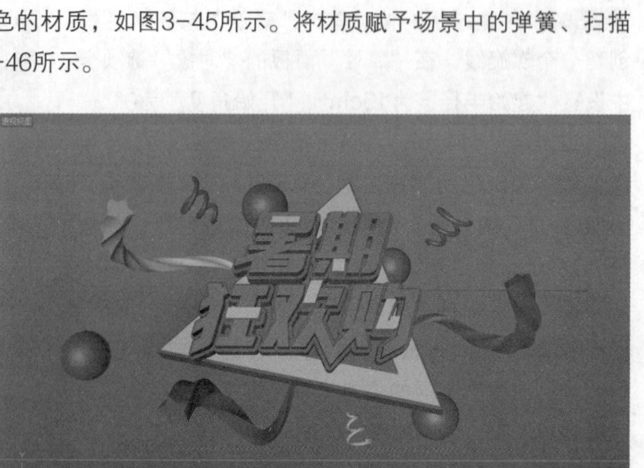

图3-46

步骤 03 新建一个材质球，打开“材质编辑器”，将“颜色”设置为黄色，“H”“S”“V”分别设置为50°、100%、100%，其他保持默认，得到黄色的材质，如图3-47所示。继续创建一个材质球，打开“材质编辑器”，将“颜色”设置为白色，“H”“S”“V”分别设置为50°、0%、100%，其他保持默认，得到白色的材质，如图3-48所示。将两个“材质”分别赋予文字、扫描装饰和弹簧，效果如图3-49所示。

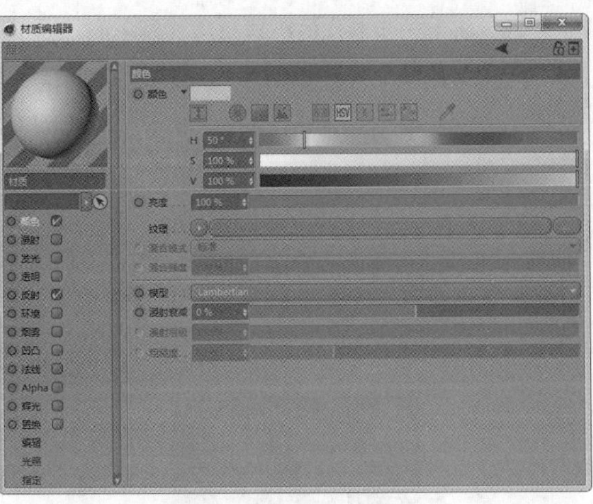

图3-47

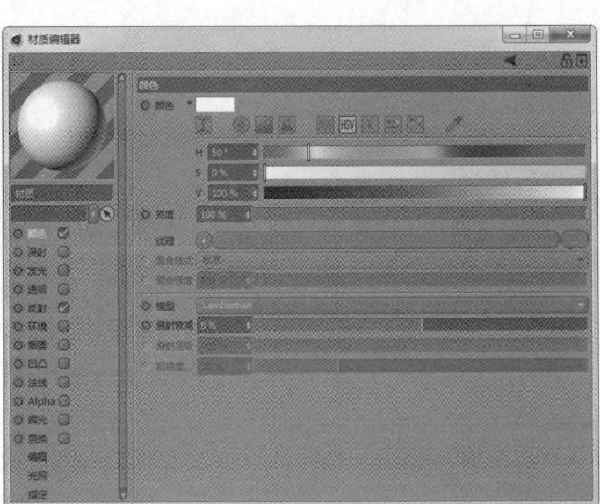

图3-48

图3-49

步骤 04 创建小球的材质。新建一个材质球，在“颜色”的“纹理”参数栏单击小三角，找到“表面>棋盘”选项，选择后如图3-50所示。单击“棋盘”进入设置面板，设置“颜色1”为白色、“颜色2”为蓝色、“U频率”为0、“V频率”为8，如图3-51所示。

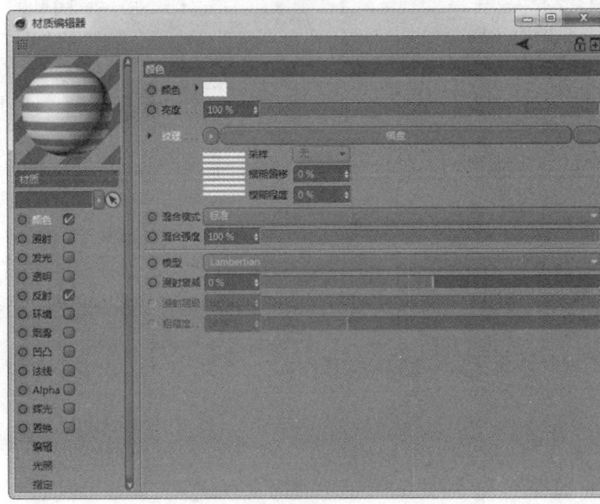

图3-50

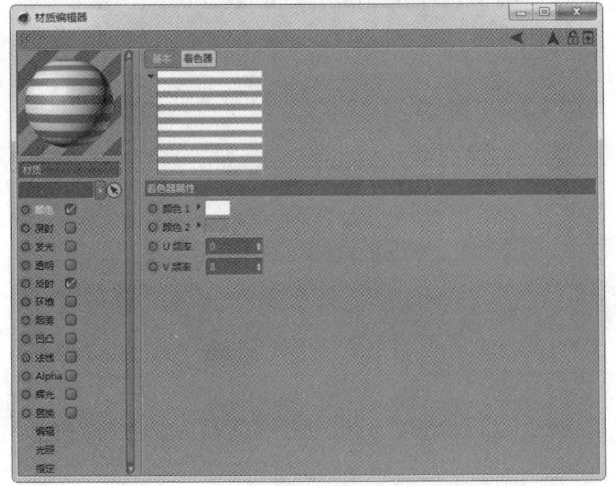

图3-51

步骤 05 将上一步制作的小球材质复制2份，这两份材质的“颜色2”分别设置为黄色和紫色，如图3-52所示。将3个材质赋予场景中的小球，材质部分就完成了，如图3-53所示。

图3-52

图3-53

3.2.5 灯光和全局光照设置

步骤 01 单击 按钮创建一盏“目标聚光灯”，将空白物体“灯光目标1”移动到主体文字的中心位置。在“属性”面板的“常规”选项卡中设置“类型”为“区域光”、“投影”为“区域”，其他保持默认，如图3-54所示。在“细节”选项卡中设置“水平尺寸”和“垂直尺寸”都为500cm、“衰减”为“平方倒数（物理精度）”、“半径衰减”为850cm，使衰减的最外框在文字的边缘部分，如图3-55所示。调整灯光的位置，使其在文字的左上方，效果如图3-56所示。

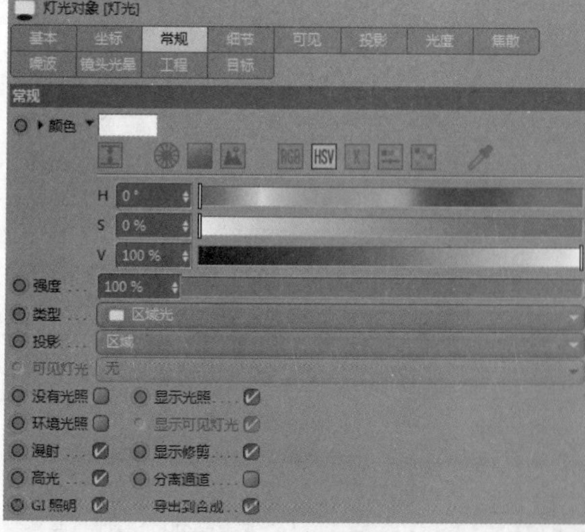

图3-54

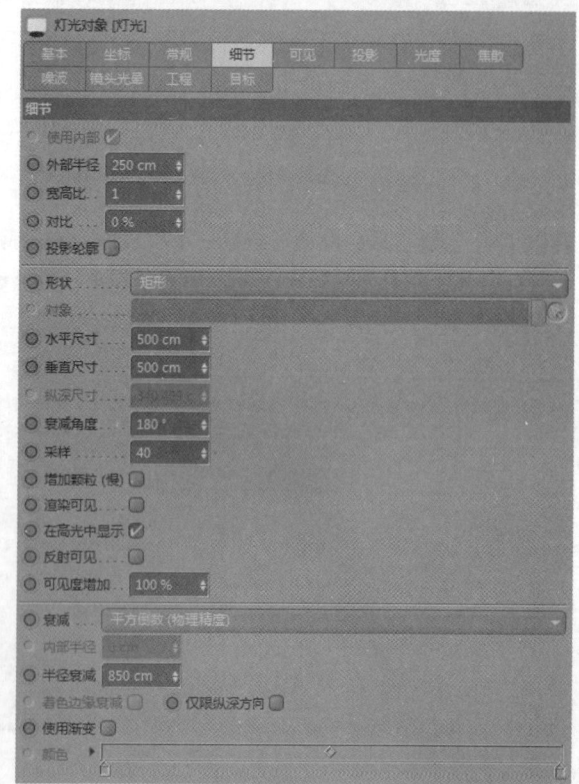

图3-55

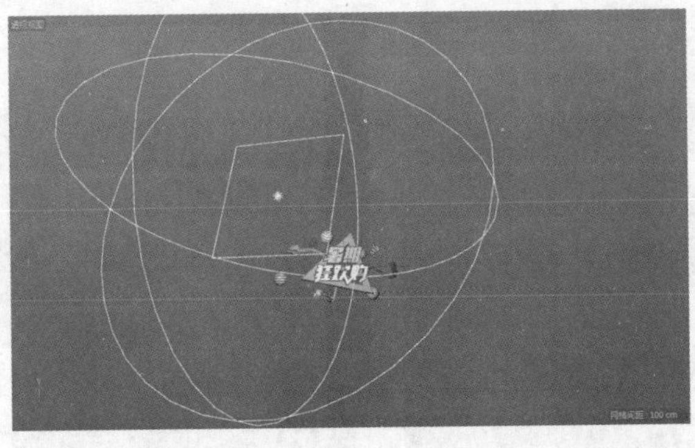

图3-56

步骤 02 将灯光复制1份，在“细节”选项卡中设置“外部半径”为100cm、“水平尺寸”和“垂直尺寸”分别为200cm，其他不变，如图3-57所示。在视图中移动该灯光到文字的右上方，效果如图3-58所示。

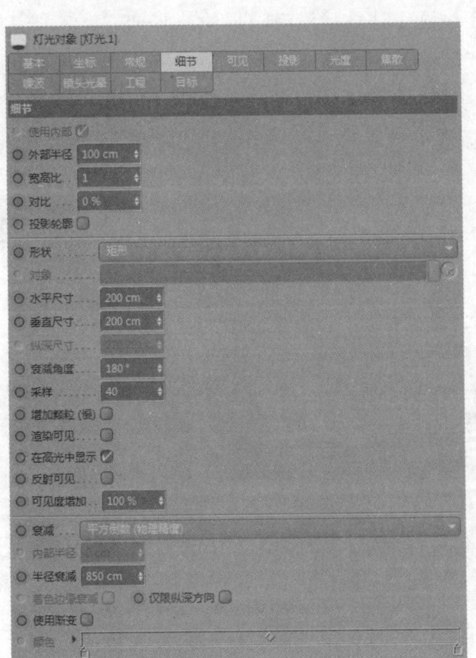

图3-57

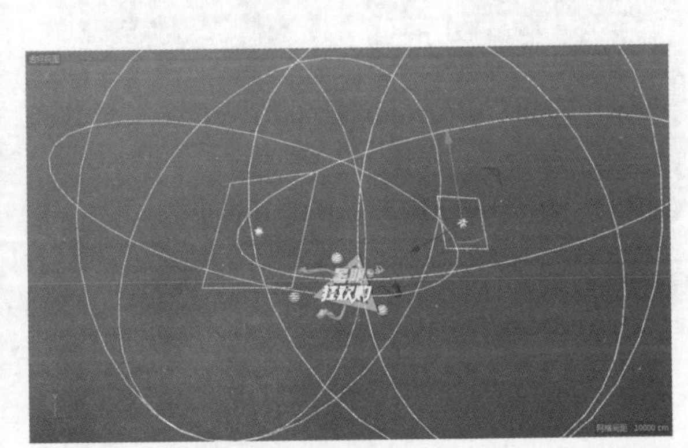

图3-58

步骤 03 经过测试渲染，发现文字下方没有被灯光直射的区域和部分物体是漆黑一片，如图3-59所示，因此需要进一步调整。下面设置一个环境，单击“天空”按钮，新建材质，设置颜色的“H”“S”“V”分别为0°、0%、80%（浅灰色），取消勾选“反射”复选项；然后单击按钮打开“渲染设置”面板，在“效果”里找到“全局光照”并打开，其他保持默认，如图3-60所示。

图3-59

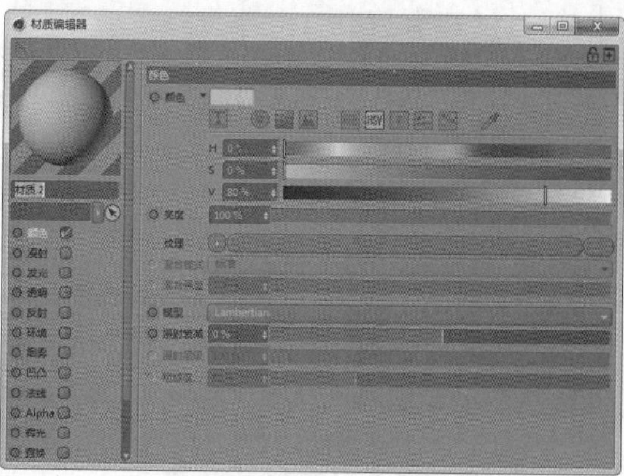

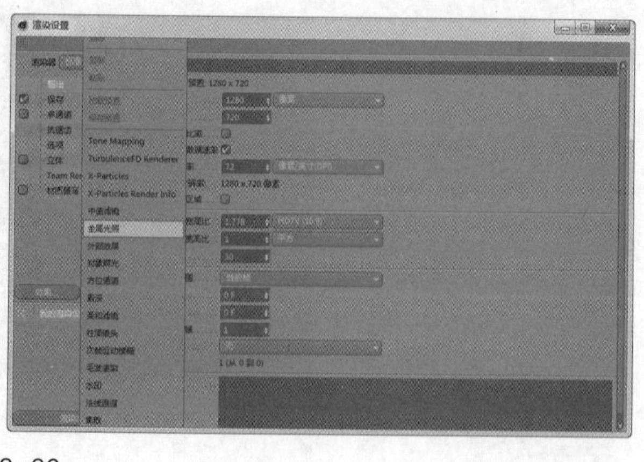

图3-60

技巧与提示

“天空”对象相当于 Cinema 4D 环境中的一个大球，不过这个球体是没有边界的，在实际案例中常常将它作为一个赋予 HDR 或者光照反弹的载体。大家知道全局光照是起到反弹光线的作用，但是这个场景比较单调，没有太多的物体可供光线反弹，所以创建一个“天空”对象并且赋予它浅灰色材质，目的就是让光线照射在天空对象上并反弹光线给物体，通过均匀的光线反弹后，阴影处就不再是一片漆黑，而是柔和过渡的阴影，如图 3-61 和图 3-62 所示。

图3-61

图3-62

步骤 04 单击按钮打开“渲染设置”面板，在“输出”面板设置“高度”为1920像素、“宽度”为1080像素、“分辨率”为72像素/英寸（DPI），其他保持默认，如图3-63所示。在“保存”面板设置要保存文件的位置，并勾选“Alpha通道”复选项，保存黑白通道的图像，如图3-64所示，最终的渲染效果如图3-65所示。

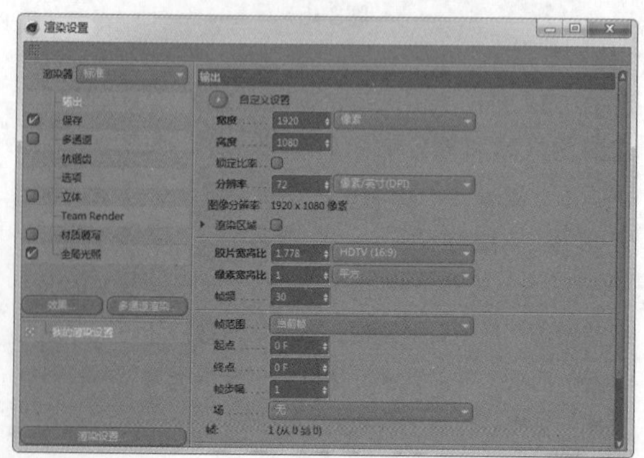

图 3-63

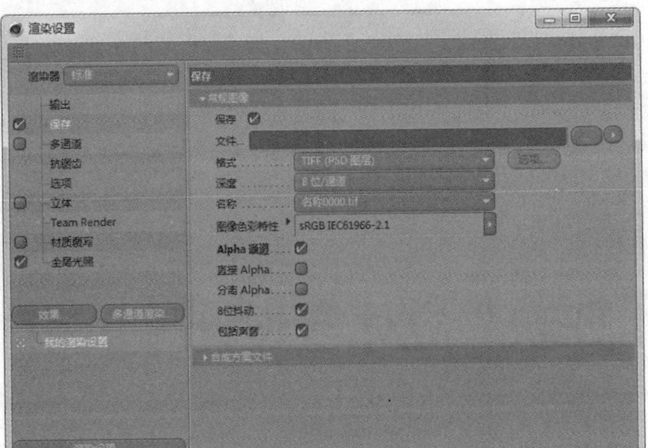

图3-64

图3-65

3.2.6　渲染输出与后期调整

步骤 01 把渲染好的图像导入Photoshop，在“通道”面板中可以看到一张黑白的Alpha图，按住Ctrl键同时单击鼠标左键，该通道可以自动创建图像选区，如图3-66所示。分别按快捷键Ctrl+C和Ctrl+V，新建一个图层，如图3-67所示。

图3-66

图3-67

步骤 02 在Photoshop中打开学习资源中提供的素材，将新建的图层置入，最终效果如图3-68所示。

图3-68

技巧与提示

通过本例的设计与制作，我们总结了以下几个技术问题，希望读者注意一下。

一是导入的样条要归类分组，避免样条太多造成不必要的操作失误。

二是文字的挤压厚度要灵活掌握，不必拘泥，但为了让正对着摄像机的文字看起来更厚实饱满，可以适当增加其厚度。

三是添加的装饰元素需要与整体协调，围绕着主题文字呈爆炸式分布，以凸显文字主体。

3.3 促销小招牌——“双 11 狂欢”立体字设计

3.3.1 制作思路

模型部分：把在Illustrator软件中设计好的线条文字导入Cinema 4D中，使用“挤压”将文字挤出多种厚度，利用“扫描”工具制作细节，使用“挤压”工具制作一个天猫的背板，最后制作一些装饰元素。

材质部分：使用明亮的黄色作为画面的主要色彩，文字方面使用蓝色和紫色配合，突出主体。

灯光部分：利用正面光照亮场景，打开全局光照让效果更佳细腻。

后期部分：导出图像，在Photoshop中添加细节，最后调整颜色、对比度和明暗关系，最终的效果如图3-69所示。

图3-69

3.3.2 创作字体

步骤 01 导入学习资源中的“双11狂欢文字.ai”素材文件，将“缩放”参数保持为默认的1，勾选“连接样条”和“群组样条” 复选项，单击“确认”按钮，导入样条，如图3-70所示。导入样条的效果如图3-71所示。

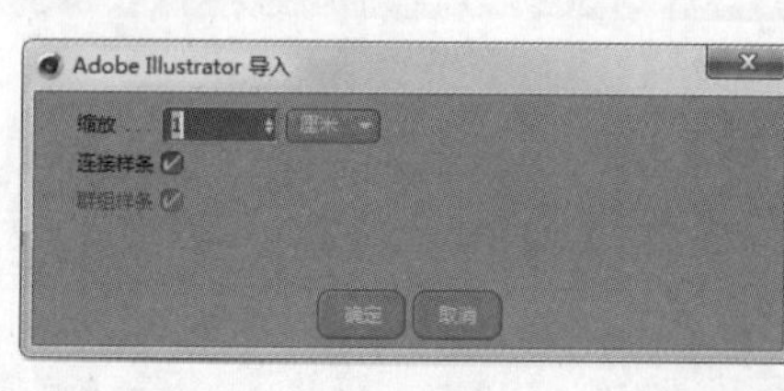

图3-70

图3-71

步骤 02 单击选中群组，然后按快捷键Shift+G取消群组，得到散乱的样条。使用“框选”工具选中上面的文字样条，按快捷键Alt+G进行群组，将其命名为“文字层”；把第2块文字和第3块文字分别命名为“中间层”和“后部层”；把天猫轮廓样条命名为“天猫板”，如图3-72所示。移动样条的位置，使其对齐靠拢，方便下一步操作，如图3-73所示。

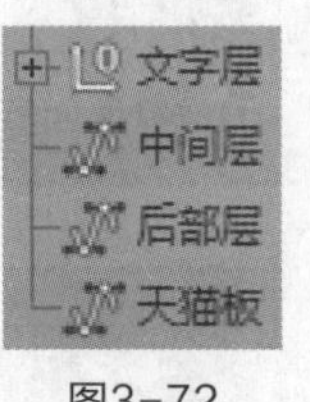

图3-72

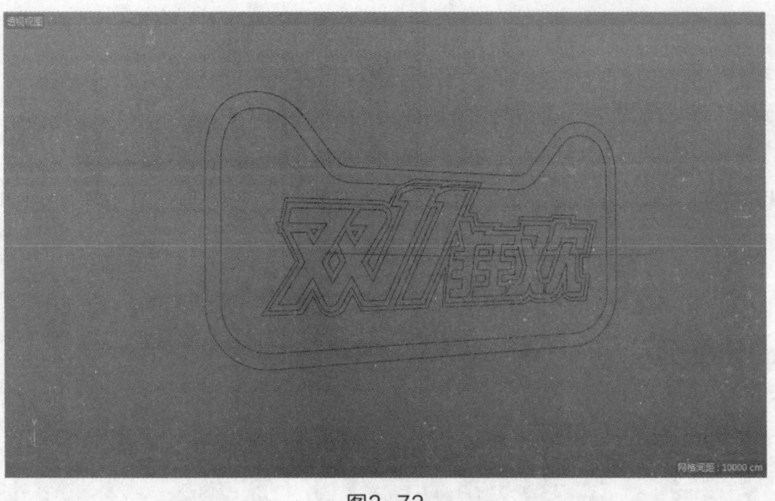

图3-73

步骤 03 单击“挤压”按钮，将“文字层”样条作为它的子物体，在“属性”面板的“对象”选项卡中，将“移动”的第3个数值设置为20cm，勾选“层级”复选项，其他保持默认，如图3-74所示。在“封顶”选项卡中，设置“顶端”和“末端”都为“圆角封顶”、“步幅”都为3、“半径”都为1cm、“圆角类型”为“半圆”，其他保持默认，如图3-75所示。将该“挤压”命名为“文字层”，效果如图3-76所示。

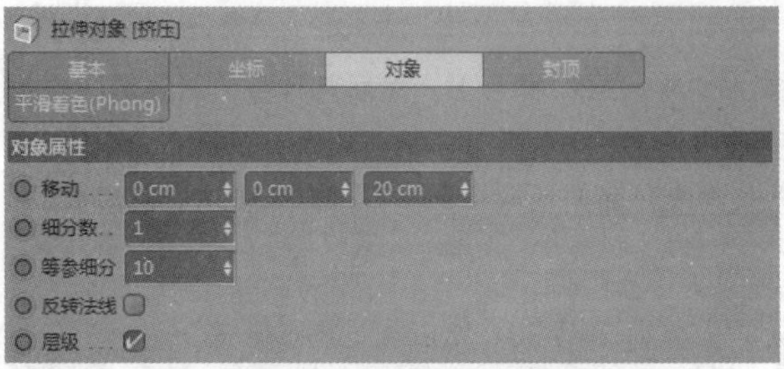

图3-74

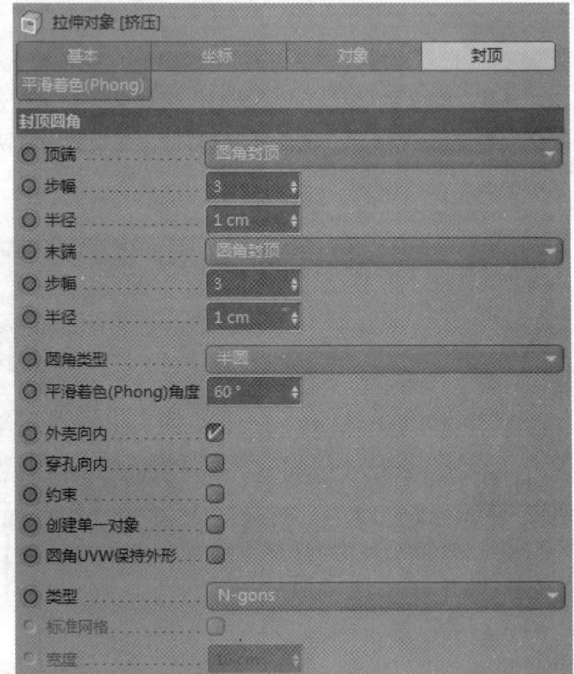

图3-75

图3-76

步骤 04 单击“挤压”按钮，将“文字层”作为它的子物体，在“属性”面板的“对象”选项卡中，将“移动”的第3个数值设置为20cm，其他保持默认，如图3-77所示。在“封顶”选项卡中，设置“顶端”和“末端”都为“圆角封顶”、“步幅”都为3、“半径”都为1cm，其他保持默认，如图3-78所示。然后将该“挤压”向后移动，与“文字层”区分开，将其命名为“中间层”，效果如图3-79所示。

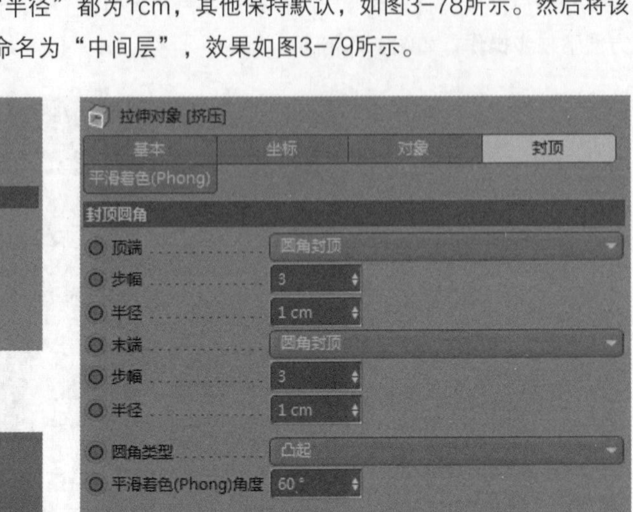

图3-77

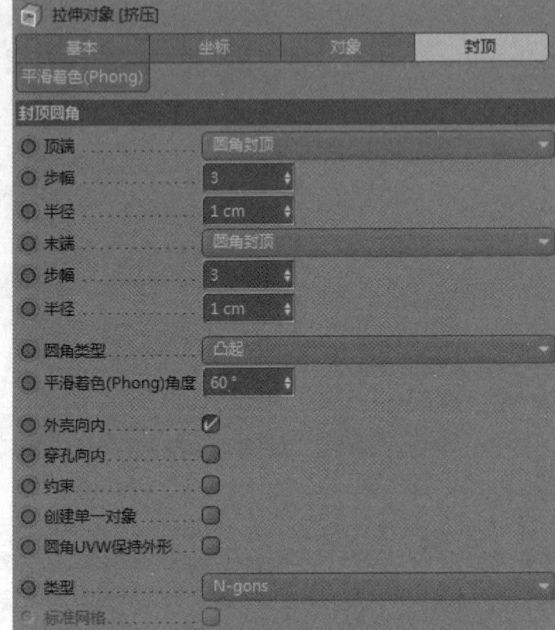

图3-78

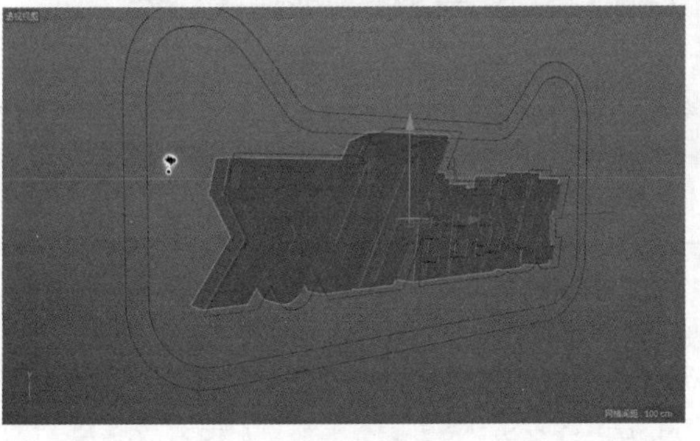

图3-79

步骤 05 把创建好的“中间层”复制1份，删除其子对象（“中间层”样条），然后将样条“后部层”作为该“挤压”对象的子级，在“属性”面板的“对象”选项卡中设置“移动”的第3个数值为30cm，其他保持默认，如图3-80所示。然后再复制1份，在视图中将两个“挤压”向后拖曳一些，分别命名为“后部层1”和“后部层2”，效果如图3-81所示。

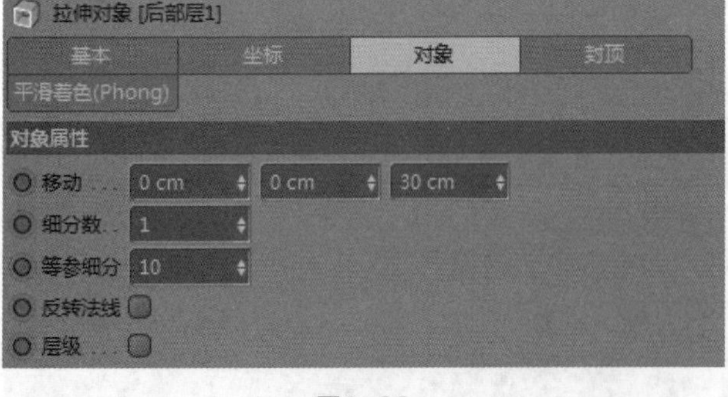

图3-80

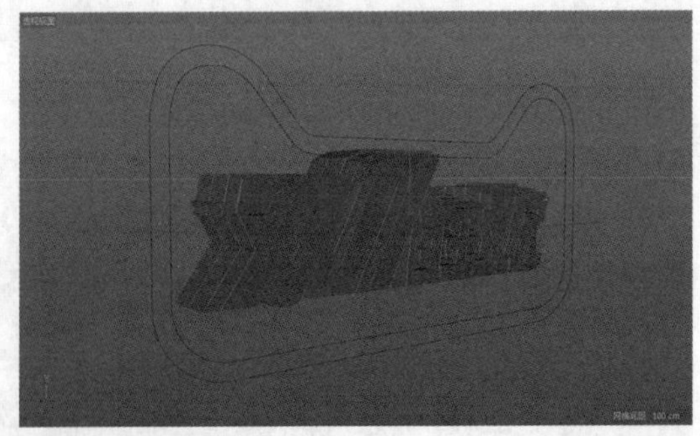

图3-81

步骤 06 文字的厚度做好了，但是造型缺少变化，要增加一些细节。单击“圆环”按钮，将圆环“半径”设置为1.5cm，其他保持默认，如图3-82所示。单击“扫描”按钮，将“后部层”样条和“圆环”作为“扫描”的子级，如图3-83所示。文字模型的完成效果如图3-84所示。

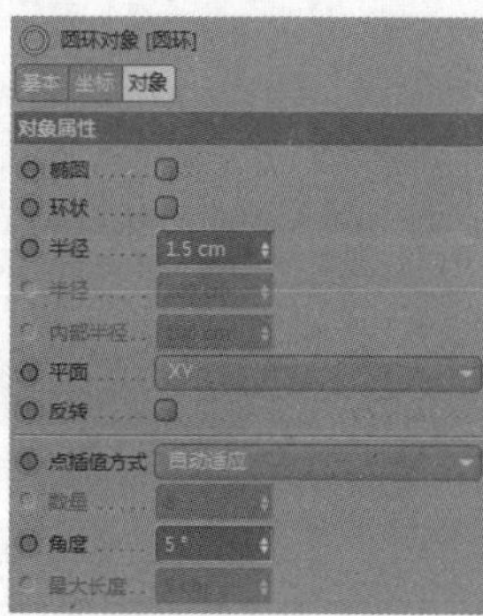

图3-82

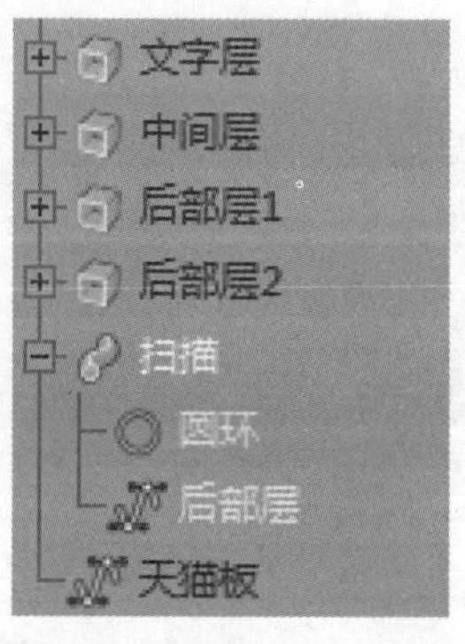

图3-83

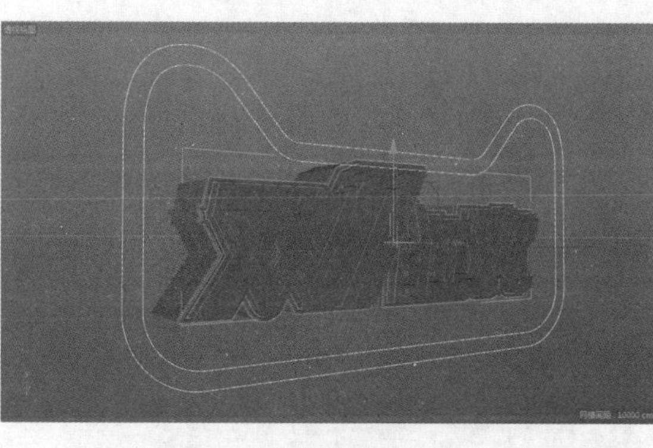
图3-84

3.3.3 背板设计与建模

步骤 01 单击“挤压”按钮，在“属性”面板的“对象”选项卡中设置“移动”的第3个数值为35cm，即挤压厚度为35cm，如图3-85所示。在“封顶”选项卡中，设置“顶端”和“末端”都为“圆角封顶”、“步幅”都为1、“半径”都为3cm、“圆角类型”为“雕刻”，其他保持默认，如图3-86所示，完成的效果如图3-87所示。

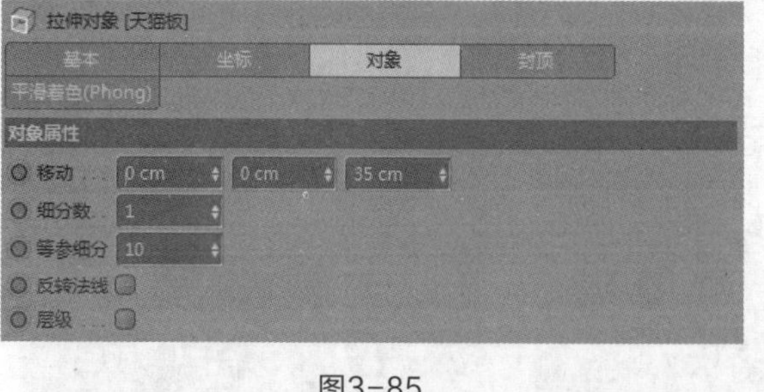

图3-85

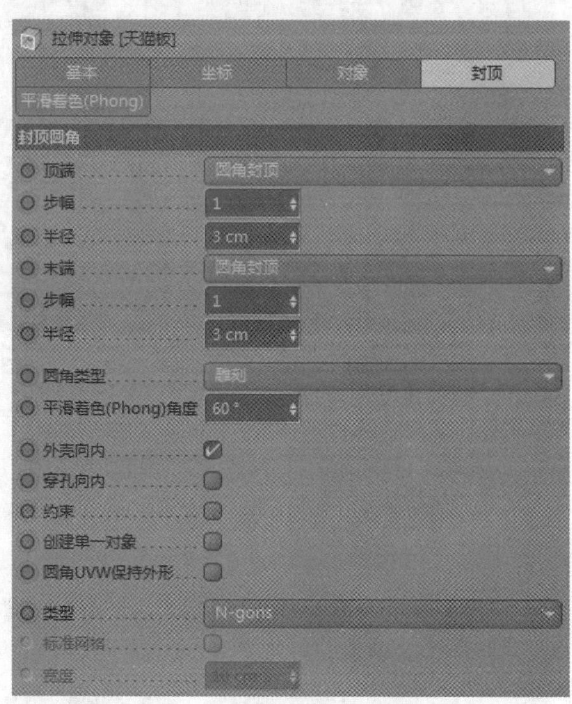

图3-86

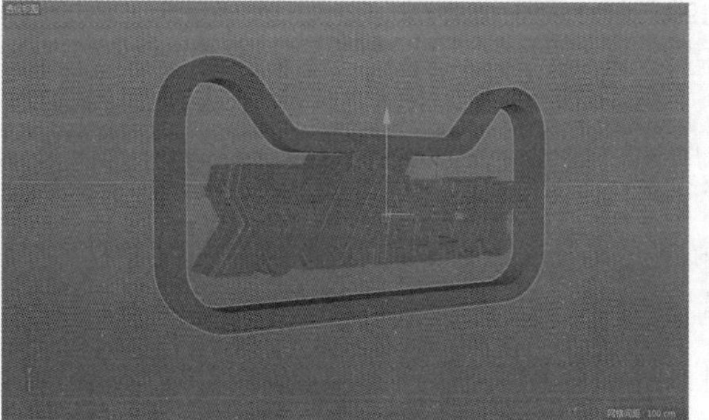
图3-87

技巧与提示

“挤压”对象有多种可选择的圆角封顶方式，使用不同的“圆角类型”可以塑造出不同的效果，免去了调整模型的麻烦，如图 3-88 所示。

“线性”模式是一种方形的倒角方式，与“步幅”的数值无关，如图 3-89 所示。

“凸起”模式是最常用的圆角方式。如果“步幅”的数值设置得较高，那么就会呈现圆角的状态，如图 3-90 所示；如果“步幅”设置为 1，就是方形的倒角，如图 3-91 所示。

“凹陷”模式是相对于“凸起”模式而言的，“凸起”是向上凸起的倒角方式，“凹陷”是向下凹陷的倒角方式，如图 3-92 所示。

“半圆”模式是挤压物体的边缘得到半圆形的倒角，建议将“步幅”设置得高一些，如图 3-93 所示。

图3-88

图3-89

图3-90

图3-91

图3-92

图3-93

“1 步幅”模式下会向内弯折出 1 个直角，如图 3-94 所示。

“2 步幅”模式下会向内弯折出 2 个直角，如图 3-95 所示。

“雕刻”模式是使边缘凸起，而被挤压的中间部分向内凹陷，如图 3-96 所示。

“挤压”对象中这几种倒角的方式都比较常用，读者可结合实际的项目灵活选择。例如，本例中的“天猫背板”将“圆角类型”设置为“雕刻”模式，能直接得到边缘凸起且中间凹陷的效果。

图3-94　　图3-95　　图3-96

步骤 02 仅有外框是不够的，还要添加细节。新建“立方体”对象，将“立方体”调整到合适大小，并进行复制，使其填满天猫外框的内部，效果如图3-97所示。将天猫框和内部的立方体群组并命名为“天猫板”，在视图中调整“天猫板”的位置，使其位于文字的后方，效果如图3-98所示。

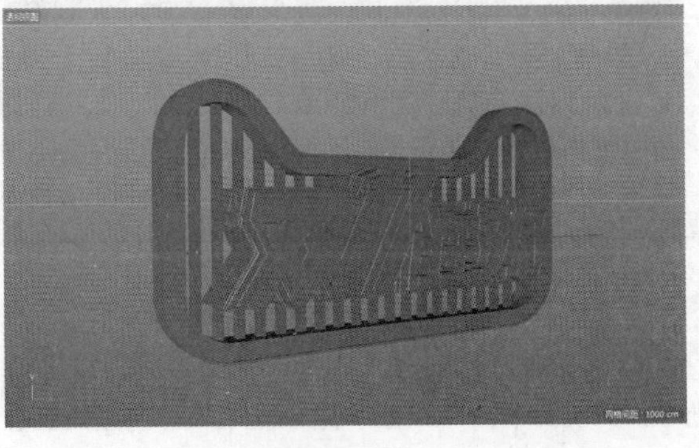

图3-97

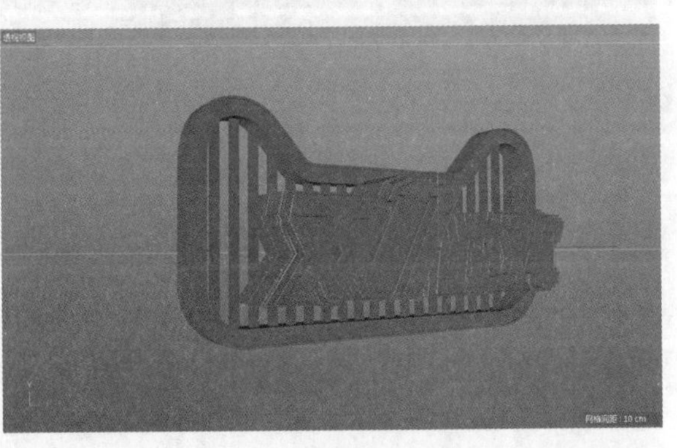

图3-98

步骤 03 在文字和背板的周围添加一些圆环的装饰。单击“圆环”按钮，在“属性”面板中设置“圆环半径”为300cm、“圆环分段”为72、“导管半径”为1.5cm、“导管分段”为18，其他保持默认，如图3-99所示。复制一个“圆环”，调整两个圆环在视图中的位置，然后添加两个小球，将小球放置在圆环的边缘，最终效果如图3-100所示。

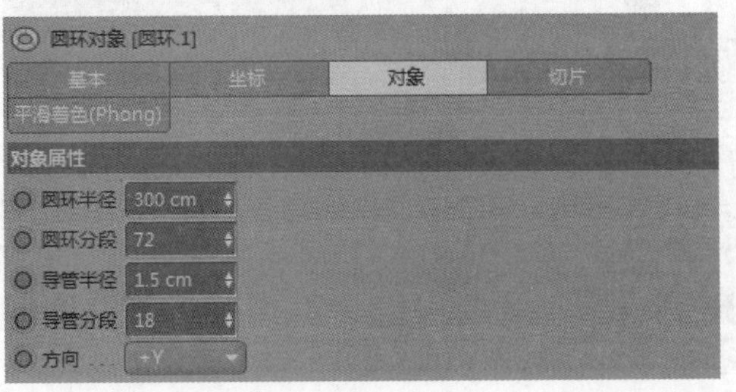

图3-99

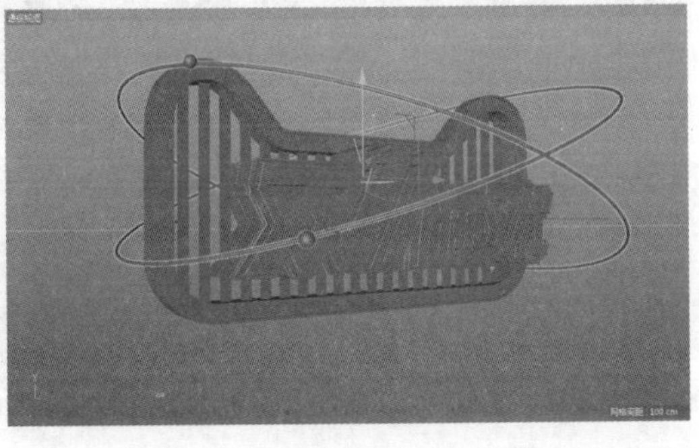

图3-100

3.3.4 背景与装饰

步骤 01 新建两个“平面”，一个在后面作为背板，一个在文字的下方作为地面。单击“立方体”按钮，在“属性”面板的“对象”选项卡中设置“尺寸.X”“尺寸.Y”“尺寸.Z”分别为600cm、60cm、230cm，勾选“圆角”复选项，设置“圆角半径”为4cm、“圆角细分”为5，如图3-101所示。将该“立方体”对象复制1份，在“属性”面板的“对象”选项卡中设置“尺寸.X”“尺寸.Y”“尺寸.Z”分别为550cm、25cm、180cm，如图3-102所示。在视图中调整两个“立方体”的位置，大的在下，小的在上，并且结合背板与地面位置调整，最终效果如图3-103所示。

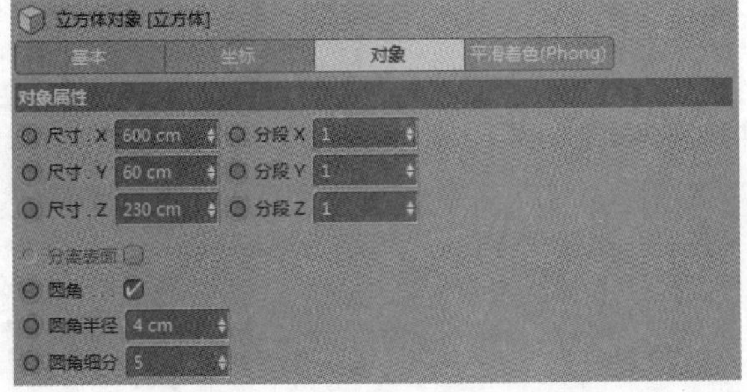

图3-101

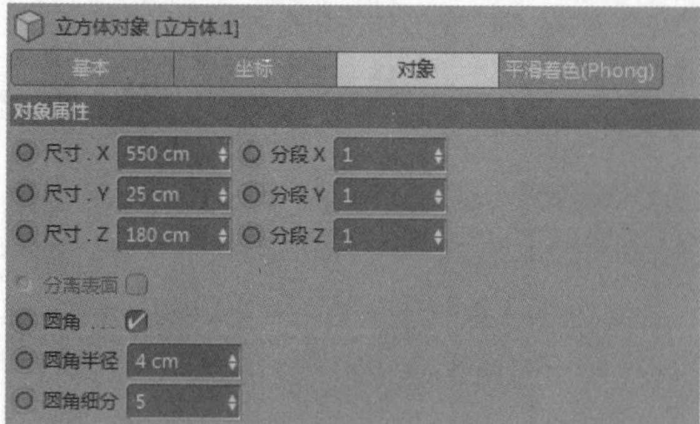

图3-102

图3-103

步骤 02 单击“文本”按钮，设置“深度”为15cm、“细分数”为1，在“文本”框内输入文字“超值低价 引爆全场”，设置“高度”为50cm，如图3-104所示。在视图中将“文本”对象放置在文字底座的正前方，如图3-105所示。

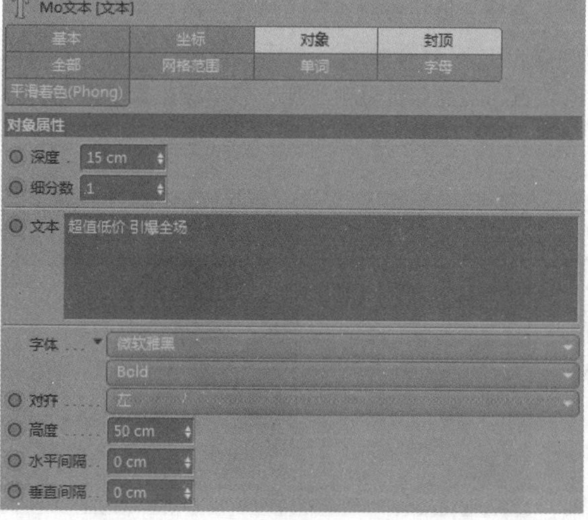

图3-104

图3-105

步骤 03 继续添加一些元素来丰富画面。单击“宝石”按钮，然后新建“晶格”，将“宝石”作为“晶格”对象的子物体，可以得到镂空的“宝石”。将镂空的“宝石”复制几份，放置在场景中，然后添加一些圆锥和球体，放置在场景中的合适位置，这样模型就创建好了，效果如图3-106所示。

图3-106

3.3.5 色彩搭配与画面平衡

步骤 01 创建文字的材质，在材质面板双击创建材质球，然后双击材质球，打开“材质编辑器”，设置“颜色”为白色，其他保持默认，如图3-107所示。复制1份白色材质，将“H”调整为50°，如图3-108所示。将两个材质都赋予“文字层”，如图3-109所示。

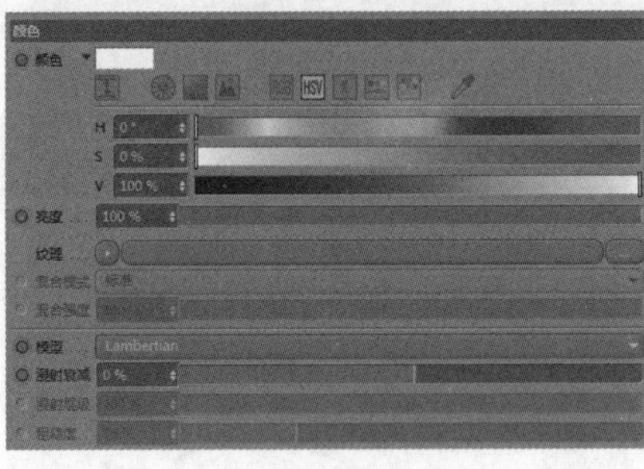

图3-107

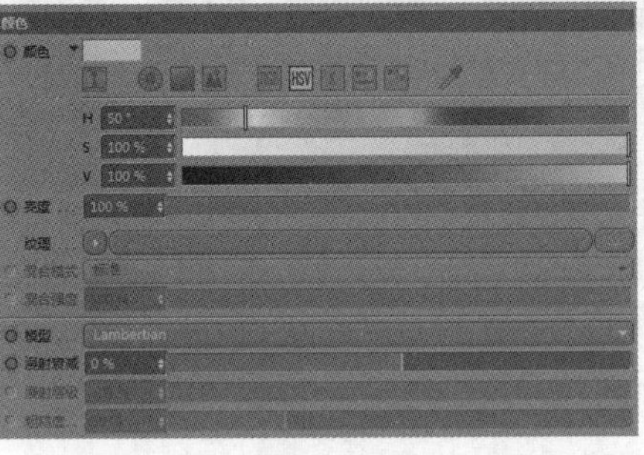

图3-108

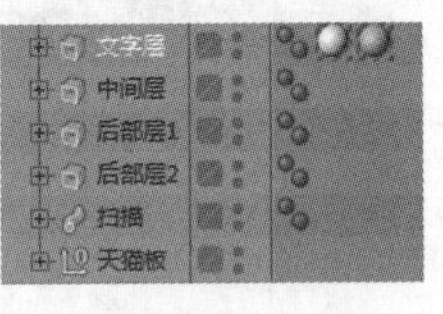

图3-109

步骤 02 由于黄色材质会覆盖掉白色材质，因此要进行修改。单击“对象”参数栏中的黄色“纹理标签”，在纹理的“属性”面板中，“选集”参数输入R1，即让这个纹理标签仅对“挤压”对象的倒角起作用，如图3-110所示，文字材质效果如图3-111所示。

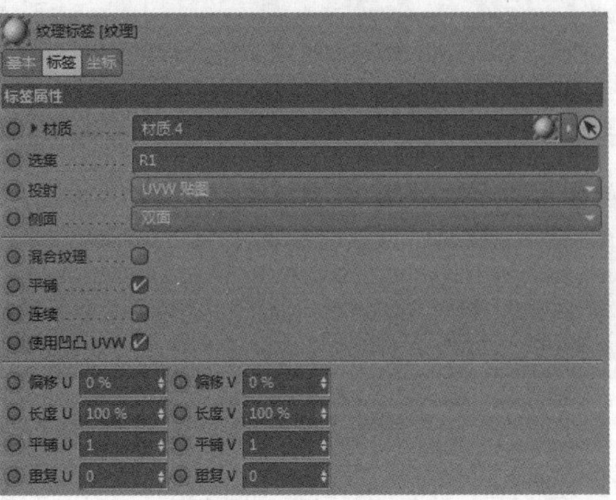

图3-110

图3-111

技巧与提示

“挤压”对象如果设置过倒角，那么就能设置不同的材质。在“纹理标签”面板的“选集”参数栏中可以输入不同字符，将纹理限制在对应的选集上，如图 3-112 所示。

C1 表示“挤压”对象的正面选集。

C2 表示“挤压”对象的背面选集。

R1 表示“挤压”对象的正面倒角。

R2 表示“挤压”对象的背面倒角。

例如，图 3-113 所示的“挤压”对象被赋予了 3 个材质，浅蓝色材质保持默认，即什么也没有设置；绿色材质的“选集”参数是 R1，该材质就仅对“挤压”对象的正面倒角起作用；深蓝色材质的“选集”参数是 C1，该材质就仅对“挤压”对象的正面起作用。

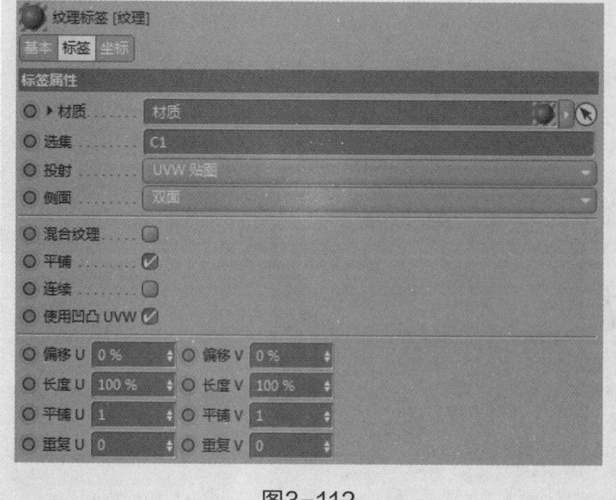

图3-112

图3-113

步骤 03 创建一个材质球，在“材质编辑器”中设置“颜色”的“H”“S”“V”分别为300°、100%、100%，其他保持默认，得到一个鲜亮的紫色材质，如图3-114所示。将这个“材质”赋予“中间层”，效果如图3-115所示。

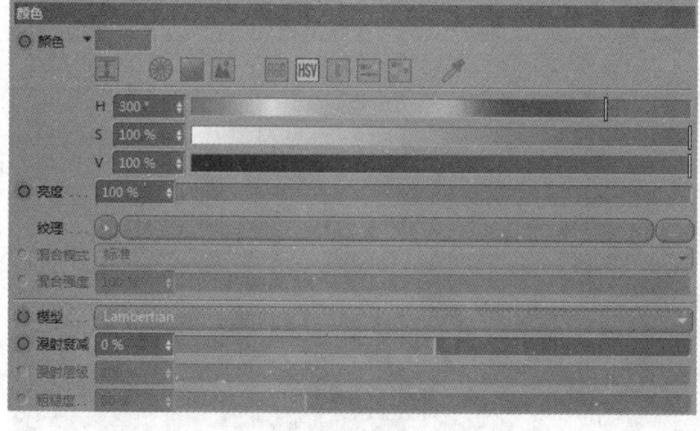

图3-114

图3-115

步骤 04 创建一个材质球，在“材质编辑器”中设置“颜色”的“H”“S”“V”分别为300°、100%、80%，其他保持默认，得到一个饱和度稍低的紫色，如图3-116所示。将这个“材质”赋予“后部层1”，效果如图3-117所示。

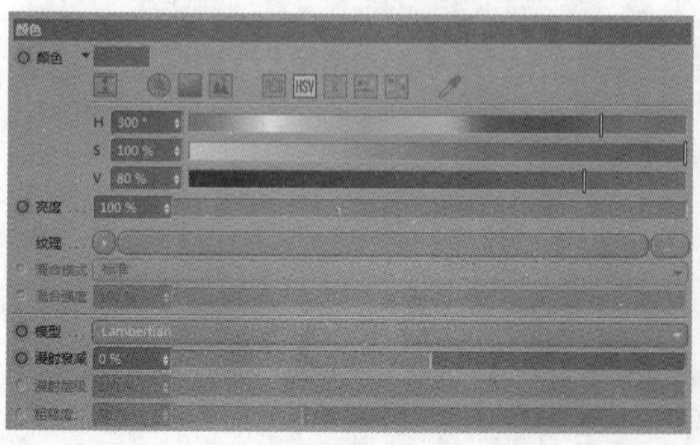

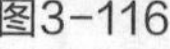
图3-116

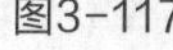
图3-117

步骤 05 创建一个材质球，在“材质编辑器”中设置“颜色”的“H”“S”“V”分别为200°、100%、100%，其他保持默认，得到一个深蓝色材质，如图3-118所示。将这个“材质”赋予“后部层2”，效果如图3-119所示。

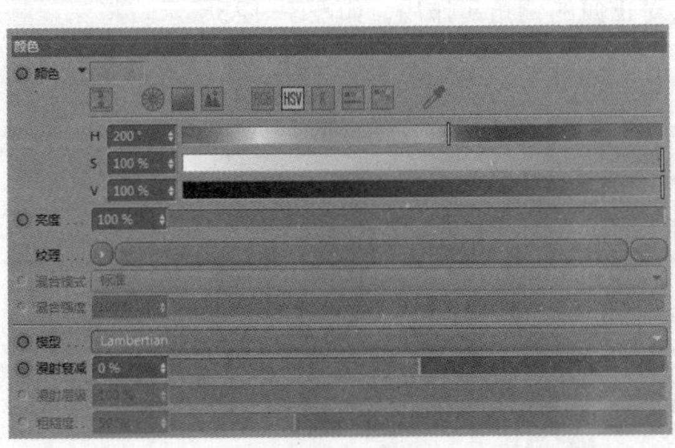
图3-118

图3-119

步骤 06 创建一个材质球，在“材质编辑器”中设置“颜色”的“H”“S”“V”分别为180°、100%、100%，其他保持默认，得到鲜亮的浅蓝色，如图3-120所示。将这个“材质”赋予文字扫描框，效果如图3-121所示。

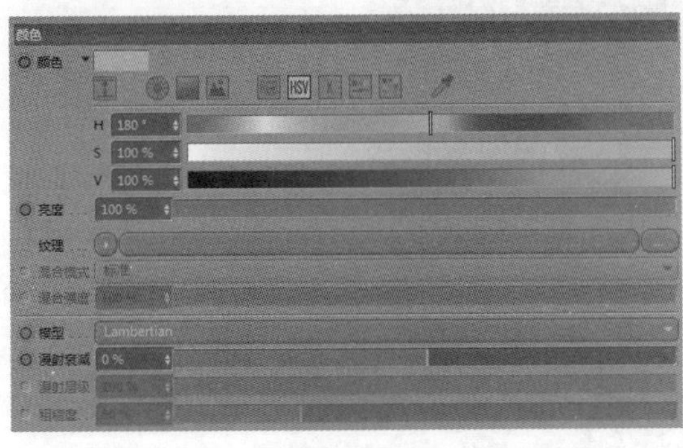
图3-120

图3-121

步骤 07 创建一个材质球，在“材质编辑器”中设置“颜色”的“H”“S”“V”分别为50°、100%、100%，其他保持默认，得到鲜亮的黄色，如图3-122所示。将黄色“材质”赋予圆环上的小球，同时将蓝色和紫色材质分别赋予两个圆环，效果如图3-123所示。

图3-122

图3-123

步骤 08 创建一个材质球，在“材质编辑器”中设置“颜色”的“H”“S”“V”分别为270°、100%、100%，其他保持默认，就得到一个深紫色材质，如图3-124所示。将深蓝色材质和深紫色材质都赋予“天猫板”外框，然后用鼠标右键单击深紫色材质，在弹出的菜单中选择“纹理标签”命令，接着在“属性”面板的“标签”选项卡的“选集”参数中输入R1，使该材质只对正面的倒角起作用，如图3-125所示。将深紫色材质赋予“天猫板”上的格栅，效果如图3-126所示。

图3-124

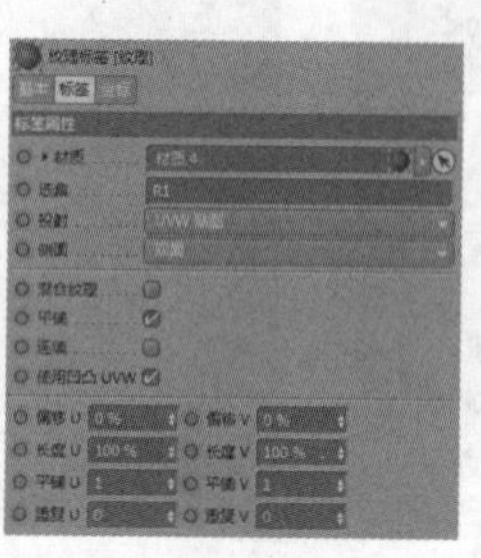

图3-125

图3-126

步骤 09 将黄色材质赋予背板和地面，白色材质赋予“超值低价 引爆全场”文字，黄色、蓝色和紫色的材质分别赋予不同的小元素，最终效果如图3-127所示。

图3-127

3.3.6 场景布光

步骤 01 单击“目标聚光灯”按钮创建一盏“目标聚光灯”，将空白物体“灯光.目标.1”移动到主体文字的中心位置。在灯光“属性”面板的“常规”选项卡中设置“类型”为“区域光”、“投影”为“区域”，其他参数保持默认，如图3-128所示。在“细节”选项卡中设置“外部半径”为700cm、“水平尺寸”和“垂直尺寸”分别为1400cm和1440cm、“衰减”为“平方倒数（物理精度）”、“半径衰减”为4300cm，让衰减的最外框在文字的边缘部分，如图3-129所示。调整灯光的位置，使其在文字的左上方，如图3-130所示。

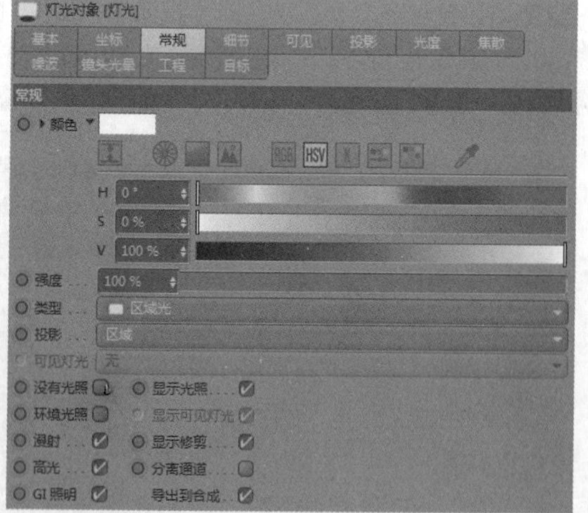

图3-128

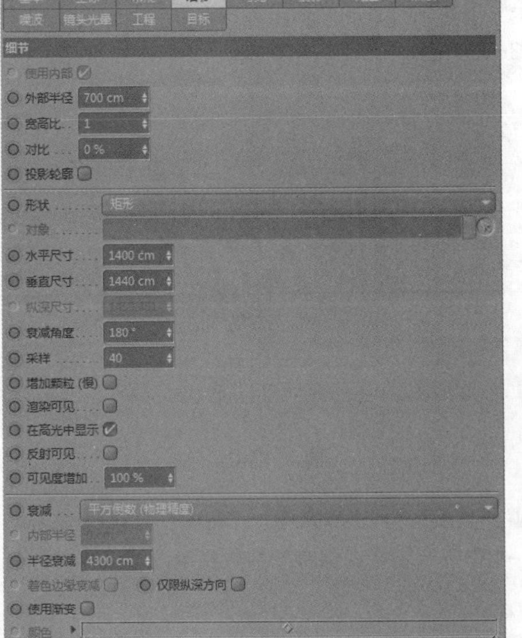

图3-129

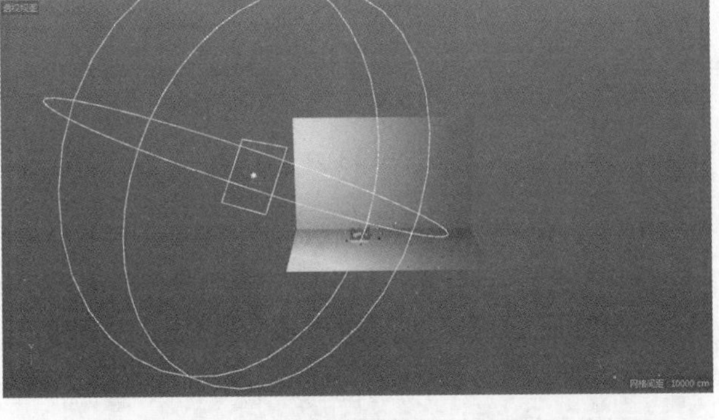

图3-130

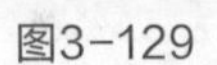

步骤 02 复制1份灯光，在“细节”选项卡中设“垂直尺寸”为1400cm、“半径衰减”为4000cm，其他参数保持不变，如图3-131所示。在视图中移动该灯光到文字的右上方，如图3-132所示。

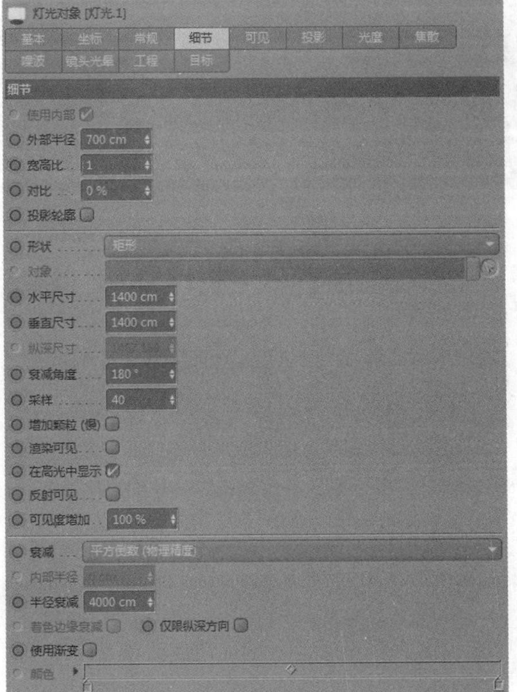

图3-131

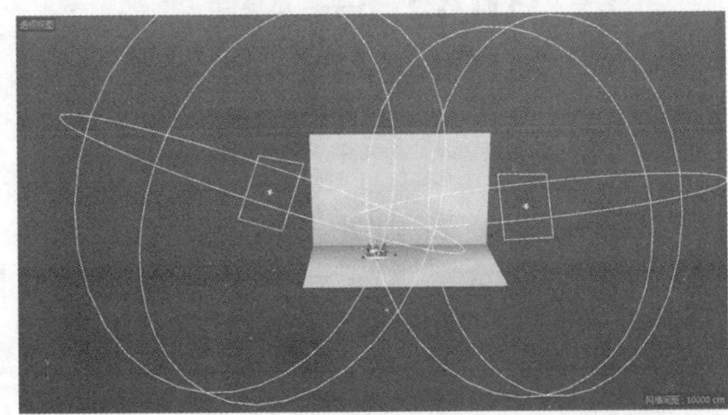

图3-132

步骤 03 单击“渲染到图片查看器”按钮，进行渲染查看，效果如图3-133所示。渲染效果尚可，但是文字下方出现了黑色阴影。打开“渲染设置”面板，在“效果”中找到“全局光照”选项并打开，再次进行渲染，黑色阴影得到缓解，物体和接缝处变得柔和平滑，如图3-134所示。

图3-133

图3-134

步骤 04 打开“渲染设置”面板，在“输出”参数栏中设置“高度”为1920像素、“宽度”为1080像素、“分辨率”为72像素/英寸（DPI），其他保持默认，如图3-135所示。在“保存”参数栏中设置保存文件的路径，如图3-136所示，最终的渲染效果如图3-137所示。

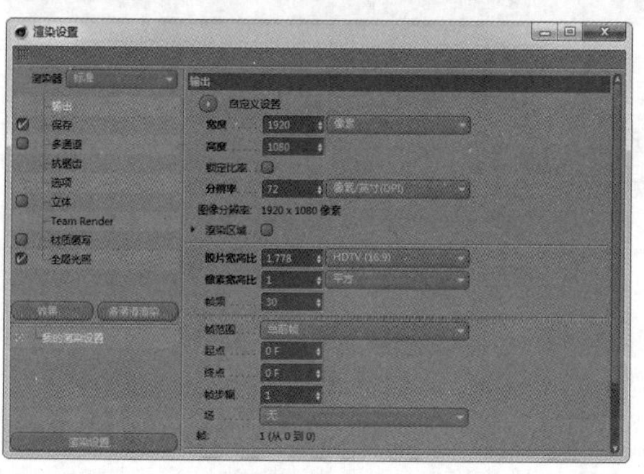
图3-135

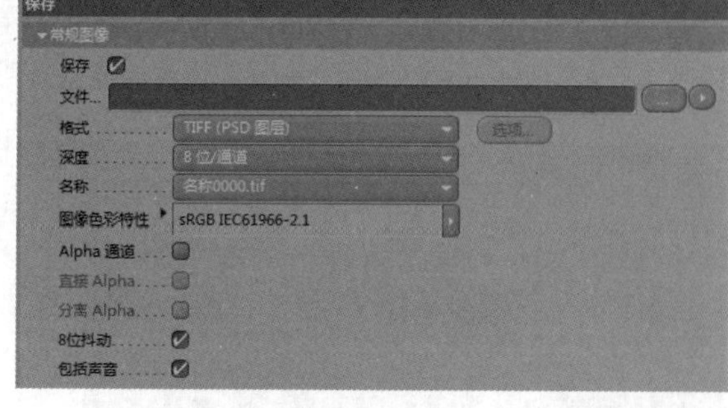
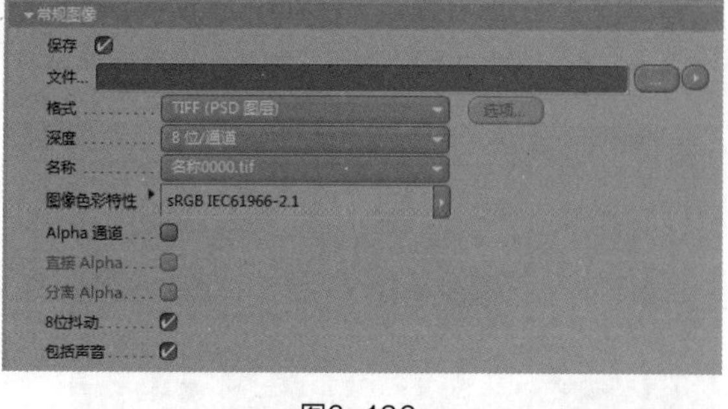

图3-136

图3-137

技巧与提示

通过本章的学习，有以下几个问题需要读者重点注意一下。

一是挤压样条的厚度时要注意方向，本案例都是对样条的 z 轴设置挤压厚度，如果发现样条的方向不对，就要切换到别的轴向进行挤压。

二是文字的挤压厚度要灵活掌握，要有适度的变化。

三是添加的装饰元素要与整体协调，视觉上不能太抢眼。

第4章

克隆工具的应用

本章学习要点

克隆工具的使用技巧　　效果器的使用技巧　　HDR照明方式的应用

4.1 运动图形模块

4.1.1 常用克隆工具

Cinema 4D有一个独特的运动图形模块，运动图形包含很多功能，其中最重要的是“克隆”工具 克隆，很多的图形效果都可以通过“克隆”工具结合各种效果器来实现，“克隆”工具通常作为父物体使用，如图4-1所示。

新建“克隆”对象，进入“属性”面板的“对象”选项卡对其进行参数设置。对象“模式”共有5种：“对象”“线性”“放射”“网格排列”“蜂窝阵列”，如图4-2所示。

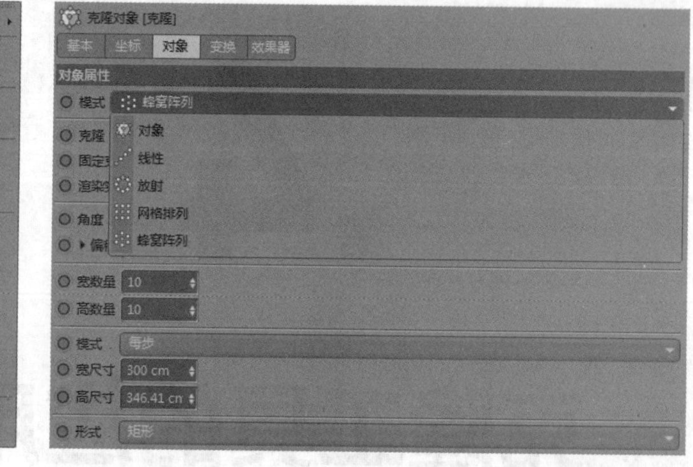

图4-1　　图4-2

第1种模式是“对象”模式。“对象”模式可以在“对象”参数框中放入图形，让“克隆”根据它的属性进行不同的设置。如果放入的物体是多边形，将出现针对多边形物体的设置选项；如果物体是样条，将出现对针对样条物体的设置选项。单击 球体 按钮，新建“球体”作为“克隆”的子物体，单击 花瓣 按钮新建一个“花瓣”。在“克隆”的“属性”面板中，选择“对象”模式，在“对象” 参数框中放入“花瓣”对象，即可将小球按照“花瓣”的图形路径克隆出多个，设置“分布”为“平均”、“数量”为59，如图4-3所示，得到如图4-4所示的图形。

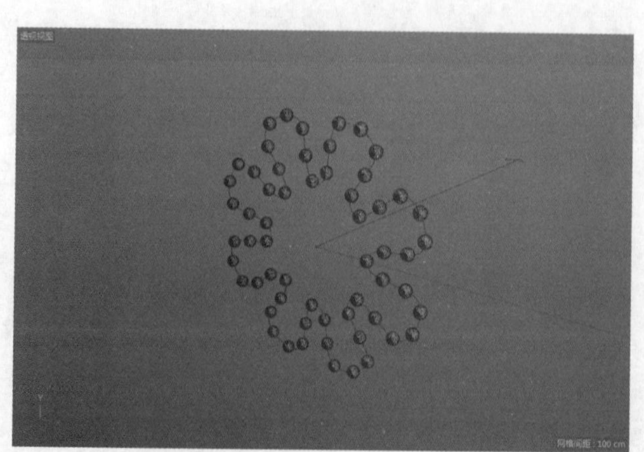

图4-3　　图4-4

第2种模式是“线性”模式，该模式可以使被克隆的物体沿着直线排列。“数量”可以增加或减少被克隆的物体，“位置”“缩放”“旋转”可以调整被克隆物体的位置、缩放和旋转参数。设置“数量”为6、“位置.Y”为33cm，如图4-5所示，得到如图4-6所示的效果。

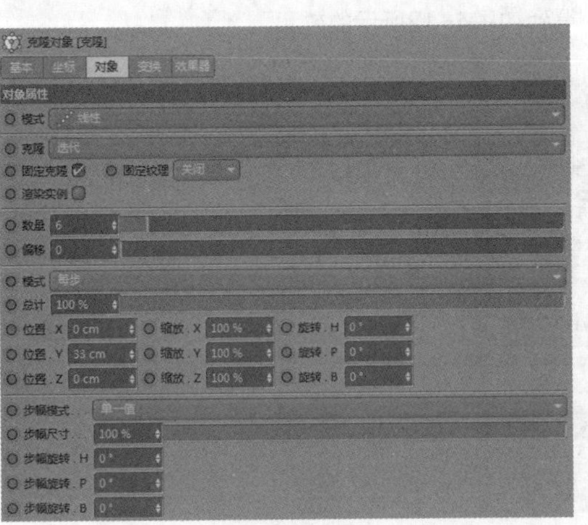

图4-5

图4-6

第3种模式是“放射”模式。“放射”模式可以使被克隆的物体从中心向外扩散分布。设置“数量”为15、调整放射“半径”为50cm，如图4-7所示，得到如图4-8所示的效果。

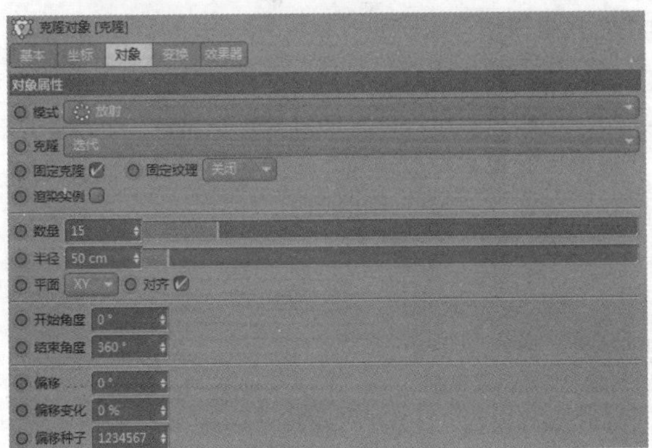

图4-7

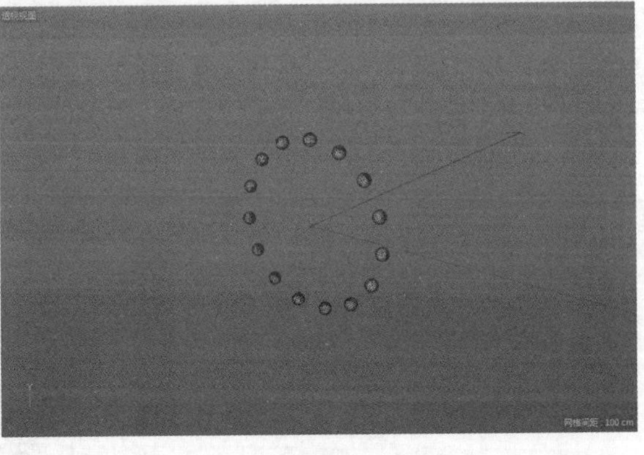

图4-8

第4种模式是“网格排列”模式。“网格排列”模式可以让被克隆的物体在不同的轴向上阵列。通过设置“数量”可以增加或减少被克隆物体在该轴向上的数量，“尺寸”可以设置被克隆物体之间的距离。这里设置“数量”的3个值都为3，调整“尺寸”的3个值都为100cm，如图4-9所示，得到如图4-10所示的效果。

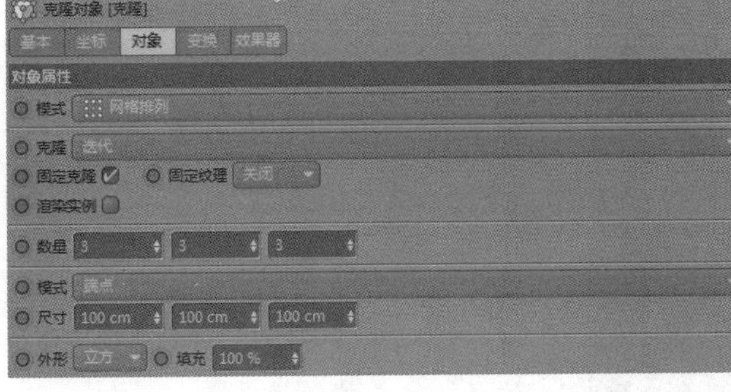

图4-9

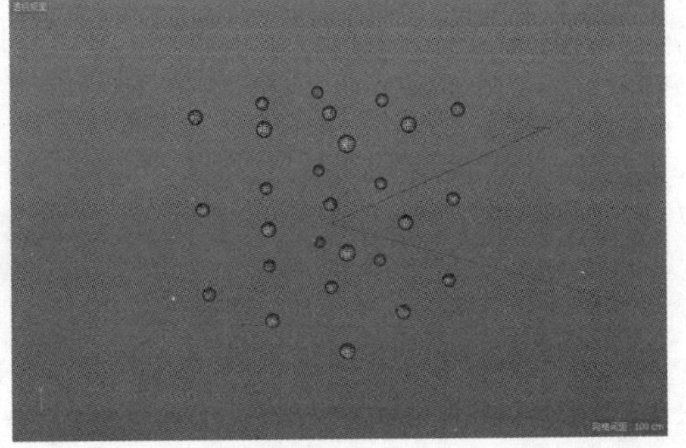

图4-10

第5种模式是“蜂窝阵列”模式。“蜂窝阵列”模式可以使被克隆的物体呈现蜂窝孔状的排列。通过设置“偏移”可以调整蜂窝状的程度，“宽数量”和“高数量”可以设置被克隆物体在两个方向上的数量，“宽尺寸”和“高尺寸”可以设置被克隆物体在两个方向上的间距。这里设置“宽数量”为6、“高数量”为8、“宽尺寸”为30cm、“高尺寸”为30cm，如图4-11所示，得到如图4-12所示的效果。

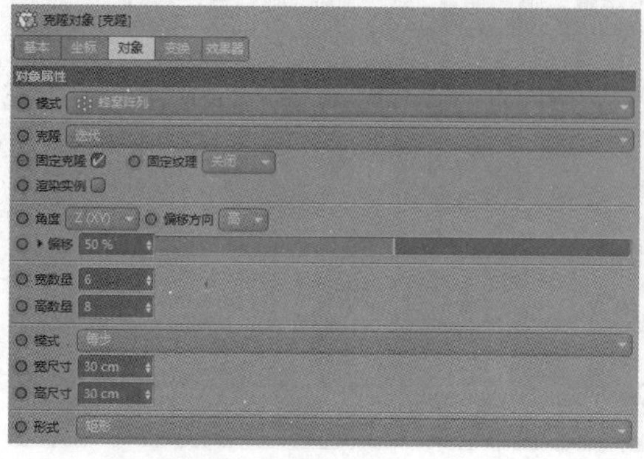

图4-11

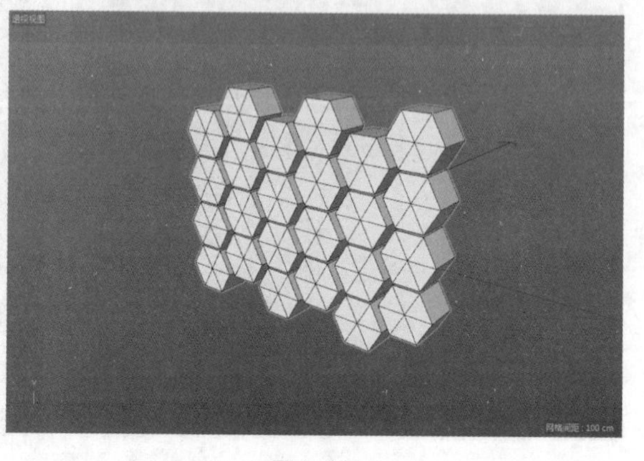
图4-12

4.1.2 常用效果器

效果器可以对运动图形对象进行调整，如图4-13所示，效果器通常被添加到运动图形的“属性”面板的“效果器”参数中使用。“群组”效果器是将使用的效果器打包群组使用；“简易”效果器对运动图形进行简单的位置、旋转和缩放设置；“延迟”效果器结合运动图形动画可以做出弹性的效果；“推散”效果器类似“克隆”效果器，不过可以设置被克隆物体不重叠；“随机”效果器可以使被克隆物体的位置、旋转和缩放随机化；“着色”效果器可以使用色彩或贴图控制被克隆物体；“步幅”效果器可以让被克隆物体有规律地变化位置、旋转和缩放属性。

图4-13

4.2 午夜的灯光——“618 年中大促”首页设计

4.2.1 制作思路

模型部分：把在Illustrator软件中设计好的线条文字导入Cinema 4D中，使用“挤压”将文字挤出厚度，使用“扫描”工具制作灯管部分，通过“克隆”工具制作灯管的铁环，利用“克隆”工具制作文字后面的装饰物，通过“晶格”工具制作桁架，在软件自带的预制库中导入射灯，最后增加角锥体点缀场景。

材质部分：使用深蓝色和深紫色作为画面的主要色彩，目的是用反衬的方式突出文字的灯光。

灯光部分：利用正面光照亮物体，同时使用全局光照让整个场景效果更加细腻。

后期部分：导出图像，在Photoshop中添加细节，增强灯光的亮度，调整颜色、对比度和明暗关系，最终效果如图4-14所示。

图4-14

4.2.2 创建字体

步骤 01 导入学习资源中的文字样条素材，将“缩放”参数保持为默认的1，勾选“连接样条”和“群组样条”复选项，如图4-15所示，导入的样条效果如图4-16所示。

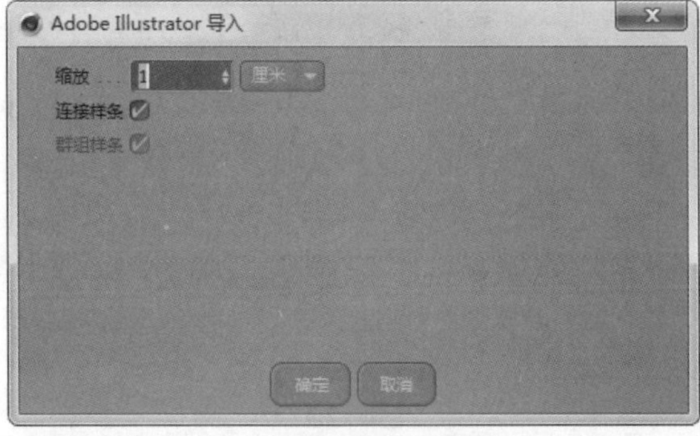

图4-15

图4-16

步骤 02 单击选中群组，按快捷键Shift+G取消群组，得到散乱的样条。使用“框选”工具选择各个部分的文字样条，然后对其进行群组并命名。把第1块文字命名为“618文字层”，第2块文字和第3块文字分别命名为“618灯管层”和“618后部层”，把“年中大促”的上部样条命名为“年中大促前”，下部样条命名为“年中大促后”，如图4-17所示。移动样条的位置，使其对齐靠拢，方便下一步操作，如图4-18所示。

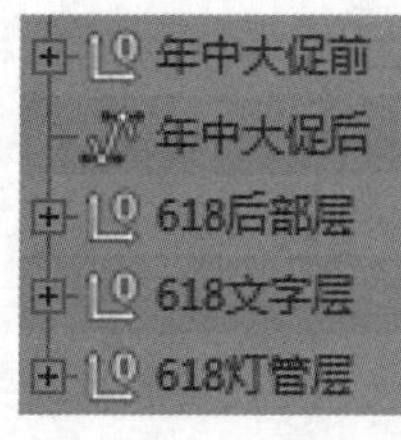

图4-17

图4-18

步骤 03 单击“挤压”按钮，将“618文字层”样条作为它的子物体，在“属性”面板的“对象”选项卡中设置“移动”的第3个数值为40cm，勾选“层级”复选项，其他保持默认，如图4-19所示。进入“封顶”选项卡，设置“顶端”和“末端”都为“圆角封顶”、“步幅”都为3、“半径”都为5cm、“圆角类型”为“凸起”，其他保持默认，如图4-20所示。得到立体的文字，将该“挤压”也命名为“618文字层”，效果如图4-21所示。

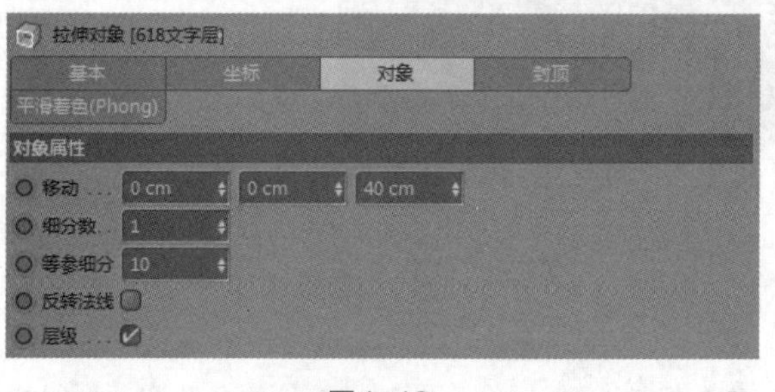

图4-19

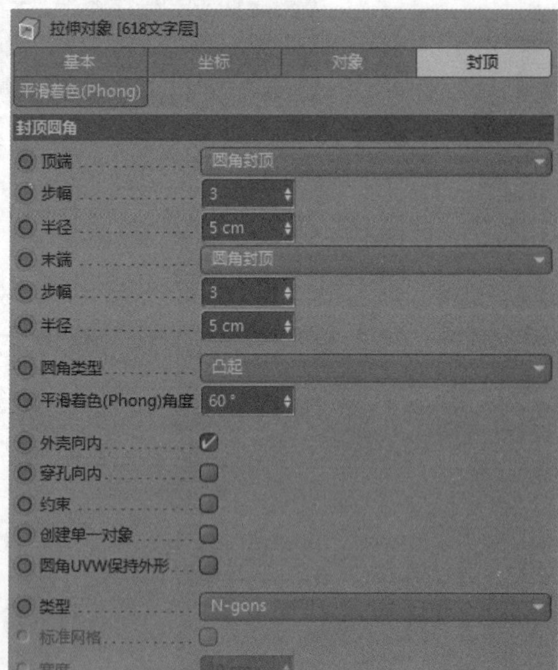

图4-20

图4-21

步骤 04 复制1份“618文字层”挤压对象，将其子对象样条“618文字层”删除，将样条“618后部层”作为该“挤压”对象的子级。进入“属性”面板的“对象”选项卡，设置“移动”的第3个数值为80cm，其他保持默认，如图4-22所示。在“封顶”选项卡中设置“顶端”和“末端”都为“圆角封顶”、“半径”都为10cm、“圆角类型”为“雕刻”，如图4-23所示。将这个“挤压”对象命名为“618后部层”，并稍微向后拖曳，效果如图4-24所示。

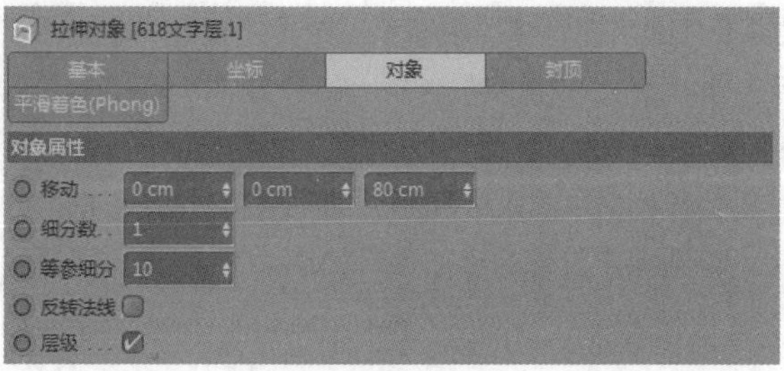

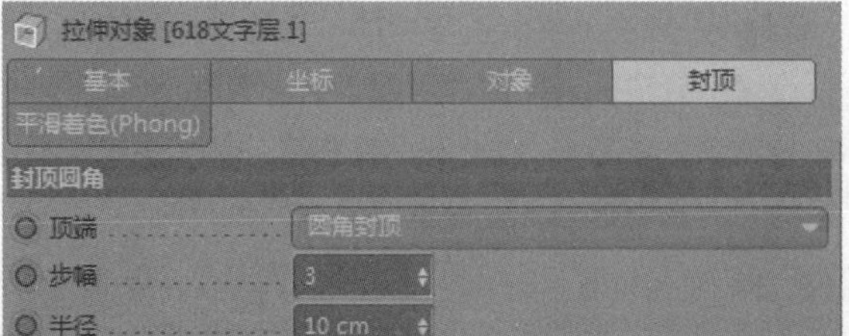

图4-22

图4-24

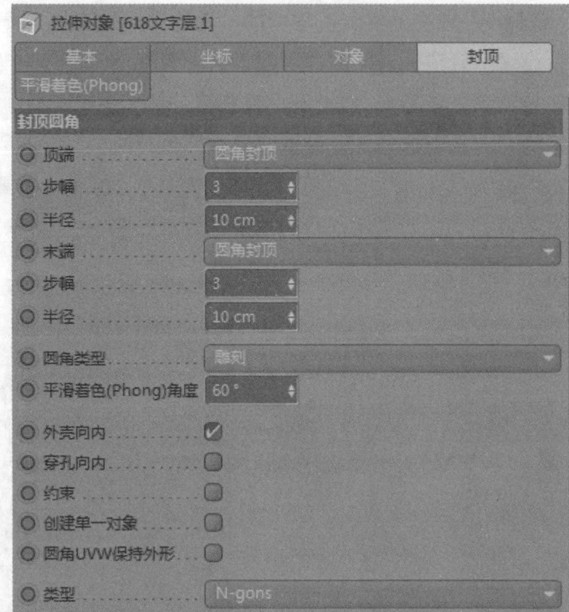

图4-23

步骤 05 选中这两个“挤压”对象，单击“转为可编辑对象”按钮，将“618文字层”和“618后部层”拆散，得到了分开的“挤压”对象，如图4-25所示。将零散的6个“挤压”对象取消群组，使用“选择”工具将其按照6、1、8的数字组合重新群组，并将“618灯管层”群组中的样条分别放入群组6、1、8中，如图4-26所示。

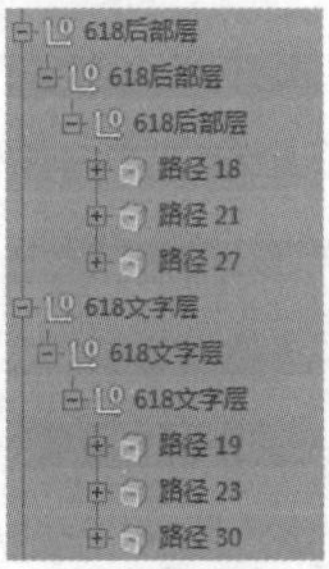

图4-25 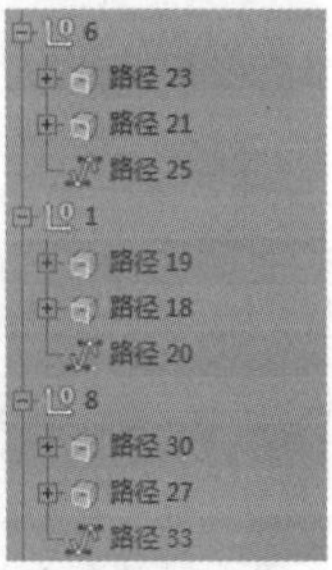　图4-26

步骤 06 创建文字上面的灯管，单击“圆环”按钮，在“属性”面板的“对象”选项卡中设置“半径”为6cm，如图4-27所示。单击“扫描”按钮，将“圆环”和群组6中的路径25作为“扫描”的子级，得到6灯管，同样做法做出1和8灯管并调整至合适的位置，如图4-28所示，效果如图4-29所示。

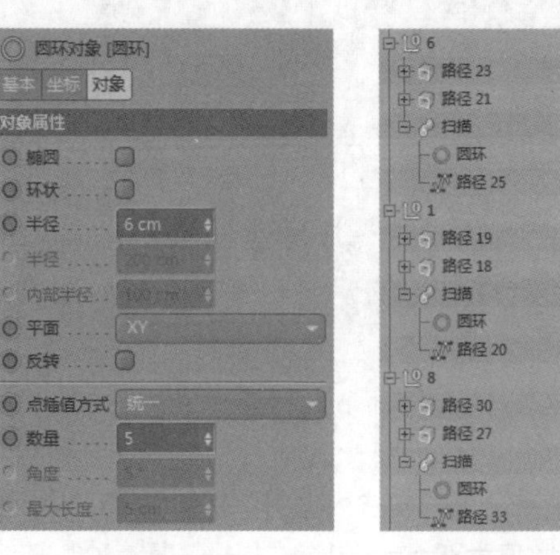

图4-27　图4-28

图4-29

步骤 07 现在的灯光孤零零的，看起来比较奇怪，所以需要创建固定灯管的小部件。单击“管道”按钮，设置“管道”对象的“内部半径”为8cm、“外部半径”为12cm、“高度”为8cm、“方向”为+Z，其他保持默认，如图4-30所示。单击“克隆”按钮，将“管道”作为“克隆”的子级，在克隆的“属性”面板的“对象”选项卡，设置“模式”为“对象”，在“对象”参数框中放入路径25，即6的灯管样条，把“分布”改为“步幅”，设置“步幅”为128，其他保持默认，得到固定灯管的小部件，如图4-31所示。同样的做法将1和8的灯管小部件做出来，效果如图4-32所示。

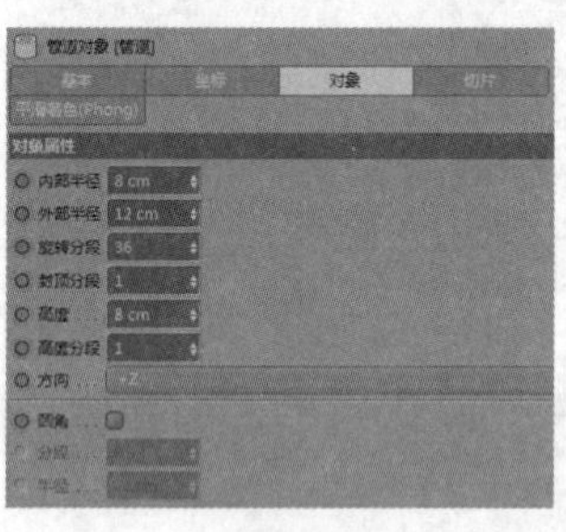

图4-30

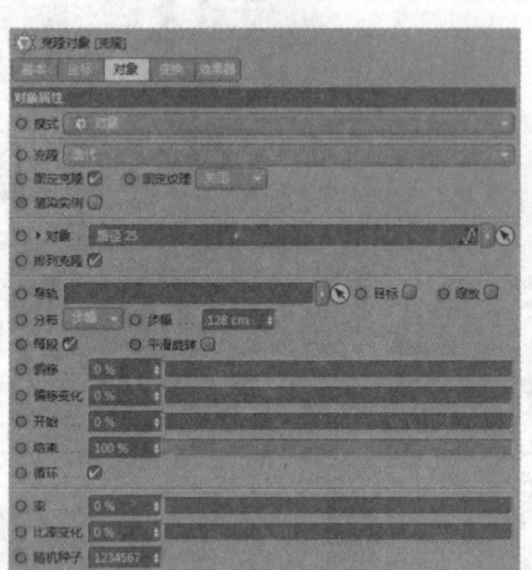

图4-31

图4-32

技巧与提示

在上述操作中，圆环有可能出现不按照路径排列的情况，也就是圆环面与路径方向平行，如图 4-33 所示。

出现这种情况是因为对象的朝向不对造成的，有两种解决办法。

一是在设置之初就将物体的朝向设置好，例如本例就提前将“圆管”的方向设置为 +Z，避免了这种情况。但这种情况相对比少，因为不知道克隆物体最终的形象，所以通常使用第二种方法。

二是克隆出现的问题最好通过“克隆”物体的设置来解决，在本例中，可以在“属性”面板的“变换”选项卡中设置“旋转”来解决，如图 4-34 所示。

图4-33

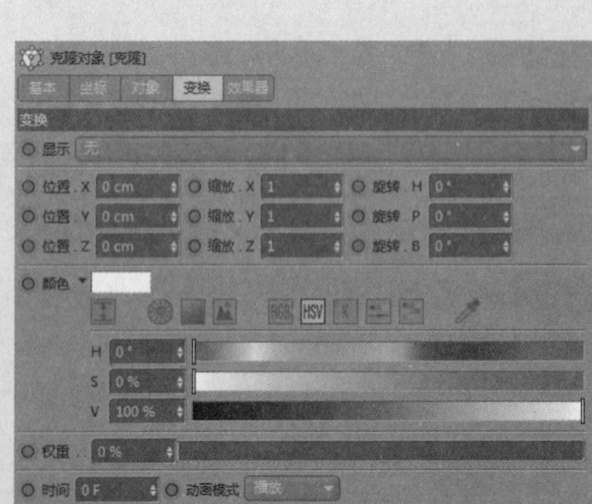

图4-34

步骤 08 开始处理“年中大促”文字的效果。单击“挤压”按钮，将“年中大促前”样条作为它的子物体，在“属性”面板的“对象”选项卡中，设置“移动”的第3个数值为30cm，勾选“层级”复选项，其他保持默认，如图4-35所示。进入“封顶”选项卡，设置“顶端”和“末端”都为“圆角封顶”、“步幅”都为3、“半径”都为2cm，“圆角类型”为“凸起”，其他保持默认，如图4-36所示。将该“挤压”命名为“年中大促前”，用同样的方法制作第2层的立体字，得到“年中大促后”，如图4-37所示。

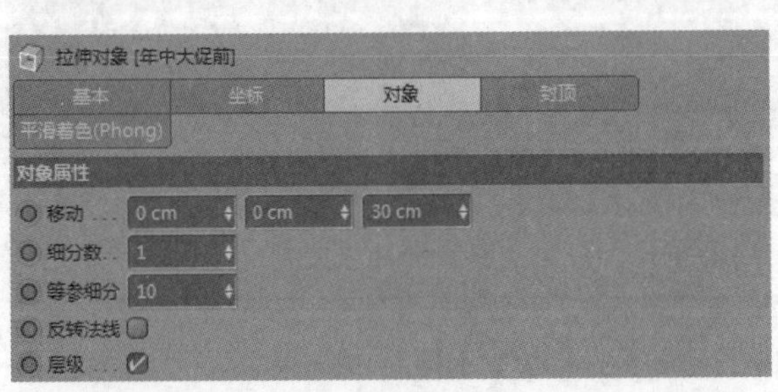

图4-35

图4-37

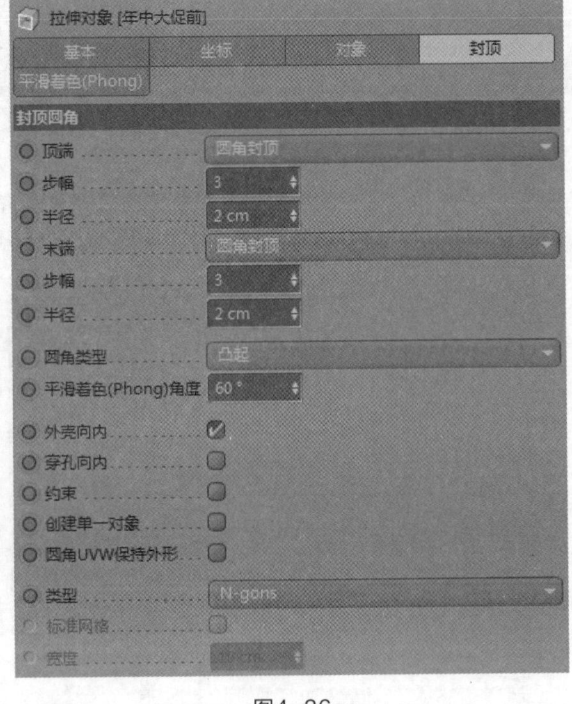

图4-36

4.2.3 处理文本层次关系

步骤 01 创建环境物体，先建造两个平面，放大到合适的大小，并调整它们的位置，一个作为“背景”，一个作为“地面”，如图4-38所示。

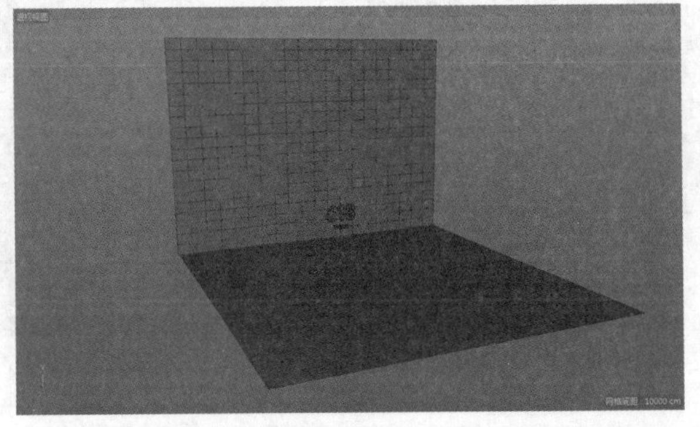

图4-38

步骤 02 创建文字的底座部分，单击“圆柱”按钮，在“属性”面板的“对象”选项卡中设置“半径”为300cm、“高度”为300cm，如图4-39所示。进入“封顶”选项卡，勾选“圆角”复选项，设置“分段”为3、“半径”为5cm，如图4-40所示。这样就创建好了一个底座，将这个底座复制1份，设置“半径”为280cm，调整两个底座的位置，将它们放置到6的下方，命名为“6底座”，如图4-41所示。

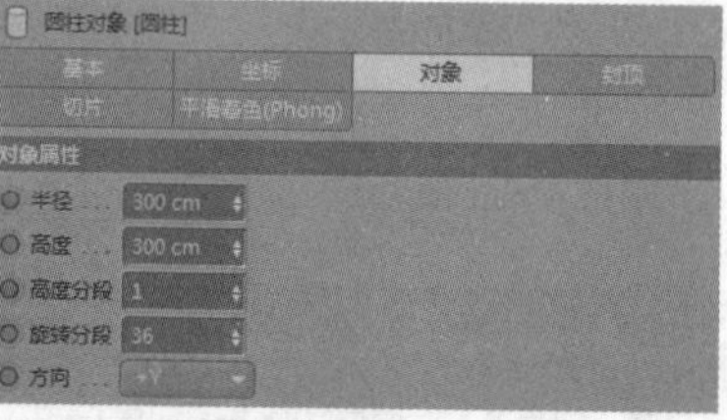

图4-39

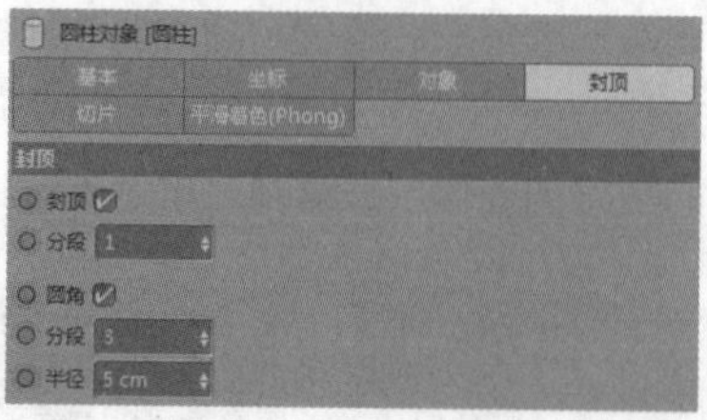

图4-40

图4-41

步骤 03 复制2份“6底座”，分别命名为“1底座”和“8底座”，将两个底座分别放置到对应的数字下方，如图4-42所示。现在的图形略显呆板，需要变化。将“文字6”和底座向右旋转并调低，将“文字1”和底座向后移动并将底座缩小，将“文字8”向左旋转并整体调低，得到的最终效果如图4-43所示。

图4-42

图4-43

步骤 04 “年中大促”这几个字的位置还需要调整，单击立方体按钮新建一个“立方体”，在“属性”面板的“对象”选项卡中设置“尺寸.X”“尺寸.Y”“尺寸.Z”分别为660cm、120cm、400cm，勾选“圆角”复选项，设置“圆角半径”为6cm、“圆角细分”为3，如图4-44所示。将该立方体作为“年中大促”的底座，在视图中调整底座和“年中大促”文字的位置，一起放置到“618”文字的前方，如图4-45所示。

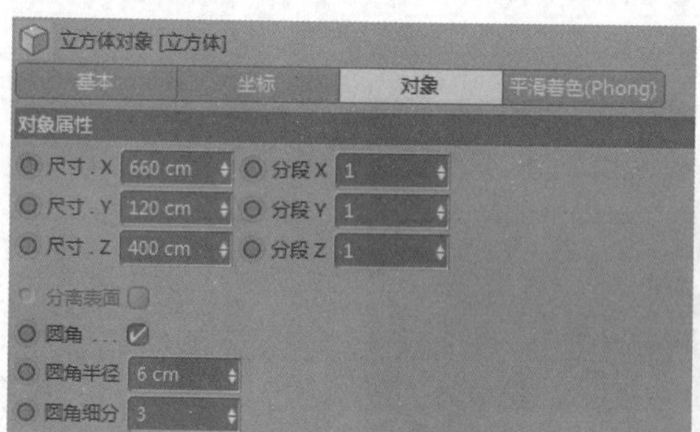

图4-44

图4-45

4.2.4 添加背景丰富画面

步骤 01 添加地面上的物体，新建“管道”，在“属性”面板的“对象”选项卡中设置“内部半径”为720cm、“外部半径”为900cm、“旋转分段”为90、“高度”为25cm，勾选“圆角”复选项，设置“分段”为3、“半径”为5cm，如图4-46所示。复制一个“管道”，修改“内部半径”为1100cm、“外部半径”为1400cm，如图4-47所示。在视图中调整两个管道的位置，让其位于地面之上并处于正中心位置，如图4-48所示。

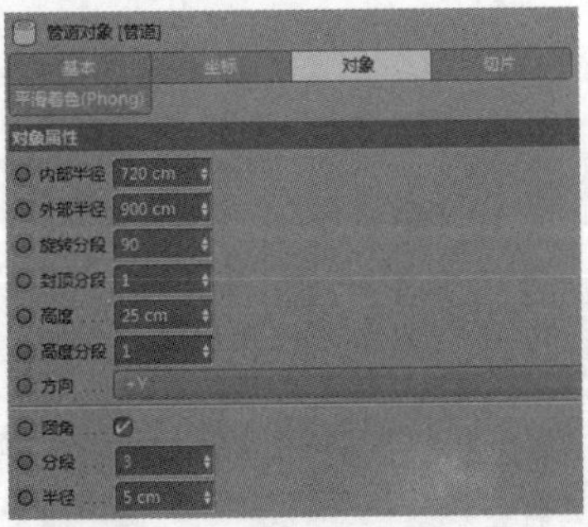

图4-46

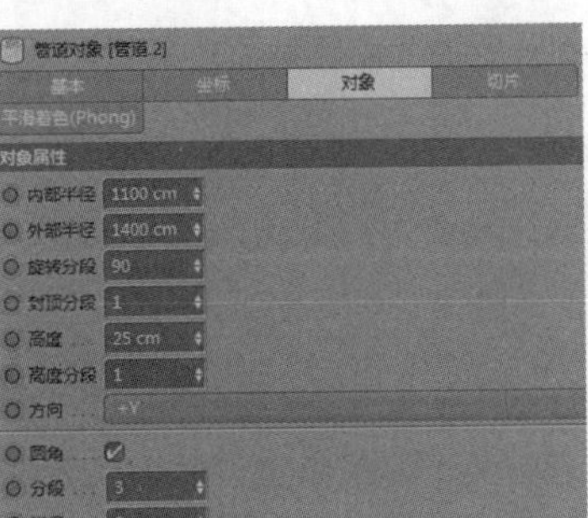
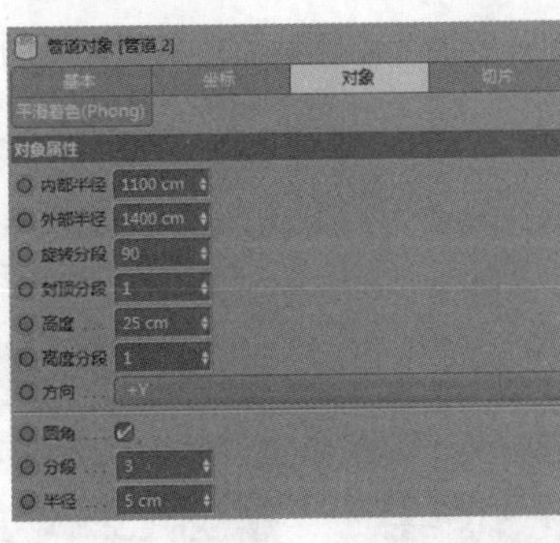

图4-47

图4-48

步骤 02 创建背景物体，新建“圆锥”对象，在“属性”面板的“对象”选项卡中设置“顶部半径”为0cm、“底部半径”为100cm、“高度”为150cm，其他保持默认，如图4-49所示。进入“封顶”选项卡，勾选“封顶”复选项，设置“封顶分段”为3、“圆角分段”为6，勾选“底部”复选项，设置“半径”为50cm、“高度”为50cm，如图4-50所示。

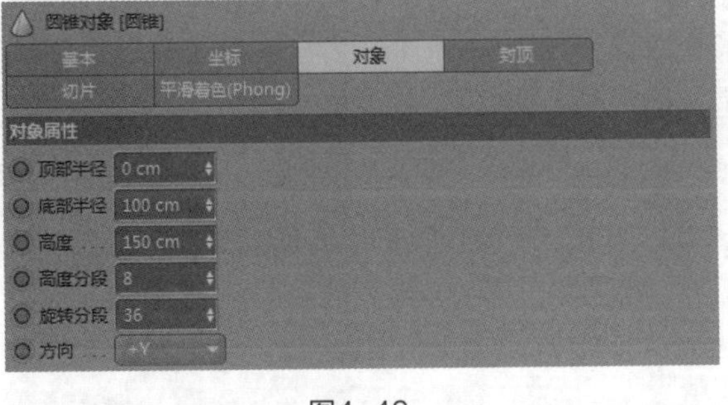

图4-49

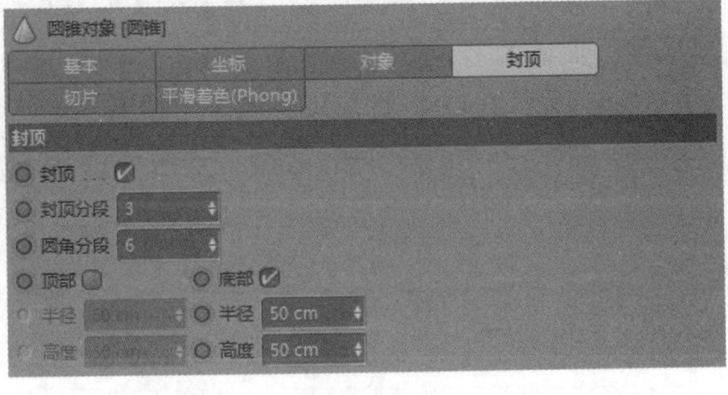

图4-50

步骤 03 单击“克隆”按钮，将上一步创建的“圆锥”作为“克隆”对象的子物体。在“属性”面板的“对象”选项卡中设置“模式”为“线性”、“数量”为3、“位置.Y”为75cm，如图4-51所示。还需要进行对象的大小设置，为“克隆”对象新建“步幅”效果器，在“属性”面板的“参数”选项卡中设置“缩放”为0.4。但是缩放的形式不正确，需要在“效果器”选项卡中执行“样条预制>线性”命令，然后分别拖曳左右两个控制点，一个在左上角，一个在右下角，如图4-52所示。得到的模型如图4-53所示。

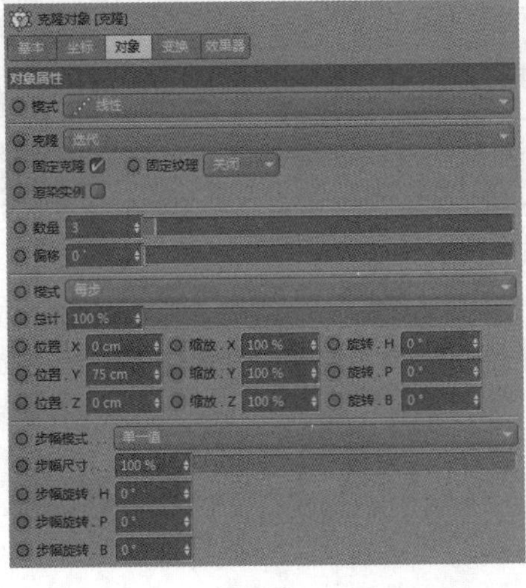

图4-51

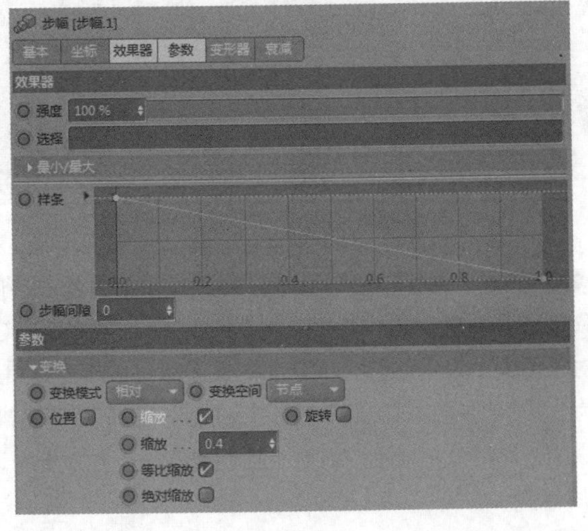

图4-52

步骤 04 将该模型复制2份，分别缩放到一定的大小，然后放置到合适的位置，如图4-54所示。

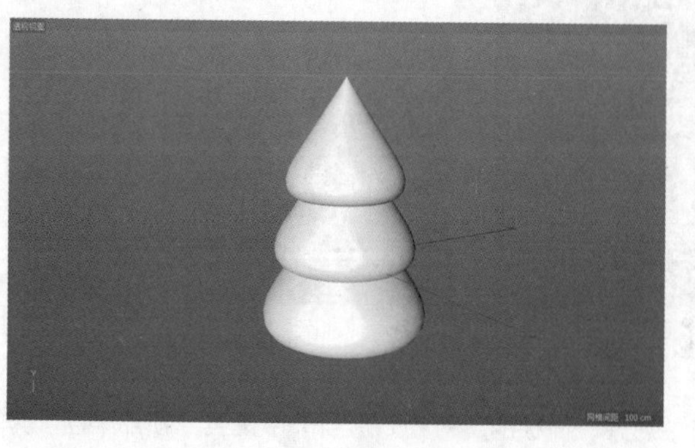

图4-53

图4-54

步骤 05 单击“四边”按钮，在“属性”面板的“对象”选项卡中设置“类型”为“菱形”、“A”为450cm、“B”为750cm，如图4-55所示。单击“挤压”按钮，将“四边”对象作为“挤压”的子级，在“挤压”对象“属性”面板的“对象”选项卡中设置“移动”的第3个数值为20cm，如图4-56所示。在“封顶”选项卡，设置“顶端”和“末端”都为“圆角封顶”、“步幅”都为3、“半径”都为3cm，如图4-57所示。

图4-55

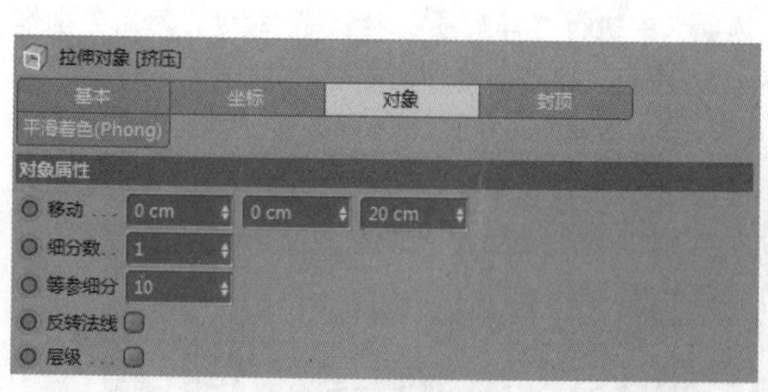

图4-56

图4-57

步骤 06 单击“克隆”按钮，将上一步创建的“挤压”作为“克隆”对象的子级。在“属性”面板的“对象”选项卡中设置“模式”为“线性”、“数量”为3、“位置.Z”为40cm，如图4-58所示。下面需要进行对象的大小设置，为“克隆”对象新建“步幅”效果器，在“属性”面板的“参数”选项卡中设置“缩放”为1，其他保持默认。缩放设置完成后，但形式不正确，需要在“效果器”选项卡中执行“样条预制>线性”命令，然后分别拖曳左右两个控制点，一个在左上角，一个在右下角，如图4-59所示。得到的模型如图4-60所示。

步骤 07 将该图形复制2份，分别缩放到一定的大小并放置到合适的位置，效果如图4-61所示。

图4-58

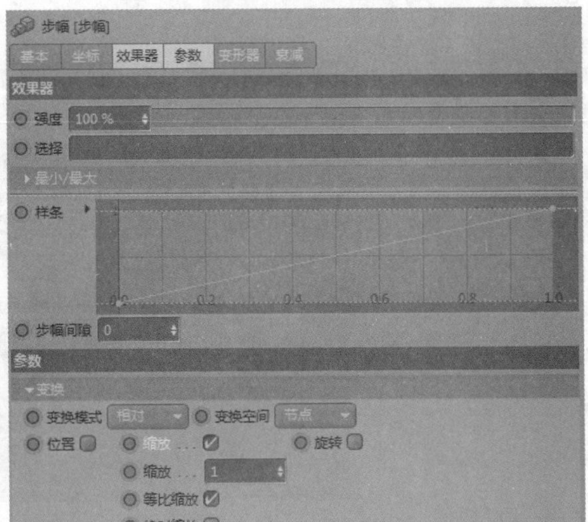
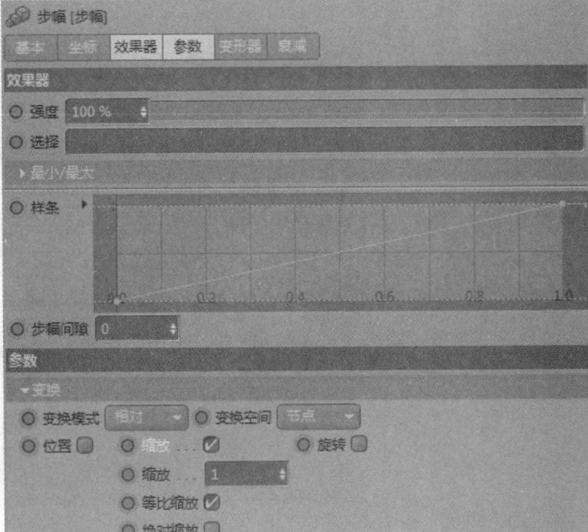
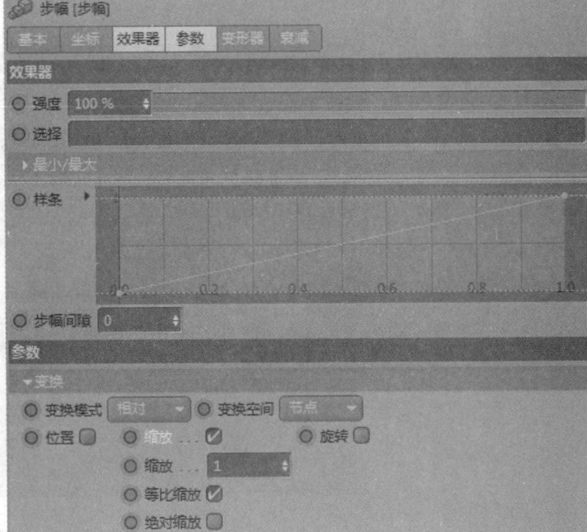

图4-59

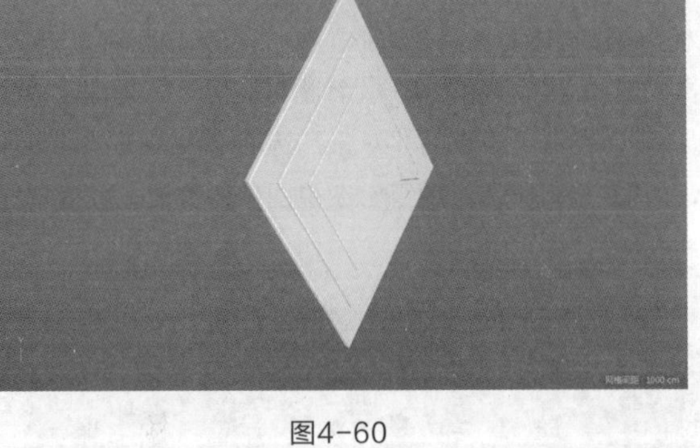
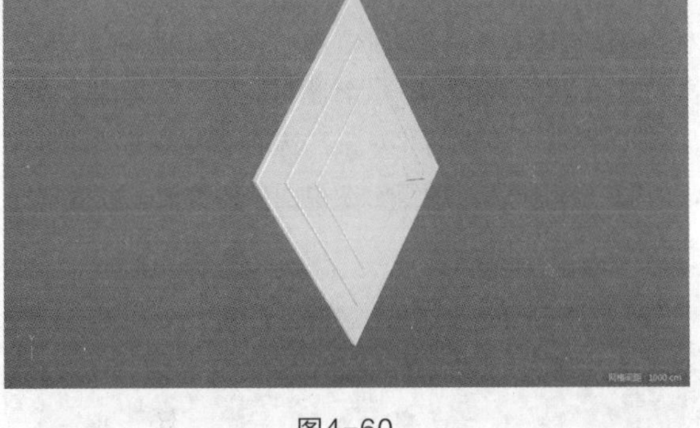

图4-60

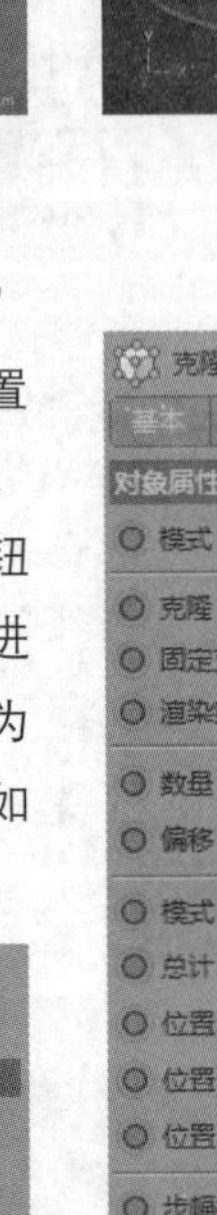

图4-61

步骤 08 创建两侧的立方体层叠，单击“立方体”按钮，在“属性”面板的“对象”选项卡中设置“尺寸.X”“尺寸.Y”“尺寸.Z”分别为350cm、90cm、350cm，如图4-62所示。单击“克隆”按钮，将“立方体”作为“克隆”对象的子级，进入“属性”面板的“对象”选项卡，设置“模式”为“线性”、“数量”为5、“位置.Y”为100cm，如图4-63所示。

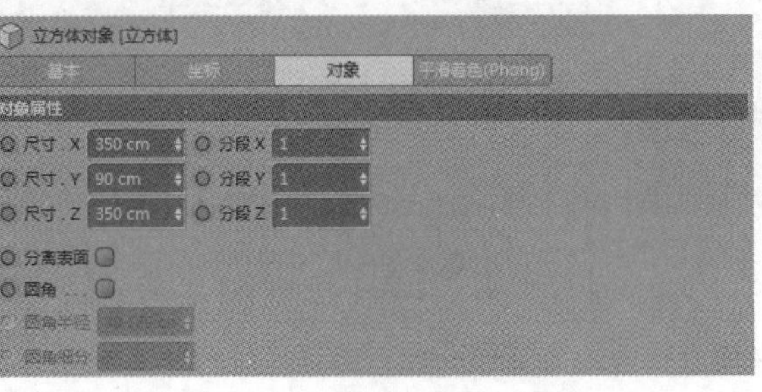

图4-62

图4-63

步骤 09 将创建完成的立方体层叠复制3份，分别放置到场景的左右两侧并进行缩放，最终效果如图4-64所示。

图4-64

步骤 10 创建左上角的桁架，单击“立方体”按钮，在“属性”面板的“对象”选项卡中设置“尺寸.X”“尺寸.Y”“尺寸.Z”分别为1200cm、150cm、150cm，设置“分段X”为6，如图4-65所示。设置好后单击“转为可编辑对象”按钮，将“立方体”转为多边形物体，在“多边形”模式下按快捷键Ctrl+A全选所有的面，然后按鼠标右键，在弹出的下拉列表中单击“三角化”按钮，将物体设置为三角面。单击“晶格”按钮，将“立方体”作为“晶格”的子级。在“属性”面板的“对象”选项卡中设置“圆柱半径”为10cm、“球体半径”为10cm、“细分数”为8，如图4-66所示。调整它在视图中的位置，使其位于场景的左上方稍微偏右的位置，效果如图4-67所示。

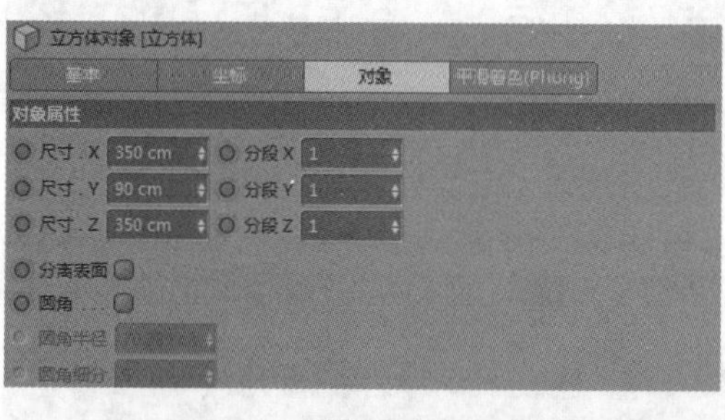

图4-65

图4-67

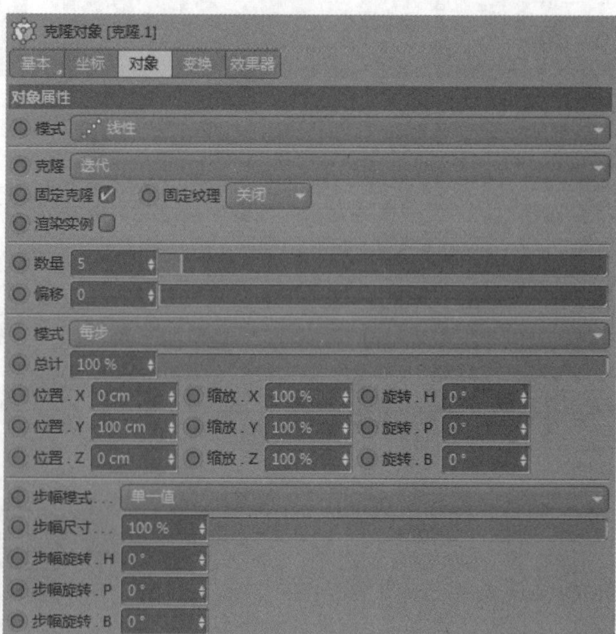

图4-66

步骤 11 在内容浏览器中单击“查找”按钮，然后在搜索框内输入Spotlight，即可找到射灯文件Studio Spotlight，双击鼠标左键可在场景中添加这个模型，如图4-68所示。

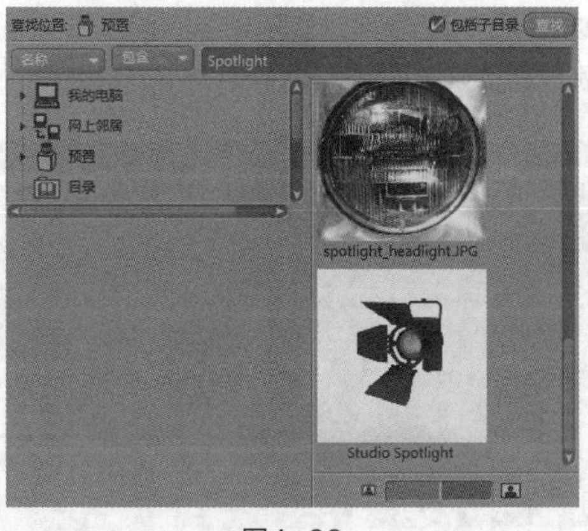

图4-68

技巧与提示

Cinema 4D 内置了不少模型和预设，设计师要充分利用这些资源，可以大大提高工作效率。

步骤 12 将Studio Spotlight射灯模型复制2个，然后将3个模型放置到桁架上，效果如图4-69所示。

步骤 13 创建右侧的灯光板，使用“画笔”工具勾勒出箭头造型并复制5个，执行“连接对象>删除”命令得到合并的样条。单击“挤压”按钮，在“属性”面板的“对象”选项卡中设置“移动”的第3个数值为20cm，如图4-70所示。单击“立方体”按钮，在“属性”面板的“对象”选项卡中设置“尺寸.X”“尺寸.Y”“尺寸.Z”分别为550cm、150cm、50cm，如图4-71所示。调整“立方体”和“挤压”的位置，得到如图4-72所示的效果。

图4-69

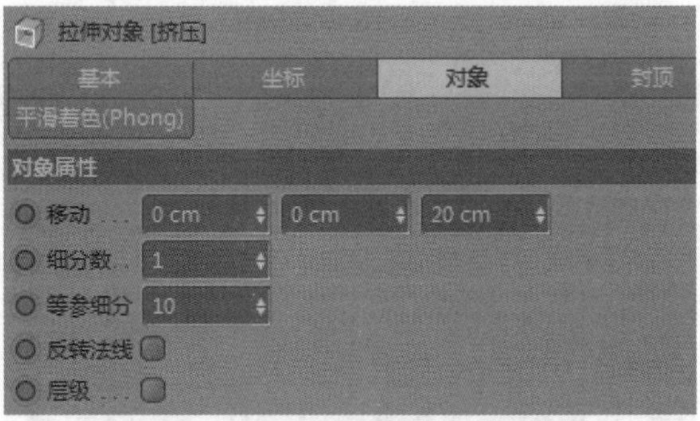

图4-70

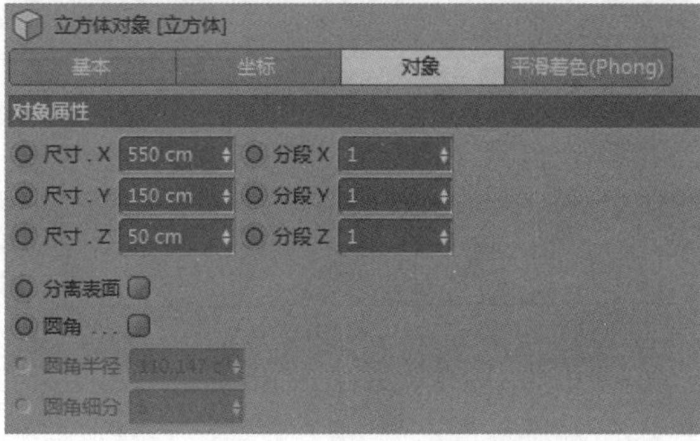

图4-71

图4-72

步骤 14 至此，场景已经大致创建好了，但是前方空间略显空旷，需要添加一点小元素来丰富画面。新建“角锥”并复制几份，将它们分别放在场景的前方并进行缩放，得到的最终效果如图4-73所示。

图4-73

4.2.5 创建材质

步骤 01 创建文字的材质，在材质栏中双击鼠标左键新建一个材质球，双击材质球打开“材质编辑器”，设置“颜色”的“H”“S”“V”分别为230°、80%、70%，得到深蓝色材质，如图4-74所示。接着来设置反射，单击“添加”按钮，新建一个“反射（传统）”层，即“层1”，将“层1”设置为25%，如图4-75所示。在“层1”中设置“粗糙度”为0%、“高光强度”为20%，设置层遮罩的“数量”为25%，在“纹理”通道添加“菲涅耳（Fresnel）”选项，如图4-76所示。将这个深蓝色材质赋予场景中的“618”文本的厚度模型和“618”文本下方的第1层圆柱，如图4-77所示。

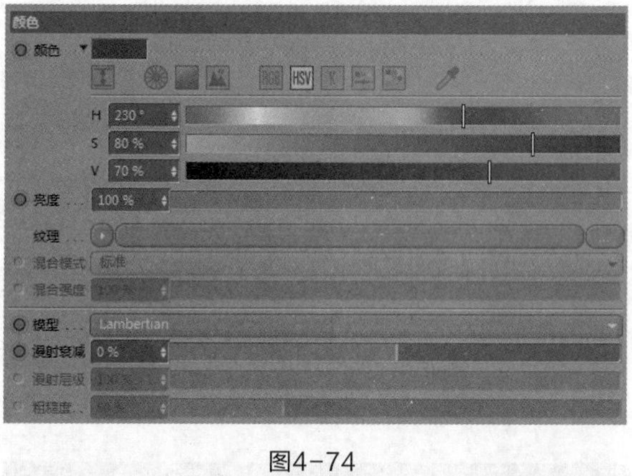

图4-74

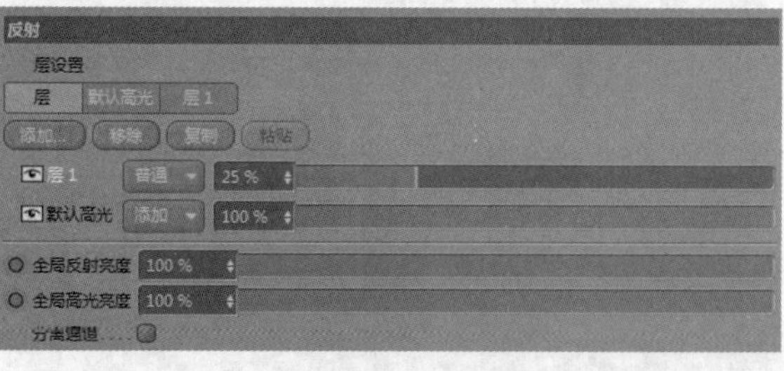

图4-75

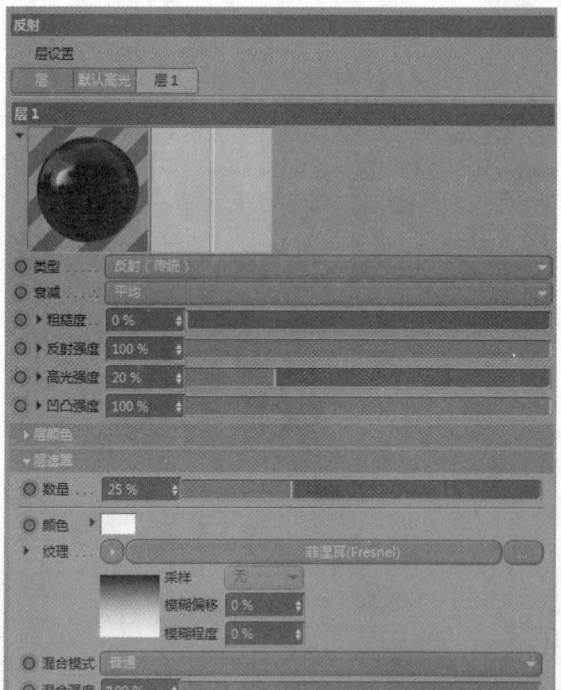

图4-76

图4-77

步骤 02 新建一个材质球，打开“材质编辑器”，设置“颜色”的“H”“S”“V”分别为210°、80%、100%，其他保持默认，得到浅蓝色材质，如图4-78所示。将这个材质赋予“618”文本的正面面板，“618”文本下方的第2层圆柱体和3个角锥体，如图4-79所示。

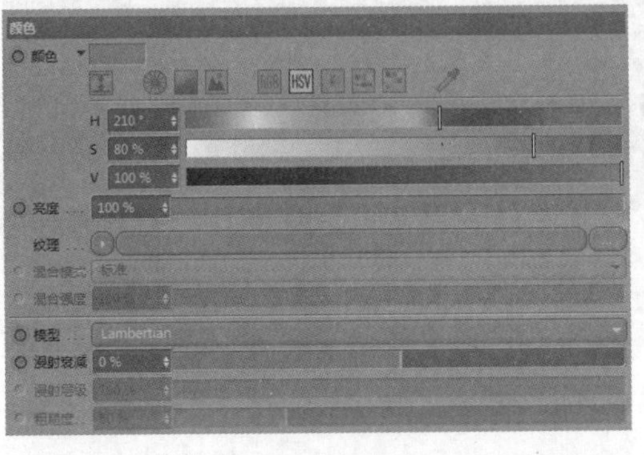

图4-78

图4-79

步骤 03 创建灯带的材质，新建一个材质球，打开“材质编辑器”，取消勾选“颜色”和“反射”复选项，勾选“发光”复选项。在“纹理”通道添加“菲涅耳（Fresnel）”选项，单击“菲涅耳（Fresnel）”进入设置，双击左边的小角标设置为湖蓝色，双击右边的小角标设置为浅蓝色，其他保持默认，将这个“材质”赋予“618”文本的灯带和右上角指示牌的箭头，如图4-80所示。复制这个材质，取消“菲涅耳（Fresnel）”，设置“颜色”的“H”“S”“V”分别为50°、50%、0%，即淡黄色，将这个材质赋予射灯的灯面，如图4-81所示。其效果如图4-82所示。

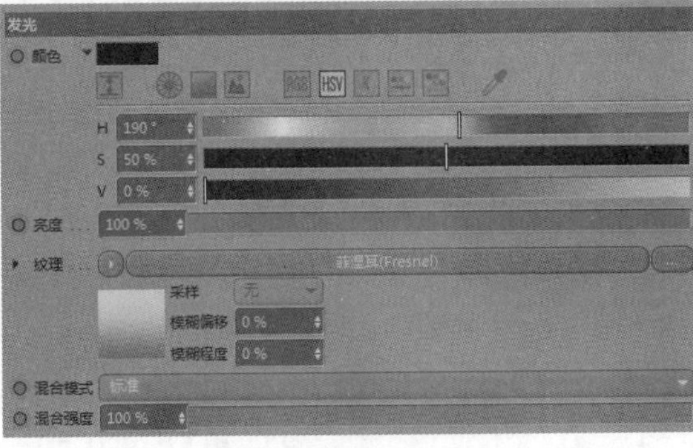

图4-80

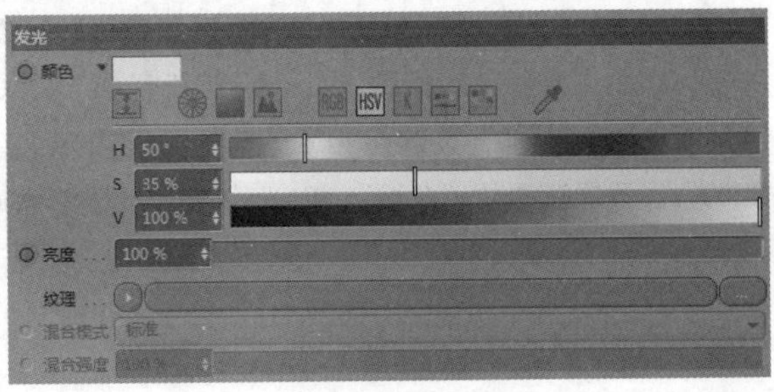

图4-81

图4-82

步骤 04 新建一材质球，打开“材质编辑器”，在“颜色”面板中设置“颜色”的“H”“S”“V”分别为50°、100%、100%，得到了黄色的材质，其他保持默认，如图4-83所示。将这个材质赋予“618”文本的主体，并且在“属性”面板的“标签”选项卡的“选集”参数框中输入R1，使黄色材质只作用于正面的倒角，如图4-84所示。同时将黄色材质赋予“年中大促”的第一层文字和剩下的两个装饰角锥体，如图4-85所示。

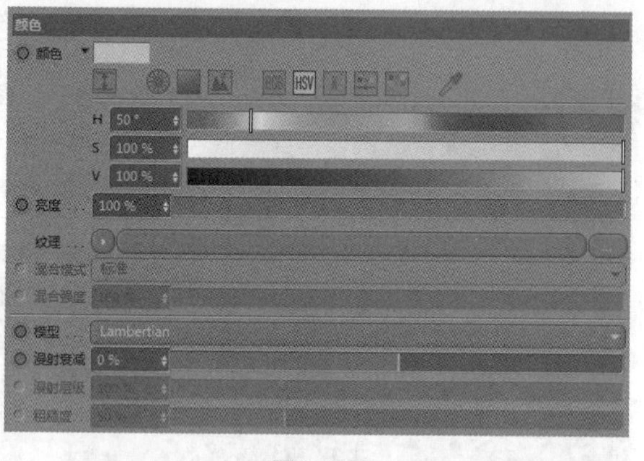

图4-83

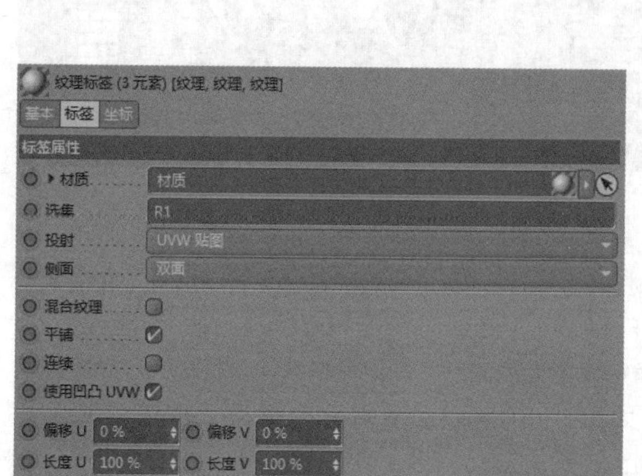

图4-84

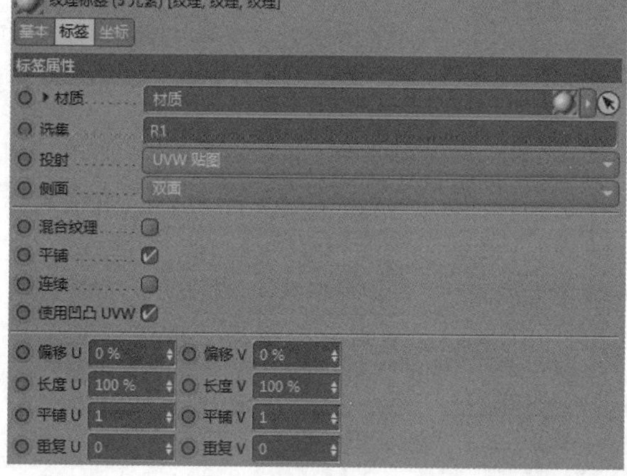

图4-85

步骤 05 新建一个材质球，打开“材质编辑器”，设置“颜色”的“H”“S”“V”分别为270°、90%、85%，得到了深紫色的材质，如图4-86所示。下面来设置反射，单击“添加”按钮新建一个GGX反射层，即“层1”，将“层1”设置为30%，如图4-87所示。单击“层1”，设置“粗糙度”为15%、“高光强度”为20%，设置层遮罩的“数量”为30%，在“纹理”通道添加“菲涅耳（Fresnel）”，如图4-88所示。

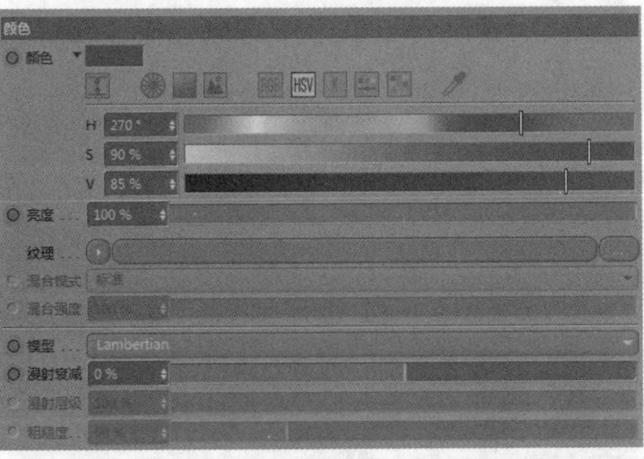

图4-86

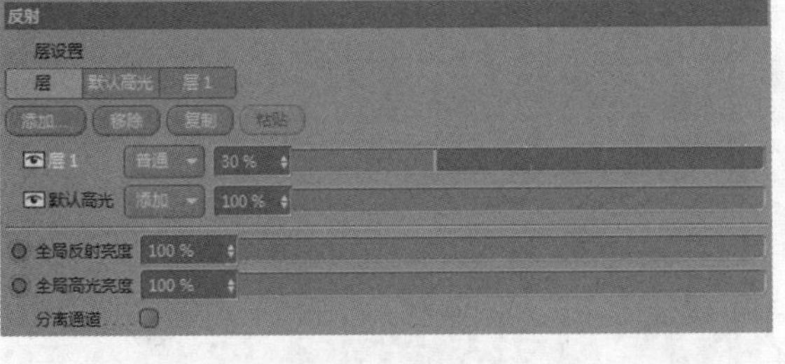

图4-87

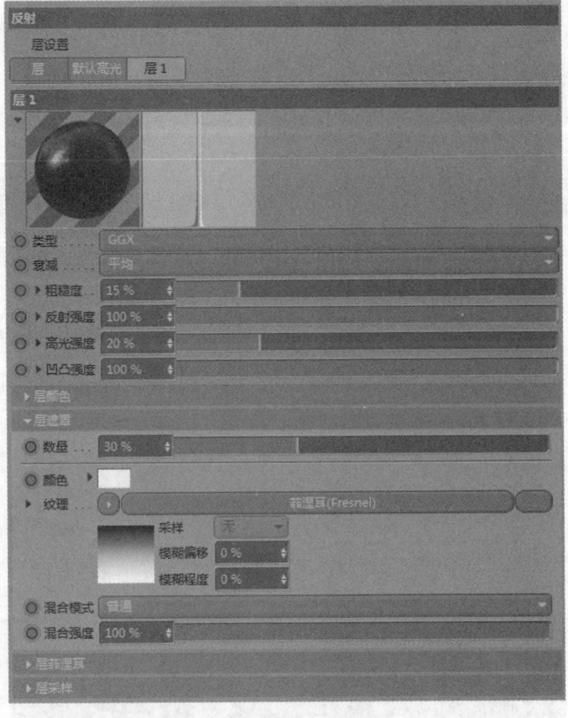

图4-88

步骤 06 将上一步创建的材质赋予“年中大促”第2层、地面上的两个管道体、作为背景使用的角锥体和两个四边形克隆，如图4-89所示。

图4-89

步骤 07 新建一个材质球，打开“材质编辑器”，设置“颜色”的“H”“S”“V”分别为215°、90%、70%，得到了深蓝色的材质，如图4-90所示。在“反射”面板，单击“添加”按钮新建一个“反射（传统）”层，即“层1”。单击“层1”，在“层遮罩”的“纹理”通道中添加“菲涅耳（Fresnel）”，如图4-91所示。将这个材质赋予左上角的桁架和右上角的指示牌，效果如图4-92所示。

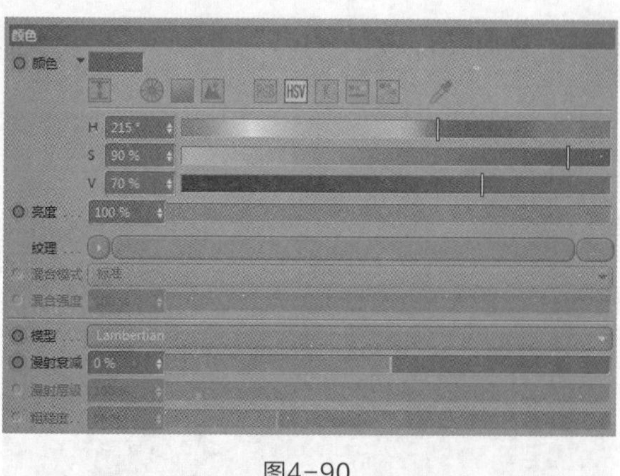

图4-90

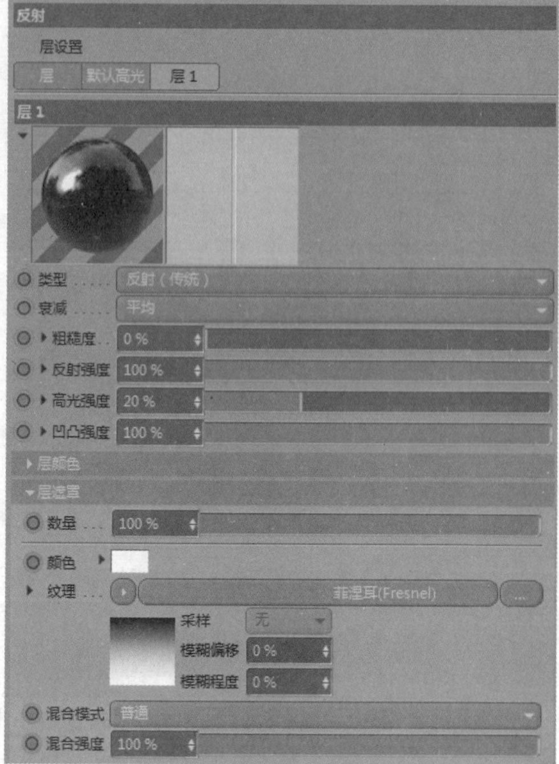

图4-91

图4-92

步骤 08 新建一个材质球，打开“材质编辑器”，在“颜色”面板中设置“颜色”的“H”“S”“V”分别为240°、100%、70%，得到了深蓝色的材质，取消勾选“反射”复选项，其他保持默认，如图4-93所示。将这个材质赋予地面、两块背景平面和左右两边的立方体，如图4-94所示。

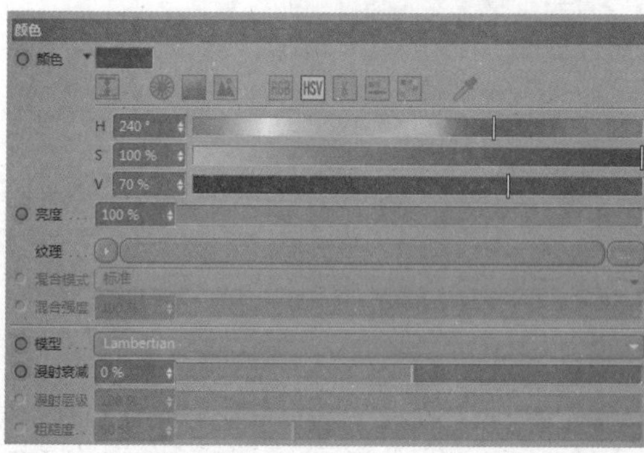

图4-93

图4-94

步骤 09 新建一个材质球，打开“材质编辑器”，在“颜色”面板中设置“颜色”的“H”“S”“V”分别为35°、100%、100%，得到了亮橙色的材质，如图4-95所示。在“反射”面板，单击“添加”按钮新建一个“反射（传统）”层，即“层1”，将其设置为“添加”模式，如图4-96所示。在“层1”中，在“层遮罩”参数面板中设置“数量”为30%，在“纹理”通道添加“菲涅耳（Fresnel）”，如图4-97所示。将这个材质赋予作为背景的角锥体和四边形，场景中的材质就设置完成了，效果如图4-98所示。

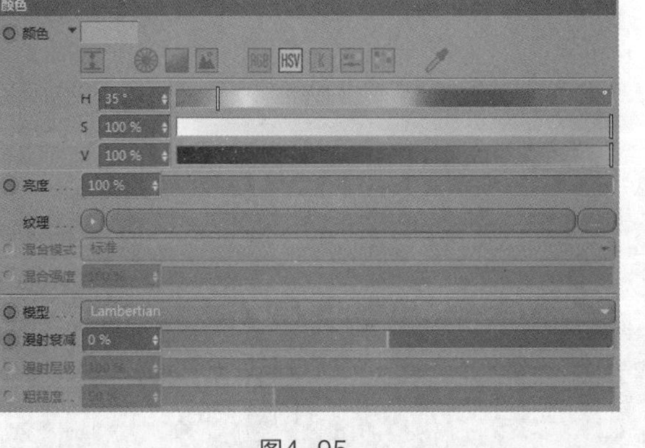

图4-95

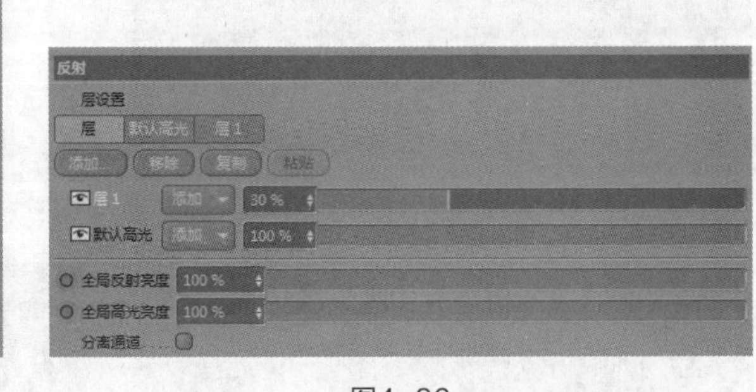

图4-96

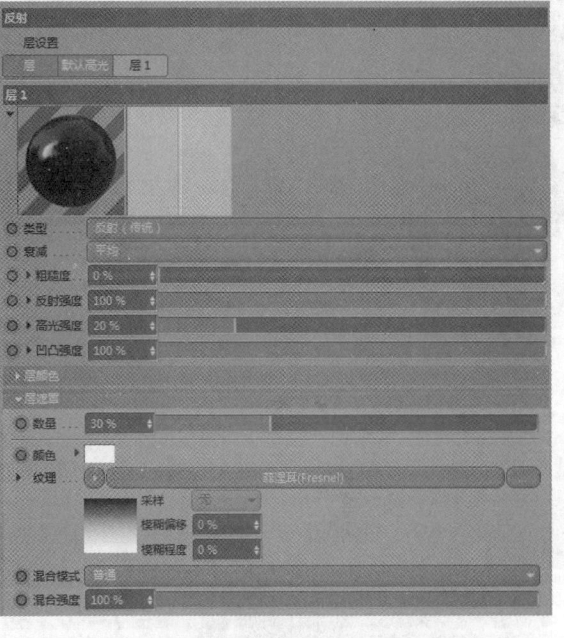

图4-97

图4-98

4.2.6 灯光设置体现氛围

步骤 01 创建灯光对场景进行照明，先创建一盏照亮整个场景的灯光。新建"目标聚光灯"，将"灯光.目标1"移动至"618"文本的中心位置，在"属性"面板的"常规"选项卡中设置"类型"为"区域光"、"投影"为"区域"，其他保持默认，如图4-99所示。在"细节"选项卡中设置"外部半径"为300cm、"水平尺寸"和"垂直尺寸"都为600cm、"衰减"为"平方倒数（物理精度）"、"半径衰减"为800cm，其他保持默认，如图4-100所示。将灯光放置到场景中正前方靠上的位置，效果如图4-101所示。

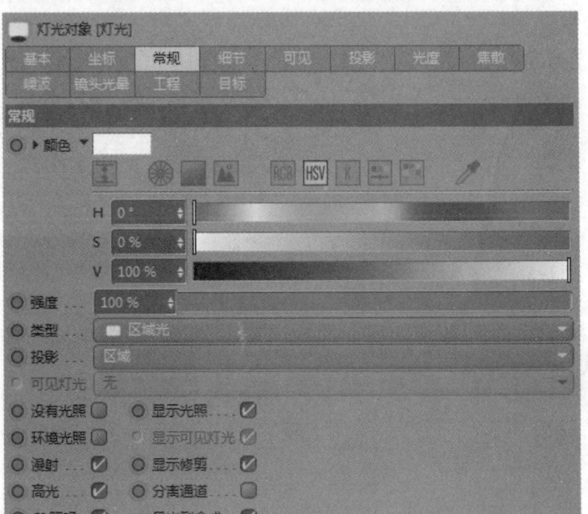

图4-99

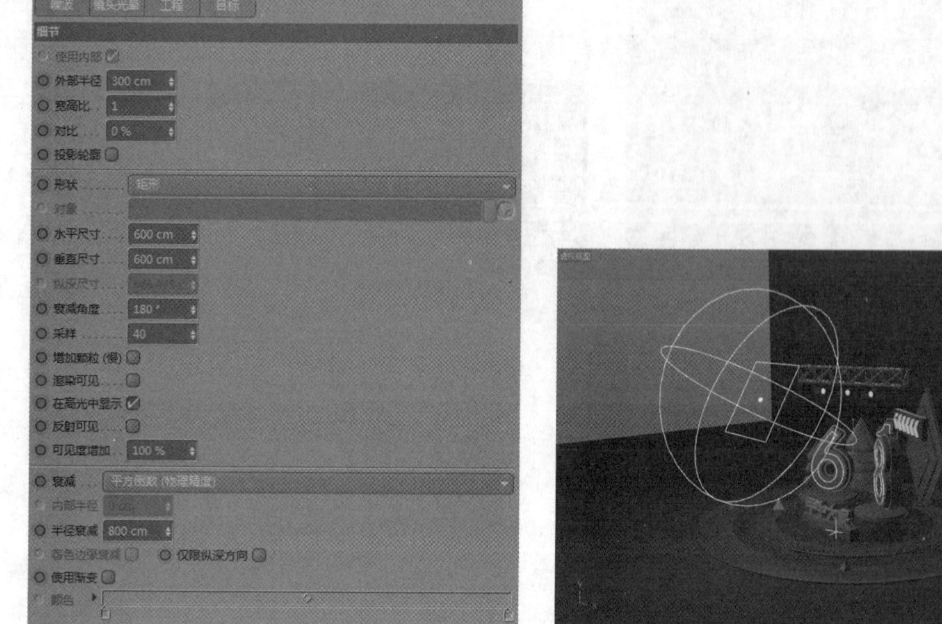

图4-100

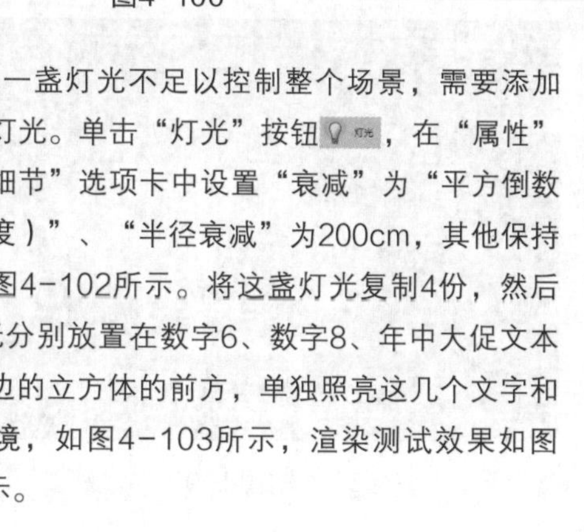

图4-101

步骤 02 一盏灯光不足以控制整个场景，需要添加一些辅助灯光。单击“灯光”按钮，在“属性”面板的“细节”选项卡中设置“衰减”为“平方倒数（物理精度）”、“半径衰减”为200cm，其他保持默认，如图4-102所示。将这盏灯光复制4份，然后把5盏灯光分别放置在数字6、数字8、年中大促文本和左右两边的立方体的前方，单独照亮这几个文字和周围的环境，如图4-103所示，渲染测试效果如图4-104所示。

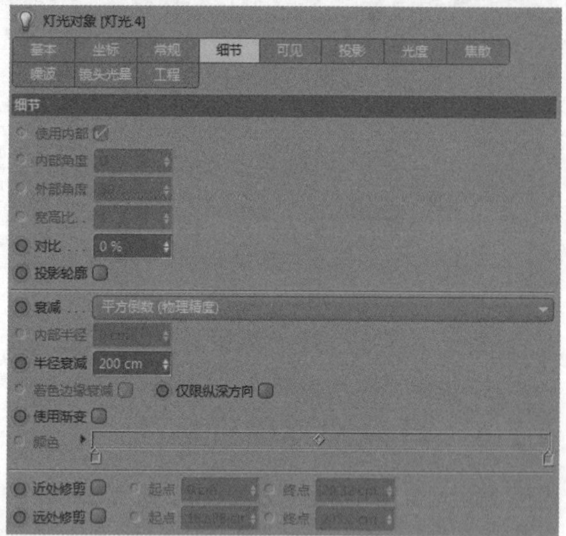

图4-102

图4-103

图4-104

步骤 03 目前场景已经被照亮，但是缺少细节，而且后方的背景也比较暗。为了让场景的灯光细节更加丰富，对场景添加HDR照明。新建一个材质球，在“材质编辑器”中取消勾选“颜色”和“反射”复选项，只勾选“发光”复选项，然后在“纹理”通道中载入一个HDR文件，如图4-105所示。新建一个“天空”，将这个材质赋予“天空”，然后在“渲染设置”面板中添加“全局光照”选项，最后进行测试渲染，效果如图4-106所示。

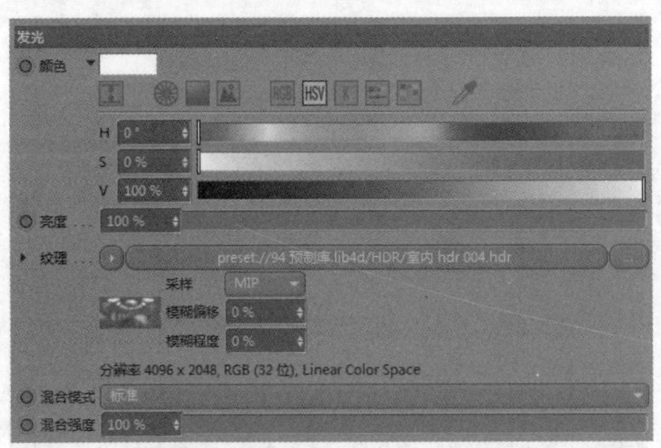

图4-105

图4-106

4.2.7 渲染输出与后期调整

步骤 01 打开“渲染设置”面板，在“输出”参数面板中设置“宽度”为1920像素、“高度”为960像素、“分辨率”为72 像素/英寸（DPI），其他保持默认，如图4-107所示。在“保存”参数面板中设置文件的保存路径，如图4-108所示。在“抗锯齿”参数面板中设置“抗锯齿”为“最佳”、“最小级别”为1×1、“最大级别”为4×4，然后单击“渲染”按钮，即可渲染出最终图像，如图4-109所示。

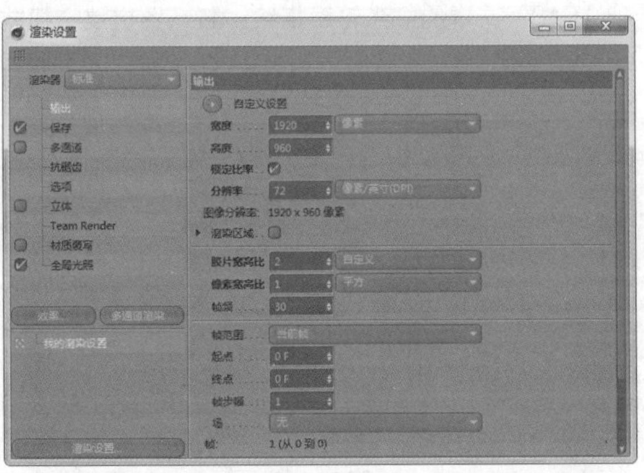

图4-107

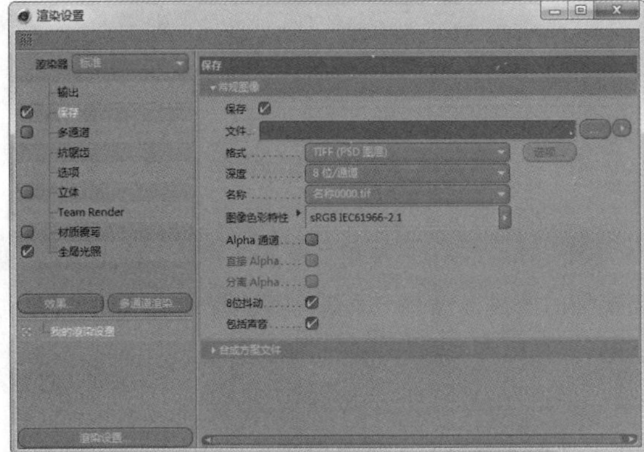

图4-108

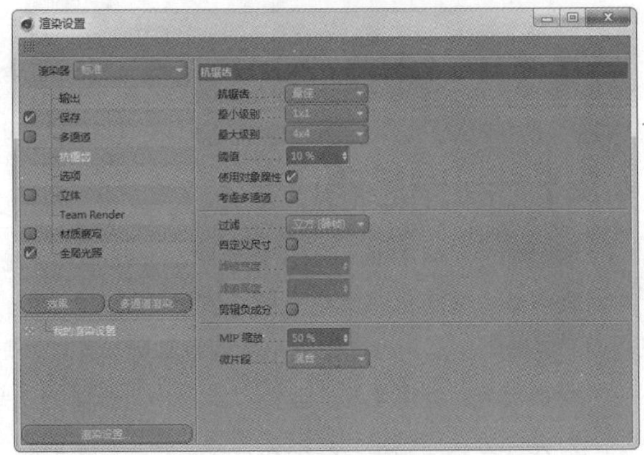

图4-109

步骤 02 将渲染完成的图像导入到Photoshop中，此时的图像较为灰暗，而且亮部和暗部都不够明显，所以需要进行整体的颜色调整。在“图层”面板中单击“创建新的填充或调整图层”按钮，然后选择“曲线”命令，新建一个“曲线”图层，将“曲线”的中间部分向上拉一点，提升整个场景的明亮度，如图4-110所示。继续单击“创建新的填充或调整图层”按钮，然后选择“色相/饱和度”命令，将“饱和度”值调整为+20，如图4-111所示，调整后的效果如图4-112所示。

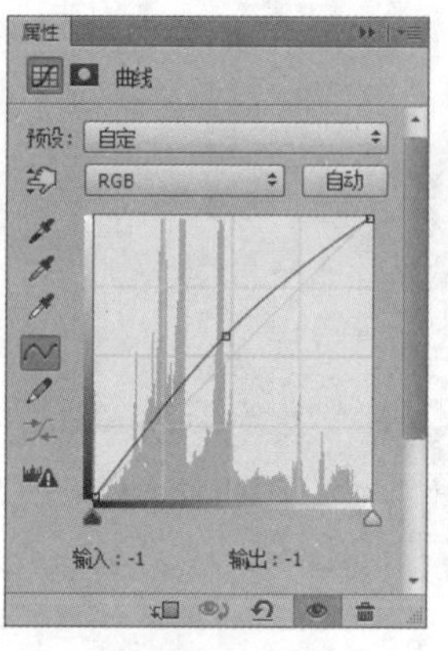

图4-110

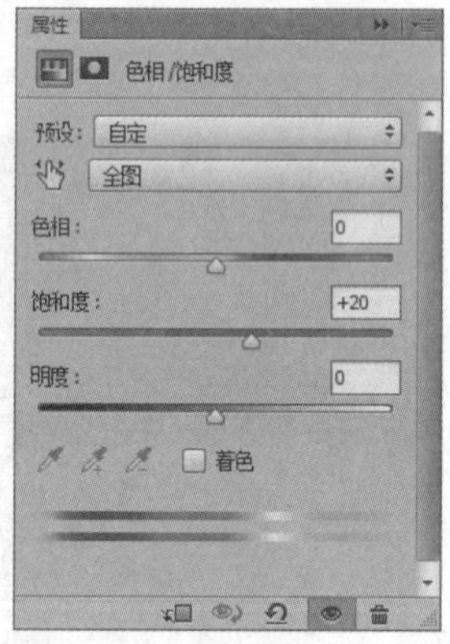

图4-111

图4-112

步骤 03 在学习资源中找到光效素材，将光效素材放置在3盏灯光上，模拟光线射出的感觉，如图4-113所示。“618”文本表面的灯光效果不是很明显，需要新建一个空白图层，将颜色调为淡蓝色，使用画笔工具沿着“618”文本的灯光轮廓描绘，将“图层混合模式”设置为“叠加”，添加了发光的效果，最终效果如图4-114所示。

图4-113

图4-114

4.3 青春的激荡——“全球狂欢节”首页设计

4.3.1 制作思路

模型部分：将在Illustrator软件中设计好的文字线条导入Cinema 4D中，使用“挤压”将文字挤出厚度，并对文字做一些变化，避免呆板；使用“挤压”做出天猫造型的厚度；使用“管道”模型制作边缘的大门；利用“克隆”工具制作逐渐缩小的圆框阵列和环绕的灯光阵列；在模型中添加一些动感的元素。

材质部分：使用明快的蓝色和紫色作为画面的主要色彩，对比配色达到吸引眼球的目的。

灯光部分：通过正面光照亮物体，并在背景的阵列元素上使用大量的灯光使其不暗淡。

后期部分：导出图像，调整颜色、对比度和明暗关系，最终效果如图4-115所示。

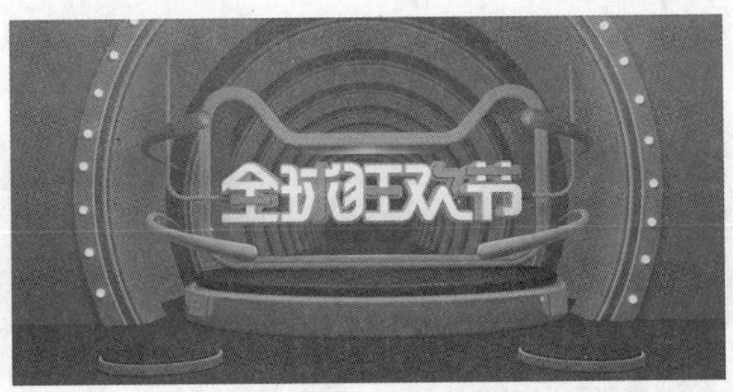
图4-115

4.3.2 创建字体

步骤 01 导入学习资源中的文字样条素材，将“缩放”参数保持为默认的1，勾选“连接样条”和“群组样条”复选项，如图4-116所示，导入的样条效果如图4-117所示。

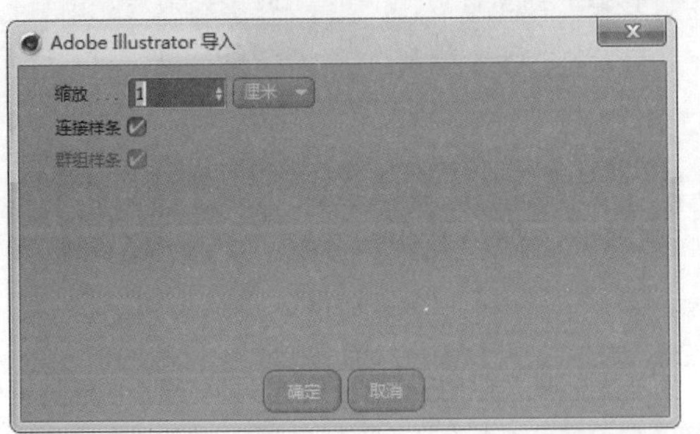

图4-116

图4-117

步骤 02 单击选中群组，按快捷键Shift+G取消群组，得到散乱的样条。使用“框选”工具选择第1部分的文字样条，然后按快捷键Alt+G进行群组，将其命名为“文字层”；采用同样的方式，把第2部分命名为“文字底板”，第3部分样条命名为“天猫板”，如图4-118所示。移动样条的位置，使其对齐靠拢，如图4-119所示。

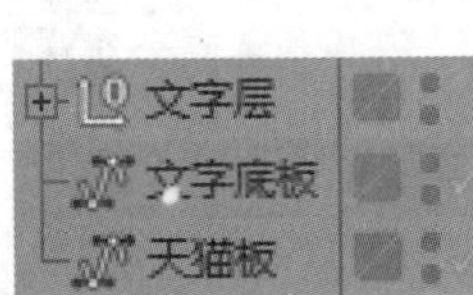

图4-118

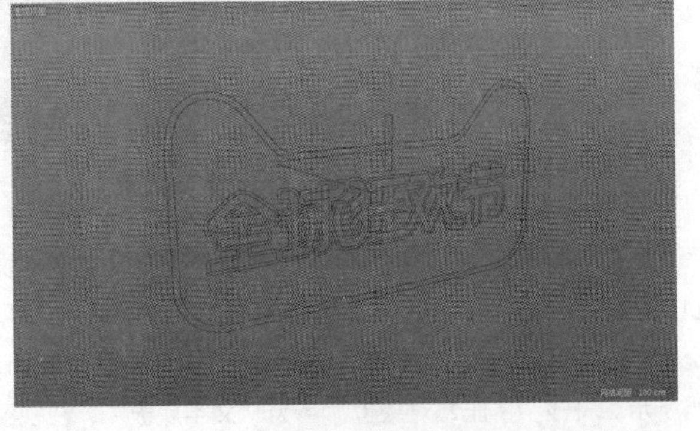
图4-119

步骤 03 单击“挤压”按钮，将“文字层”样条作为它的子对象，在“属性”面板的“对象”选项卡中设置“移动”的第3个数值为20cm，勾选“层级”复选项，其他保持默认，如图4-120所示。在“封顶”选项卡中设置“顶端”和“末端”都为“圆角封顶”、“步幅”都为3、“半径”都为1cm、“圆角类型”为

"凸起"，其他保持默认，如图4-121所示。得到立体的文字，将该"挤压"对象也命名为"文字层"，如图4-122所示。

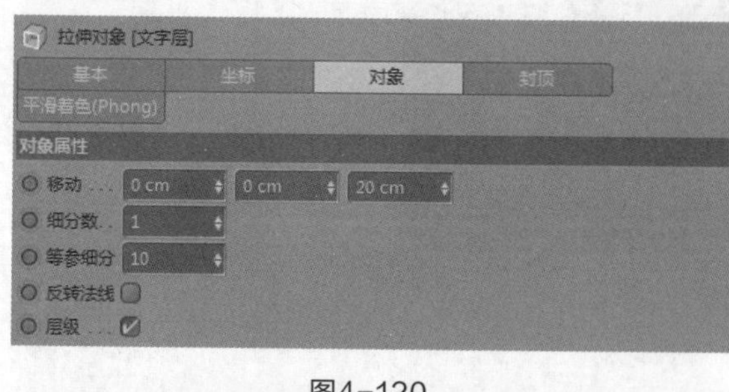

图4-120

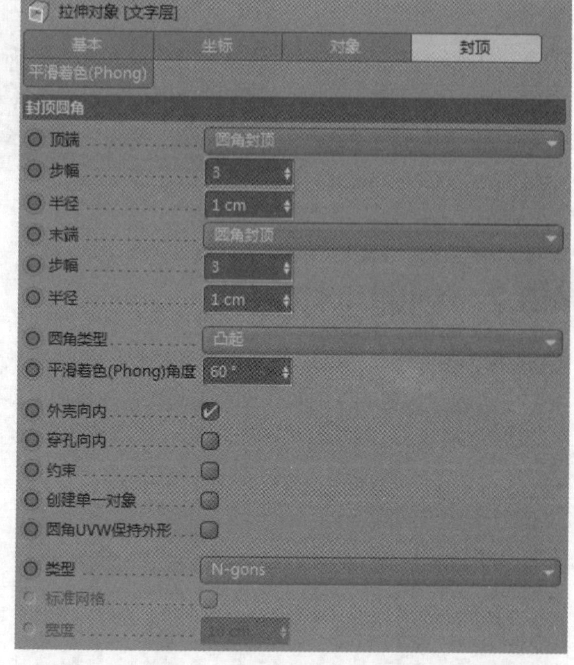

图4-121

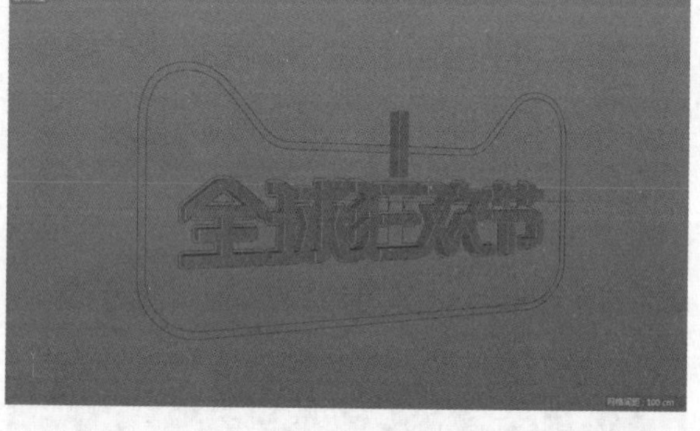

图4-122

步骤 04 选中"文字层"对象，单击"转化为可编辑对象"按钮，把挤压对象分成单独的笔画（前提是用于挤压的样条是分开的）。将之前已经分好的某些单独笔画向前拖曳一点（参考图4-115所示的效果），体现出层次关系，也为后期赋予材质提供便利，如图4-123所示。

图4-123

步骤 05 单击"挤压"按钮，将样条"文字底板"作为它的子对象，在"属性"面板的"对象"选项卡中设置"移动"的第3个数值为50cm，其他保持默认，如图4-124所示。在"封顶"选项卡中设置"顶端"和"末端"都为"圆角封顶"、"步幅"都为3、"半径"都为1cm、"圆角类型"为"凸起"，其他保持默认，如图4-125所示。将该"挤压"对象也命名为"文字底板"，在视图中将其向后拖曳一些，如图4-126所示。

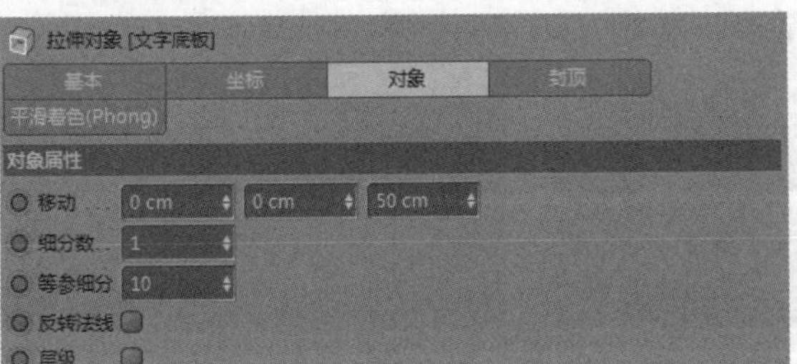

图4-124

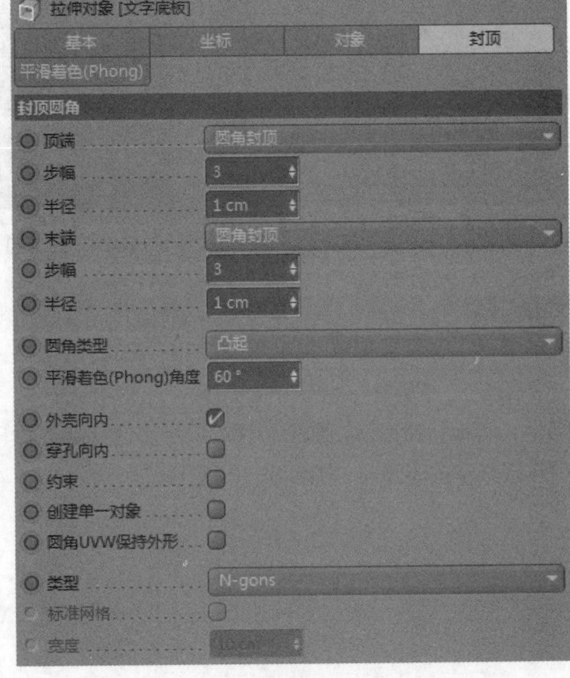

图4-125

图4-126

步骤 06 单击“挤压”按钮，将“天猫板”样条作为它的子对象，在“属性”面板的“对象”选项卡中设置“移动”的第3个数值为220cm，其他保持默认，如图4-127所示。将该“挤压”对象也命名为“天猫板”，在视图中将其向后拖曳一些。单击按钮新建“扫描”，单击按钮新建半径为7cm的“圆环”，将“圆环”和“天猫板”样条作为“扫描”的子对象，得到的效果如图4-128所示。

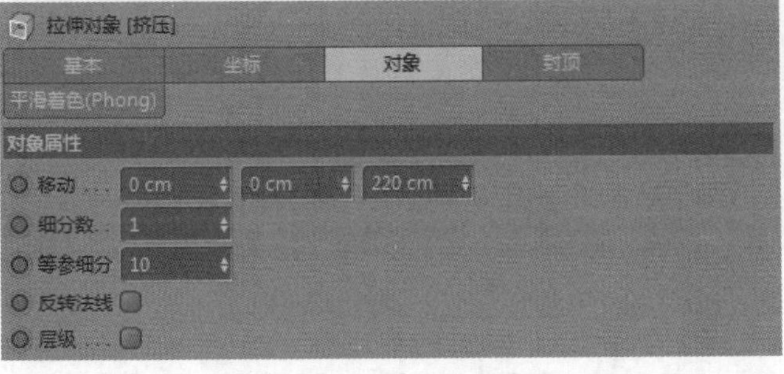

图4-127

图4-128

步骤 07 制作“全球狂欢节”文字的连接杆。按F4键切换至正视图。单击“画笔”按钮绘制一条弯曲的样条，如图4-129所示。在“点”模式下选中弯曲的样条点，然后单击鼠标右键弹出编辑工具，选择“倒角”命令，在视图中左右拖曳鼠标做成圆角，效果如图4-130所示。单击按钮新建“扫描”，单击按钮新建半径为4cm的“圆环”，将“圆环”和刚刚勾勒出的样条作为“扫描”的子对象，得到的效果如图4-131所示。

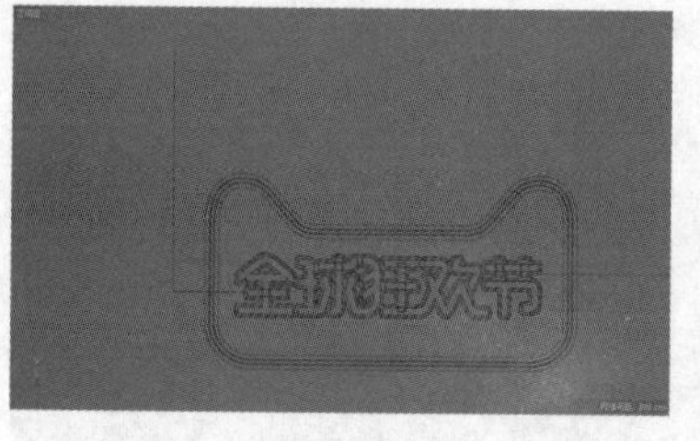

图4-129

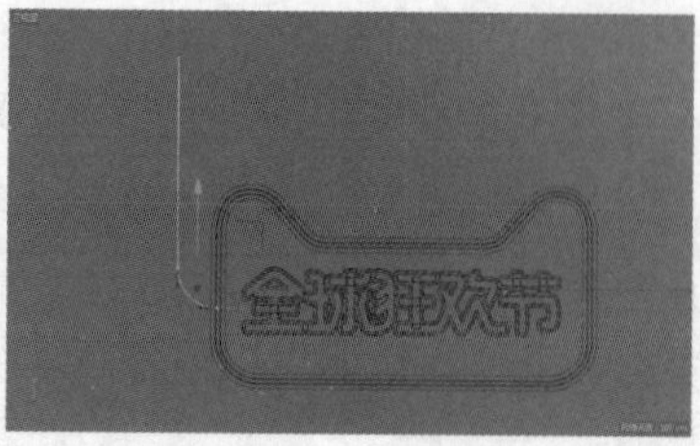

图4-130

图4-131

步骤 08 将“扫描”对象复制1份，然后将“扫描”里的圆环“半径”修改为6cm，如图4-132所示。在“扫描”的“属性”面板中，设置“开始生长”为95%，其他保持默认，如图4-133所示。这样就得到了连接文字的连接杆，如图4-134所示。

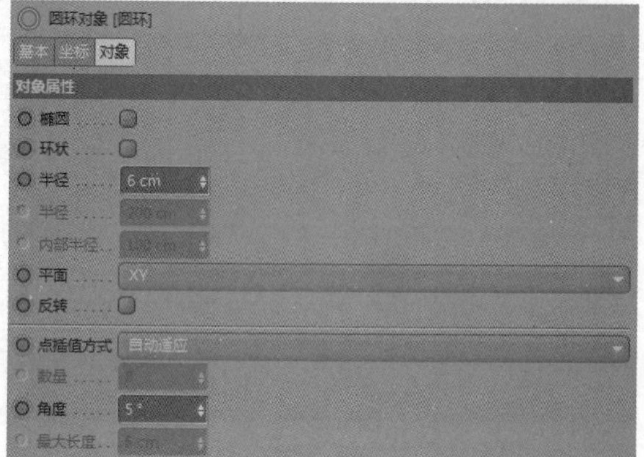

图4-132

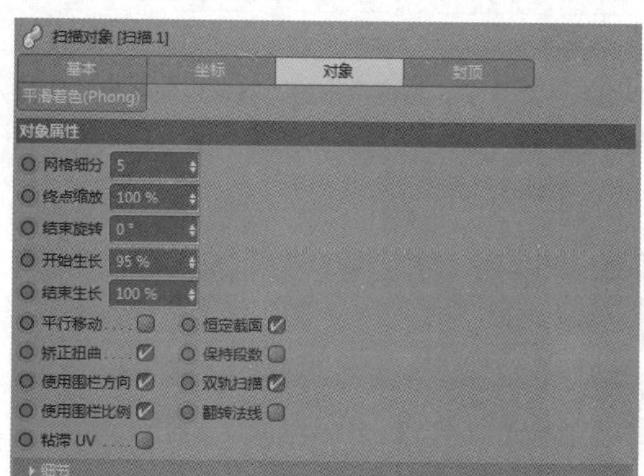

图4-133

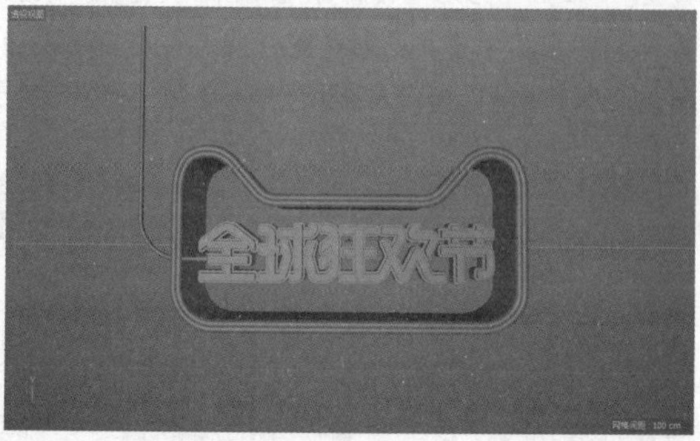

图4-134

步骤 09 将两个“扫描”对象群组，单击“对称”按钮，然后将群组作为“对称”的子对象，如图4-135所示，这样就快速得到了镜像的连接杆，但是现在两个连接杆和“天猫板”有穿插，需要调整它们的位置，最后的效果如图4-136所示。

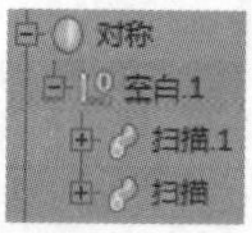

图4-135

图4-136

技巧与提示

这里为什么在使用“对称”之前要将两个“扫描”对象群组呢？因为“对称”功能默认只能对称它的第 1 个子层级，如果要对称多个对象的话就必须将多个对象群组，作为一个对象使用。

步骤 10 文字组合稍显呆板，需要添加一些活泼的元素。按F2键切换至顶视图，单击“画笔”按钮在文字旁边勾勒弯曲的样条，在“点”模式控制下调整它的点，如图4-137所示。单击按钮新建“扫描”，单击按钮新建半径为14cm的“圆环”，将“圆环”和刚画的样条作为“扫描”的子对象。在“属性”面板的“对象”选项卡中将“缩放”左侧的点向下拉，如图4-138所示。

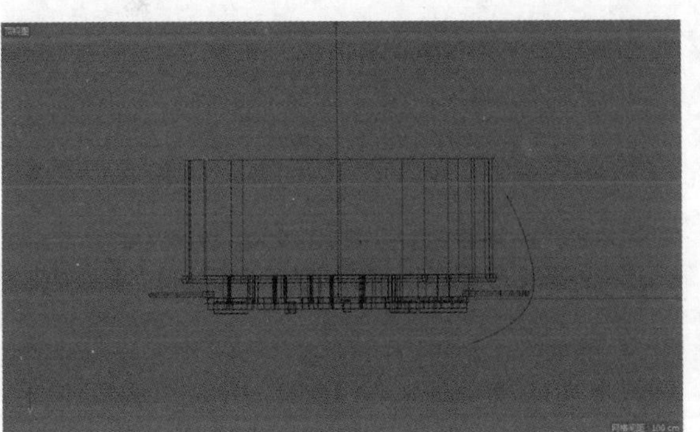

图4-137

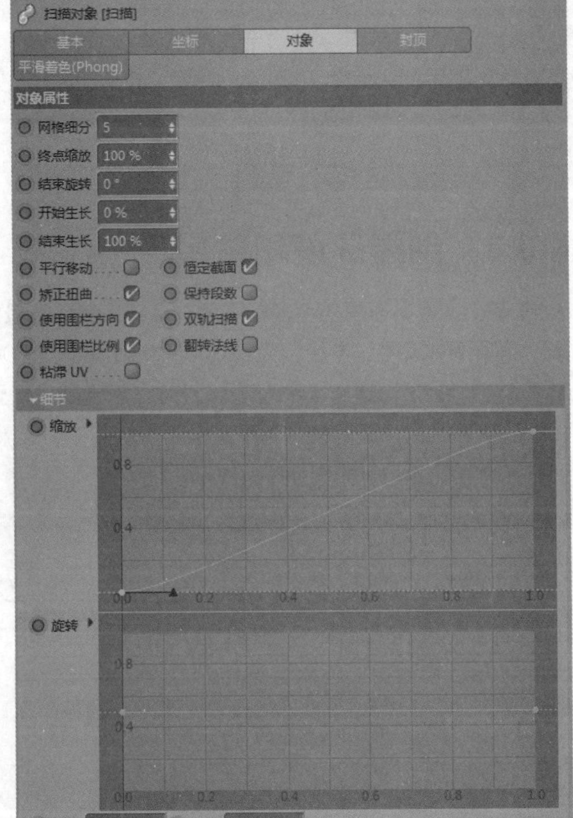
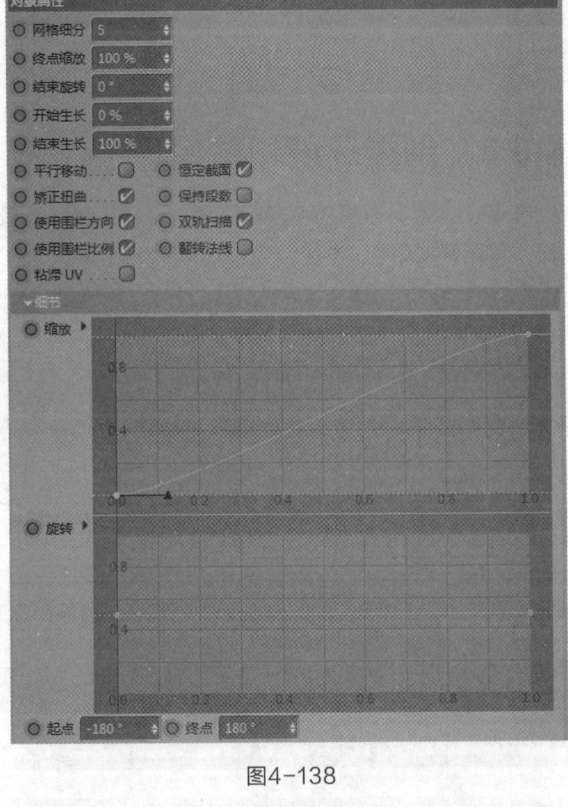

图4-138

步骤 11 在“属性”面板的“封顶”选项卡中设置“顶端”和“末端”分别为“圆角封顶”、“步幅”都为5，设置末端的“半径”为12cm，其他保持默认，如图4-139所示。得到了头大尾小的扫描体，如图4-140所示。使用同样的方法创建另外3个扫描体，如图4-141所示。

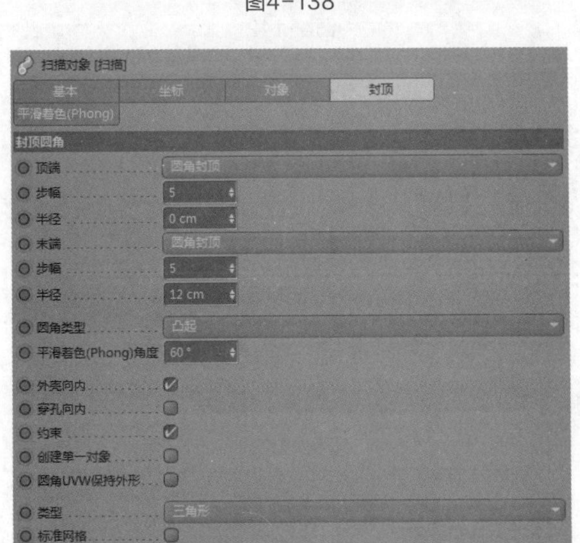

图4-139

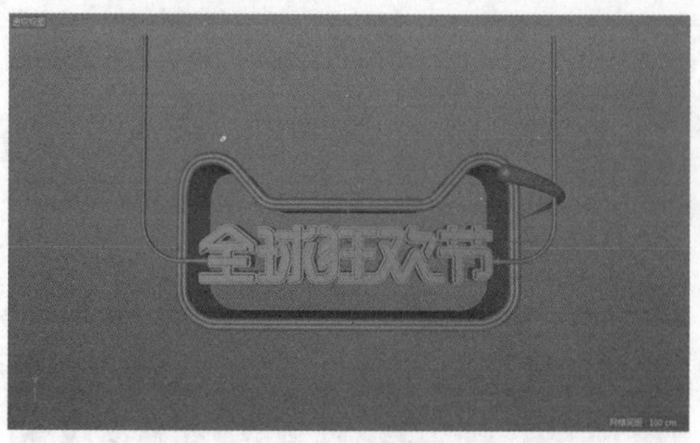

图4-140

图4-141

4.3.3 创建环境和背景

步骤 01 文本的模型差不多做好了，现在来制作背景模型。单击“圆柱”按钮，在“属性”面板的“对象”选项卡中设置“半径”为320cm、“高度”为50cm、“旋转分段”为90、“方向”为+Y，如图4-142所示。在“封顶”选项卡中勾选“圆角”复选项，设置“分段”为5、“半径”为50cm，如图4-143所示。移动这个圆柱的位置，使其位于文字组合的正下方，然后把圆柱复制1份并缩小一些，放到大圆柱的上方，起到衬托文字的作用，如图4-144所示。

步骤 02 单击“地面”按钮，将地面向下拖曳，置于“圆柱”对象的下方，作为地面使用，如图4-145所示。

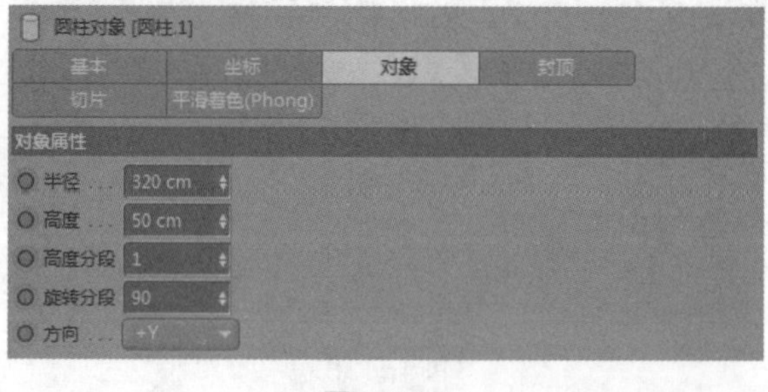

图4-142

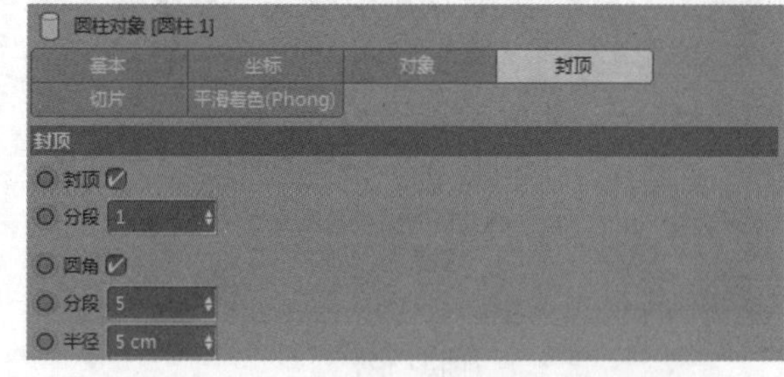

图4-143

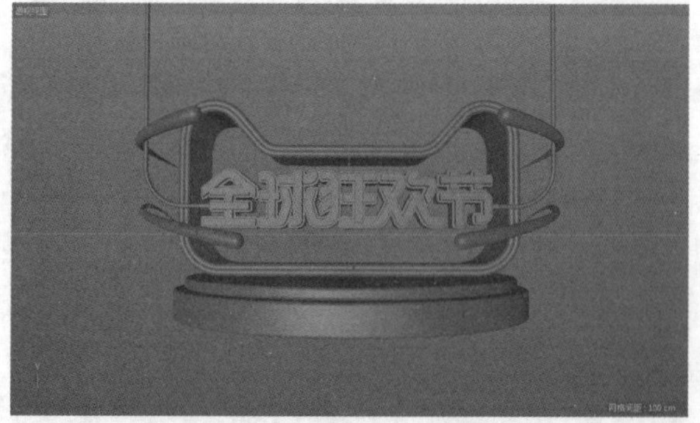

图4-144

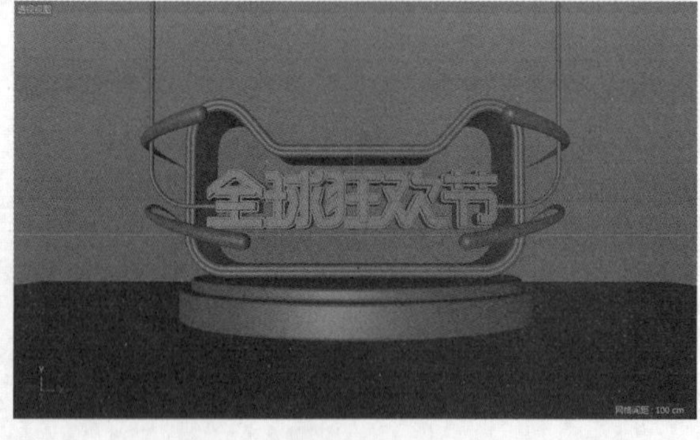

图4-145

技巧与提示

“地面”对象是 Cinema 4D 中预设好的一个平面对象，这个平面对象相当于是一个无限大的地平面。

步骤 03 将作为文字衬托的2个圆柱复制2份，分别放置在左前方和右前方，作为产品底座，如图4-146所示。

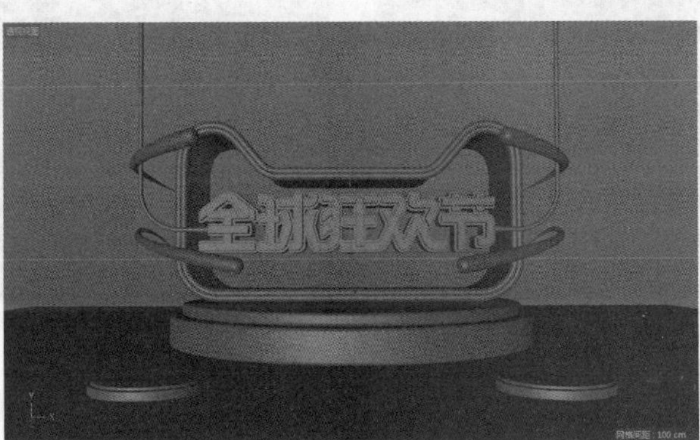

图4-146

步骤 04 创建周围的圆框，单击“管道”按钮，在“属性”面板的“对象”选项卡中设置“内部半径”为400cm、“外部半径”为660cm、“旋转分段”为134、“高度”为120cm、“高度”分段为1，勾选“圆角”复选项，设置“分段”为5、“半径”为5cm，如图4-147所示。在视图中调整它的位置，将其放置到与文字大致齐平的位置，如图4-148所示。

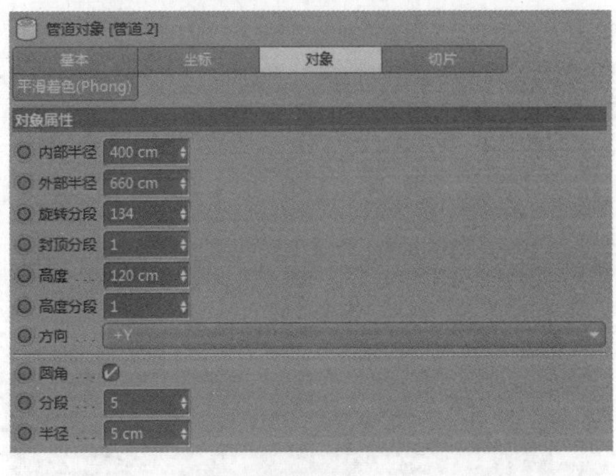

图4-147

图4-148

步骤 05 将上一步制作的管道对象复制2份，选中其中一个管道，在“属性”面板的“对象”选项卡中设置“内部半径”为406cm、“外部半径”为412cm、“旋转分段”为134、“高度”为10cm、“高度分段”为1，勾选“圆角”复选项，设置“分段”为5、“半径”为2cm，如图4-149所示。选中另一个管道，在“属性”面板的“对象”选项卡中设置“内部半径”为425cm、“外部半径”为460cm、“旋转分段”为134、“高度”为10cm、“高度分段”为1，勾选“圆角”复选项，设置“分段”为5、“半径”为2cm，如图4-150所示。将两个管道体稍稍向外拖曳，位置如图4-151所示。

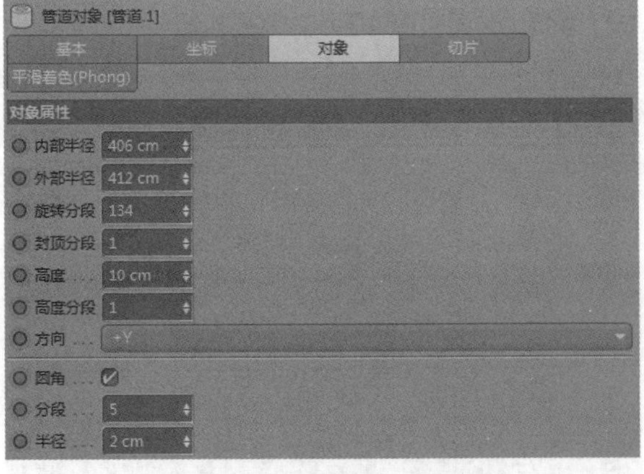

图4-149

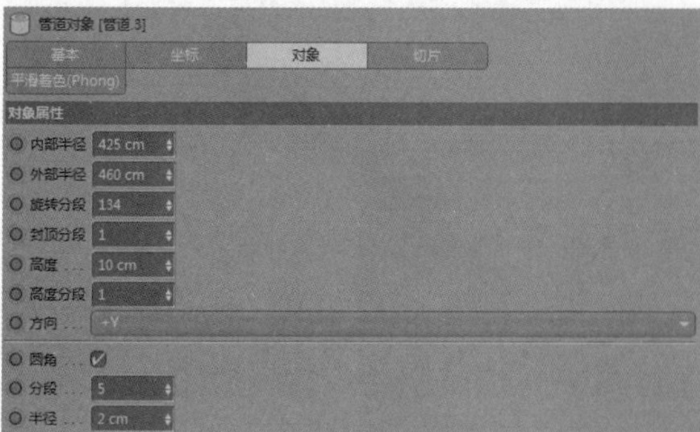

图4-150

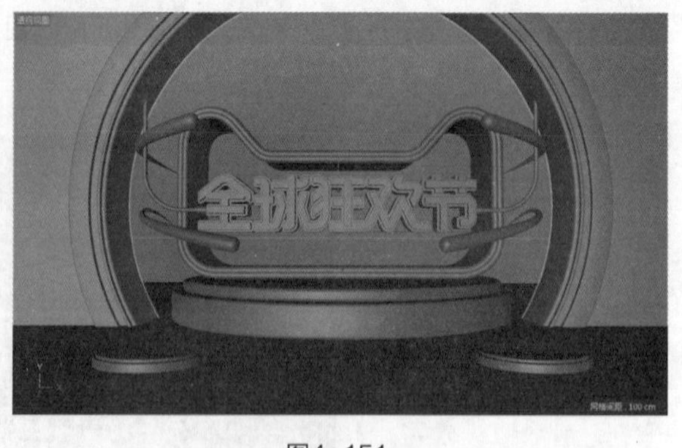

图4-151

步骤 06 下面来创建一些灯珠。单击“圆环”按钮，在“属性”面板的“对象”选项卡中设置“半径”为440cm，其他保持默认，如图4-152所示，然后将其放置于圆框的前侧。单击“球体”按钮，在“属性”面板的“对象”选项卡中设置“半径”为7cm，勾选“理想渲染”复选项，其他保持默认，如图4-153所示。

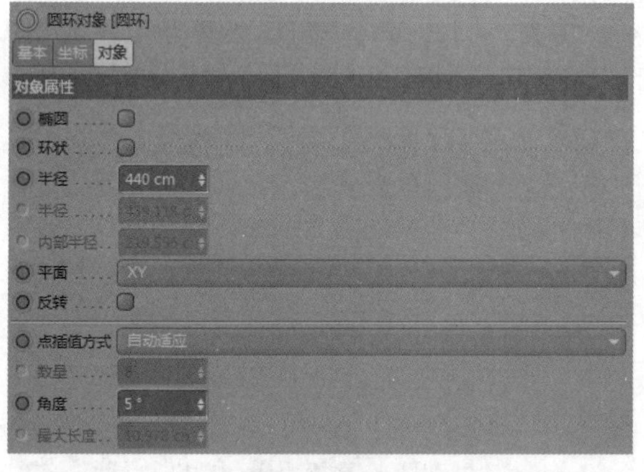
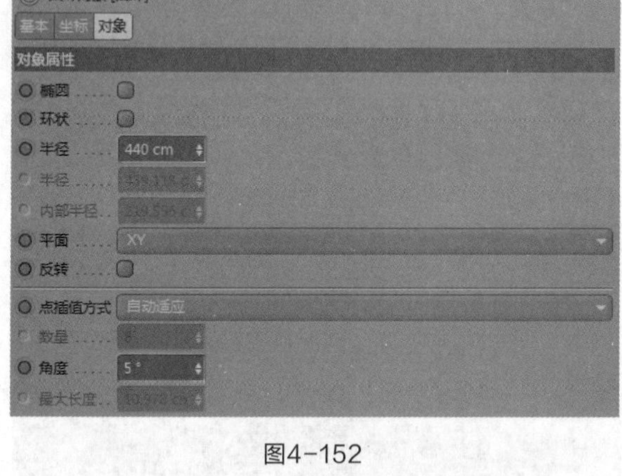

图4-152

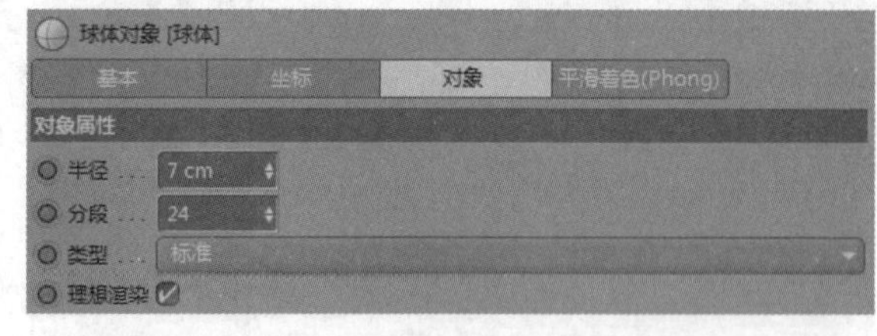

图4-153

步骤 07 单击“克隆”按钮，将上一步制作的球体作为“克隆”的子对象，在“属性”面板的“对象”选项卡中设置“模式”为“对象”，将圆环拖入“对象”参数框中，设置“分布”为“数量”、“数量”为45，如图4-154所示，效果如图4-155所示。

图4-155

图4-154

步骤 08 创建后面的管道阵列，单击“管道”按钮，在“属性”面板的“对象”选项卡中设置“内部半径”为460cm、“外部半径”为465cm、“旋转分段”为126、“高度”为340cm、“高度分段”为1，勾选“圆角”复选项，设置“分段”为5、“半径”为1.5cm，如图4-156所示。将它复制1份，在“属性”面板的“对象”选项卡中设置“内部半径”为445cm、“外部半径”为455cm、“旋转分段”为126、“高度”为12cm、“高度分段”为1，勾选“圆角”复选项，设置“分段”为5、“半径”为1.5cm，如图4-157所示。将它们群组并且放置到圆框的后方，调整它们的位置，如图4-158所示。

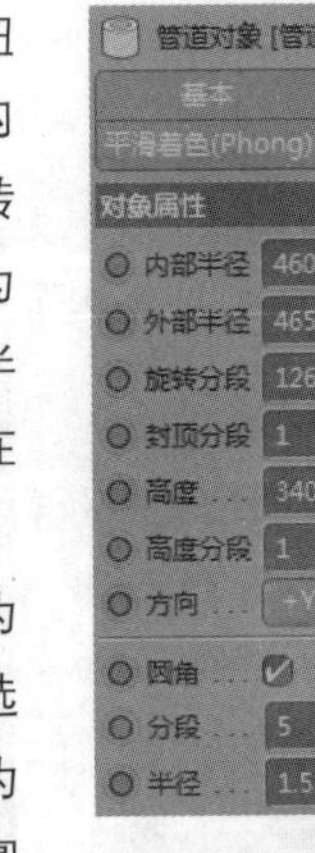

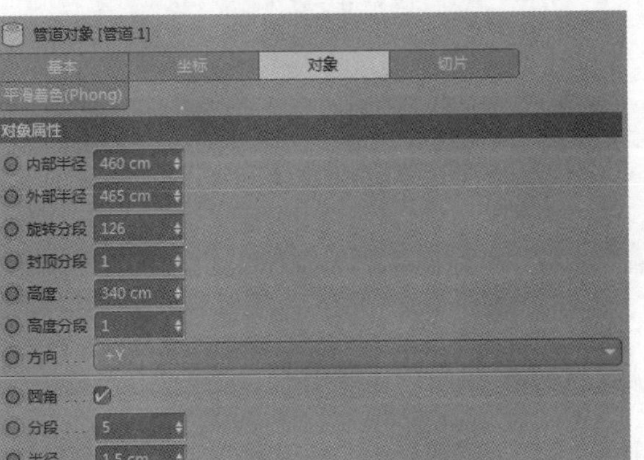

图4-156

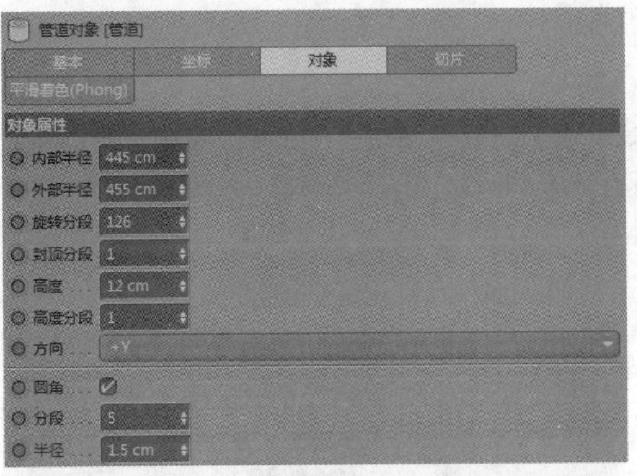

图4-157

图4-158

步骤 09 单击“克隆”按钮，将上一步做好的两个管道群组并作为克隆的子对象，在“属性”面板的“对象”选项卡中设置“模式”为“线性”、“数量”为12、“位置.Z”为500cm，如图4-159所示。但是克隆的方向不对，在“变换”选项卡中设置“旋转.P”为90°，如图4-160所示。在视图中调整位置，模型的部分就完成了，如图4-161所示。

图4-159

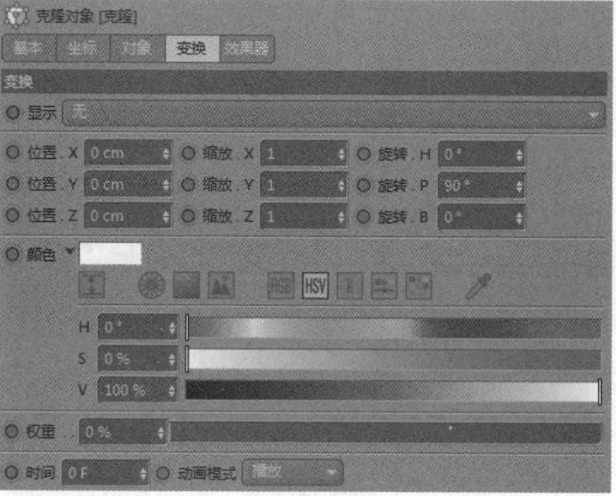

图4-160

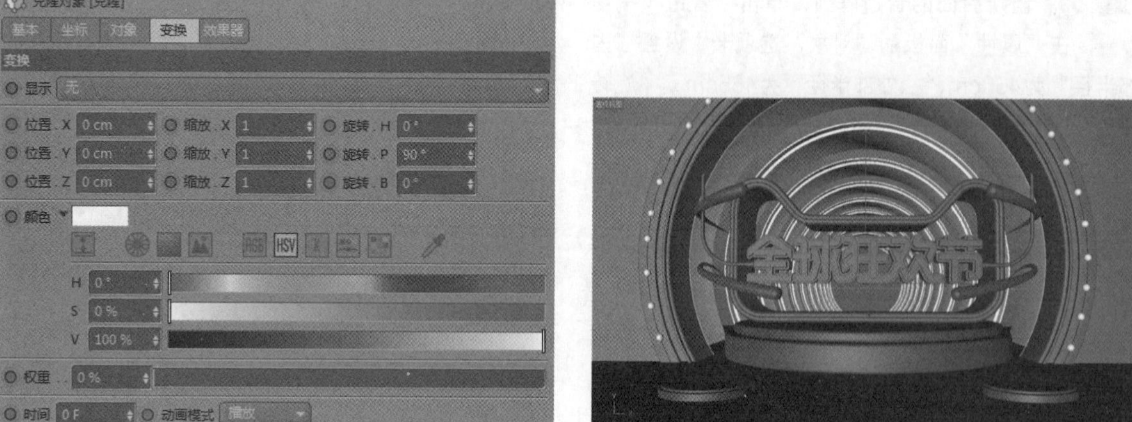

图4-161

4.3.4 创建材质

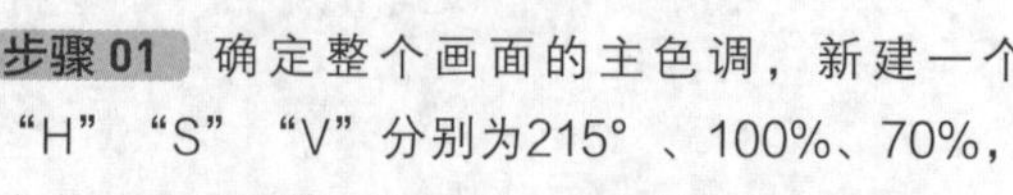

步骤 01 确定整个画面的主色调，新建一个材质球，打开“材质编辑器”面板，设置“颜色”的“H”“S”“V”分别为215°、100%、70%，其他保持默认，得到一个深蓝色材质，如图4-162所示。将这个材质赋予地面和圆柱，如图4-163所示。

图4-162

图4-163

步骤 02 将背景也设置为上一步中的材质。单击“背景”按钮，将该材质赋予“背景”对象。地面和背景虽然使用了同样的材质，但是渲染时会有清晰的分界线，因此需要对地面添加“合成”标签，在“属性”面板的“标签”选项卡中勾选“合成背景”复选项，如图4-164所示。此时就将地面和背景融合在一起，就不会出现分界线了。

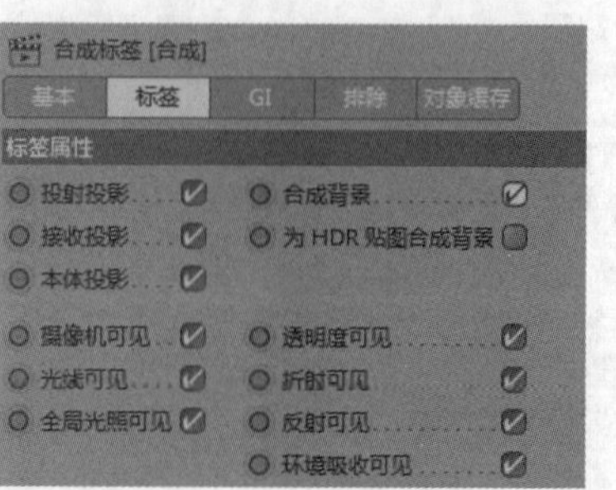

图4-164

技巧与提示

有时需要做一些三维物体和背景合成的场景，但是赋予它们统一的材质往往不能达到要求。在本例中，如果直接赋予材质并渲染，接缝处会出现一条生硬的转折，如图 4-165 所示。要消除这个现象，必须对“地面”对象添加“合成标签”，并且勾选“合成背景”复选项，如图 4-166 所示。虽然视图中不会产生任何变化，但是地面和背景渲染时就会融合在一起，如图 4-167 所示。

图4-165

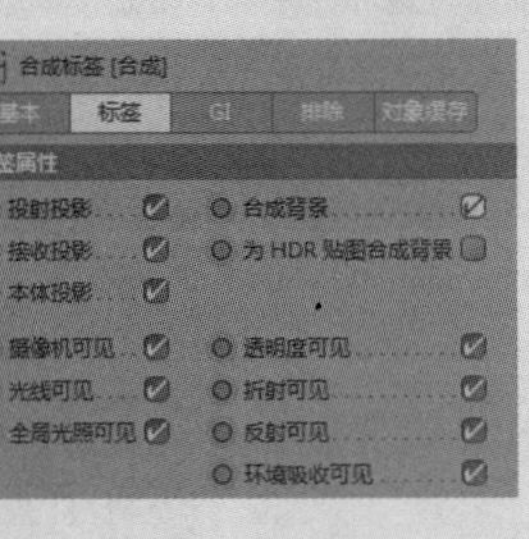

图4-166

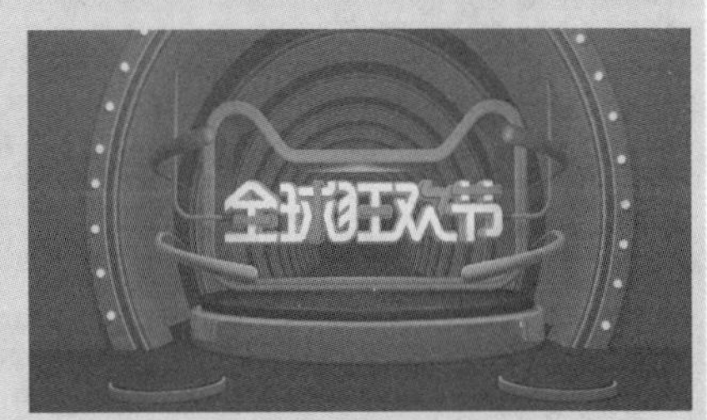

图4-167

步骤 03 新建一个材质球，打开“材质编辑器”面板。设置“颜色”的“H”“S”“V”分别为210°、100%、100%，其他保持默认，得到一个蓝色材质，如图4-168所示。将这个材质赋予连接杆的接头和天猫造型的背板，如图4-169所示。

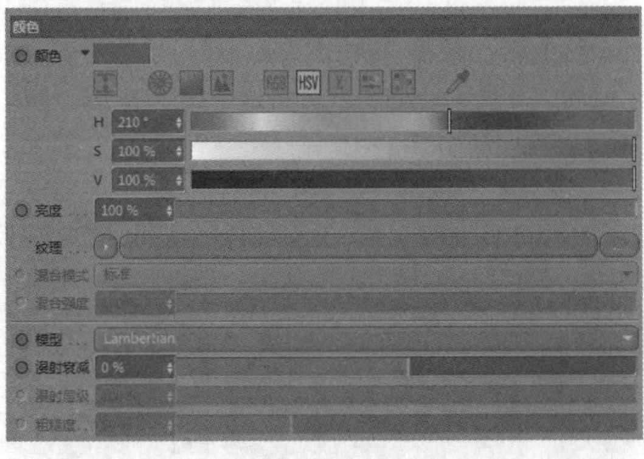

图4-168

图4-169

步骤 04 创建一个浅蓝色材质来突出主题画面。新建一个材质球，打开“材质编辑器”面板，设置“颜色”的“H”“S”“V”分别为195°、100%、100%，如图4-170所示。进入“反射”面板，单击“添加”按钮，增加一个“反射（传统）”层，即“层1”，将“衰减”设置为“添加”，在“纹理”通道中添加“菲涅耳（Fresnel）”，如图4-171所示。将这个材质赋予圆柱、天猫造型的前沿、圆框的装饰条、背景阵列的细管道、连接杆和文字背板等对象，如图4-172所示。

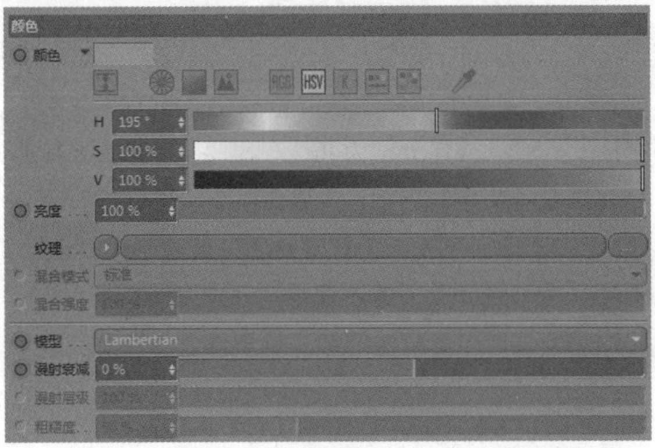

图4-170

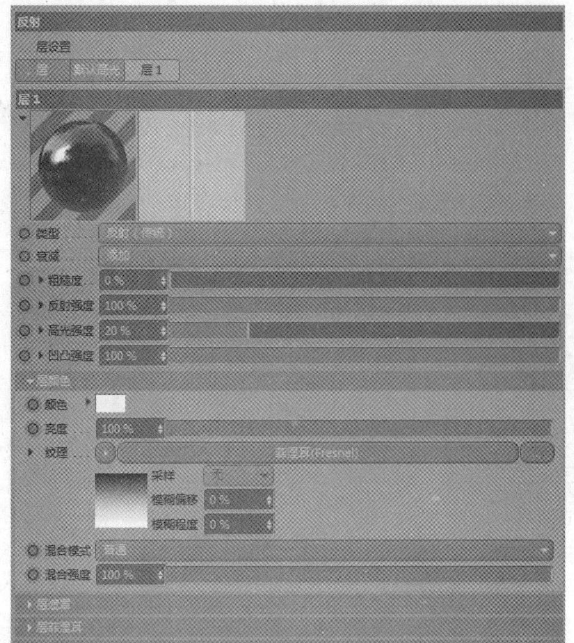

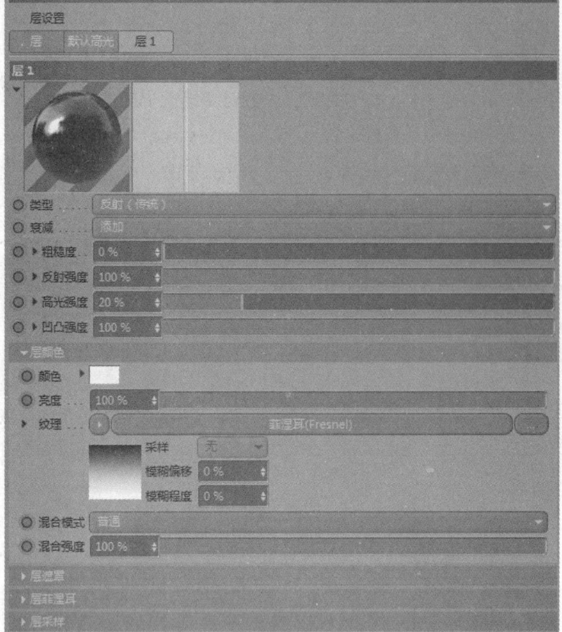

图4-171

图4-172

步骤 05 主体色调已经设置好了，加入辅助的紫色。新建一个材质球，设置“颜色”的“H”“S”“V”分别为300°、70%、100%，其他保持默认，得到一个浅紫色材质，如图4-173所示。将这个材质赋予圆框的主体、背景阵列的宽管道、天猫造型的背板和文本的凸起笔画等对象，如图4-174所示。

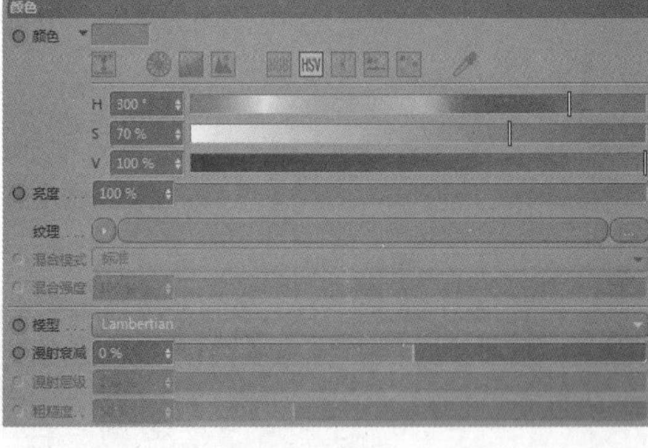

图4-173

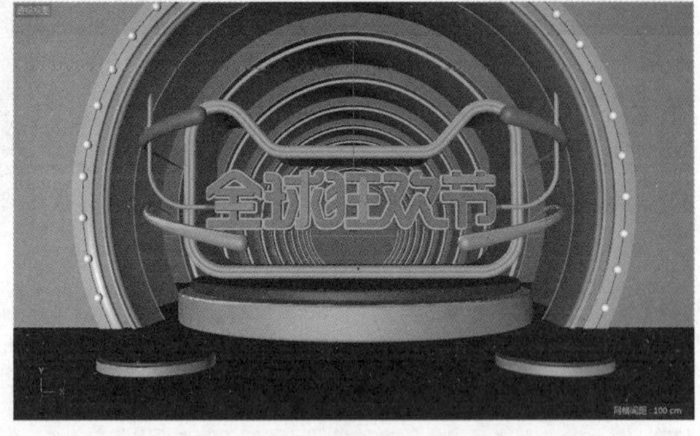

图4-174

步骤 06 文字的主体颜色应该和主色调有所区分，所以需要黄色材质。新建一个材质球，设置“颜色”的“H”“S”“V”分别为40°、30%、100%，其他保持默认，得到一个浅黄色材质，如图4-175所示。将这个材质赋予文字的正面，效果如图4-176所示。

步骤 07 最后还差一个灯带材质，新建一个材质球，取消勾选“颜色”和“反射”复选项，勾选“发光”复选项，在“纹理”通道中添加“菲涅耳（Fresnel）”并设置为由土黄色到浅黄色的渐变，如图4-177所示。将这个材质赋予圆框的灯带，材质就全部设置完成了，如图4-178所示。

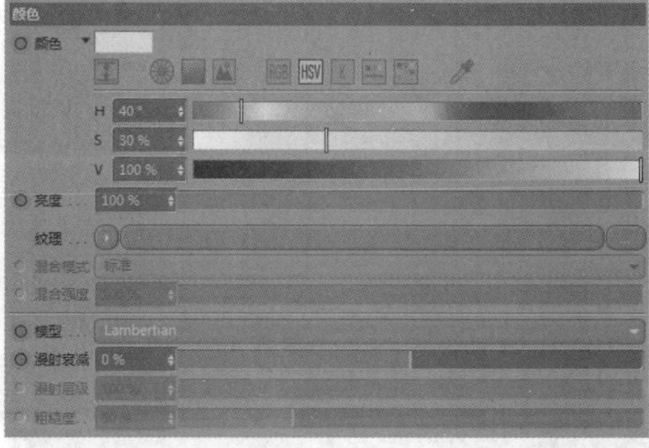

图4-175

图4-176

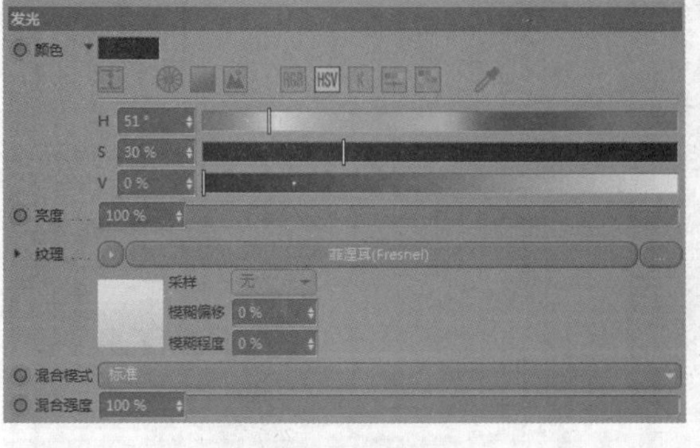

图4-177

图4-178

技巧与提示

如果直接给物体设置普通颜色，那么物体的体积感会很弱，好像一个薄片一样，如图4-179所示。但是添加了“菲涅耳（Fresnel）”发光材质之后，由于摄像机的视角，物体就有了颜色深浅的变化，体积感由此呈现，如图4-180所示。

图4-179

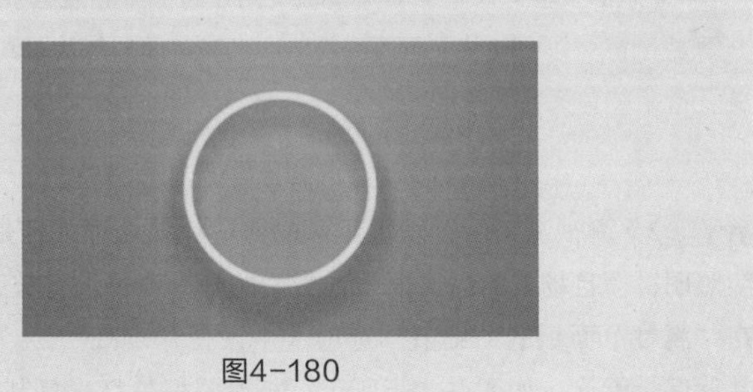

图4-180

4.3.5 灯光表现欢快气氛

步骤 01 单击“区域光”按钮，在“属性”面板的“常规”选项卡中设置“投影”为“区域”，在“细节”选项卡中设置“外部半径”为660cm、“形状”为“矩形”、“水平尺寸”为1320cm、“垂直尺寸”为650cm、“衰减”为“平方倒数（物理精度）”、“半径衰减”为860cm，如图4-181和图4-182所示。将“区域光”放置到合适的位置，如图4-183所示。

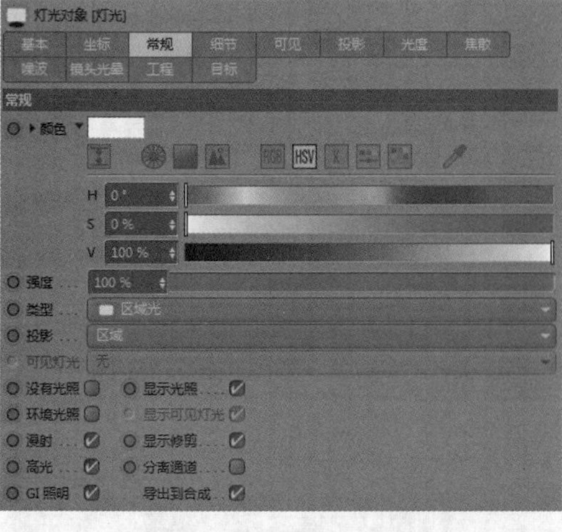

图4-181

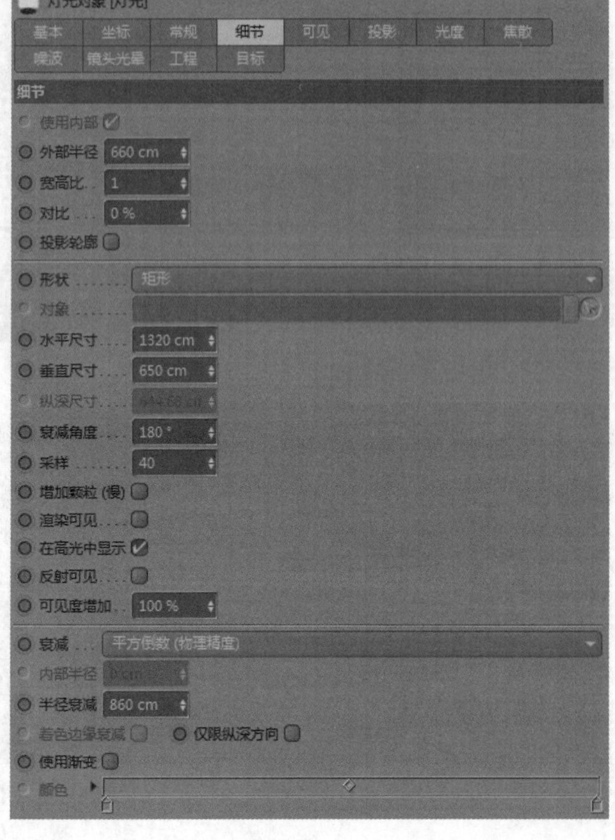

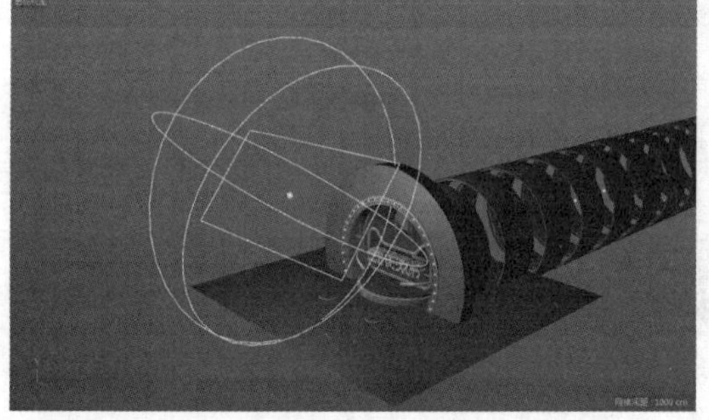

图4-183

图4-182

技巧与提示

光源的大小可以根据实际情况灵活设置，不必照搬参数，大小设置一般以覆盖场景为准。例如，本案例中灯光的面积刚好可以照亮整个正面的物体。衰减范围一般放置到物体的边缘，如果太靠近物体会让整个画面曝光过度，如果不靠近物体又会太暗淡。

步骤 02 测试渲染后，发现正面的照明比较合适，但是也导致正面文字和周围物体无法区分，所以要加强文字照明；而且场景的纵深很长，后面的阵列背景没有被完全照亮，如图4-184所示。单击“灯光”按钮，在“属性”面板的“细节”选项卡中设置“衰减”为“平方倒数（物理精度）”、“半径衰减”为160cm，其他保持默认，如图4-185所示。将设置好的灯光复制1份并且放置到文字的前方，调整位置，提亮画面的文字部分，如图4-186所示。

图4-184

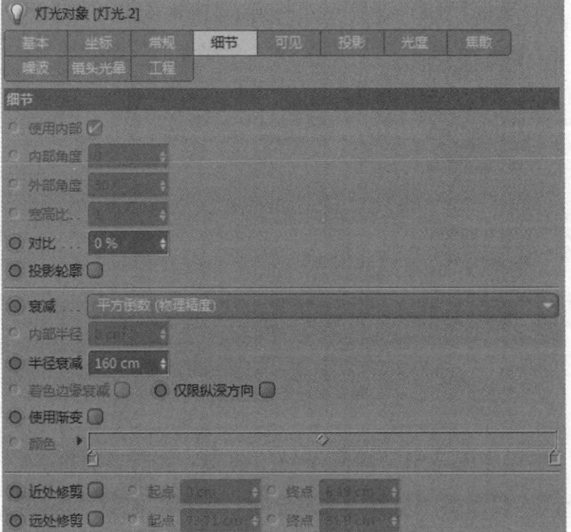

图4-185

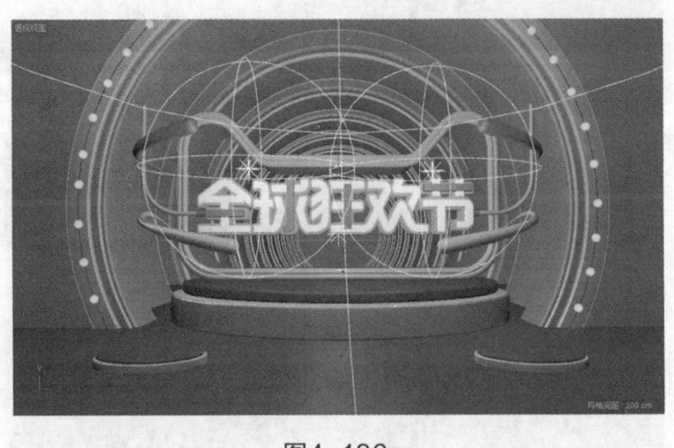

图4-186

步骤 03 单击“灯光”按钮，在“属性”面板的“细节”选项卡中设置“衰减”为“平方倒数（物理精度）”、“半径衰减”为160cm，其他保持默认，如图4-187所示。单击“克隆”按钮，将“灯光”作为它的子对象，在“属性”面板的“对象”选项卡中设置“模式”为“线性”、“数量”为12、“位置.Z”为500cm，如图4-188所示。调整克隆灯光的位置，让其位于背景阵列的中间，得到1个长条形的灯光阵列，用于照亮背景，如图4-189所示。

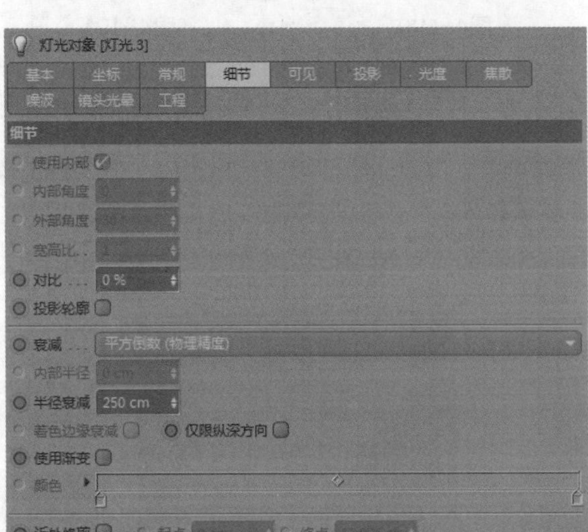

图4-187

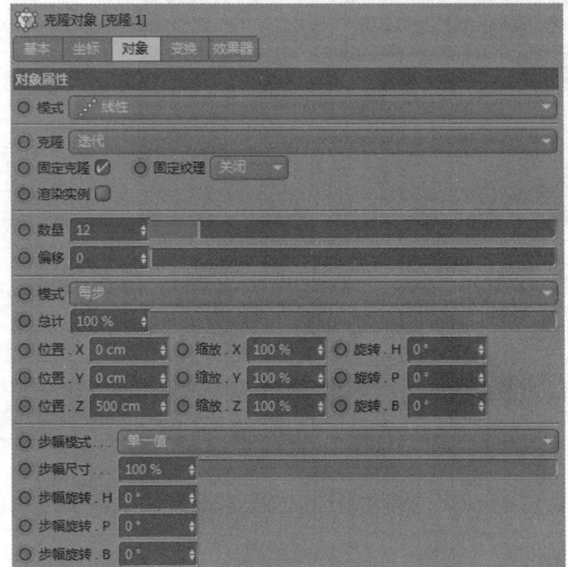

图4-188

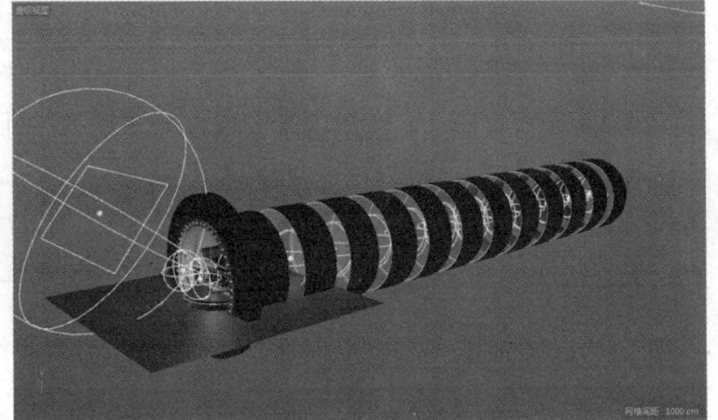

图4-189

步骤 04 打开“渲染设置”面板，在“输出”参数中设置“宽度”和“高度”分别为1920像素和960像素，设置“分别率”为72 像素/英寸（DPI），如图4-190所示。在“效果”参数中选择“全局光照”选项，保持“全局光照”的默认设置，如图4-191所示，最终渲染结果如图4-192所示。

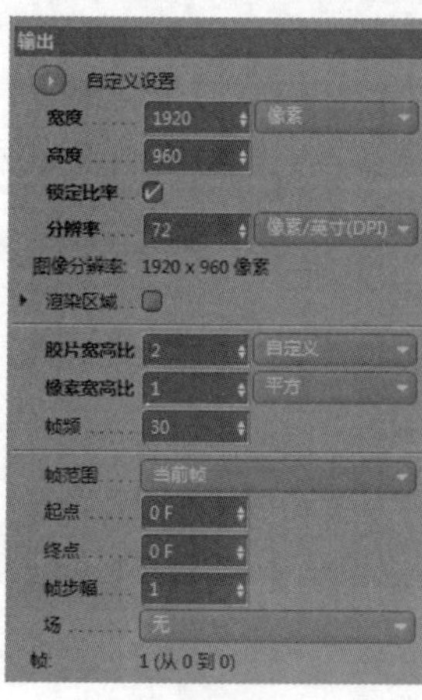

图4-190

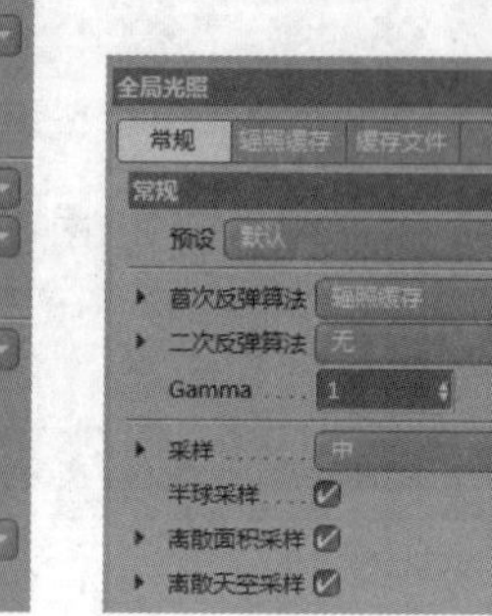

图4-191

图4-192

4.3.6 渲染输出与后期调整

步骤 01 在Photoshop中打开渲染图像，现在的图像太亮，显得层次不足，因此要调整图像的暗部。因为画面整体颜色较少，所以气氛较平，应将四周调暗，突出视觉的中心点。在“图层”面板新建一个曲线调整图层，将曲线的亮部提亮，暗部调暗，强调画面的层次感，如图4-193所示，画面效果如图4-194所示。

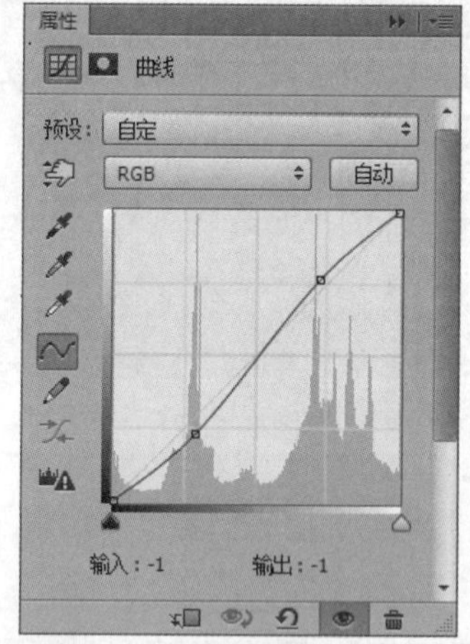

图4-193

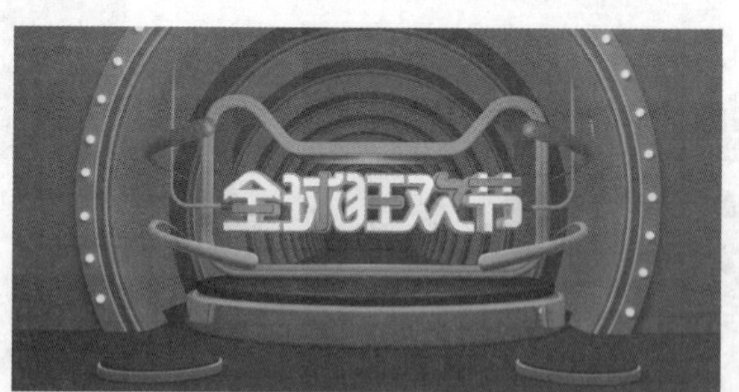

图4-194

步骤 02 继续新建一个曲线调整图层，将曲线的中间调低，如图4-195所示。这样会使画面整体偏暗，如图4-196所示。

步骤 03 由于现在画面整体变暗了，所以选择曲线调整图层的蒙版，使用由黑到白的径向渐变，在画面中拖曳，蒙版效果如图4-197所示，最终的画面效果如图4-198所示。

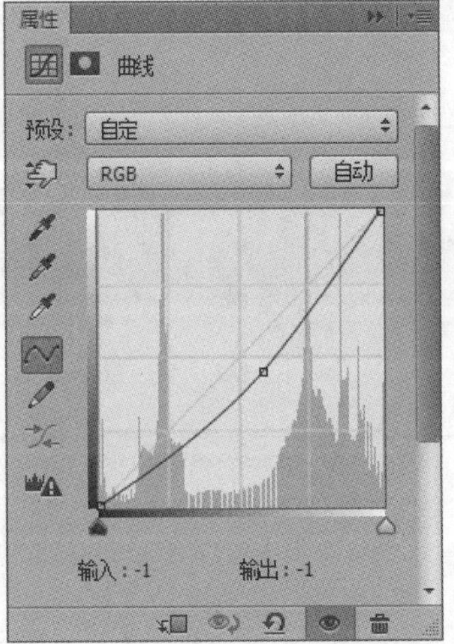

图4-195

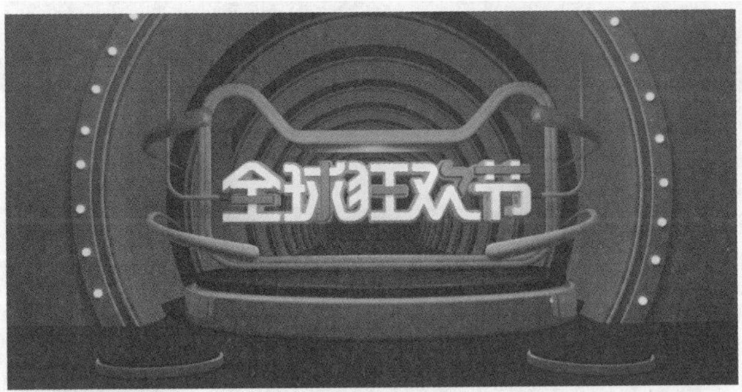
图4-196

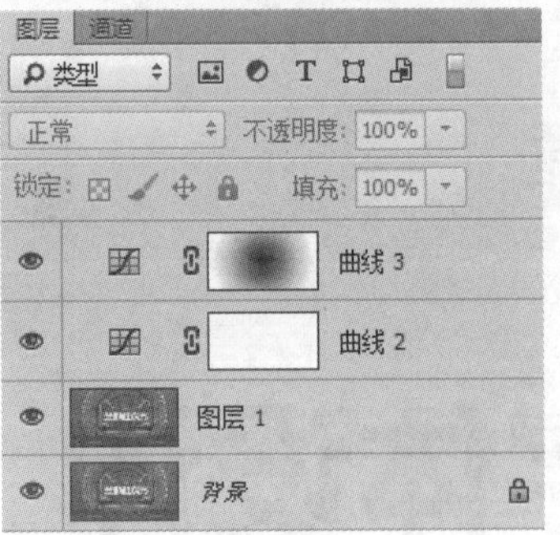

图4-197

图4-198

第 5 章

促销活动创意字体设计

本章学习要点

变形器在模型制作中的应用　　金属材质的制作与表现　　布料模型与材质的制作

5.1 常用变形器工具

除了常规的建模方式，Cinema 4D还包含变形器模块，如图5-1所示。变形器可以在不改变物体属性的情况下进行各种变换，例如“扭曲”工具，将该工具作为立方体的子级，然后对“扭曲”的“强度”进行设置，即可对立方体施加弯曲效果，效果如图5-2所示。

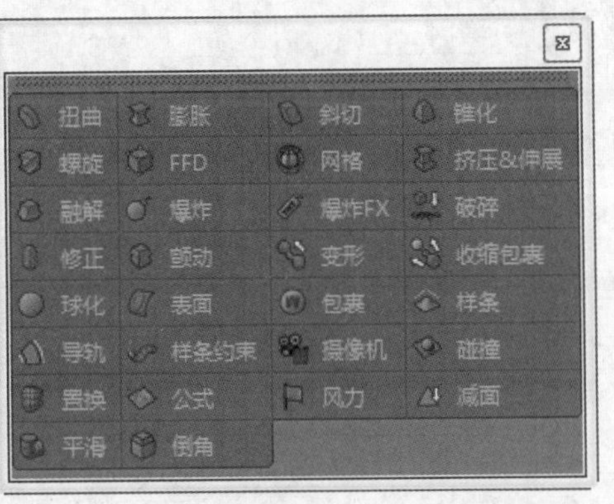

图5-1

图5-2

除“扭曲”变形器外还有其他常用变形器，例如“包裹”变形器，常用于将物体弯曲成柱状或者球状。新建“包裹”变形器，将它作为立方体的子级，在“属性”面板中单击“匹配到父级”，变形器自动匹配到立方体的大小，如图5-3所示。默认使用“柱状”的包裹方式，如图5-4所示。也可调整为“球状”的包裹方式，如图5-5所示。

图5-3

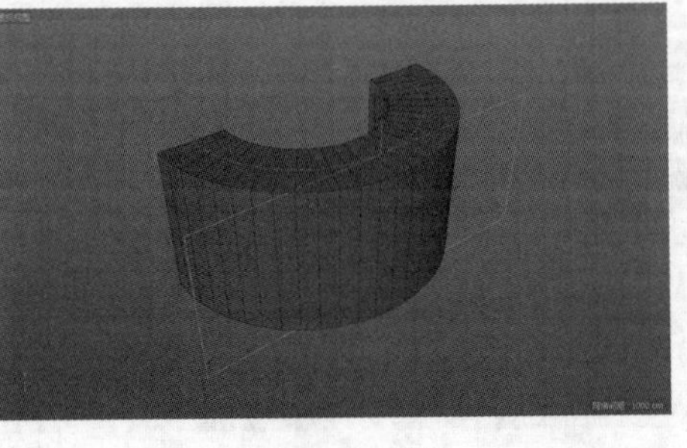

图5-4

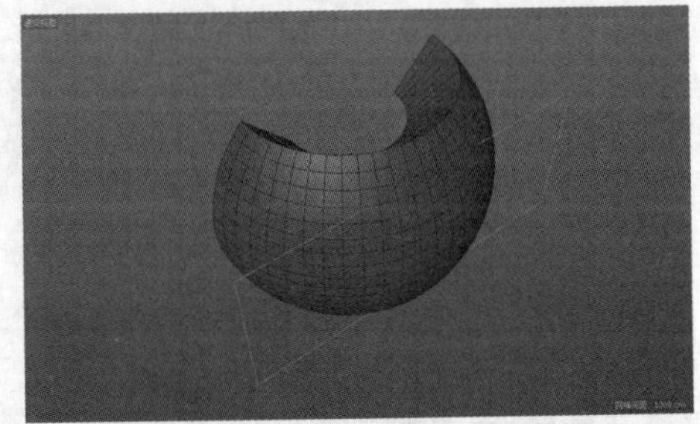

图5-5

“样条约束”变形器常用于将物体按照样条的造型来扭曲。新建“样条约束”变形器，将它作为立方体的子级，在“属性”面板的“样条”中拖入新建的“螺旋”样条，变形器会自动将立方体匹配到样条上，如图5-6所示。如果对物体的造型不满意，可以在“属性”面板的“尺寸”和“旋转”中进一步调节。将立方体约束在“螺旋”样条上的效果如图5-7所示。

“置换”变形器常用于制作物体表面凹凸的效果。将“置换”变形器作为“平面”对象的子级，在“属性”面板的“着色”选项卡中，给“着色器”添加“噪波”，如图5-8所示。如果对物体的造型不满意，可以在“属性”面板的“对象”选项卡中对“强度”“高度”“类型”“方向”进一步调节。物体将根据“噪波”的黑白信息产生凹凸变化，如图5-9所示。

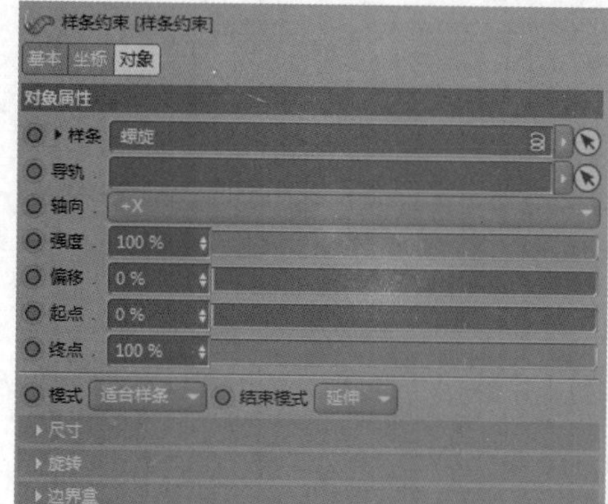

图5-6

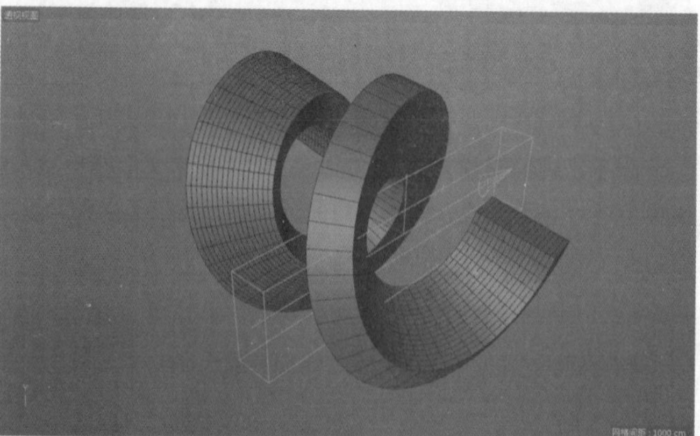

图5-7

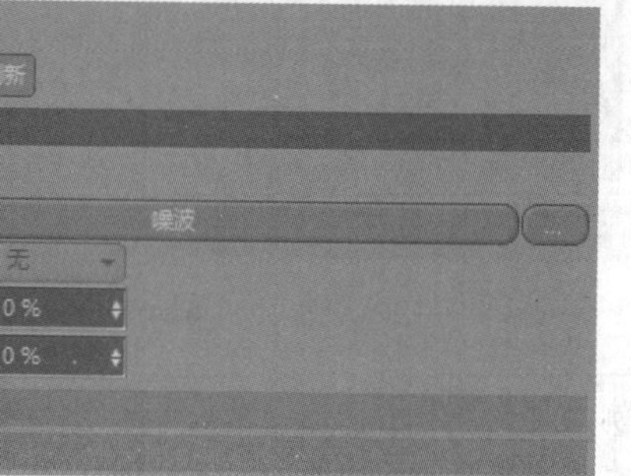

图5-8

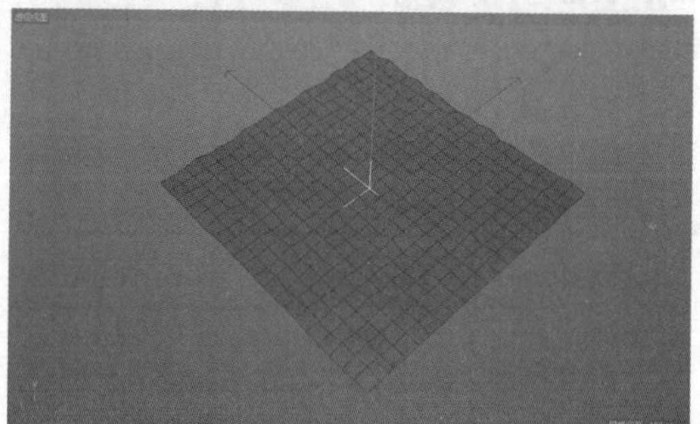

图5-9

“减面”变形器常用于制作Low Poly风格的图像。将“减面”变形器作为“地形”对象的子级，在“属性”面板的“对象”选项卡中设置“削减强度”为94%，如图5-10所示。“减面”变形器将地形的面分布模式改为三角面，删掉地形的“平滑着色”标签以体现硬边的效果，如图5-11所示。

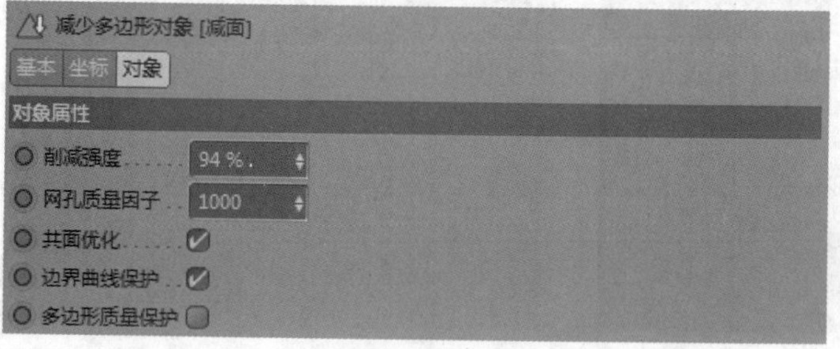

图5-10

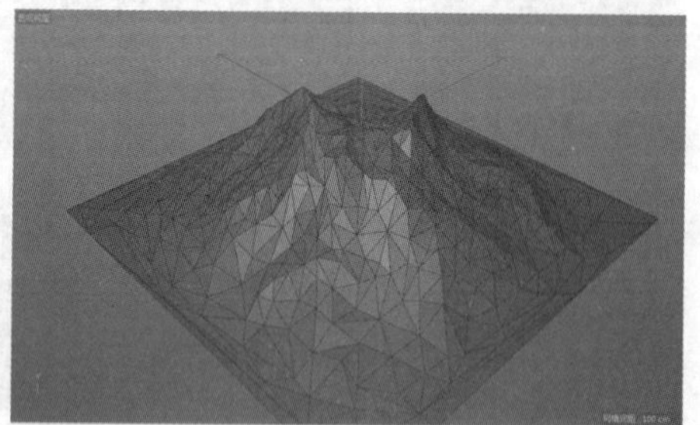

图5-11

5.2 立体的层次——黑金弯曲字体设计

5.2.1 制作思路

本例用Cinema 4D的建模工具和变形器制作黑金折扣场景。整个场景为了体现出质感，主要使用金色和黑色对比配色，造型方面多使用坚硬的转折和柔和的线条进行对比。

模型部分：整个场景的创建遵循由整体到局部的原则，先创建场景的主体元素，使用“方形”样条和“扫描”工具创建整体轮廓；使用“画笔”绘制文字，切换不同视图对文字进行编辑，使其造型柔和；使用“样条约束”制作文字和两边的装饰样条；使用“圆柱”制作文字底板，用“包裹”变形器将文字附着在圆柱底板上；使用基础图形或者样条在场景中添加装饰物，丰富场景细节。

材质部分：使用黑色和金色作为画面的主要色彩，为了避免一片漆黑，对黑色材质添加高光；金色材质没有完全使用带反射的金属色，而是根据场景的明暗降低了反射。

灯光部分：通过正面两处主光源照亮场景，结合泛光灯提亮主体的文字部分；为了使金属的部分反射的更炫丽，使用明暗对比强烈的HDR丰富金属材质的反射细节。

后期部分：导出图像，在Photoshop中添加背景，调整颜色、对比度和明暗关系，最终的效果如图5-12所示。

图5-12

5.2.2 模型的创建和变形器的应用

步骤 01 在“正视图”的中心使用“画笔”工具绘制出“5折”文字的样条，一共3条。“5”字单独一条，命名为“5”；“折”字的提手旁是单独一条，命名为“提手”；“折”字右半部分为一条，命名为“折”，如图5-13所示。但是切换到“右视图”和“顶视图”后就发现样条是平的，必须给它设置厚度。切换到“点”模式，使用“移动”工具拖曳样条的各个点，并结合手柄在视图中调整，如图5-14所示。通过对各个节点的控制，得到了有前后关系的样条，如图5-15所示。

图5-13

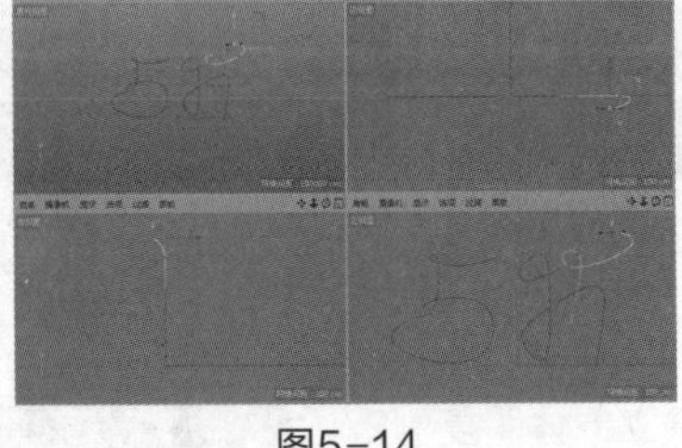

图5-14

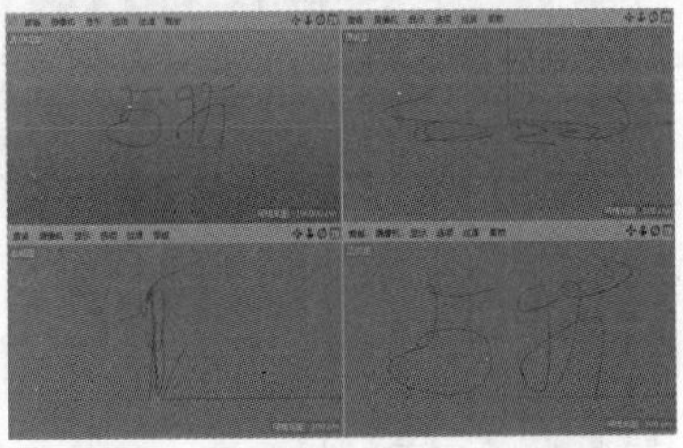

图5-15

技巧与提示

不要在透视视图中对样条进行编辑。画出一条直线，切换各个视图会发现直线是有角度的，因此切换为四视图模式，在透视视图中观察效果，在其他视图中灵活调整。切记样条的转折要平滑，否则会给之后的步骤带来困难。

步骤 02 单击“立方体”按钮，在“属性”面板的“对象”选项卡中设置“尺寸.X”“尺寸.Y”“尺寸.Z”分别为1100cm、5cm、25cm，“分段X”“分段Y”“分段Z”分别为400、1、1，勾选“圆角”复选项，设置“圆角半径”为1cm、“圆角细分”为5，如图5-16所示。得到了长条形的“立方体”对象，如图5-17所示。

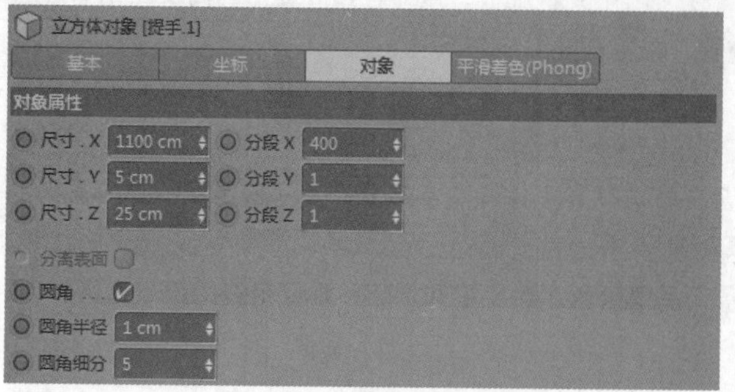

图5-16

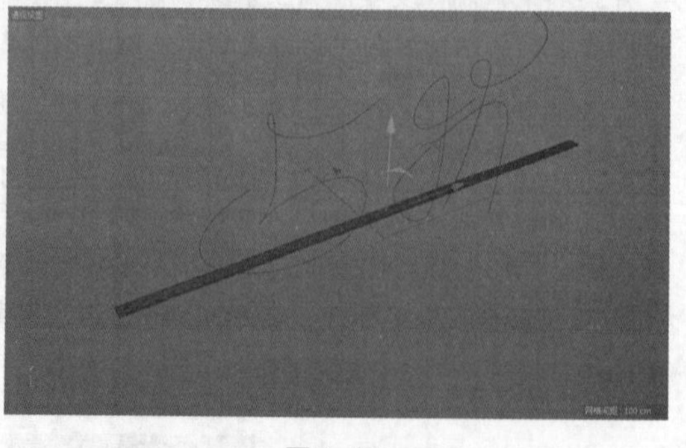

图5-17

步骤 03 单击“样条约束”按钮，将它作为上一步中“立方体”的子对象，在“属性”面板的“对象”选项卡中的“样条”参数内放入命名为“5”的样条，使“立方体”被约束到样条上，但是形态还不够理想，因此打开“旋转”栏，拖曳手柄控制“立方体”的旋转，如图5-18所示。得到了立体的数字5，如图5-19所示。

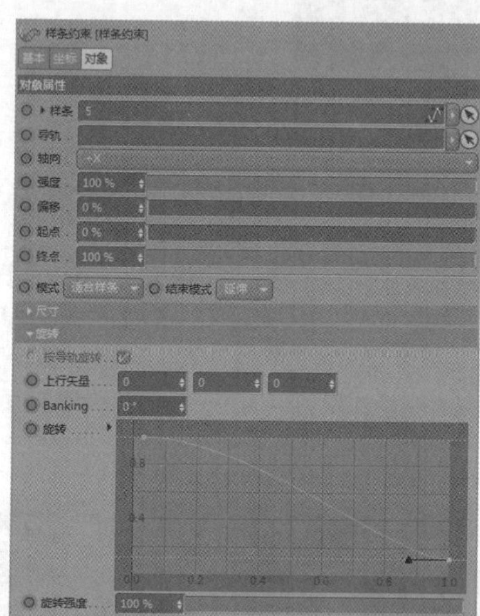

图5-18

图5-19

步骤 04 创建“折”字，将长条形“立方体”复制2份，在“属性”面板的“对象”选项卡中分别放入“提手”和“折”样条，然后结合“旋转”手柄调整为满意效果，如图5-20所示。

图5-20

技巧与提示

制作立体文字应该将样条调整平滑，如果样条的转折过于生硬，使用“样条约束”时立方体会出现交叠的情况。另外立方体的分段数量应该设置得高一点，例如，这个案例中将分段数设置为 400，如图 5-21 和图 5-22 所示。

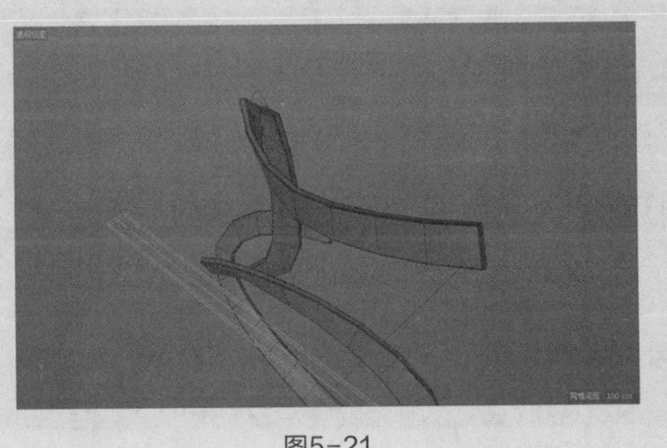
图5-21

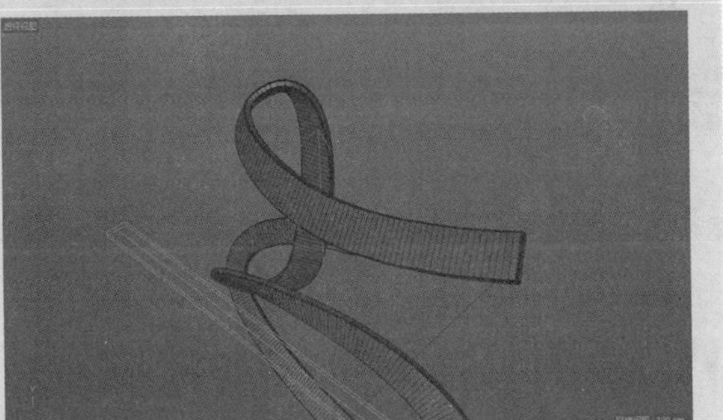
图5-22

步骤 05 单击“矩形”按钮，在“属性”面板的“对象”选项卡中设置“高度”和“宽度”分别为650cm和730cm，其他保持默认，如图5-23所示。新建“挤压”，在“属性”面板的“对象”选项卡中设置“移动”的第3个数值为20cm，即挤压厚度为20cm，如图5-24所示。在“封顶”选项卡，设置“顶端”和“末端”都为“圆角封顶”，“步幅”都为1、“半径”都为10cm、“圆角类型”为“雕刻”，如图5-25所示。得到文字的正方形背板，如图5-26所示。

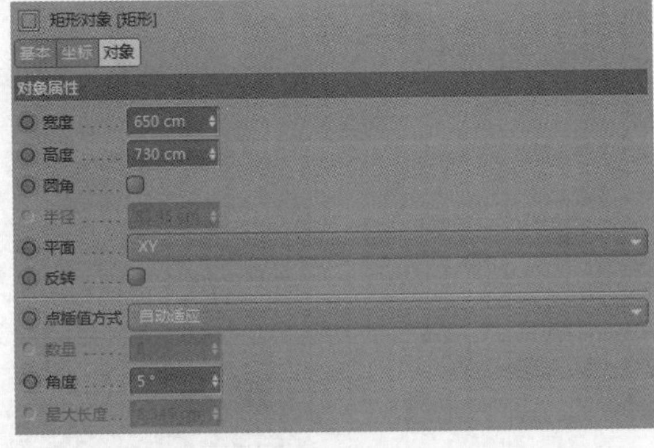

图5-23

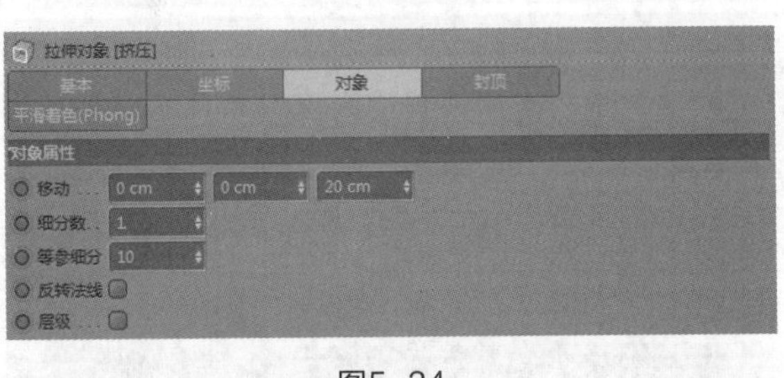

图5-24

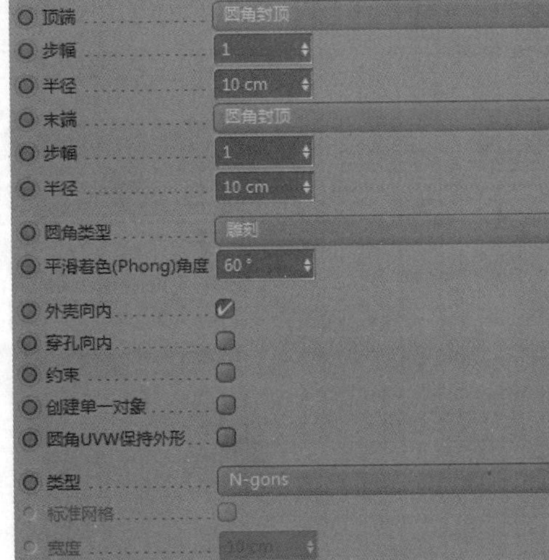

图5-25

图5-26

步骤 06 单击“矩形”按钮，在“属性”面板的“对象”选项卡中设置“高度”和“宽度”都为730cm，其他保持默认，如图5-27所示。将上一步骤中的“挤压”对象复制1份，删除子物体，把“矩形”对象作为“挤压”对象的子物体，将做好的背板旋转45°，如图5-28所示。

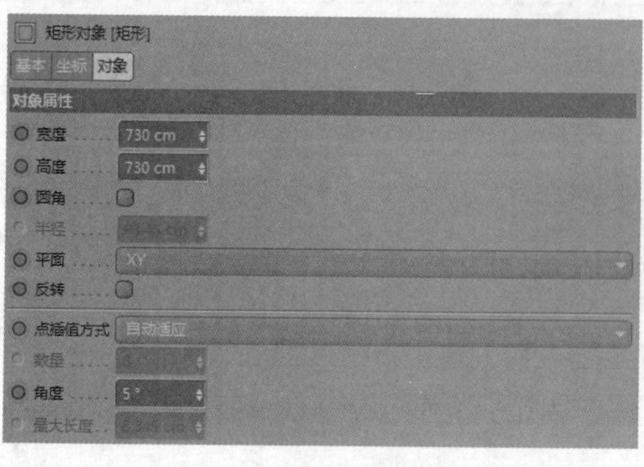

图5-27

图5-28

步骤 07 将上一步骤做好的背板复制2份，放大并放置到靠后的位置，如图5-29所示。

图5-29

步骤 08 单击“矩形”按钮，在“属性”面板的“对象”选项卡中设置“高度”和“宽度”都为2100cm，其他保持默认，如图5-30所示。复制“矩形”，设置“高度”和“宽度”都为25cm，如图5-31所示。新建“扫描”对象，将2个“矩形”对象作为“扫描”的子级，小“矩形”在上作为形状对象，大“矩形”在下作为路径，得到的效果如图5-32所示。

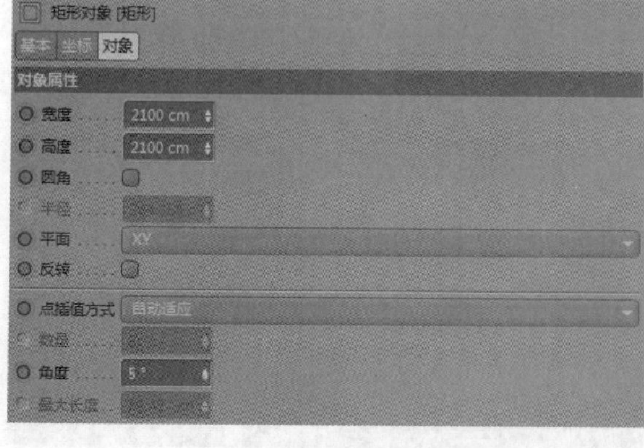

图5-30

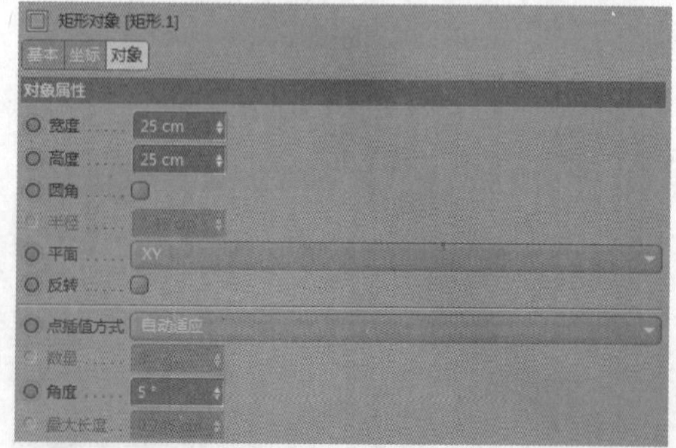

图5-31

图5-32

步骤 09 制作“周年店庆”的部分。新建“圆柱”，在“属性”面板的“对象”选项卡中设置“半径”为300cm、“高度”为160cm、“高度分段”为1、“旋转分段”为36，如图5-33所示。在“封顶”选项卡中勾选“封顶”复选项，设置“分段”为1，勾选“圆角”复选项，设置“分段”为5、“半径”为10cm，如图5-34所示。按快捷键C将当前物体转化为多边形物体，在“多边形”模式下选择中间的面，按快捷键I将中间的面向内挤压，按快捷键D向里挤压，效果如图5-35所示。新建一个合适大小的“管道”，将“管道”放置到“圆柱”的上部，调整它们的位置，如图5-36所示。

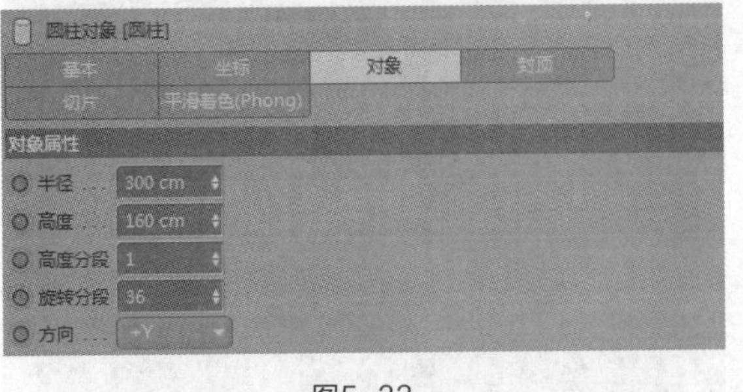

图5-33

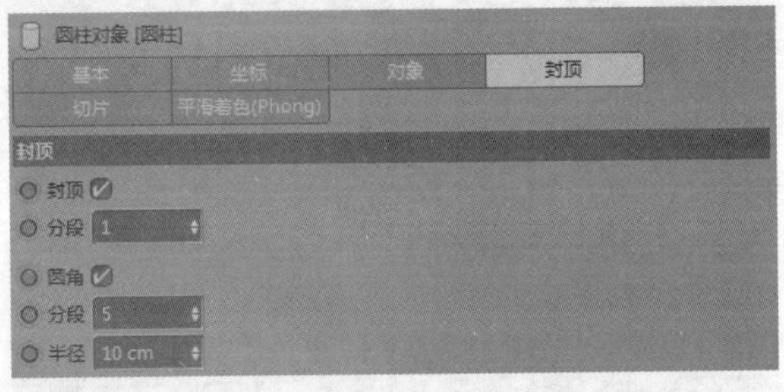

图5-34

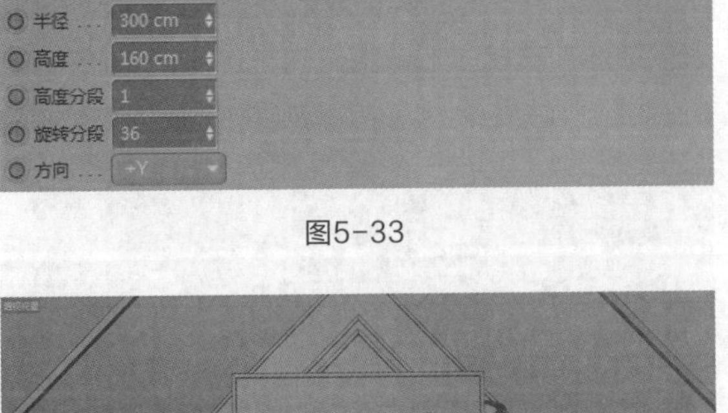

图5-35

图5-36

5.2.3 添加细节和装饰

步骤 01 输入文字内容，单击“文本”按钮，在“属性”面板的“对象”选项卡中输入文字“全场”，设置“深度”为35cm、“高度”为70cm、“水平间隔”为20cm，其他保持默认，如图5-37所示。将“文本”对象复制1份，设置“深度”为18cm，在“文本”框内输入文字“周年店庆”，设置“水平间隔”为

8cm、“点插值方式”为“统一”、“数量”为16，如图5-38所示。在“封顶”选项卡内设置“类型”为“四边形”，勾选“标准网格”复选项，设置“宽度”为2.5cm，目的是让文本弯曲时不破面，如图5-39所示。

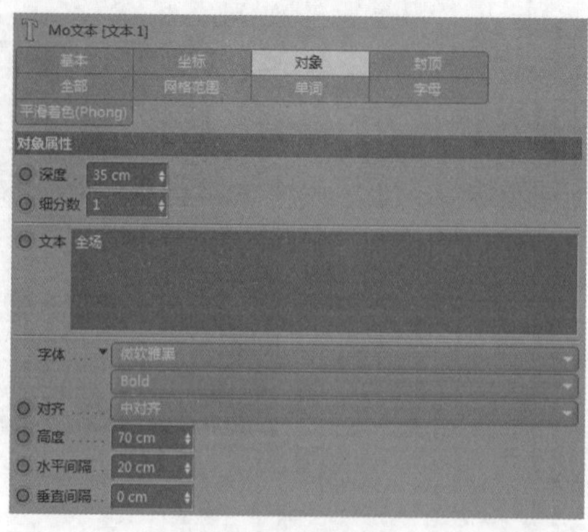

图5-37

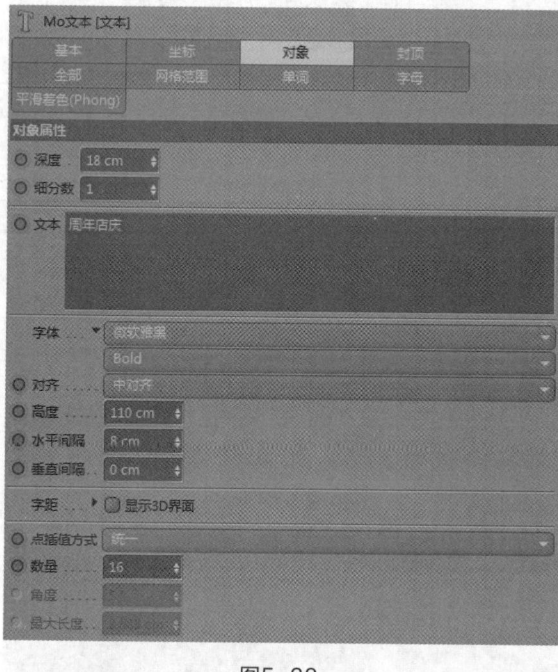

图5-38

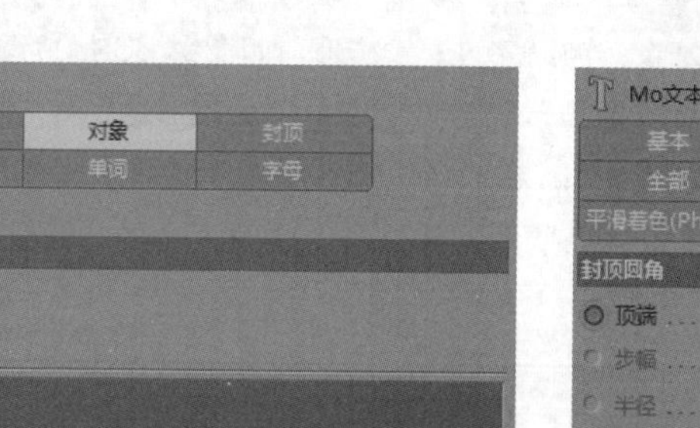

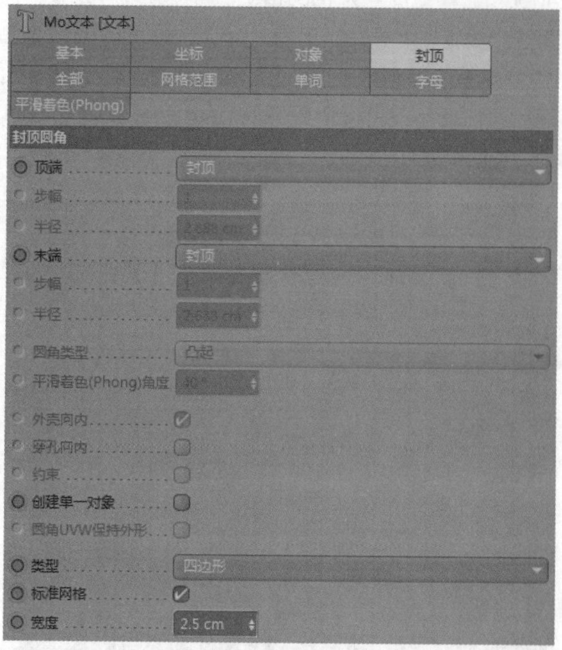

图5-39

步骤 02 将“周年店庆”文字弯曲，单击“包裹”变形器按钮，将它作为“周年店庆”的子对象，在“属性”面板的“对象”选项卡中设置“宽度”为430cm、“高度”为105cm、“半径”为290cm、“包裹”为“柱状”、“经度起点”为230°、“经度终点”为310°，如图5-40所示。将“周年店庆”和“全场”文字放置到合适的位置，如图5-41所示。

步骤 03 新建4个“圆柱”和若干个“立方体”，调整它们的大小和方向，将“立方体”放置在“全场”文字的周围，将“圆柱”放置在面板的每个角落，群组并命名为“装饰物”，如图5-42所示。

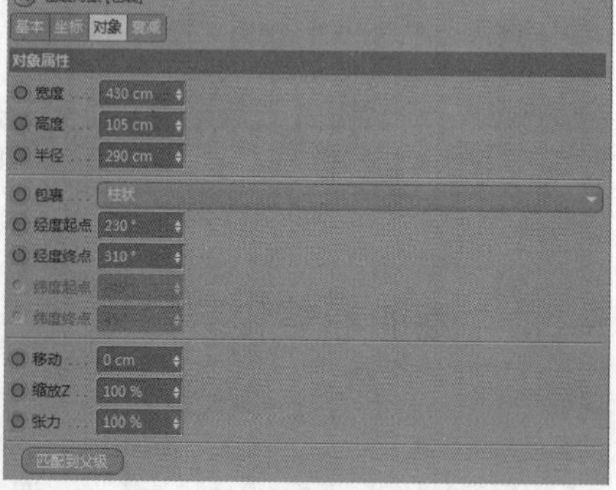

图5-40

图5-41

图5-42

步骤 04 使用“画笔”工具勾勒出箭头的样条造型，如图5-43所示。使用“挤压”工具将其挤出厚度，新建1个“对称”，将挤压的造型对称放置，效果如图5-44所示。

图5-43

图5-44

步骤 05 使用“画笔”工具勾勒出2根样条，2根样条的造型如图5-45所示。单击“立方体”按钮，在“属性”面板的“对象”选项卡中设置“尺寸.X”“尺寸.Y”“尺寸.Z”分别为1100cm、5cm、35cm，设置“分段X”为400，其他保持默认，如图5-46所示。单击按钮，新建“样条约束”并作为“立方体”的子对象，将左边的样条放入“样条约束”的“样条”栏内。将“立方体”和它的“样条约束”复制1份，再用右边的样条替换原有的样条，完成效果如图5-47所示。

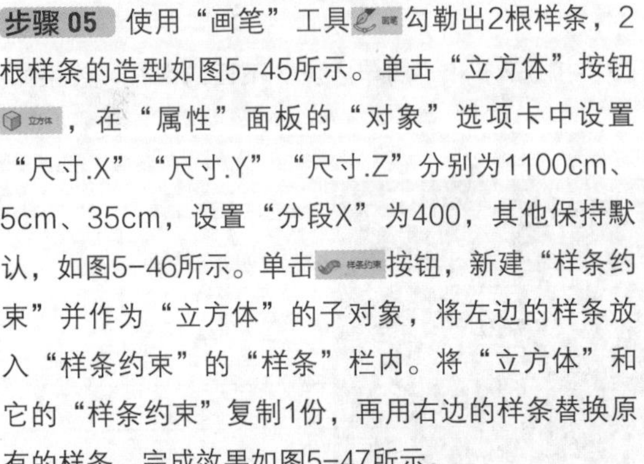

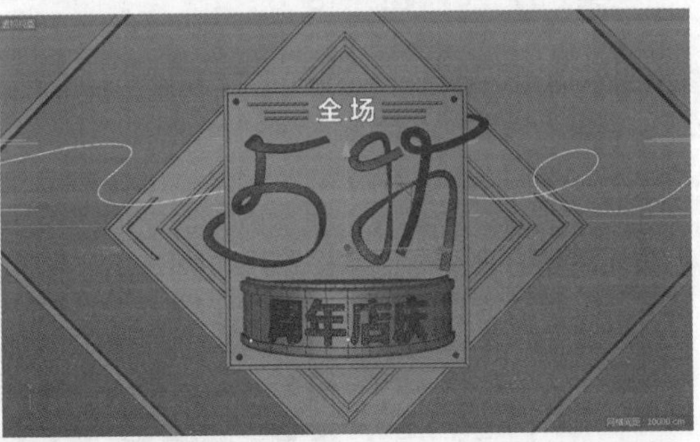

图5-45

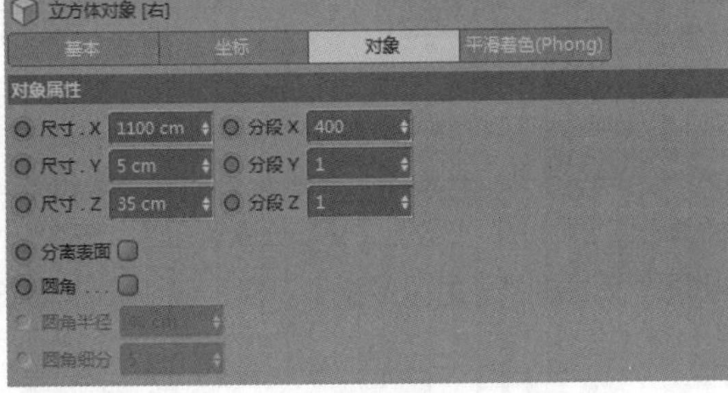

图5-46

图5-47

5.2.4　黑色与金属的碰撞

步骤 01 整个场景是黑色和金色的搭配，大片的黑色材质定下整体高级肃穆的感觉，少量金色的点缀将整个场景提亮，起到集中视觉的作用。创建黑色的材质，新建“材质”，打开“材质编辑器”，设置“颜色”的“H”“S”“V”分别为0°、0%、6%，如图5-48所示。在“反射”的“默认高光”选项卡中，设置“宽度”为45%、“衰减”为10%、“内部宽度”为0%、“高光强度”为10%、“颜色”为浅灰色，得到了浅灰色的高光，如图5-49所示。

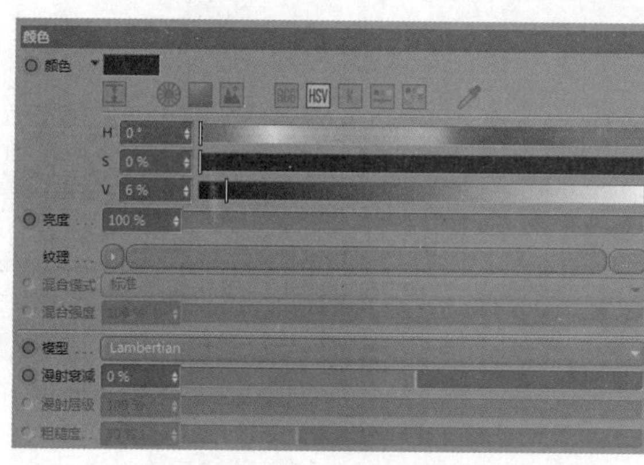

图5-48

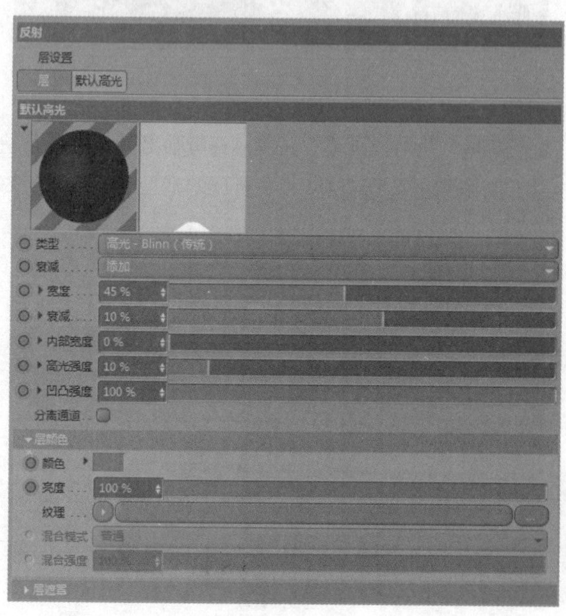

图5-49

步骤 02 将黑色材质赋予4块背板（挤压、挤压1、挤压2、挤压3）和“周年店庆”下面的圆柱，效果如图5-50所示。

图 5-50

步骤 03 为了让金色材质有所区别，创建一个稍亮的和一个稍暗的材质。先创建一个高反射的金色材质。创建“材质”，双击“材质”进入“材质编辑器”，设置“颜色”的“H”“S”“V”分别为35°、30%、50%，完成了金色材质的底色，如图5-51所示。在“反射”栏，添加“反射（传统）”层，即“层1”，在

“层1”中，设置“粗糙度”为20%、“反射强度”为30%、“高光强度”为20%，在“层颜色”内将“颜色”设置为淡黄色，在“层菲涅耳”中设置“菲涅耳”为“导体”，“预置”为“金”，其他保持默认，如图5-52所示。

图5-51

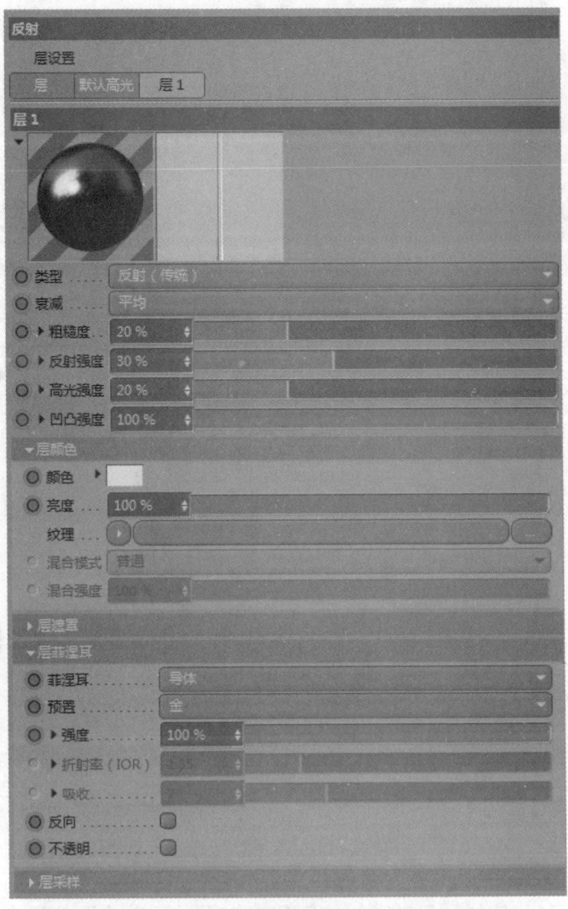

图5-52

步骤 04 将金色材质赋予“5折”“管道”“全场”“周年店庆”“装饰物”。在“多边形”模式下按快捷键U~L（先按U键再按L键）打开“循环选择”模式，选择上下两面，并将材质拖曳到视图中，将材质赋予到选择的两面上，如图5-53所示。完成材质赋予的效果如图5-54所示。

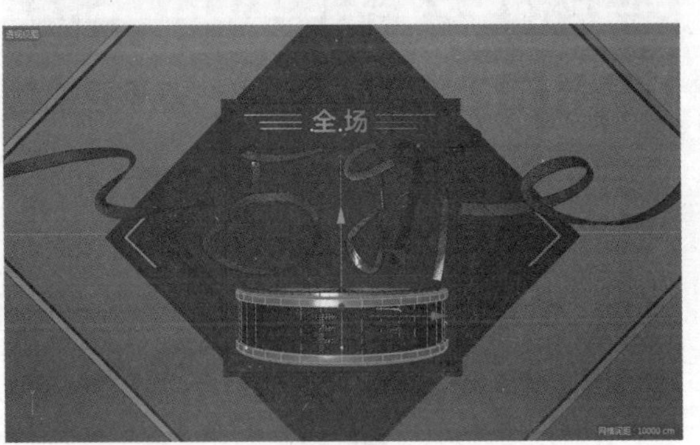

图5-53

图5-54

步骤 05 将金色材质复制1份，在“材质编辑器”面板设置颜色的“H”“S”“V”分别为35°、30%、35%，如图5-55所示。在“反射”栏中，将“反射强度”降低为20%，如图5-56所示。

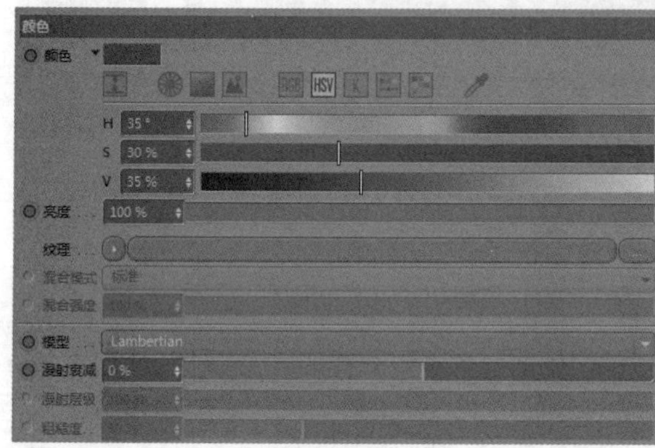

图5-55

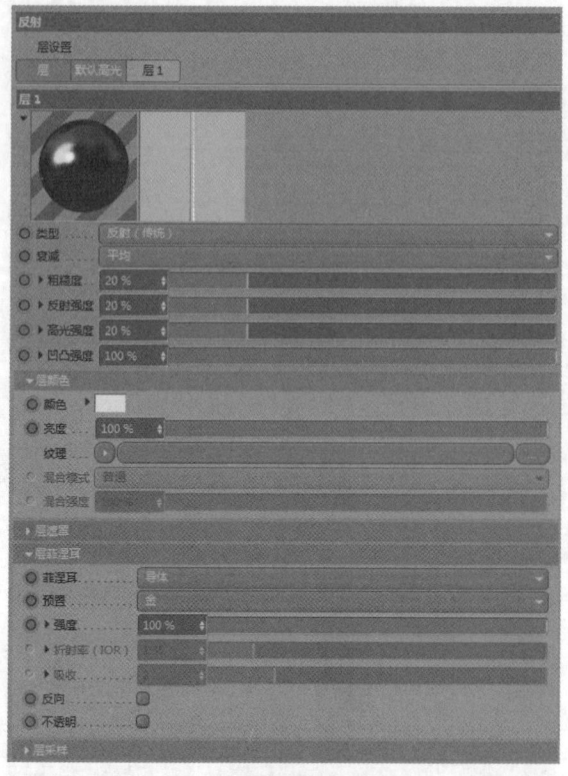

图5-56

步骤 06 将这个材质赋予4块背板（挤压、挤压1、挤压2、挤压3），在“纹理标签”的“选集”内输入R1，使材质只对背板的倒角起作用，不影响黑色部分，如图5-57所示。将材质赋予对称的箭头、最大的扫描框和约束在路径上的立方体，场景中的材质就设置完成了，效果如图5-58所示。

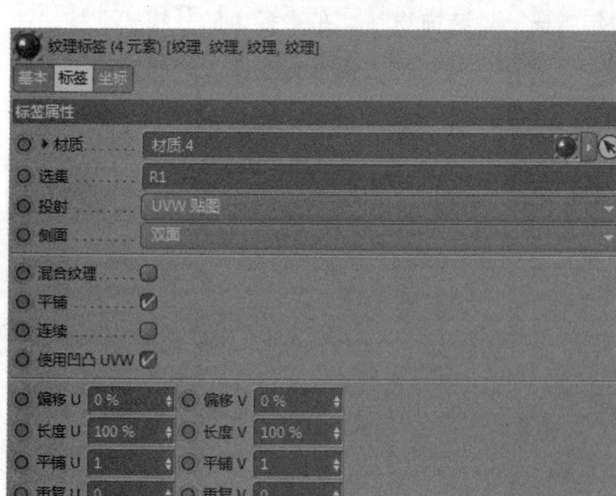

图5-57

图5-58

5.2.5 环境与灯光

步骤 01 因为金属自身的质感较弱，主要反射周围环境，所以对环境的要求较高。单击“天空”按钮，并新建“材质”，取消勾选“颜色”和“反射”复选项，仅勾选“发光”复选项，在“纹理”中载入学习资源中的HDR文件，如图5-59所示。将材质赋予“天空”对象，视图效果如图5-60所示。

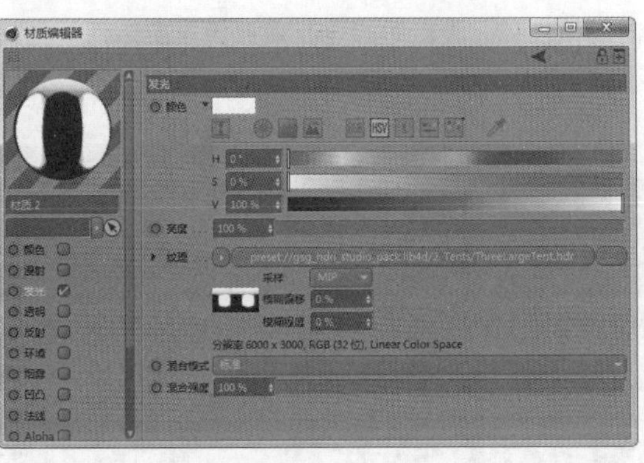

图5-59

图5-60

步骤 02 如果要HDR只对物体产生作用，却不被渲染，就需要设置“天空”对象不被渲染。在“对象”面板中给“天空”对象添加“合成标签”，在“合成便签”面板的“标签”选项卡中取消勾选“摄像机可见”，如图5-61所示。“天空”对象不被渲染的效果如图5-62所示。

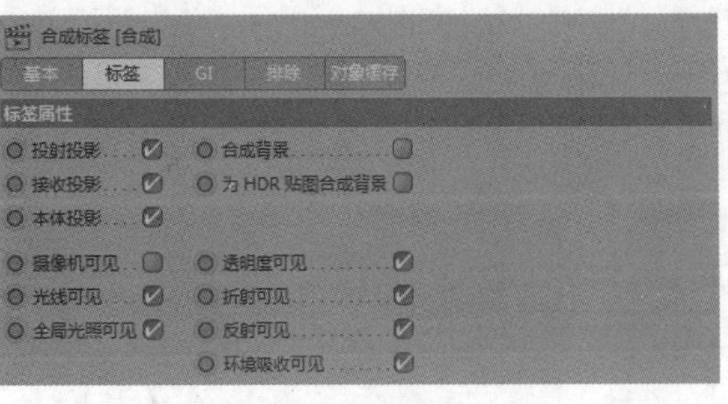

图5-61

图5-62

步骤 03 目前的渲染效果较为平淡，缺少层次感，需要添加灯光照明。单击“区域光”按钮，在“属性”面板的“常规”选项卡中设置“强度”为80%、“投影”为“区域”，如图5-63所示。在“细节”选项卡中设置“外部半径”为450cm、“形状”为“矩形”、“水平尺寸”和“垂直尺寸”都为900cm、“衰减”为“平方倒数（物理精度）”、“半径衰减”为1500cm，如图5-64所示。调整灯光在视图中的位置，使其位于左侧，方向朝向场景主体，将衰减的边缘靠近场景主体的附近，如图5-65所示。

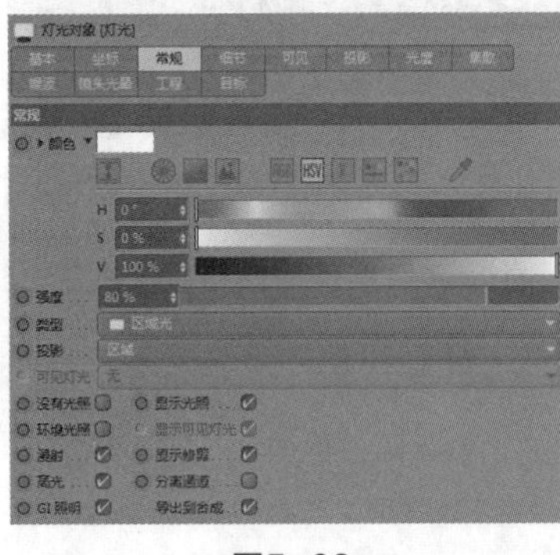

图5-63

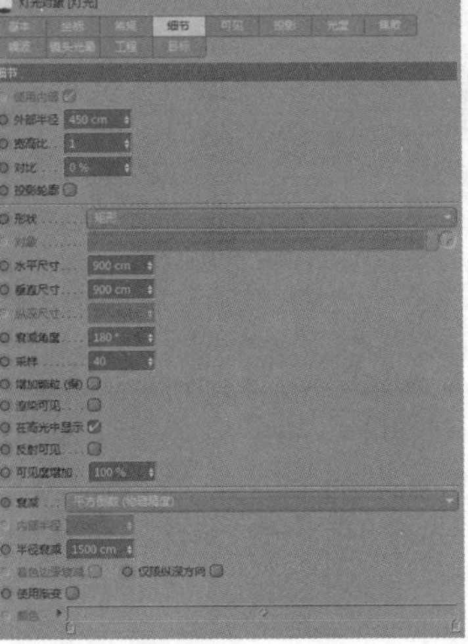

图5-64

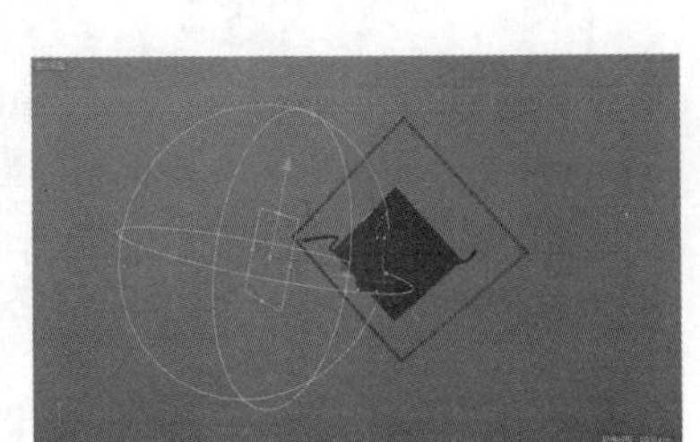

图5-65

步骤 04 复制1份灯光，将新的灯光放置到右侧，方向朝向场景主体，衰减边缘也是靠近场景主体，效果如图5-66所示。渲染层次感明显增加，效果如图5-67所示。

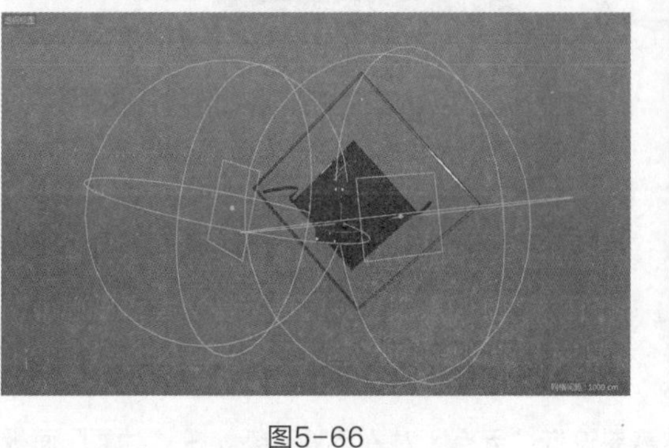

图5-66

图5-67

步骤 05 虽然效果变好了，但是没有突出中间部分，需要添加小光源针对性地提亮某个区域。单击“灯光”按钮，在“属性”面板的“常规”选项卡中设置“投影”为“区域”，如图5-68所示。在“细节”选项卡中设置“衰减”为“平方倒数（物理精度）”、“半径衰减”为200cm，如图5-69所示。将这盏灯光复制4份，分别放置到“5”“折”“周年店庆”和左右两个角落，使它们的衰减边缘靠近物体，如图5-70所示。

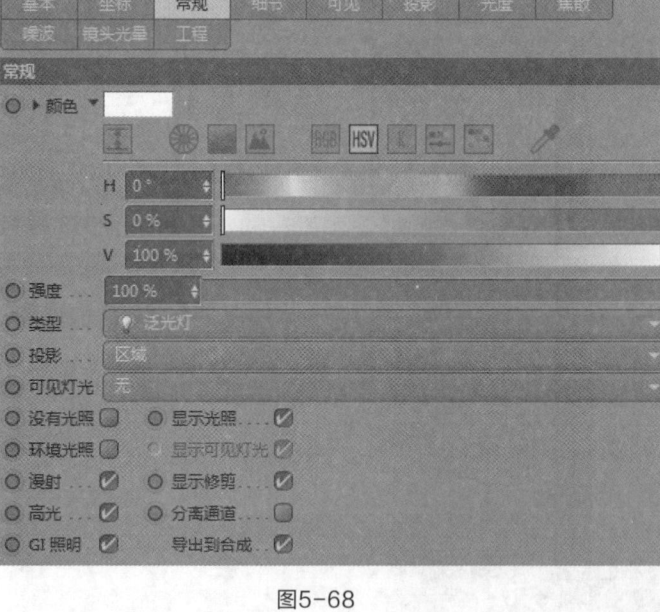

图5-68

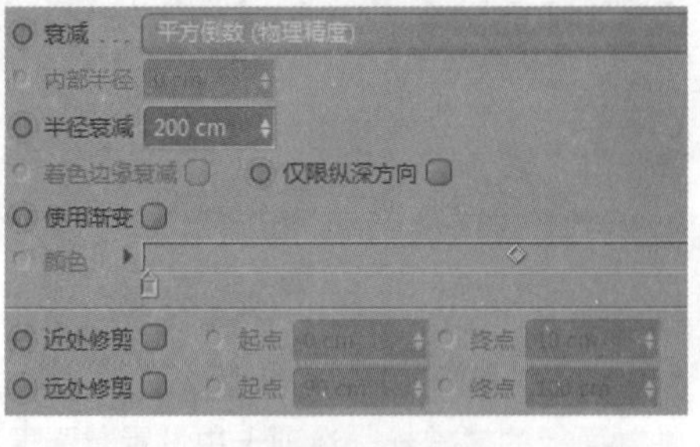

图5-69

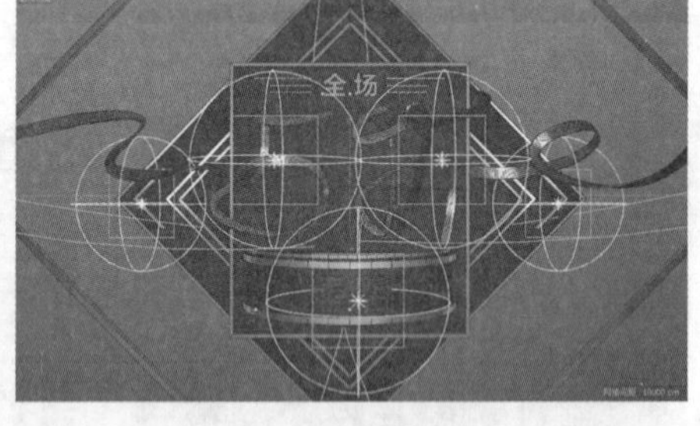
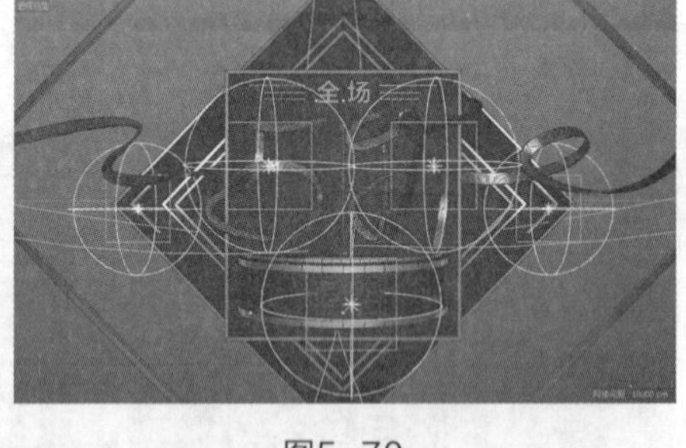

图5-70

步骤 06 进行渲染设置，打开“渲染设置”面板，在“输出”内设置“高度”和“宽度”分别为1920像素和960像素、“分辨率”为72像素/英寸（DPI），如图5-71所示。在“保存”栏勾选“保存”，在“文件”中选择保存的位置，选中“Alpha通道”复选项，如图5-72所示。单击“渲染”图标即可得到图像，如图5-73所示。

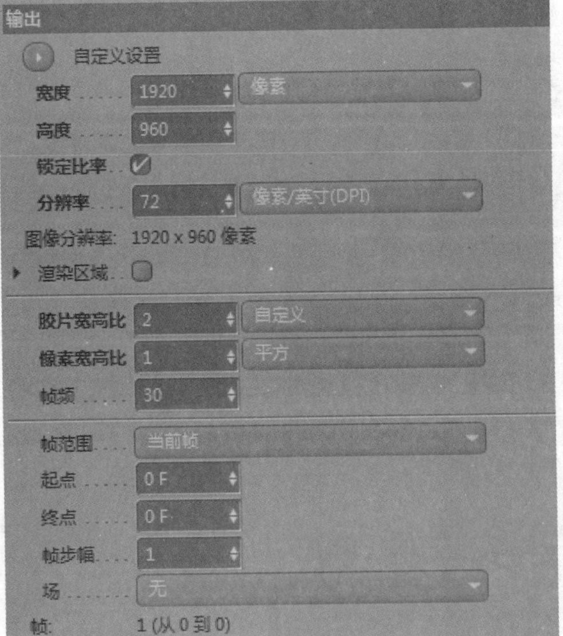

图5-71

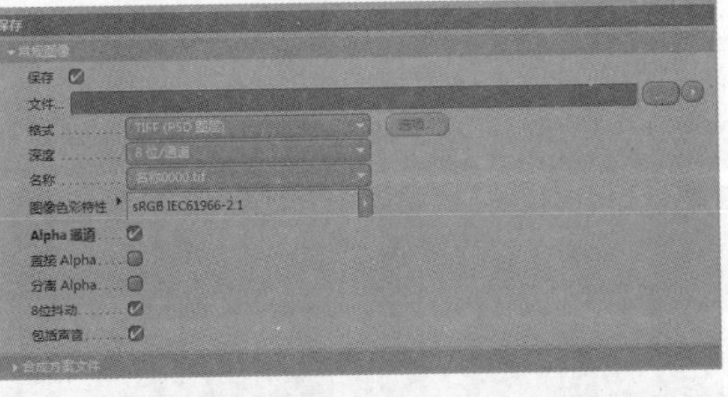

图5-72

图5-73

> **技巧与提示**
>
> 勾选 Alpha 通道可以生成黑白的通道图，方便将物体和背景分离出来，注意保存时要选择带图层的格式。

5.2.6 后期调整

步骤 01 将输出的图像导入Photoshop，在“通道”面板中看到有Alpha通道，如图5-74所示。按住Ctrl键，用鼠标左键单击该通道，即利用黑白信息创建了选区，按快捷键Ctrl+J复制一个图层，导入学习资源中的“背景.tif”文件，并置于新建图层的下方，如图5-75所示。效果如图5-76所示。

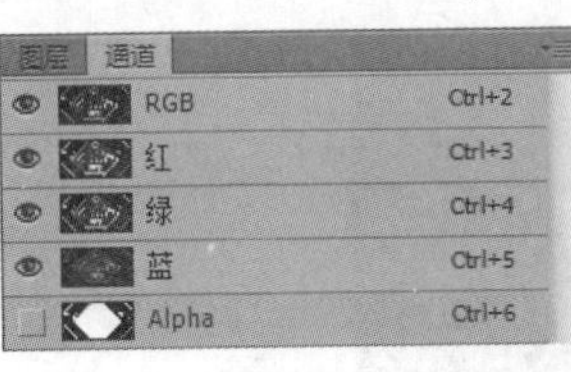

图5-74

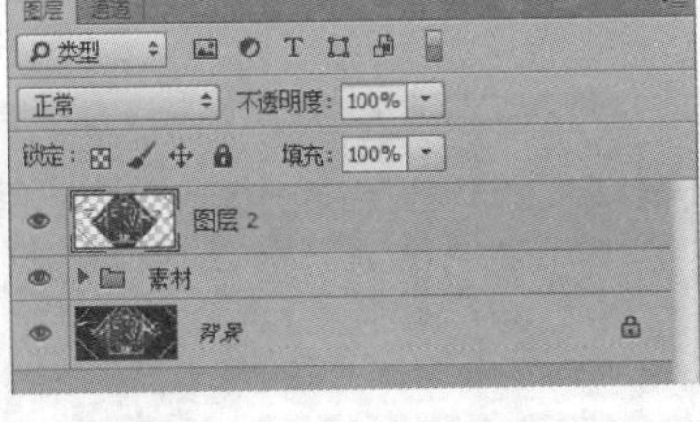

图5-75

图5-76

步骤 02 图像大致完成，但是颜色较灰暗，金色不够鲜亮。在“图层”面板中单击“创建新的填充图像或调整层”找到“曲线”命令新建“曲线”调整图层，将“曲线”的上部稍微上拉，提亮整个场景，将“曲线”的下方稍微下拉，使图像的暗部更加明显，如图5-77所示。金色色调偏冷，添加“可选颜色”调整层，设置“颜色”为“黄色”，设置“洋红”的数值为30%，如图5-78所示。得到最终的图像如图5-79所示。

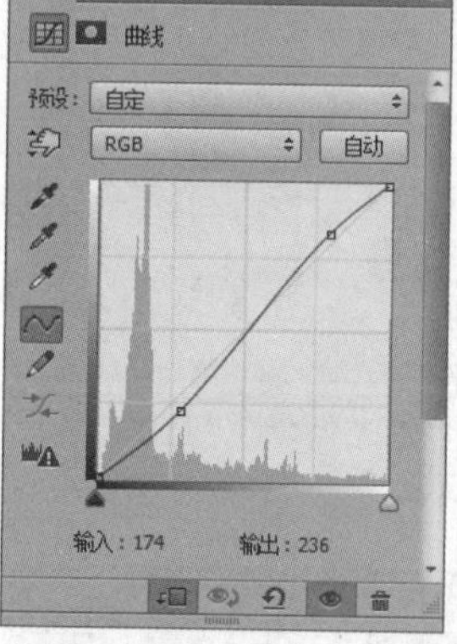

图5-77

图5-78

图5-79

5.3 弹力与飘带——促销活动的字体设计

5.3.1 制作思路

本例用Cinema 4D的建模工具和变形器制作活动和飘带结合的场景，主要使用紫色和黄色对比，借鉴了音乐盒的造型，整体富有动感。

模型部分：整个场景应该将视觉集中在画面的中心，使用“挤压”工具和小元素组合成下方的方盒状物体；导入文字样条并且进行设置，使用“挤压”工具设计造型，结合其他生成器做出变化；结合“样条约束”变形器和“置换”变形器做出飘动的彩带。

材质部分：使用带反射的紫色和黄色作为画面的主要色彩；画面的小元素偏多，但应避免画面过于花哨，影响整体观感。

灯光部分：利用3处光源照亮场景的正面和两个侧面，为了画面的整体效果，添加了HDR为反射提供细节。

后期部分：最后导出图像，在Photoshop中添加背景，调整颜色、对比度和明暗关系。最终的效果如图5-80所示。

图5-80

5.3.2 场景模型底座创建

步骤 01 单击“矩形”按钮，在“属性”面板的“对象”选项卡中设置“宽度”和“高度”都为400cm，勾选“圆角”复选项，设置“半径”为30cm、“平面”为XZ，如图5-81所示。单击“挤压”按钮，在“属性”面板的“对象”选项卡中设置“移动”的第2个数值为20cm，如图5-82所示。在“封顶”选项卡中设置“顶端”和“末端”都为“圆角封顶”、“步幅”都为3、“半径”都为2cm，勾选“约束”复选项，如图5-83所示。

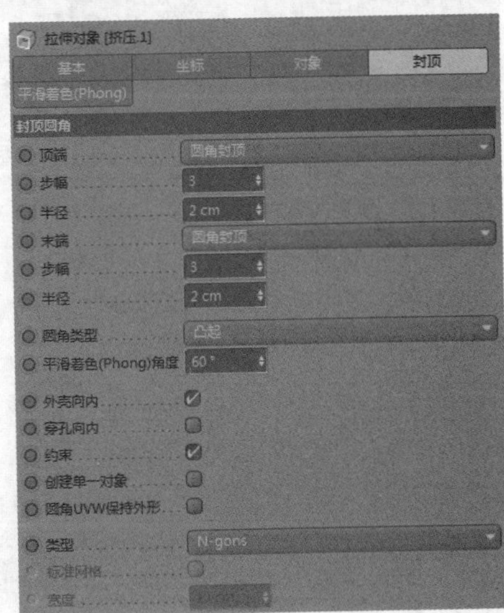

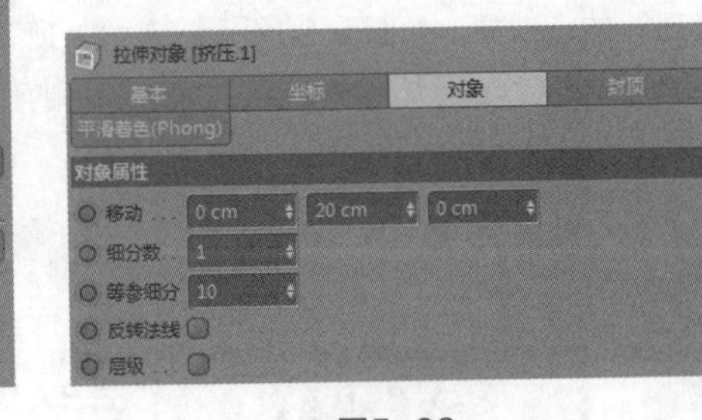

图5-81

图5-82

图5-83

步骤 02 将“矩形”图形复制1份。然后新建1个半径为1.5cm的“圆环”，再新建“扫描”，将“圆环”和“矩形”作为“扫描”的子对象，“圆环”在上，“矩形”在下，创建了一条环绕的图形。将这个“扫描”对象复制1份，调整两个“扫描”对象的位置，如图5-84所示。

步骤 03 将上述步骤创建的物体整体复制1份，缩小复制的物体，放置在原物体的上方，删除一个“扫描”对象，完成效果如图5-85所示。

图5-84

图5-85

步骤 04 填充中间部分，创建“矩形”图形，在“属性”面板的“对象”选项卡中设置“宽度”和“高度”都为350cm，勾选“圆角”复选项，设置“半径”为15cm、“平面”为XZ，如图5-86所示。单击“挤压”按钮，在“属性”面板的“对象”选项卡中设置“移动”的第2个数值为80cm，如图5-87所示。完成效果如图5-88所示。

图5-86

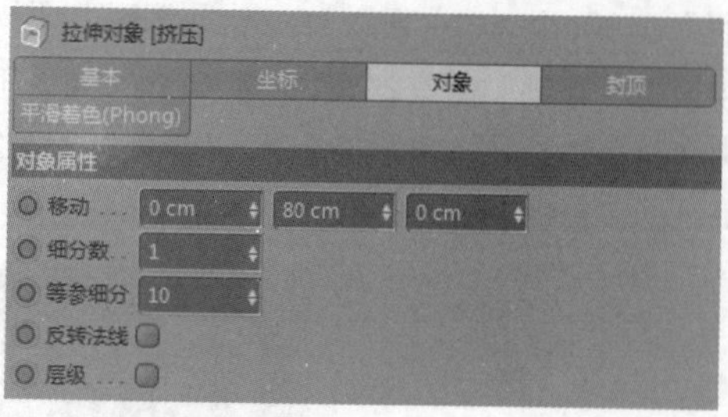

图5-87

图5-88

步骤 05 创建“矩形”图形，在“属性”面板的“对象”选项卡中设置“宽度”和“高度”都为72cm，勾选“圆角”复选项，设置“半径”为5cm、“平面”为XY，如图5-89所示。复制2份“矩形”并且拖曳至物体右前方，单击“挤压”按钮，在“属性”面板的“对象”选项卡中设置“移动”的第3个数值为6cm，勾选“层级”复选项，将3个“矩形”作为“挤压”的子对象，如图5-90所示。在“封顶”选项卡中设置“顶端”和“末端”都为“圆角封顶”、“步幅”都为3、“半径”都为2cm，如图5-91所示。完成效果如图5-92所示。

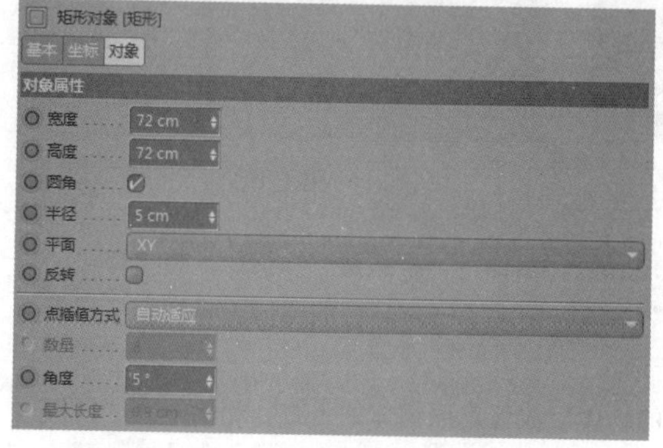

图5-89

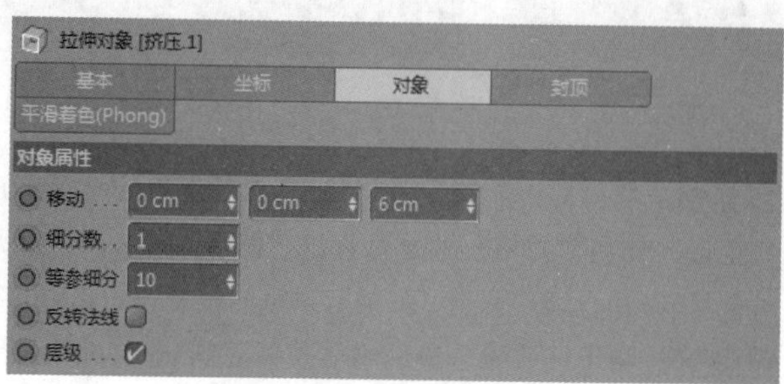

图5-90

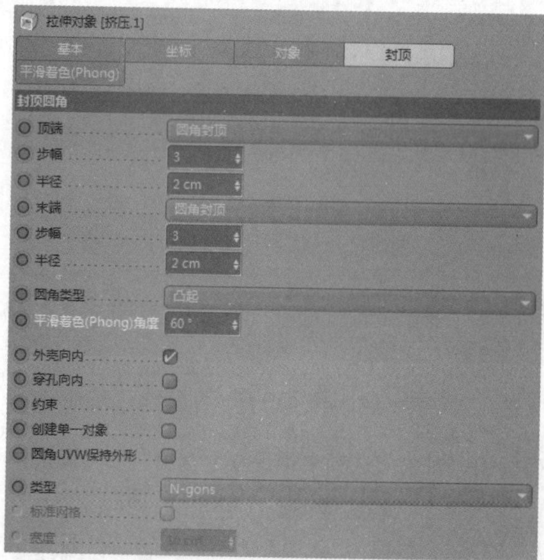

图5-91

图5-92

步骤 06 新建“圆柱”对象，调整至合适的大小并复制11份，作为3块面板的支撑物体，如图5-93所示。

步骤 07 选取1个面板复制到左侧面，选中该面板，转换为可编辑对象，在“点”模式下拖动一侧的点将其拉长成为一个长方形的面板，效果如图5-94所示。

图5-93

图5-94

技巧与提示

如果在调节面板时直接使用“缩放”工具在 x 轴缩放，那么面板的圆角也会被拉伸，如图 5-95 所示。单独选中需要调整的点就能避免这种问题，不会影响到倒角的形态，如图 5-96 所示。

图5-95

图5-96

步骤 08 单击“文本”按钮 文本，在“属性”面板的“对象”选项卡中设置“深度”为5cm，在“文本”框内输入5，设置喜欢的字体，设置“高度”为45cm，如图5-97所示。按照同样的方法创建立体文字“限量抢购 仅限3天[1]”“元”“优惠券”等文字。将创建的文字后放置到合适的位置，效果如图5-98所示。

步骤 09 新建2个小圆锥放置到上方，模型的下半部分就创建完成，效果如图5-99所示。

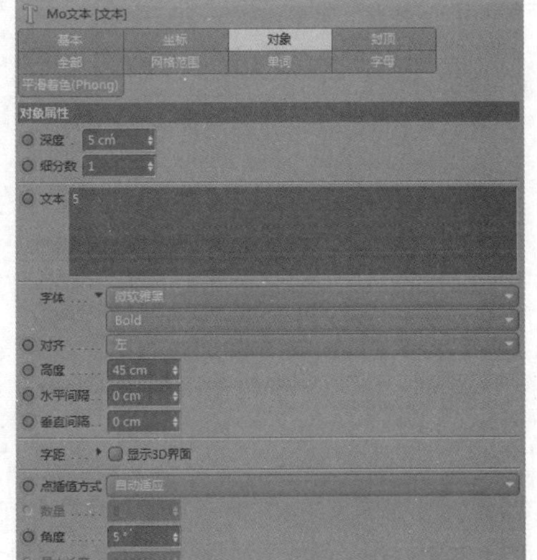

图5-97

1：仅作为案例演示，实际工作中请遵守广告法等相关规定。

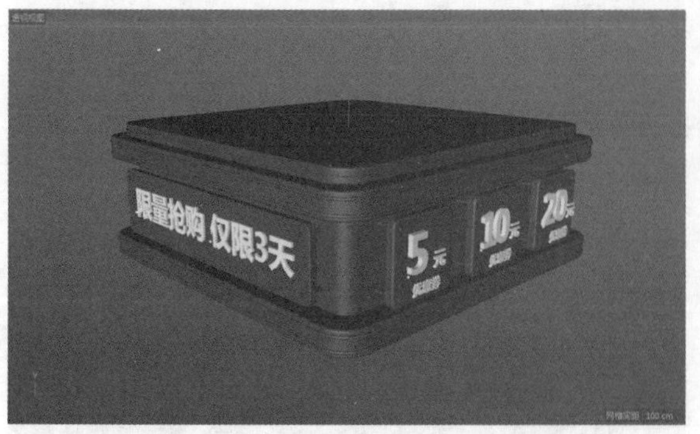

图5-98

图5-99

5.3.3 创建立体字

步骤 01 在Cinema 4D中导入学习资源中的“AI文字.ai”文件，保持默认设置，如图5-100所示。导入后选中样条，按快捷键Shift+G解散群组，得到散乱的样条，如图5-101所示。

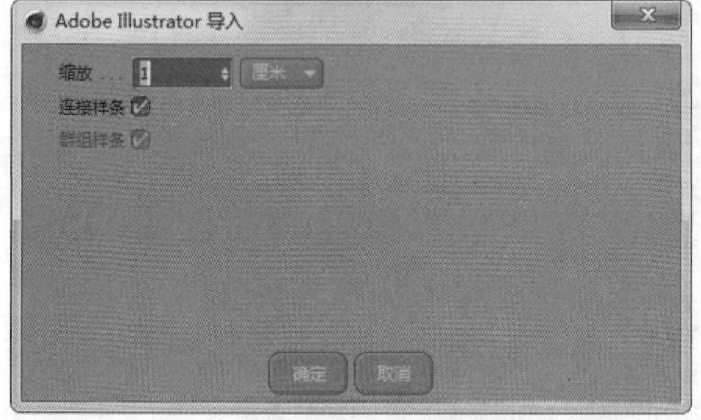

图5-100

图5-101

步骤 02 将4块文字分别群组，将最上方的“购物嘉年华”群组后命名为“第一层”，将第2层的样条群组命名为“第二层”，将剩下两个样条分别命名为“第三层”和“第四层”，如图5-102所示。将每一层文字在场景的中心对齐，效果如图5-103所示。

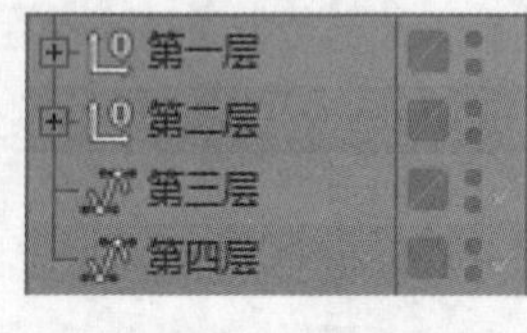

图5-102

图5-103

步骤 03 将调整完成的样条放置到模型上方，并且调整位置。单击“挤压”按钮，将“第一层”作为它的子对象，在“属性”面板的“对象”选项卡中设置“移动”的第3个数值为10cm，勾选“层级”复选项，如图5-104所示。在“封顶”选项卡中设置“顶端”和“末端”都为“圆角封顶”、“步幅”都为3、“半径”都为1cm，如图5-105所示。完成效果如图5-106所示。

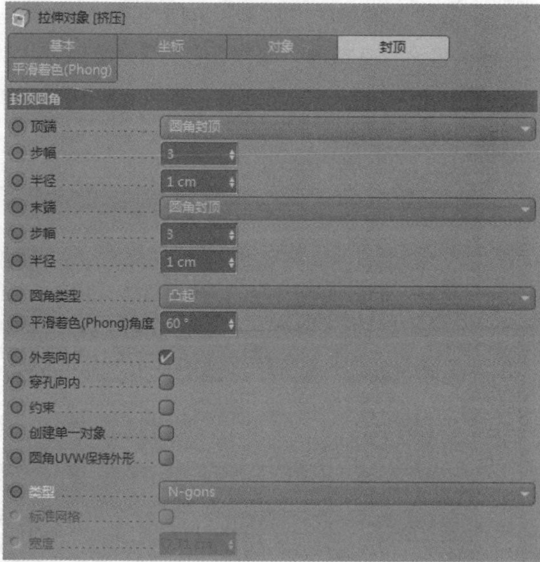

图5-105

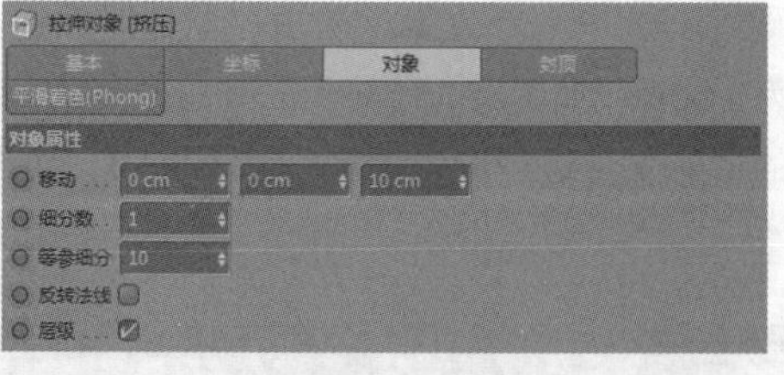

图5-104

图5-106

步骤 04 为了方便制作，将上一步创建的“挤压”对象复制1份，删除子对象，把“第二层”样条赋予“挤压”对象，修改“挤压”的深度为15cm，将完成的立体文字向后拖曳，效果如图5-107所示。

步骤 05 复制上一步的“挤压”对象，删除子对象，把“第四层”样条赋予挤压对象，修改“挤压”的深度为40cm，将完成的立体文字向后拖曳，效果如图5-108所示。

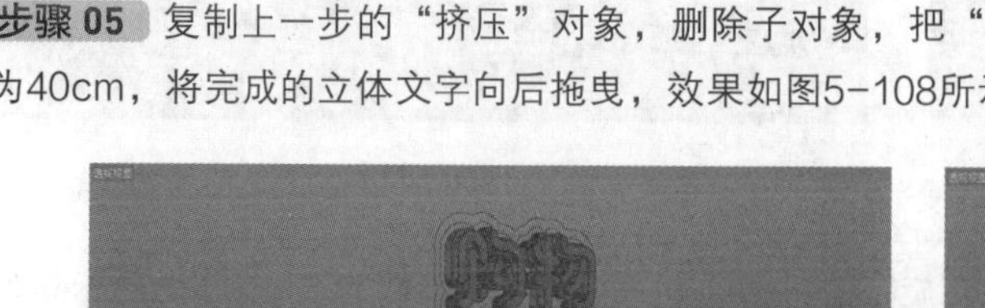

图5-107

图5-108

步骤 06 将“第四层”样条复制1份，新建“扫描”对象和“圆环”对象，在“圆环”的“属性”面板中设置“半径”为3cm，如图5-109所示。将“第四层”样条和“圆环”作为“扫描”对象的子对象，“圆环”在上，“样条”在下，完成效果如图5-110所示。

图5-109

图5-110

步骤 07 添加一些小元素，单击“球体”按钮，在“属性”面板的“对象”选项卡中设置小球的“半径”为3.5cm，如图5-111所示。单击“克隆”按钮，将设置完成的小球作为它的子对象，在“属性”面板的“对象”选项卡中设置“模式”为“对象”，在“对象”中拖入“第三层”样条，设置“分布”为“平均”、“数量”为60，如图5-112所示。完成文字部分的效果如图5-113所示。

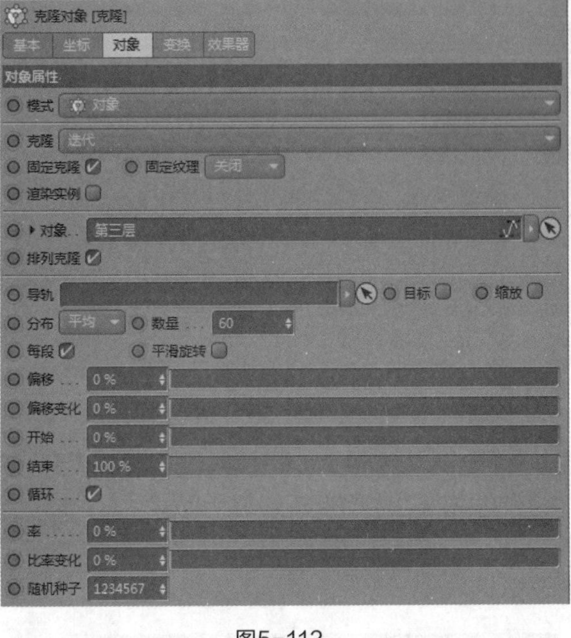

图5-112

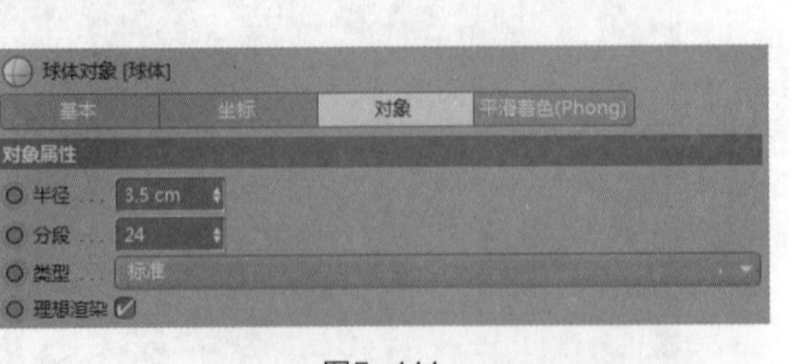

图5-111

图5-113

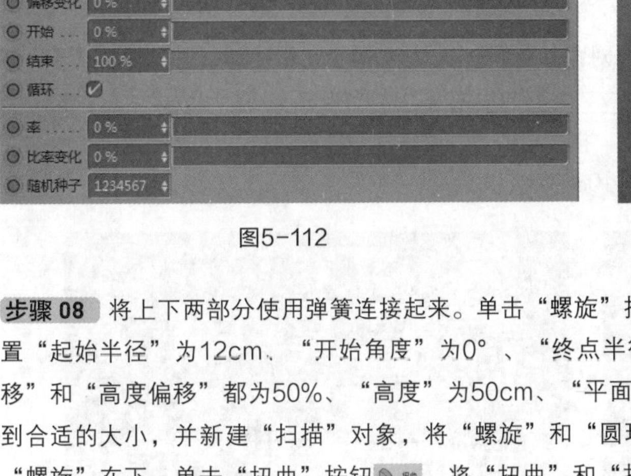

步骤 08 将上下两部分使用弹簧连接起来。单击“螺旋”按钮，在“属性”面板的“对象”选项卡中设置“起始半径”为12cm、“开始角度”为0°、“终点半径”为12cm、“结束角度”为1680°、“半径偏移”和“高度偏移”都为50%、“高度”为50cm、“平面”为XZ，如图5-114所示。新建1个“圆环”调整到合适的大小，并新建“扫描”对象，将“螺旋”和“圆环”作为“扫描”对象的子对象，“圆环”在上，“螺旋”在下。单击“扭曲”按钮，将“扭曲”和“扫描”群组，设置“扭曲”的3个数值都为40cm、“模式”为“限制”、“强度”为35°，如图5-115所示。得到了微微弯曲的弹簧，效果如图5-116所示。

图5-114

弯曲对象 [扭曲]

基本	坐标	对象	衰减

对象属性

尺寸	40 cm	40 cm	40 cm
模式	限制		
强度	35 °		
角度	0 °		
保持纵轴长度			

匹配到父级

图5-115

图5-116

5.3.4　飘带和小元素

步骤 01 创建飘带，并新建“平面”对象，在“属性”面板的“对象”选项卡中设置“宽度”为2200cm、“高度”为130cm、“宽度分段”为260、“高度分段”为20、“方向”为+Y，如图5-117所示。单击“置换”按钮，在“属性”面板的“着色”选项卡中添加“噪波”，如图5-118所示。单击“噪波”进入设置，设置“相对比例”的第1个数值为600%，其他保持默认，如图5-119所示。完成了“平面”表面的波动效果，如图5-120所示。如果需要更明显的波动效果，可在“平面对象”中将“高度”值提高。

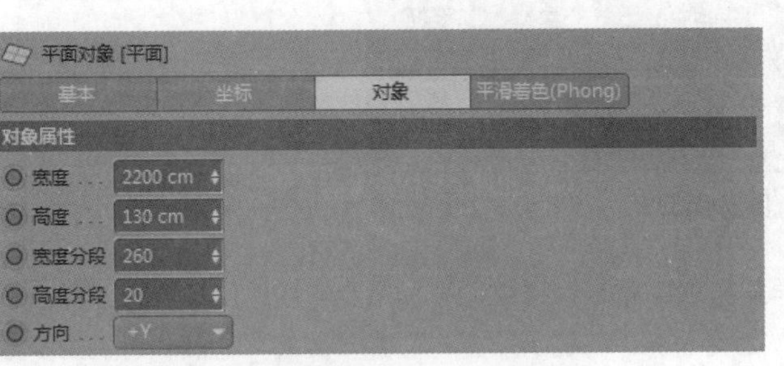

图5-117

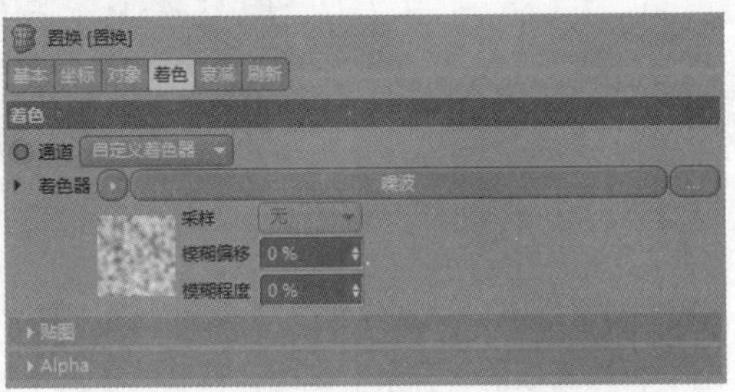

图5-118

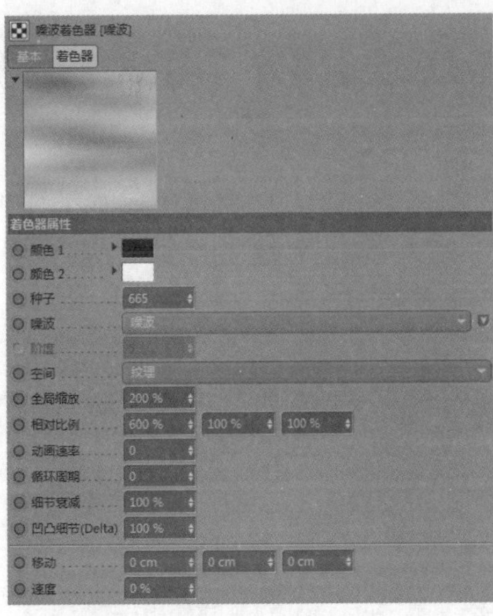

图5-119

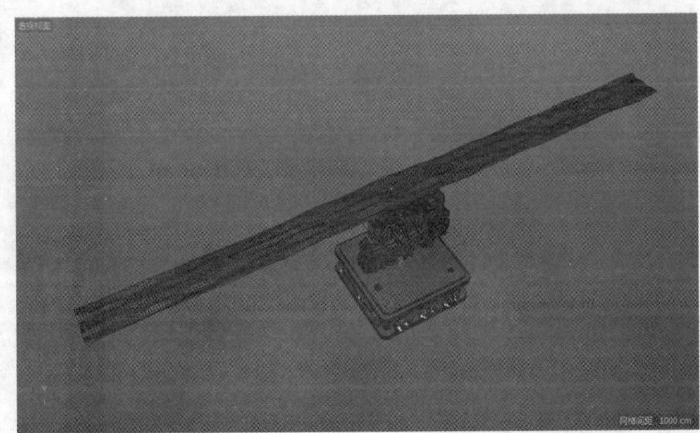

图5-120

步骤 02 布料的表面不够平滑且没有厚度，单击“布料曲面”按钮，将“平面”设置为它的子对象。在“对象”选项卡中设置“细分数”为1、“厚度”为1cm，如图5-121所示。目的是使平面更加平滑且有厚度，更像一块布料，如图5-122所示。

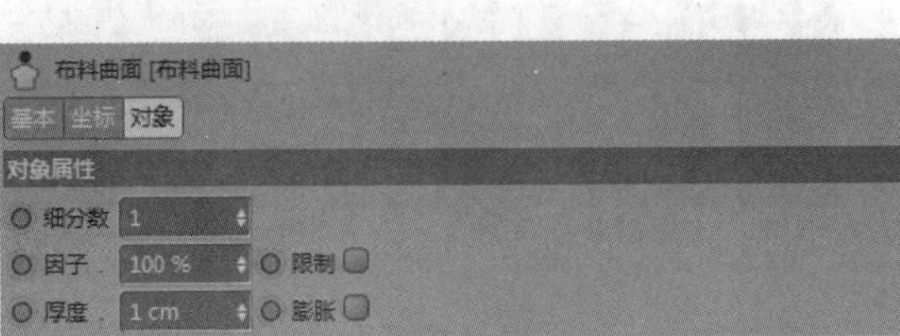

图5-121

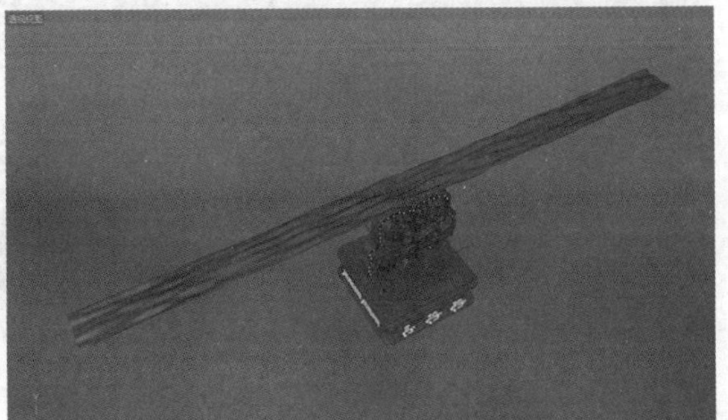

图5-122

步骤 03 使用“画笔”工具在“购物嘉年华”后方勾勒出一根无规律的起伏曲线，如图5-123所示。

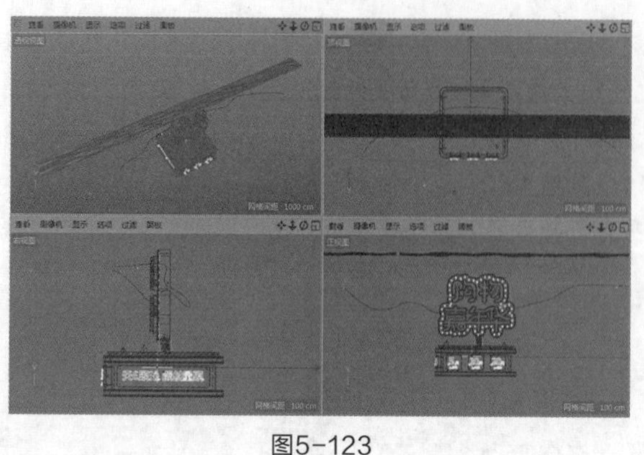

图5-123

步骤 04 单击“样条约束”按钮，将“样条约束”和布料群组，将上一步勾勒的样条放入“样条约束”属性面板的“样条”框内，设置“模式”为“适合样条”，打开“尺寸”和“旋转”卷展栏，调整参数的曲线设置，如图5-124和图5-125所示。目的是使布料有形状变化，避免生硬，完成效果如图5-126所示。

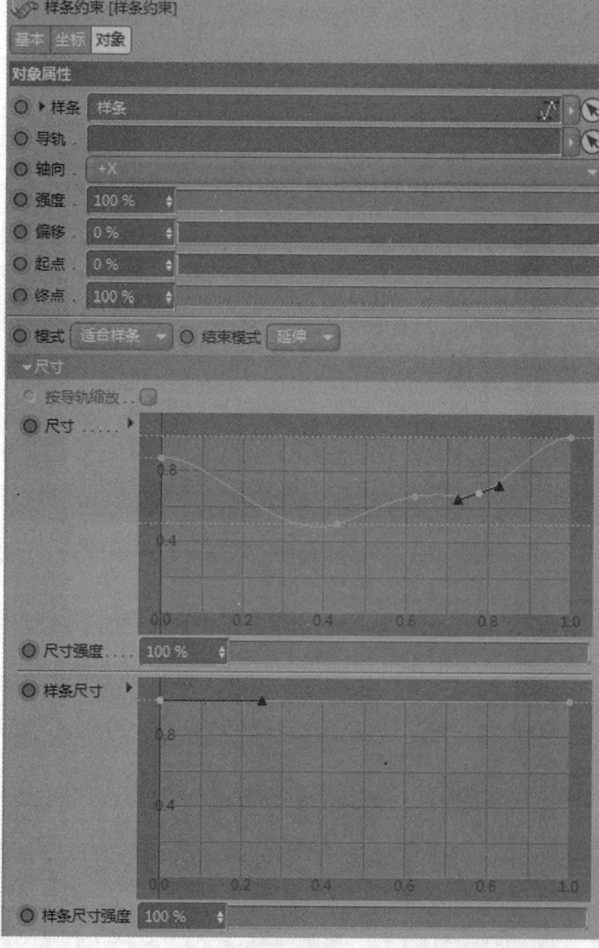

图5-124

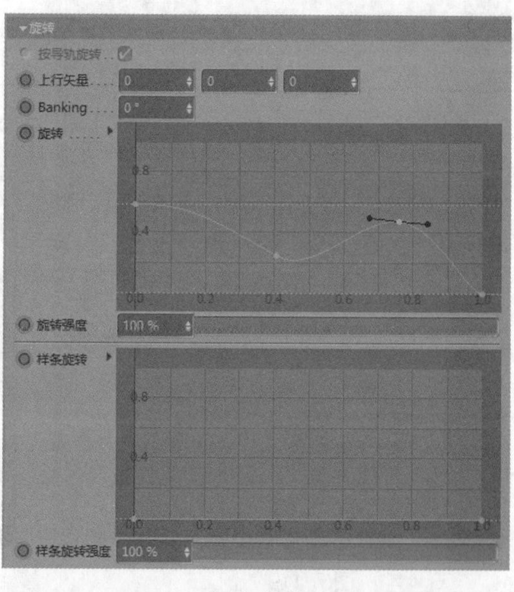

图5-125

图5-126

步骤 05 在画面中添加小元素，创建3个“螺旋”对象放置在文字周围，效果如图5-127所示。

图5-127

5.3.5 设置反射材质

步骤 01 新建材质并打开“材质编辑器”，设置“颜色”的“H”“S”“V”分别为255°、75%、100%，如图5-128所示。在“反射”栏，添加一个“反射（传统）”层，即“层1”，在“层1”中设置“衰减”方式为“添加”、“反射强度”为10%、“高光强度”为20%，在“层遮罩”的“纹理”参数内添加“菲涅耳（Fresnel）”，其他保持默认，如图5-129所示。将紫色材质赋予文字背板和底座的3个挤压，效果如图5-130所示。

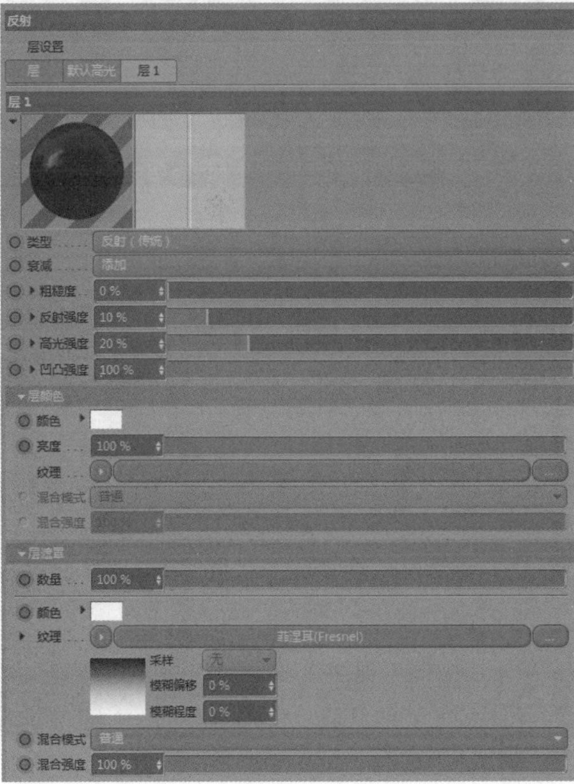

图5-129

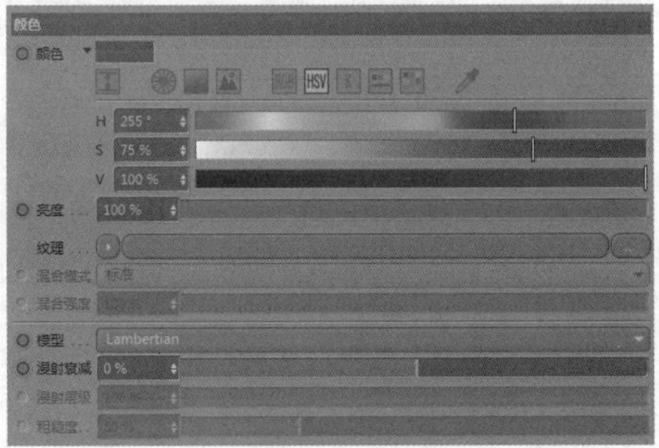

图5-128

图5-130

步骤 02 复制上一步骤中创建的材质，关闭反射，仅保留默认的高光，将无反射的材质赋予布料飘带，如图5-131所示。

图5-131

步骤 03 复制第一步中的材质，调整“颜色”的“H”“S”“V”分别为275°、70%、100%，如图5-132所示。将这个材质赋予底座的中间部分和一个小螺旋装饰，效果如图5-133所示。

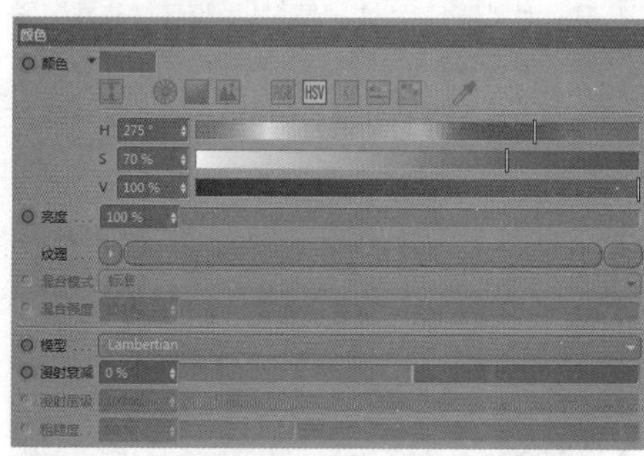

图5-132

图5-133

步骤 04 将带反射效果的紫色材质复制1份，设置“颜色”的“H”“S”“V”分别为225°、70%、100%，如图5-134所示。将这个材质赋予文字的中间层和螺旋装饰物，效果如图5-135所示。

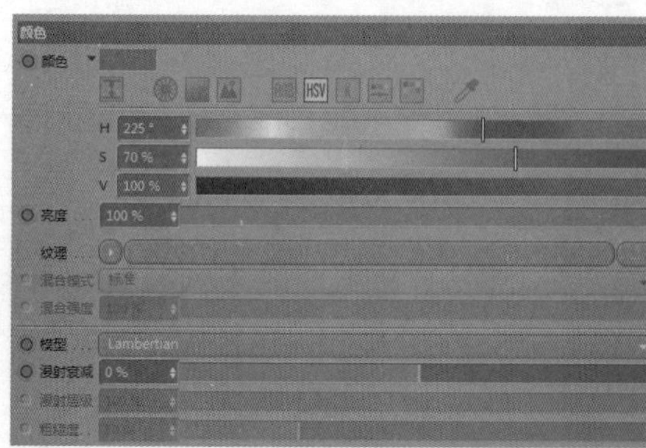

图5-134

图5-135

步骤 05 复制反射效果的紫色材质，设置“颜色”的“H”“S”“V”分别为50°、60%、100%，如图5-136所示。将这个材质赋予文字的最上层、文字层描边、小圆锥和螺旋装饰物，效果如图5-137所示。

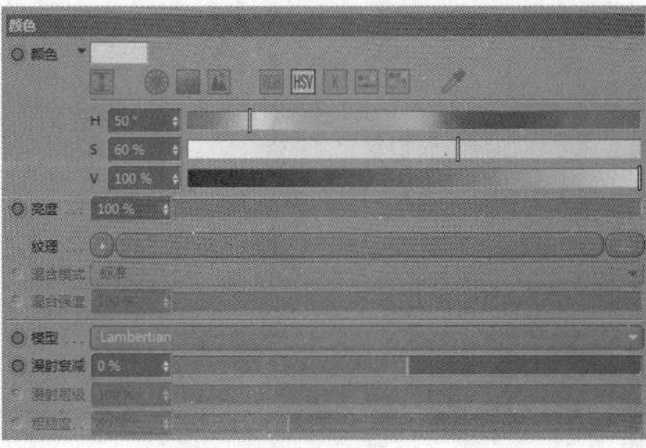

图5-136

图5-137

步骤 06 复制上一步骤中创建的材质，设置“颜色”的“H”“S”“V”分别为250°、45%、100%，如图5-138所示。将这个材质赋予促销文字的板上，效果如图5-139所示。

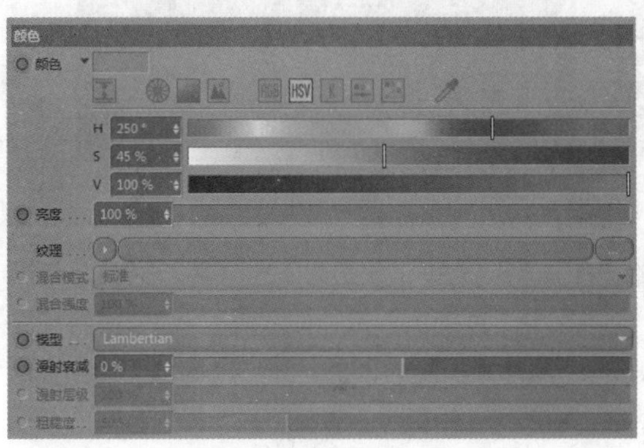

图5-138

图5-139

步骤 07 新建材质，在“材质编辑器”中取消勾选“颜色”和“反射”复选项，仅勾选“发光”，在“发光”栏中设置“颜色”的“H”“S”“V”分别为50°、20%、100%，如图5-140所示。将这个材质赋予底座的边缘“扫描”和文字边框的小灯泡，效果如图5-141所示。

图5-140

图5-141

步骤 08 新建材质，在“材质编辑器”的“颜色”栏中设置“纹理”为“菲涅耳（Fresnel）”，并设置为由橙色到黄色的渐变色，如图5-142所示。在“反射”栏的“层”中单击添加，添加一个“反射（传统）”层，即“层1”，切换到“层1”，设置“衰减”方式为“添加”、“反射强度”为30%、“高光强度”为20%，在“层颜色”的“纹理”内添加“菲涅耳（Fresnel）”，其他保持默认，如图5-143所示。将这个材质赋予促销文字，效果如图5-144所示。

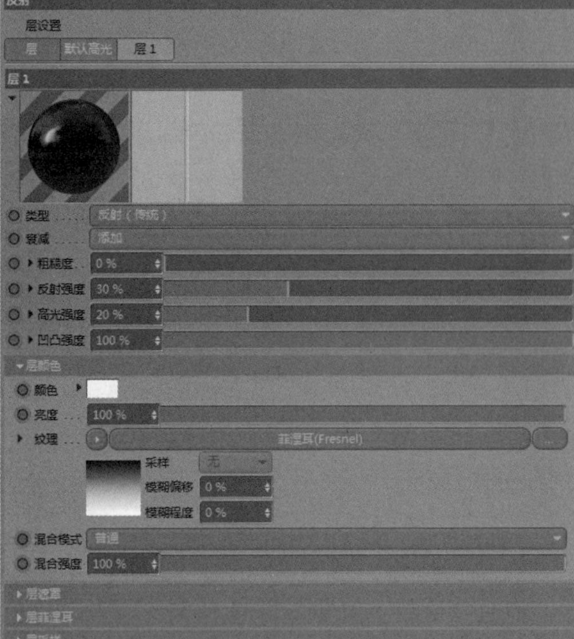

图5-143

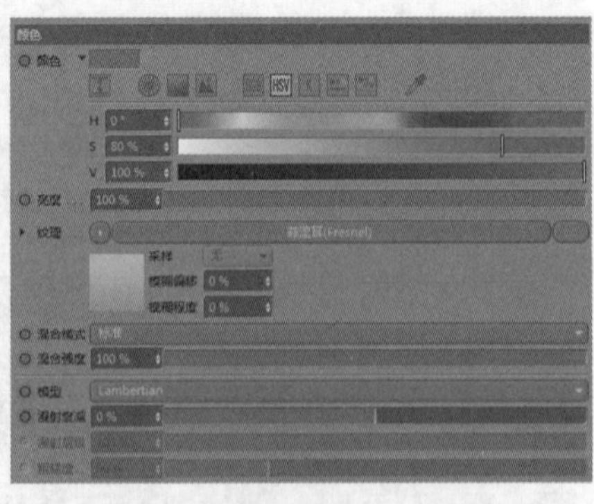

图5-142

图5-144

步骤 09 新建材质，在“材质编辑器”内设置“颜色”的“H”“S”“V”分别为0°、0%、80%，如图5-145所示。在“反射”栏的“层”中单击添加，添加一个“反射（传统）”层，即“层1”。切换到“层1”，设置“衰减”方式为“平均”、“反射强度”为100%、“高光强度”为20%，在“层菲涅耳”栏中设置“菲涅耳”为“导体”、“预置”为“钢”，其他保持默认，如图5-146所示。将材质赋予促销文字的支撑小圆柱和上下连接的弹簧部分，效果如图5-147所示。

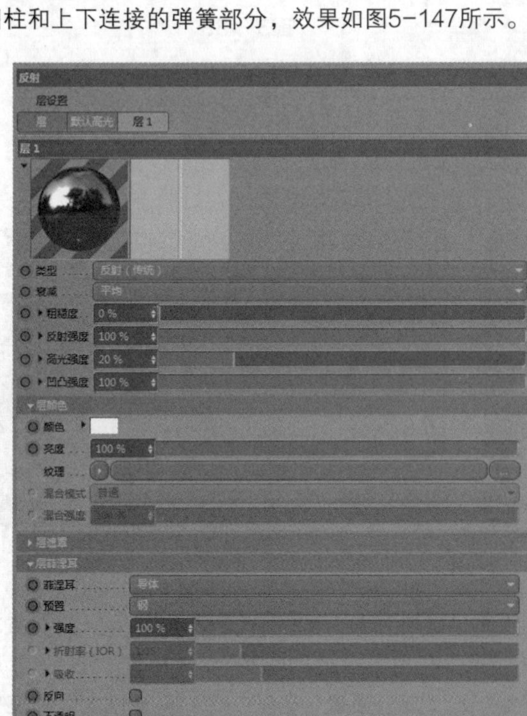

图5-146

图5-145

图5-147

5.3.6 灯光与环境

步骤 01 因为场景中有大量反射材质，所以需要能够提供反射细节的环境。单击按钮创建“天空”对象，然后创建材质，在“材质编辑器”中取消勾选“颜色”和“反射”复选项，仅勾选“发光”，在“纹理”中载入学习资源中的HDR文件，如图5-148所示。将这个材质赋予“天空”对象，在“对象”面板中添加“合成标签”，在其“标签”选项卡中取消勾选“摄像机可见”，如图5-149所示。

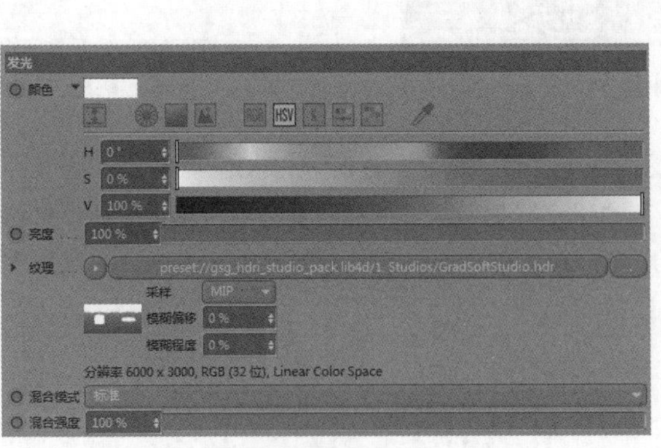

图5-148

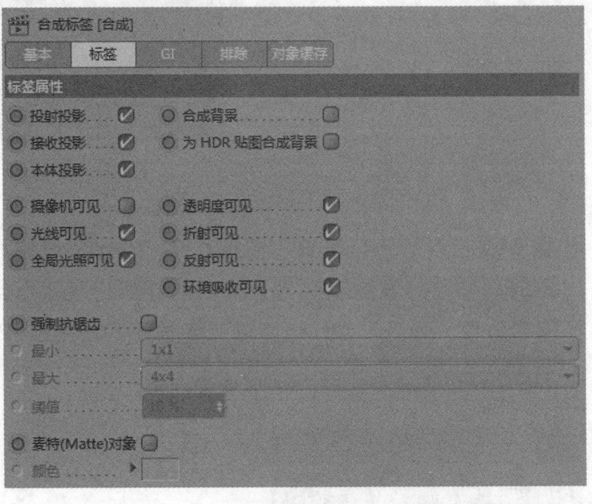

图5-149

步骤 02 单击按钮创建“目标聚光灯”，在“属性”面板的“常规”选项卡中设置“类型”为“区域光”、“投影”为“区域”，其他保持默认，如图5-150所示。在“细节”选项卡中设置“外部半径”为200cm，“形状”为“矩形”、“水平尺寸”和“垂直尺寸”都为400cm、“衰减”为“平方倒数（物理精度）”，“半径衰减”为780cm，如图5-151所示。

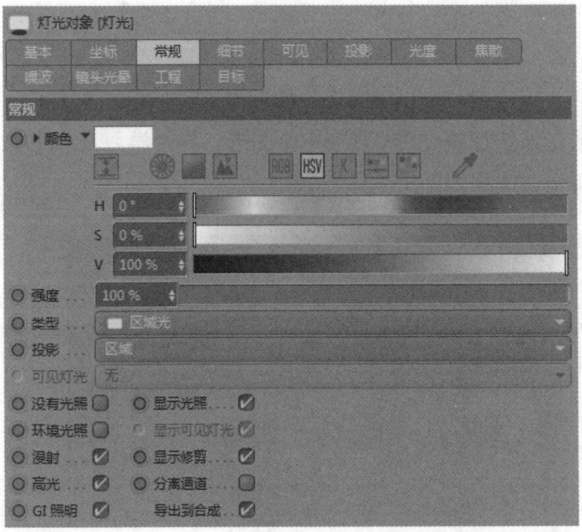

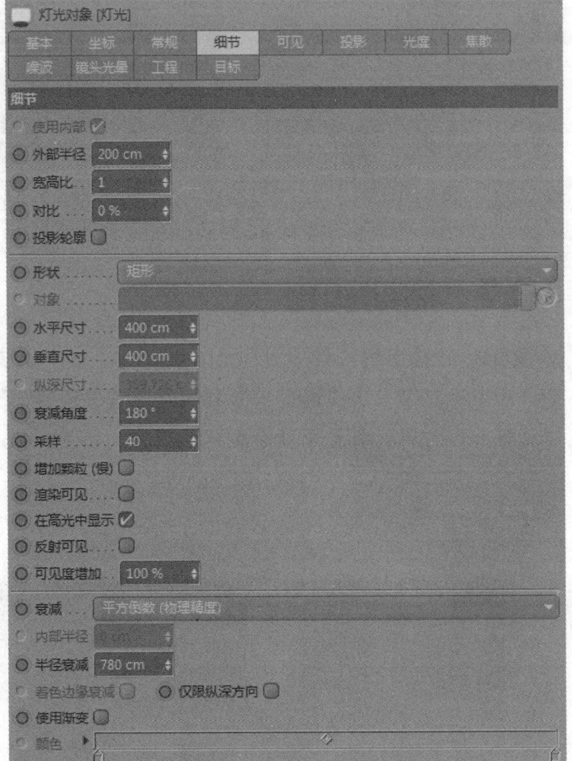

图5-150

图5-151

步骤 03 将这盏灯光复制2份，其中两盏分别放置在左上方和右上方，余下一盏放置在最左侧，使它们的边缘都靠近物体，效果如图5-152所示。

图5-152

步骤 04 打开“渲染设置”面板，在“输出”栏中设置“高度”和“宽度”分别为1920像素和1080像素、“分别率”为72像素/英寸（DPI），如图5-153所示。在“保存”栏勾选“保存”复选项，在“文件”中选择保存位置、勾选“Alpha通道”复选项，如图5-154所示。单击“渲染”图标即可进行渲染，效果如图5-155所示。

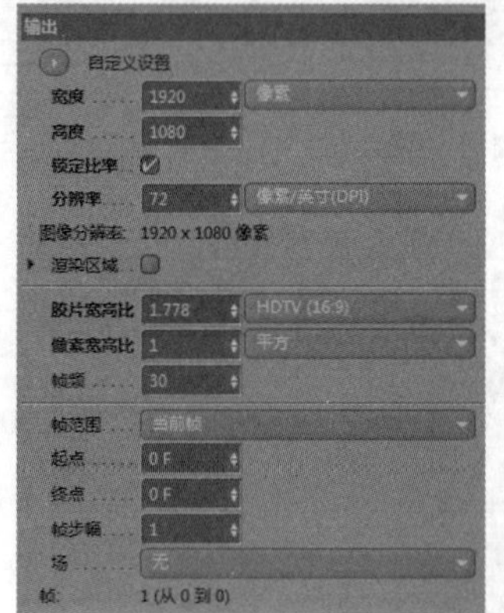
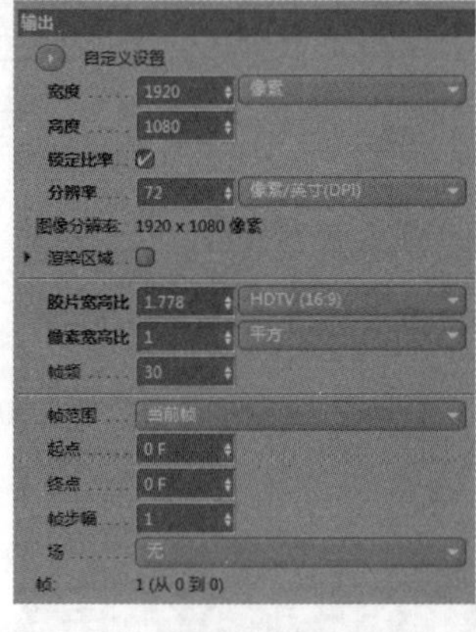

图5-153

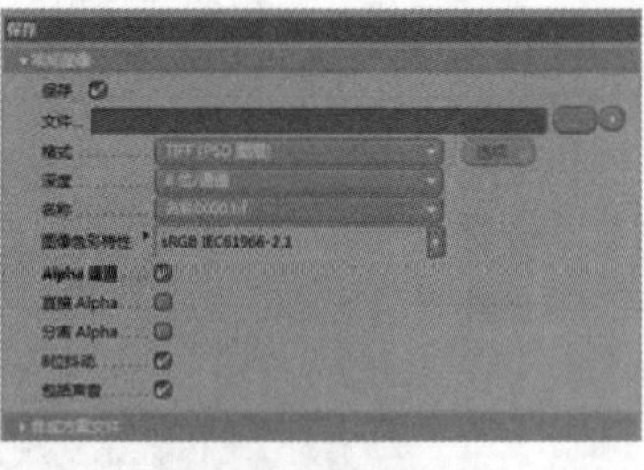

图5-154

图5-155

5.3.7 后期调整

步骤 01 将输出的图像导入Photoshop中，在“通道”面板中看到Alpha通道，如图5-156所示。按住Ctrl键，用鼠标左键单击该通道，即利用黑白信息创建了选区，按快捷键Ctrl+J复制一个图层。导入学习资源中的“背景.tif”文件，并置于新建图层的下方，如图5-157所示，效果如图5-158所示。

图5-156

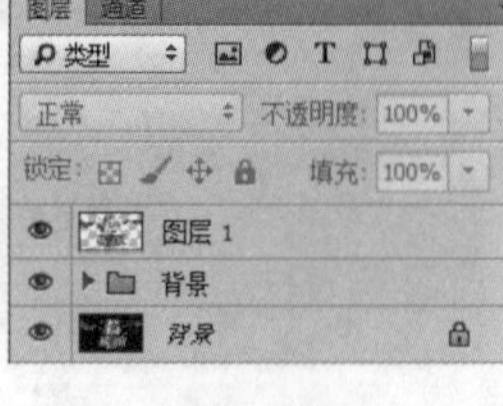

图5-157

图5-158

步骤 02 图像大致完成，但色彩还不够饱和。在“图层”面板中单击“创建新的填充图像或调整层”并找到“曲线”命令，新建“曲线”调整图层，调整“曲线”的上部和下部，使图像的明暗对比更加明显，如图5-159所示。继续添加“色相/饱和度”调整层，将“饱和度”数值调整为15，增强饱和度，如图5-160所示，效果如图5-161所示。

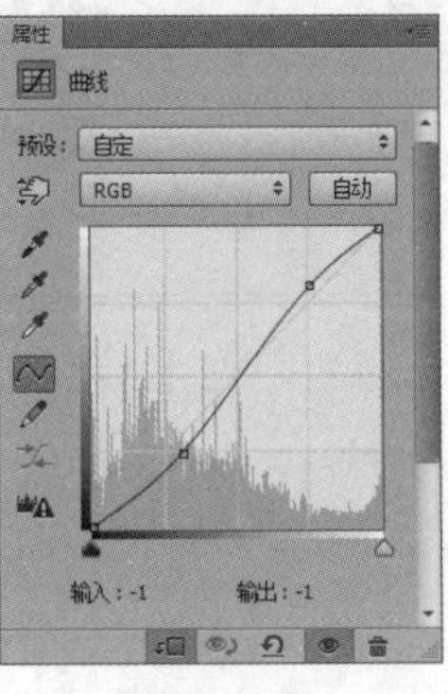

图5-159

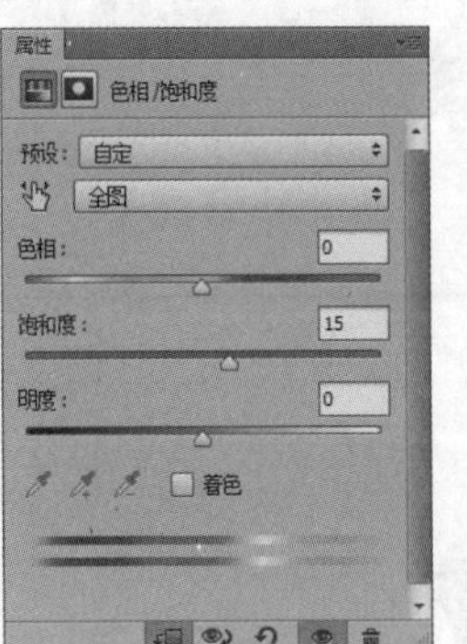

图5-160

图5-161

第 6 章

2.5D 和 Low Poly 风格页面设计

本章学习要点

2.5D风格的页面设计　　Low Poly 风格的海报设计　　Photoshop后期调色技法

6.1 2.5D 和 Low Poly 风格简介

2.5D又俗称伪3D，是一种结合了3D与2D的图形技术，以往常常被用于游戏图形的渲染，也就是常说的游戏画面，但是随着电商行业的发展，这种已经在游戏行业接近淘汰的表现方式又焕发出新的内涵和应用场景。

首先是它的表现手法相对简单，在瞬息万变的电商设计领域可以提高效率，用最快的速度出图而不用担心耗费大量的时间和精力，达到事半功倍的效果。

另外这种风格可以承载大量的信息，将各种折扣文本、商品简介和促销信息的内容结合在一起，而不用担心形式和内容的割裂，视觉表现和信息传达完美结合。

Low Poly风格也被称之为低多边形风格，这种设计风格在早期计算机多边形建模和动效中被广泛采用，随着计算机图形学的飞速发展慢慢被淘汰了，但是随着电商视觉的异军突起又重新焕发出新的光彩。

Low Poly是一种复古未来派风格设计，图像中充斥着大量的低多边形面，可以抽象的表达视觉，在一众追求真实的渲染效果中别有韵味。这种设计风格的特点是低细节、面又多又小、多为三角面、经常配以柔和而且低饱和度的颜色搭配。这一章就带领读者做一个低多边形的图形。

6.2 省钱大作战——2.5D 风格页面设计

6.2.1 制作思路

模型部分：整个场景的创建遵循由整体到局部的原则，创建场景的主体文字，表达本活动要说明的主题；使用方块将画面有规律地分割成几块，传达不同的讯息。

材质部分：使用明亮的黄色和蓝色作为画面的主要色彩，体现和谐而且明快的关系。

灯光部分：通过3盏主光源照亮场景。

后期部分：导出图像后，在Photoshop中导出主要画面，添加背景，然后调整颜色、对比度和明暗关系，完成最终的作品，最终效果如图6-1所示。

图6-1

6.2.2 巧妙创建主体模型

步骤 01 单击 立方体 按钮新建“立方体”对象，在“立方体对象”面板的“对象”选项卡中设置“尺寸.X”为240cm、“尺寸.Y”为10cm、“尺寸.Z”为240cm，如图6-2所示。然后将这个立方体放置在场景中心的位置，效果如图6-3所示。

图6-2

图6-3

步骤 02 单击 按钮新建“摄像机”对象，在“摄像机对象”面板的“对象”选项卡中设置“投射方式”为“平行”、“缩放”为1.5，如图6-4所示。取消画面中近大远小的透视效果，如图6-5所示。

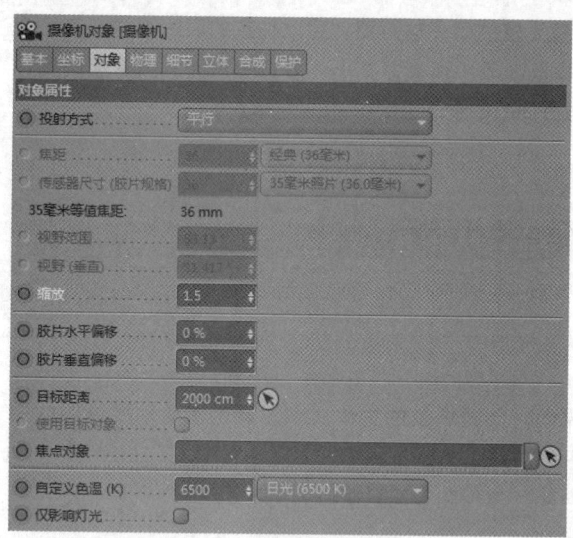

图6-4

图6-5

技巧与提示

在还没建模的时候就需要大致确定摄像机的参数，因为使用“平行”模式和“透视视图”的模式表现出来图像差别会非常大，所以要提早将摄像机设置好，通过“平行”摄像机来观察视图避免出错。

步骤 03 单击 按钮新建“圆柱”对象，在“圆柱对象”面板的“对象”选项卡中设置“半径”为102cm、“高度”为5cm、“高度分段”为1、“旋转分段”为72，如图6-6所示。然后在“封顶”选项卡中勾选“圆角”复选项，设置“分段”为3、“半径”为1cm，如图6-7所示。将这个“圆柱”复制1份，缩小一些，将两个圆柱放置在立方体的上部，如图6-8所示。

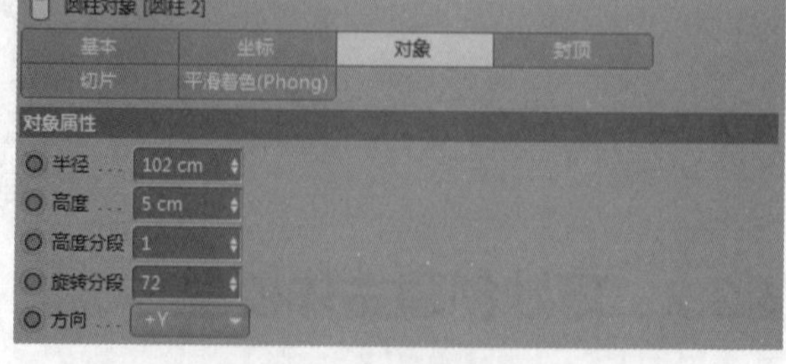

图6-6

图6-7

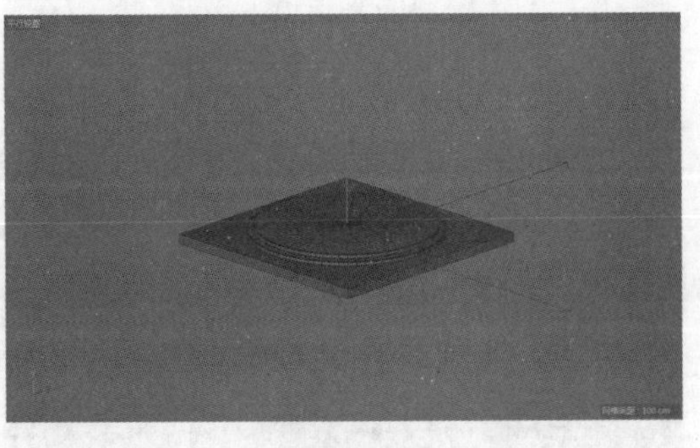

图6-8

步骤 04 单击 按钮新建“圆柱”对象，在“圆柱对象”面板的“对象”选项卡中设置“半径”为80cm、“高度”为12cm、“高度分段”为1、“旋转分段”为36、“方向”为+Y，如图6-9所示。单击 按钮新建一个“晶格”对象，将“圆柱对象”作为它的子级，在“晶格”面板的“对象”选项卡中设置“圆柱半径”和“球体半径”都为0.5cm，如图6-10所示。最终效果如图6-11所示。

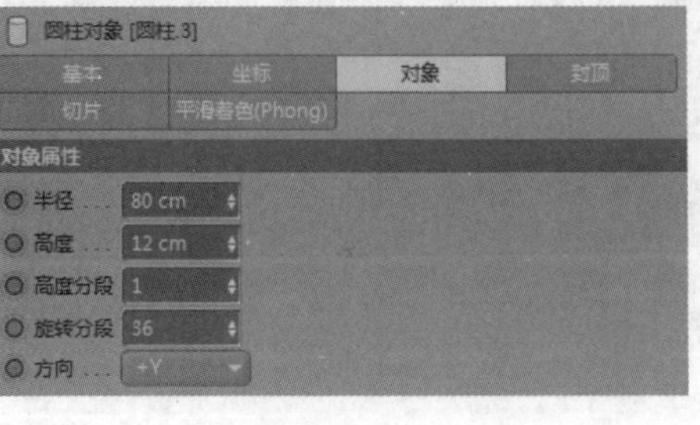

图6-9

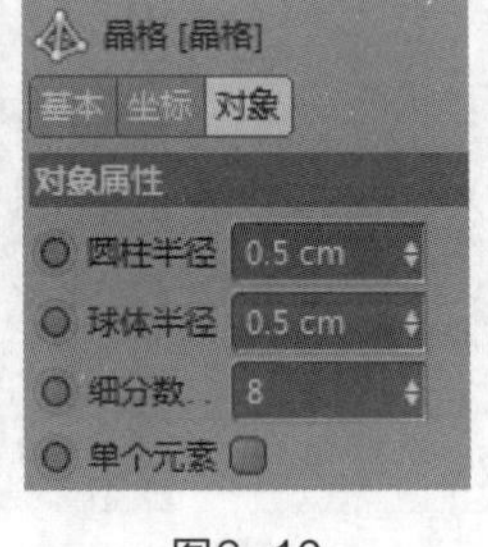

图6-10

图6-11

步骤 05 单击 按钮新建“圆柱”对象，进入“圆柱对象”面板中的“对象”选项卡，设置“半径”为75cm、“高度”为25cm、“高度分段”为1、“旋转分段”为36、“方向”为+Y，如图6-12所示。切换到“封顶”选项卡，勾选“圆角”复选项，设置“分段”为3、“半径”为2cm，如图6-13所示。将“圆柱”转化为可编辑对象，选中顶面，使用快捷键I切换到“内部挤压”工具，将面内部挤压，然后使用快捷键D切换到“挤压”工具，将选中的面向下挤压出厚度，文字底座的部分就完成了，如图6-14所示。

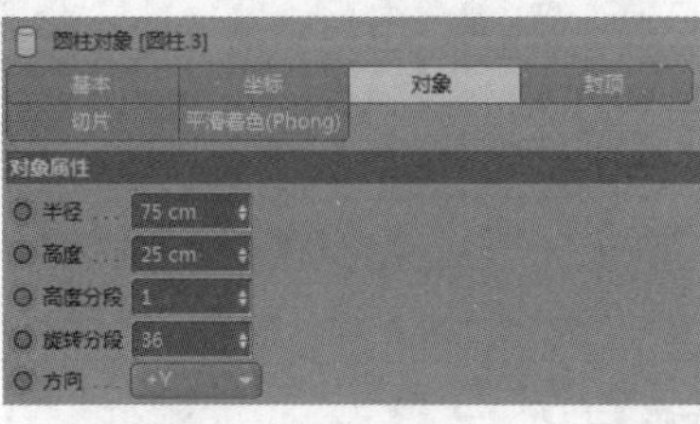

图6-12

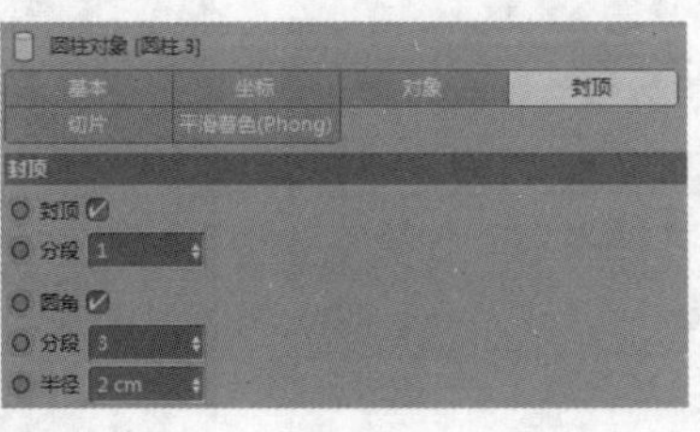

图6-13

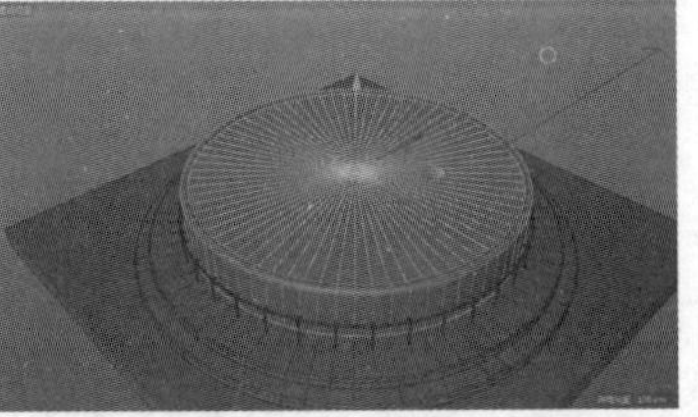

图6-14

步骤 06 载入学习资源中的“省钱大作战.ai”素材文件，将样条导入Cinema 4D中并调整为合适的大小。单击 按钮新建“挤压”对象，在“对象”选项卡中设置“移动”分别为0cm、0cm、18cm，设置“顶端”和“末端”都为“圆角封顶”、“步幅”都为1、“半径”都为1.5cm、“圆角类型”为“雕刻”，勾选“约束”复选项，如图6-15所示。旋转对象至合适的角度，效果如图6-16所示。

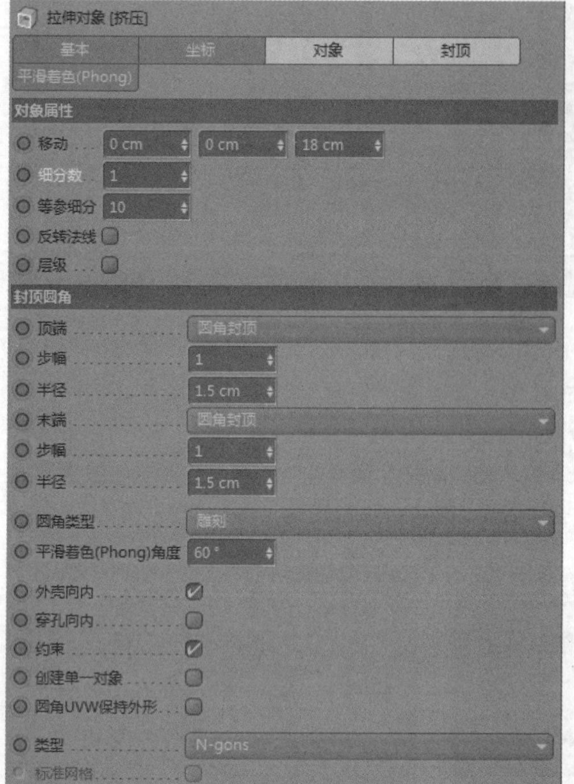

图6-15

图6-16

步骤 07 单击 立方体 按钮新建“立方体”对象，设置“尺寸.X”为160cm、“尺寸.Y”为10cm、“尺寸.Z”为160cm，如图6-17所示。复制2个立方体并放置到合适的位置，再次复制2个，调整大小并放置到右方，如图6-18所示。

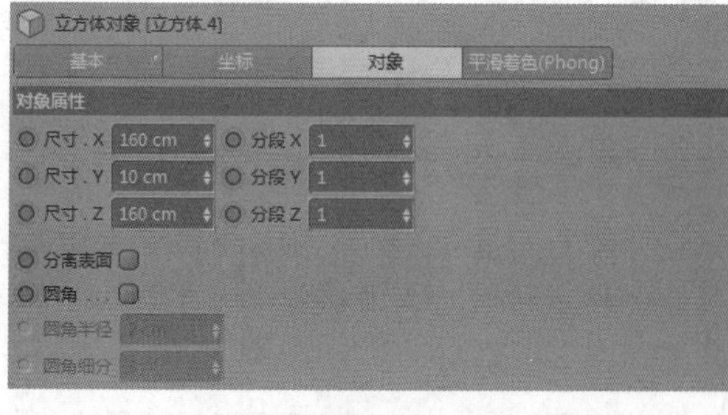

图6-17

图6-18

6.2.3 创建细节元素与装饰

步骤 01 单击 文本 按钮新建“文本”对象，在“对象”选项卡中设置“深度”为6cm，在“文本”栏内输入“更多好货”文字，设置“高度”为24cm，如图6-19所示。同理，制作“领取红包”和“好货不停”文本对象。将3个文本对象放置到合适的位置，如图6-20所示。

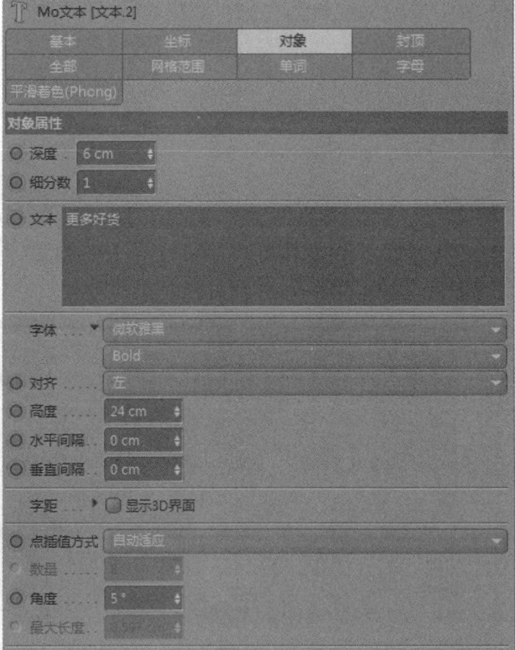

图6-19

图6-20

步骤 02 单击 按钮新建“立方体”对象，将它转为可编辑对象，使用快捷键K~L（先按K键再按L键）切换到“循环切割”工具并选中“多边形”模式，在立方体表面切割出结构线，再删除正前方的面，如图6-21所示。在“边”模式下选中上沿的边，使用快捷键D切换到“挤压”工具，挤出一个新的面，并将挤出的线上拉，作为屋檐的效果，如图6-22所示。在“多边形”模式下选中这个面，按快捷键D挤出一个新的面，做出屋檐的厚度，效果如图6-23所示。

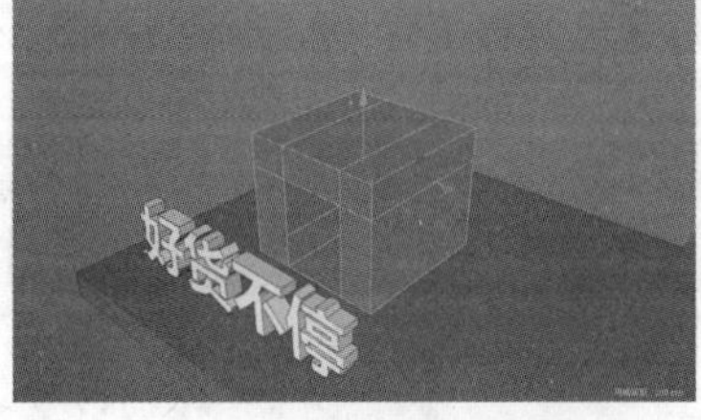

图6-21

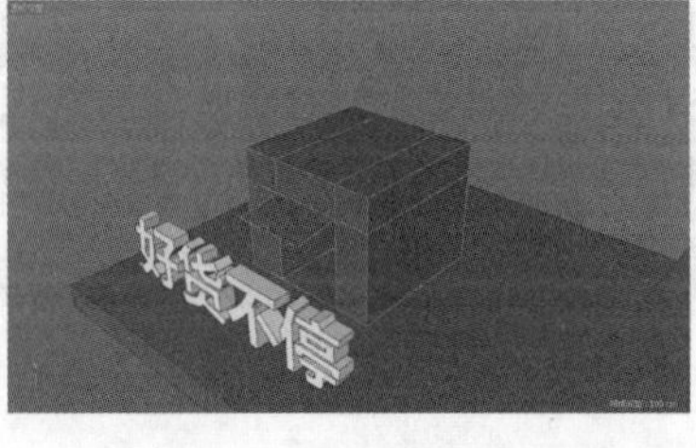

图6-22

图6-23

步骤 03 新建“平面”，在“属性”面板的“坐标”参数栏中设置“R.B”为40°，在“对象属性”参数栏中设置“宽度”为1.5cm、“高度”为17cm。新建“克隆”对象，将“平面”作为“克隆”对象的子物体。在“克隆对象”面板的“对象”选项卡中设置“模式”为“线性”、“数量”为9、“位置.Y”为1.8cm，如图6-24所示。将这个克隆放置到合适的位置，如图6-25所示。

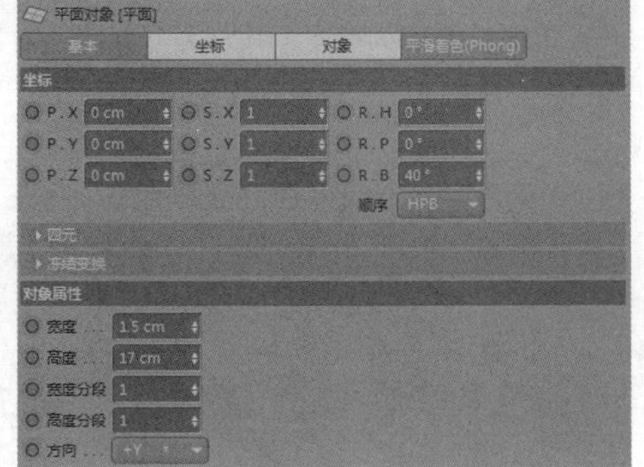

图6-24

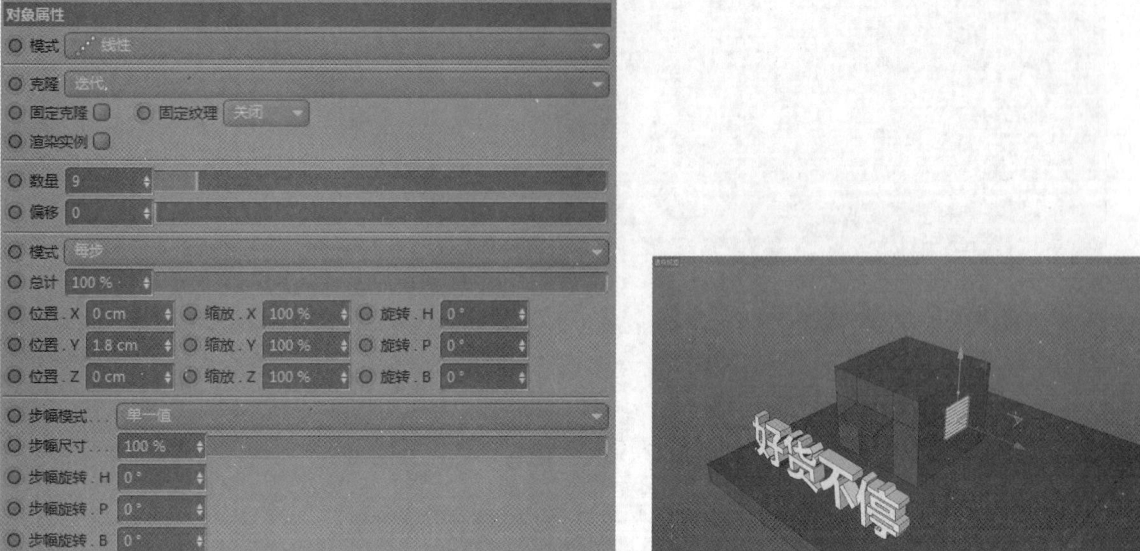

图6-24（续）

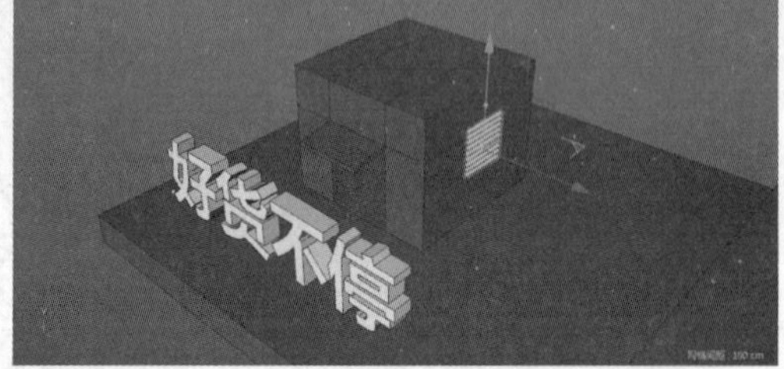

图6-25

步骤 04 单击按钮新建"圆环"对象，在"圆环对象"面板的"对象"选项卡中设置"圆环半径"为18cm、"圆环分段"为4、"导管半径"为0.5cm、"导管分段"为4、"方向"为+Y，如图6-26所示。将这个圆环放置在侧面出风口的外延，如图6-27所示。

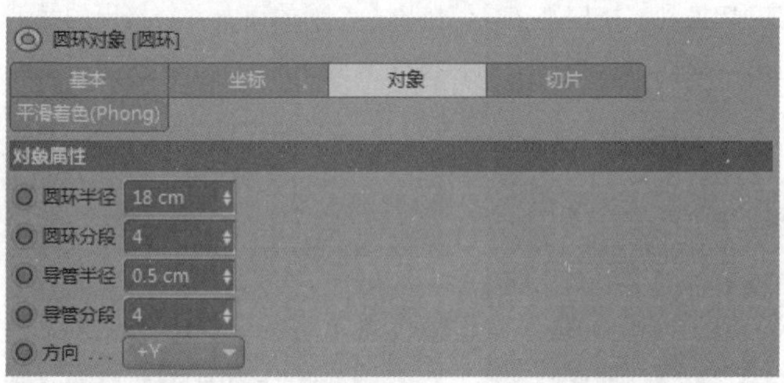

图6-26

图6-27

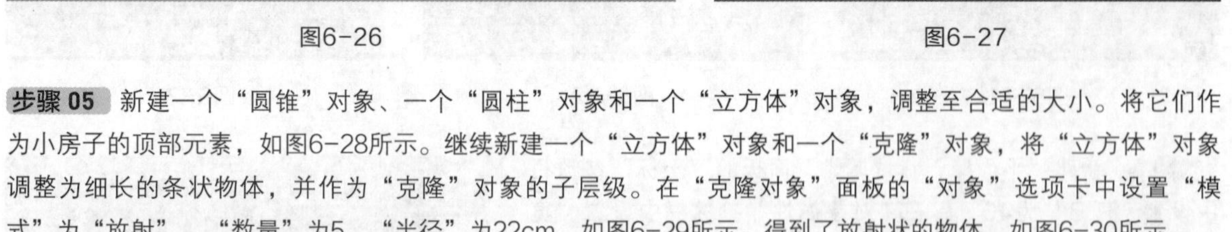

步骤 05 新建一个"圆锥"对象、一个"圆柱"对象和一个"立方体"对象，调整至合适的大小。将它们作为小房子的顶部元素，如图6-28所示。继续新建一个"立方体"对象和一个"克隆"对象，将"立方体"对象调整为细长的条状物体，并作为"克隆"对象的子层级。在"克隆对象"面板的"对象"选项卡中设置"模式"为"放射"、"数量"为5、"半径"为22cm，如图6-29所示。得到了放射状的物体，如图6-30所示。

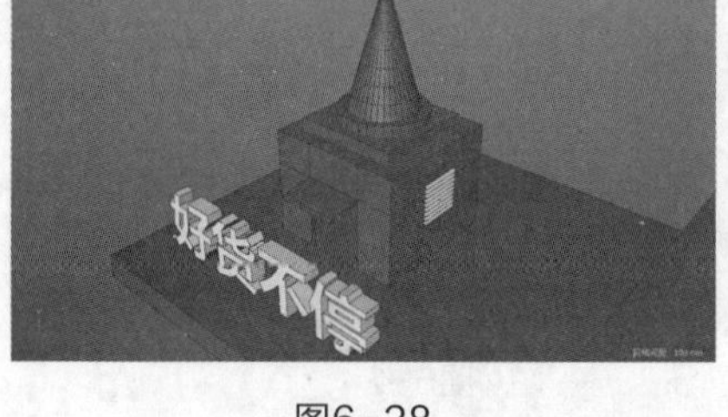

图6-28

图6-29

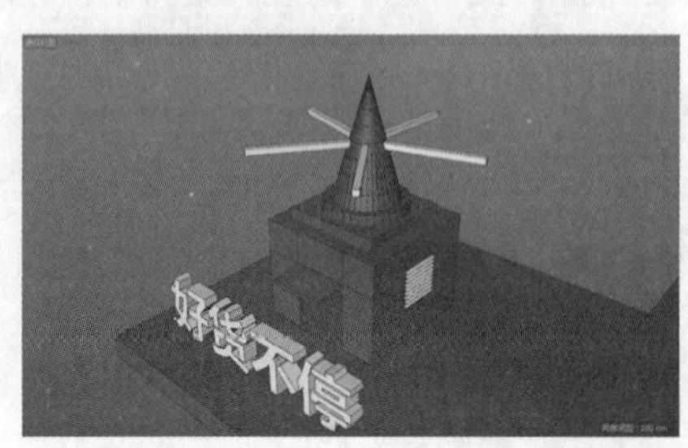

图6-30

步骤 06 将上一步的“克隆”对象复制2份，在“对象属性”栏中设置“半径”为44cm，如图6-31所示。新建一个“球体”和一个“圆柱”，将它们分别作为两个克隆体的子物体，将原有的子物体删除。得到了类似旋转吊车的物体，效果如图6-32所示。

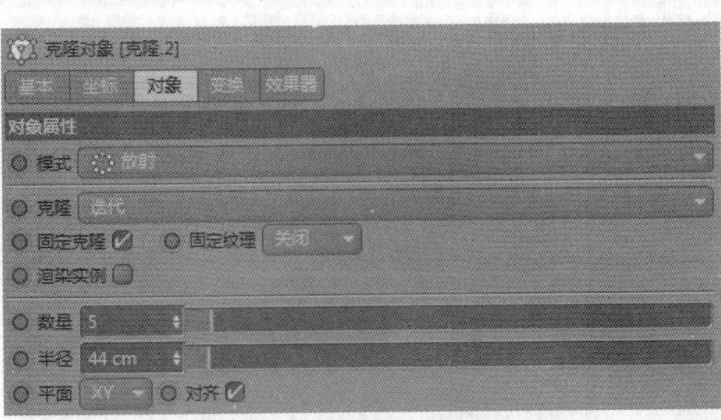

图6-31

图6-32

步骤 07 新建“立方体”对象，进入“立方体对象”面板中的“对象”选项卡，设置“尺寸.X”为30cm、“尺寸.Y”为45cm、“尺寸.Z”为3cm，如图6-33所示。将“立方体”的转为可编辑对象，使用快捷键K~L（先按K键再按L键）切换到“循环切割”工具，在“立方体”横向和纵向上各增加一个分段，现在正面有4个面，选中上方的两个面，使用快捷键D切换到“挤压”工具，挤压出厚度。选中中间的点向下移动，得到类似红包的模型，如图6-34所示。

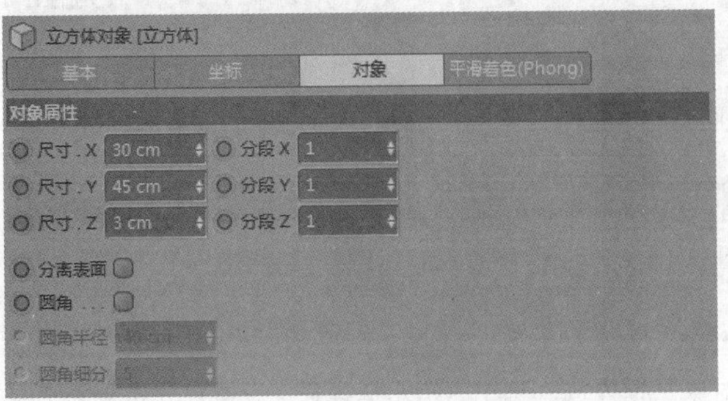

图6-33

图6-34

步骤 08 将“红包”复制几份并放置到合适的位置。在正视图中用“画笔”工具勾画出圆角的样条，上沿超出红包的高度，如图6-35所示。新建“圆环”对象，将“圆环”对象调整为合适的大小，新建“扫描”对象，将“圆环”和“样条”作为“扫描”的子级，“圆环”在上，“样条”在下，完成效果如图6-36所示。

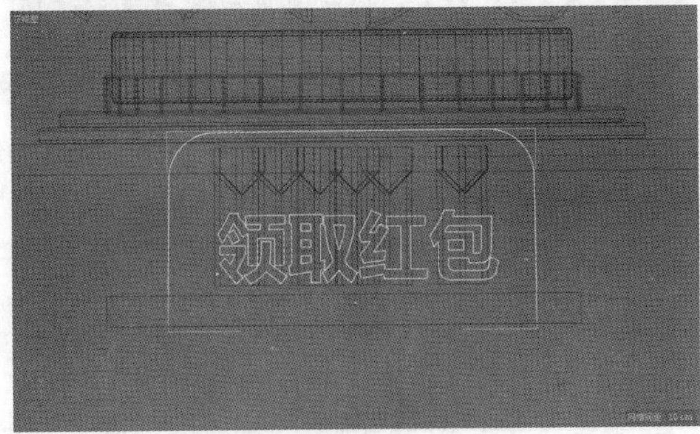

图6-35

图6-36

步骤 09 单击按钮创建“球体”对象，将“球体”转为可编辑对象并压扁一些，再单击按钮创建一个“锥化”变形器，将这个变形器作为“球体”对象的子级。在“锥化对象”面板的“对象”选项卡中设置“强度”为50%，然后单击“匹配到父级”按钮，如图6-37所示，得到一个树冠。将树冠复制2份并缩放至合适大小，再新建“圆柱”对象作为树干，效果如图6-38所示。

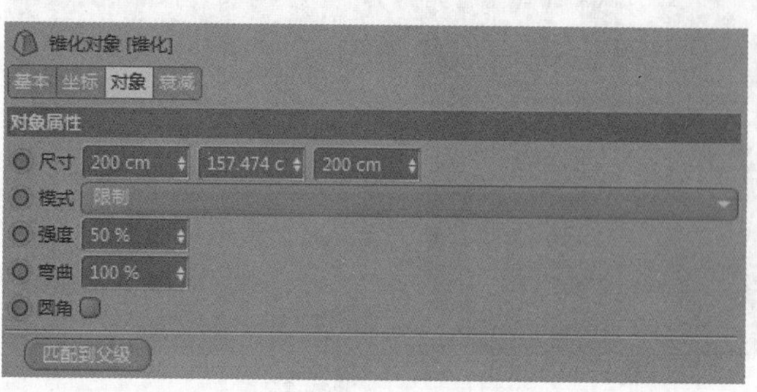

图6-37

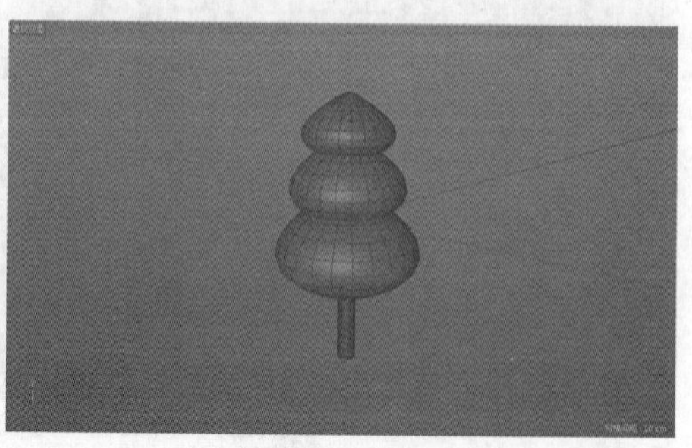

图6-38

步骤 10 单击“画笔”按钮勾画出两个指示牌的样条，如图6-39所示。单击按钮新建“挤压”对象，在“拉伸对象”面板的“对象”选项卡中设置“移动”的第1个数值为-5cm，如图6-40所示。再将稍大的指示框样条作为它的子对象，完成效果如图6-41所示。

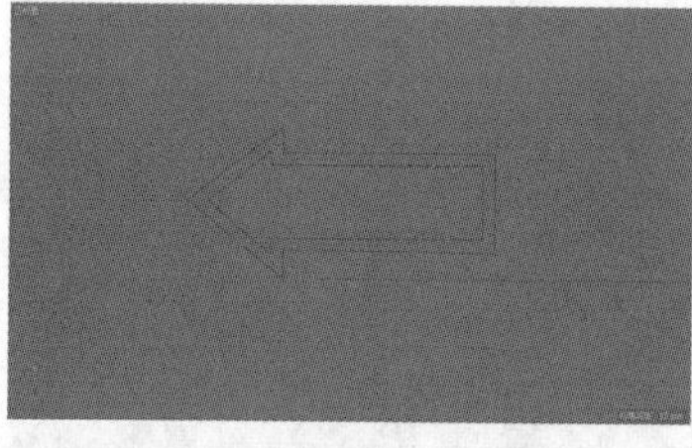

图6-39

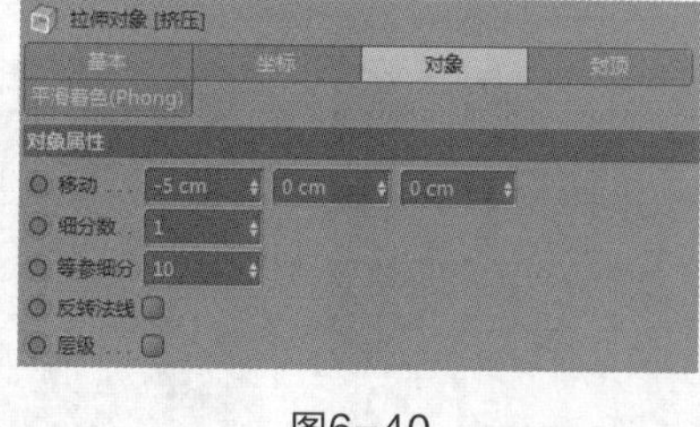

图6-40

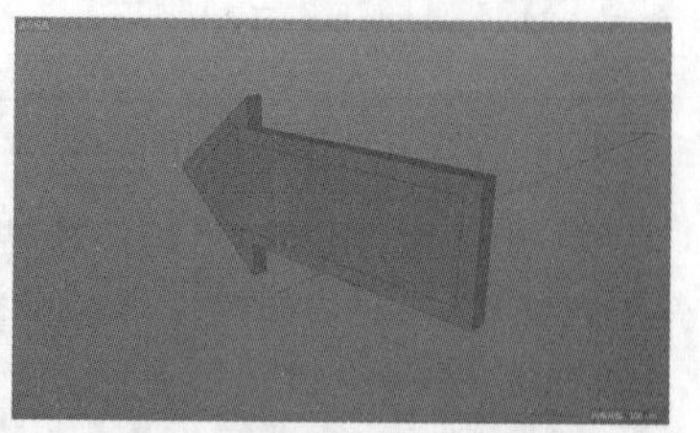

图6-41

步骤 11 新建“克隆”对象和“球体”对象，将“球体”作为“克隆”对象的子级。在“克隆对象”面板的“对象”选项卡中设置“模式”为“对象”，在“对象”框内放入稍小的指示框样条，设置“分布”为“平均”、“数量”为28，如图6-42所示。将小球调整至合适的大小，然后在指示牌的下方放入两个圆柱体并调整至合适的大小，如图6-43所示。

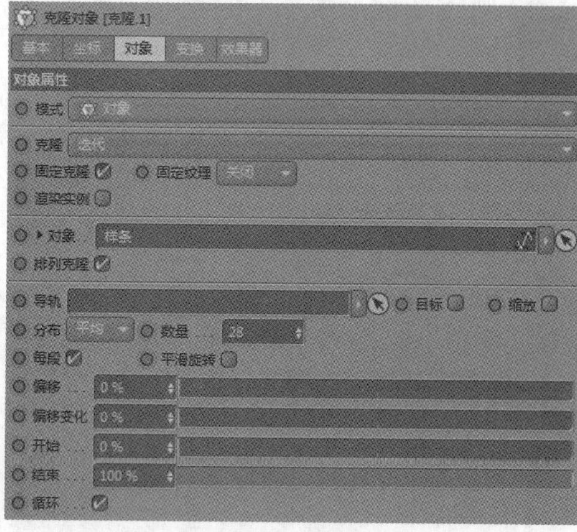

图6-42

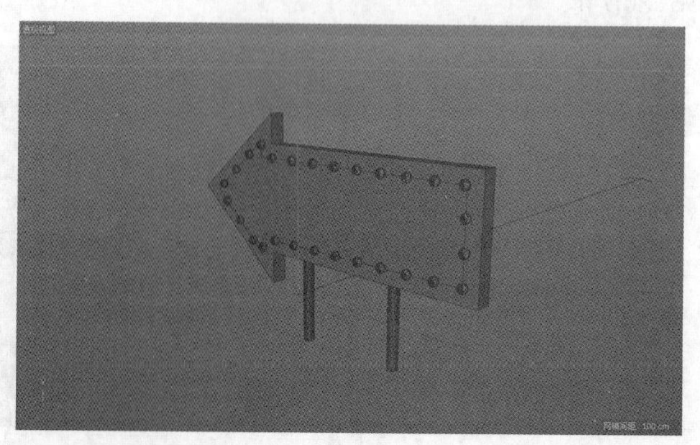

图6-43

步骤 12 单击 文本 按钮新建“文本”对象，输入“C4D”，将它调整至合适的大小，放置到指示牌上面，完成效果如图6-44所示。

步骤 13 导入学习资源中的“汽车传送带模型.c4d”文件，放置到“更多好货”文字的后方，如图6-45所示。

图6-44

图6-45

步骤 14 主体的模型已经创建好，但是各个元素之间缺少联系，需要使用一些模型使各个元素之间产生关联。单击“画笔”按钮 画笔 ，在各个视图中勾画出连接线，在“点”模式下使用“倒角”功能，将各个转折处理为圆角，得到了5根圆角样条，如图6-46所示。单击 圆环 按钮新建“圆环”对象，将它复制4份，再创建5个“扫描”对象，分别将“圆角样条”和“圆环”对象作为“扫描”的子层级，“圆环”在上，“圆角样条”在下。最后在面板上放置两个小圆球，模型就大致完成了，得到的效果如图6-47所示。

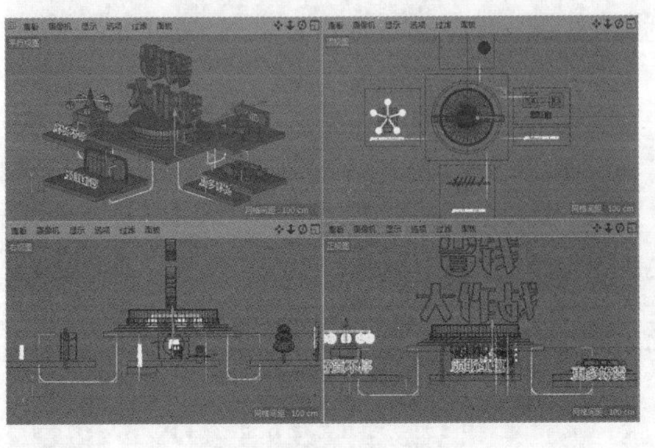

图6-46

图6-47

6.2.4 模拟二维材质

步骤 01 确定画面的主色调为黄色和紫色。创建一个材质，双击进入“材质编辑器”，取消勾选“反射”复选项，在“颜色”的“纹理”参数添加“菲涅耳（Fresnel）”，如图6-48所示。在“菲涅耳”中设置“渐变”为浅紫色到深紫色，如图6-49所示。将这个材质赋予“省钱大作战”文字、文字底座最底层和出风口的外延，如图6-50所示。

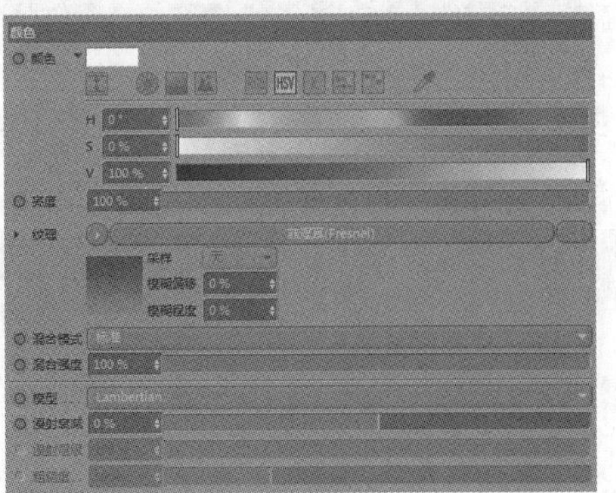

图6-48

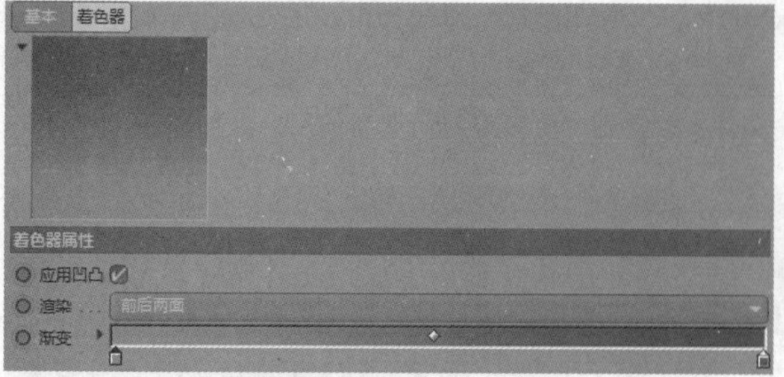

图6-49

图6-50

步骤 02 将这个材质复制1份，在“菲涅耳”里设置“渐变”为浅黄色到深黄色，如图6-51所示。将这个材质赋予“好货不停”“领取红包”“更多好货”“传送带”“传送带铆钉”“小房顶”“小球”“省钱大作战”文字，由于“省钱大作战”文字已经有了紫色材质，因此黄色材质只用于面板。打开“纹理标签”面板，在“标签”选项卡的“选集”栏中输入C1，就把这个黄色材质限制在“挤压”对象的正面，如图6-52所示。完成效果如图6-53所示。

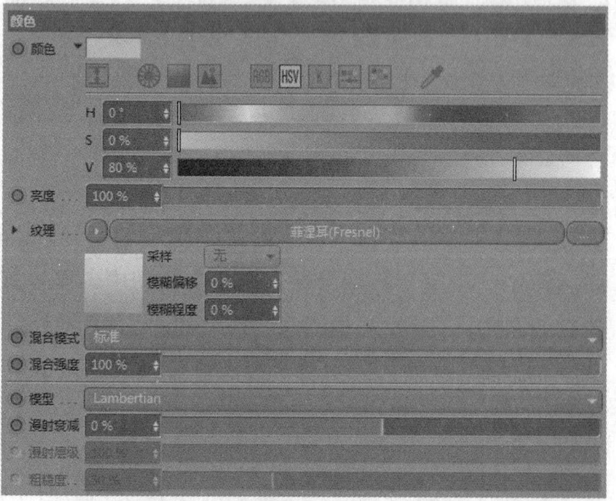

图6-51

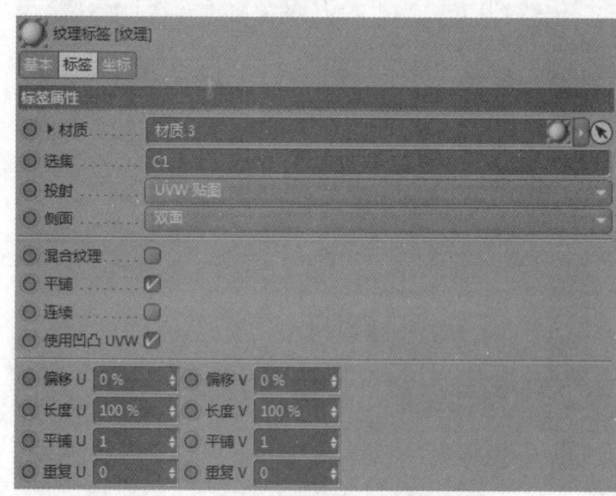

图6-52

图6-53

步骤 03 将紫色材质复制1份，在“菲涅耳”内将浅紫色和深紫色调换方向，如图6-54所示。把这个材质赋予几块底板、传送带的接头、台面的围栏和小房子的小球，在赋予小球材质时，需要用“多边形”模式选取小球的下半部分，使材质只附着在这一区域，如图6-55所示。

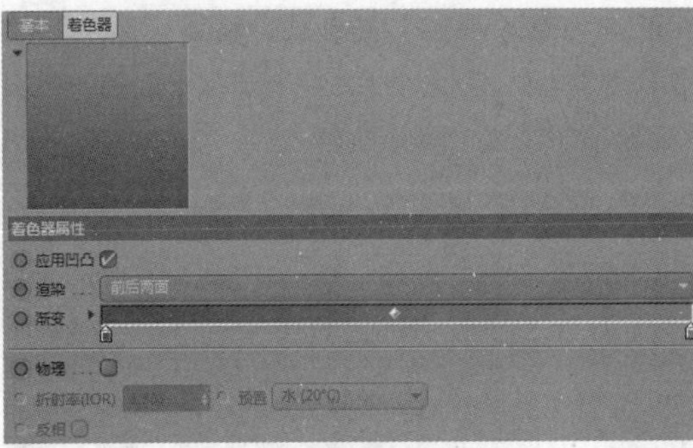

图6-54

图6-55

步骤 04 将上一步的材质复制1份，在“菲涅耳”内将颜色改为深蓝色到浅蓝色的渐变，如图6-56所示。将这个材质赋予主底板、薄底座、指示牌、小树的树冠、传送带底座、红包的绳索和小房子的小球上半部分，如图6-57所示。

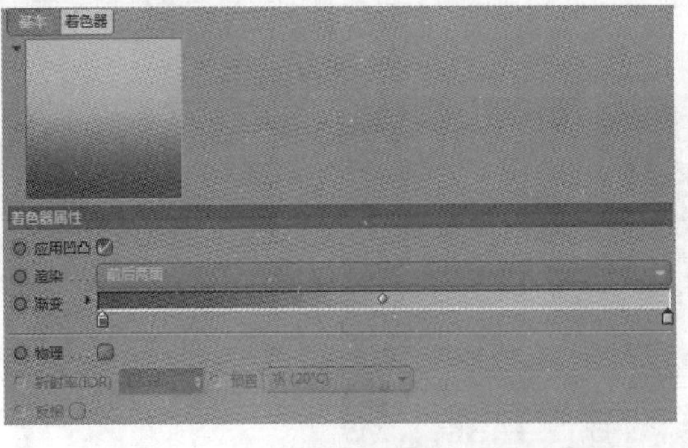

图6-56

图6-57

步骤 05 创建一个材质，双击进入“材质编辑器”面板，取消勾选“反射”复选项，设置“颜色”的“H”“S”“V”分别为0°、0%、80%，得到灰白色，如图6-58所示。将这个灰白色材质赋予小房子、底座、小树的树干、指示牌的支撑和C4D文本，如图6-59所示。

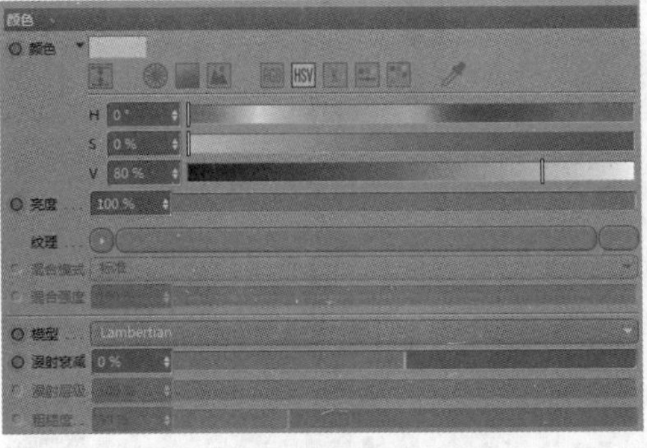

图6-58

图6-59

步骤 06 创建一个材质，双击进入“材质编辑器”面板，取消勾选“反射”复选项，设置“颜色”的“H”“S”“V”分别为0°、85%、85%，得到大红色，如图6-60所示。将这个大红色材质赋予红包。再次创建一个材质，进入“材质编辑器”面板，取消勾选“反射”复选项，设置“颜色”的“H”“S”“V”分别为30°、100%、100%，得到橙色，如图6-61所示。将这个橙色材质赋予各个元素之间的连接杆，如图6-62所示。

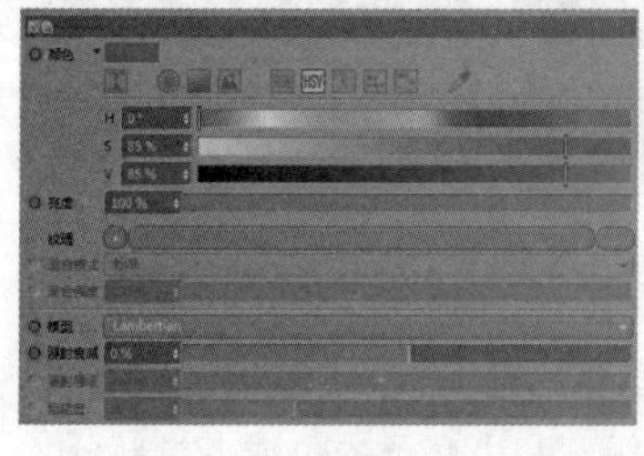

图6-60

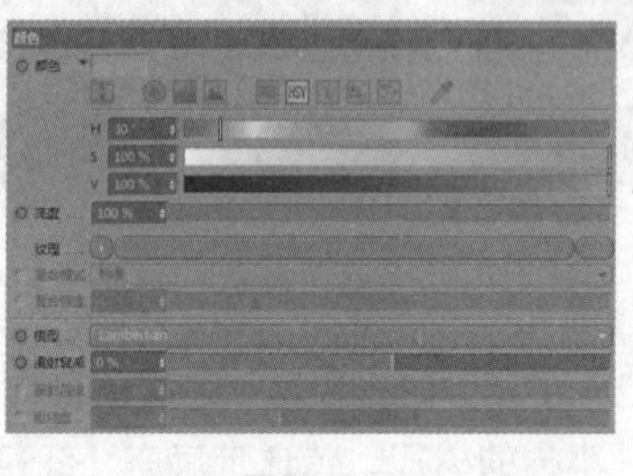

图6-61

图6-62

步骤 07 小货车还没有材质，可以按照个人喜好对它进行设置。此处使用了红色和黄色搭配黑色将它完成，如图6-63所示。

图6-63

6.2.5 建立灯光照明

步骤 01 在场景的色调和材质确定后，开始创建场景中的照明。单击按钮新建“目标聚光灯”，在“灯光对象”面板的“常规”选项卡中设置“类型”为“区域光”、“投影”为“区域”，如图6-64所示。在“细节”选项卡中设置“形状”为“矩形”、“衰减”为“平方倒数（物理精度）”，如图6-65所示。将这盏灯光拖曳至场景的右上方，衰减的边缘靠着场景，如图6-66所示。

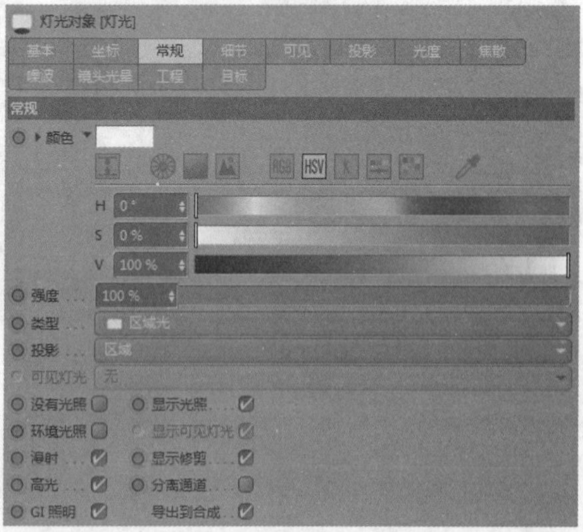

图6-64

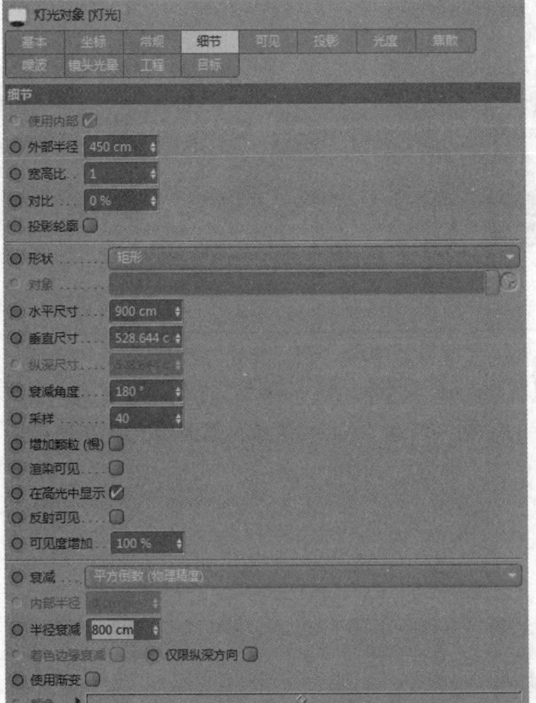

图6-65

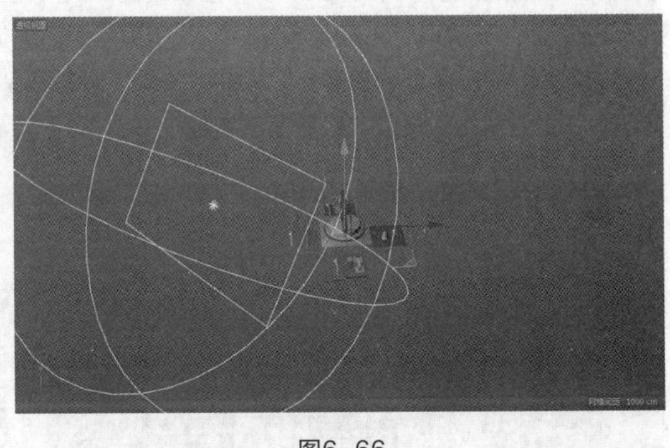

图6-66

技巧与提示

为了精确地控制灯光，最好给灯光添加一个目标标签。想得到目标标签，需要先创建一个空白对象作为目标标签的目标，然后调整空白对象的位置来调整灯光的朝向，步骤相对复杂，不如创建目标聚光灯再切换为需要的灯光。

步骤 02 将这盏灯光复制2份，一个放在场景的左后方，一个放在场景的右后方，如图6-67所示。

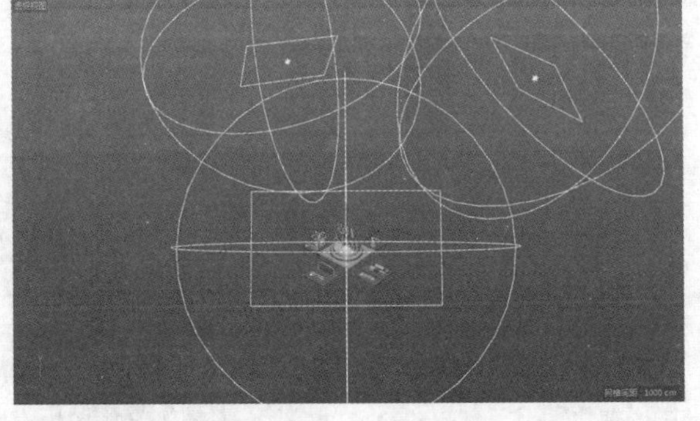

图6-67

步骤 03 渲染测试后得到不错的效果，但是问题也比较突出，例如阴影过分漆黑、颜色不够鲜亮等，如图6-68所示。为了解决这些问题，创建一个“天空”对象和一个材质，打开“材质编辑器”，取消勾选“反射”复选项，设置“颜色”的“H”“S”“V”分别为0°、0%、90%，得到了灰白色，将这个材质赋予“天空”对象，如图6-69所示。在“渲染设置”中打开“全局光照”，渲染得到的效果比之前更好，如图6-70所示。

图6-68

图6-69

图6-70

步骤 04 对图像进行最终渲染。在“渲染设置”的“输出”栏中设置“高度”和“宽度”分别为1920像素和1080像素、“分辨率”为72像素/英寸（DPI），如图6-71所示。在“保存”栏中勾选“保存”复选项，设置“格式”为“TIFF（PSD图层）”，在“文件”中选择保存的位置，勾选“Alpha通道”复选项，如图6-72所示。单击“渲染”按钮，即可输出图像。

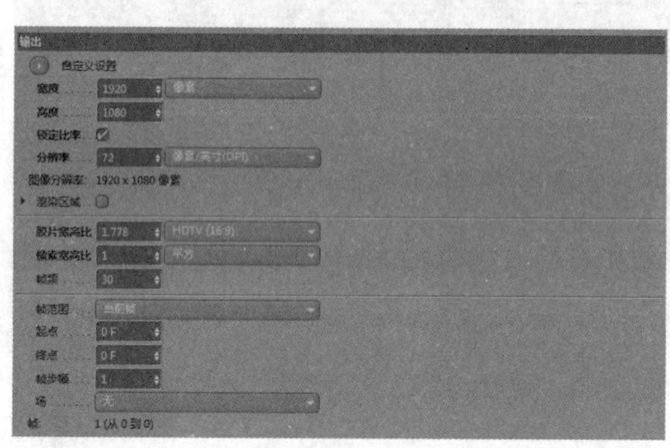

图6-71

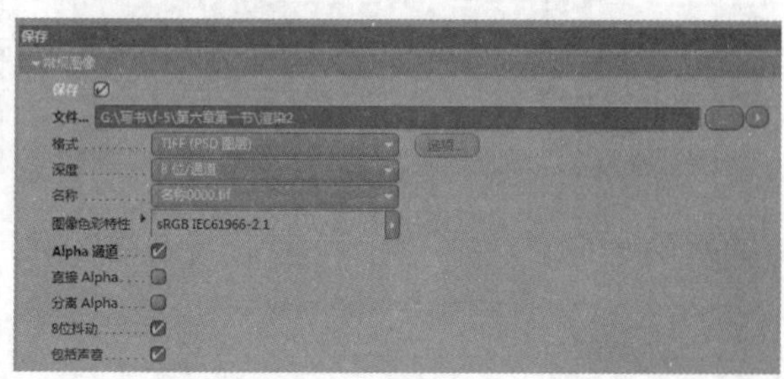

图6-72

6.2.6 后期调整

步骤 01 渲染完成后在Photoshop中打开图像。在“通道”面板中看到有Alpha通道，如图6-73所示。按住Ctrl键，用鼠标左键单击该通道，即利用黑白信息创建了选区，按快捷键Ctrl+J复制一个图层，导入素材文件“背景”，将素材图层放在新建图层的下方，如图6-74所示。

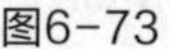

图6-73

图6-74

步骤 02 图像基本完成了，但是还有需要调整的部分，例如整体饱和度不够高。单击“创建新的填充或调整图层”图标创建一个“可选颜色”层。将“颜色”调整为“黄色”，因为画面主体的黄色不够醒目，将“青色”调整为-100%、“洋红”调整为-58%、“黄色”调整为+100%，使黄色变得更加明艳，如图6-75所示。最终得到了如图6-76所示的图像。

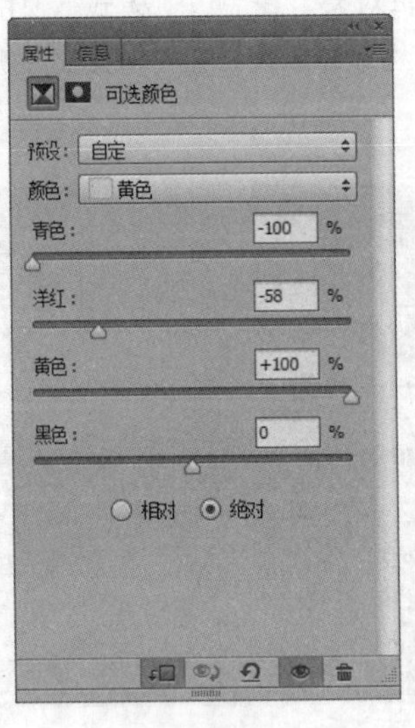

图6-75

图6-76

6.3 半价限时抢——Low Poly 风格海报设计

6.3.1 制作思路

模型部分：创建地面小岛的主体，通过大小和前后表现疏密和层次；中部使用Low Ploy字体和整体环境相搭配并留出产品空间；两侧使用大量的小树、风车和小栅栏等表现出乡村森林的感觉；背后添加小云朵、小飞机和小土块来丰富画面。

材质部分：使用低饱和度的蓝色、黄色和土黄色作为画面的主要色彩，画面整体柔和明亮。

灯光部分：使用“物理天空”模拟户外强光，效果不错。

后期部分：导出图像后，在Photoshop中导出主要画面并添加背景，调整颜色、对比度和明暗关系，最终的效果如图6-77所示。

图6-77

6.3.2 创建小岛模型

步骤 01 创建小岛的模型，确定整体场景的布局。单击 按钮新建“圆柱”对象，在“对象”选项卡中设置“半径”为110cm、“高度”为24cm、“高度分段”为2、“旋转分段”为36、“方向”为+Y，勾选“封顶”复选项，设置“分段”为10，如图6-78所示。将它转为可编辑对象，在“边”模式下使用快捷键U~L（先按U键再按L键）切换到“循环选择”工具，选中圆柱中间的结构线并放大，在“对象”面板删除平滑标签，如图6-79所示。

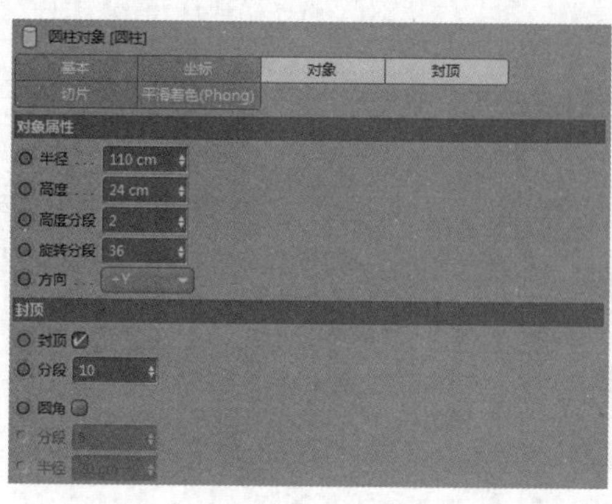

图6-78

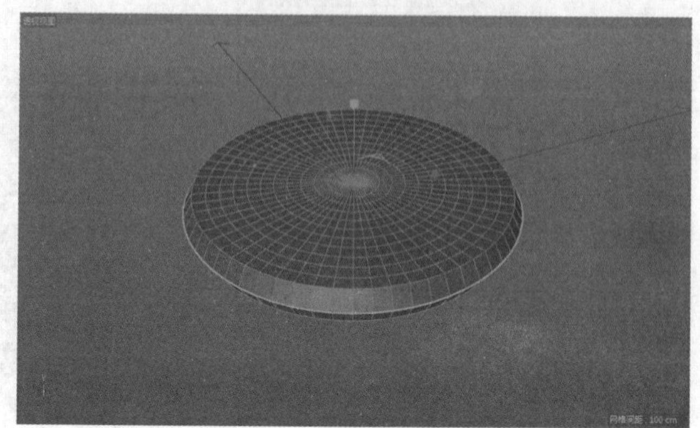

图6-79

技巧与提示

模型切记要删除“平滑”标签，这个标签使不平滑的物体在视觉上变得平滑，删除这个标签后才能更好地展现硬边的效果。

步骤 02 单击按钮新建“置换”变形器，将它作为“圆柱”的子层级，在“置换”面板的“对象”选项卡中设置“高度”为12cm。切换到“着色”选项卡，设置“高度”为12cm，在“着色器”内添加“噪波”，如图6-80所示。得到了表面凹凸不平的多边形对象，如图6-81所示。

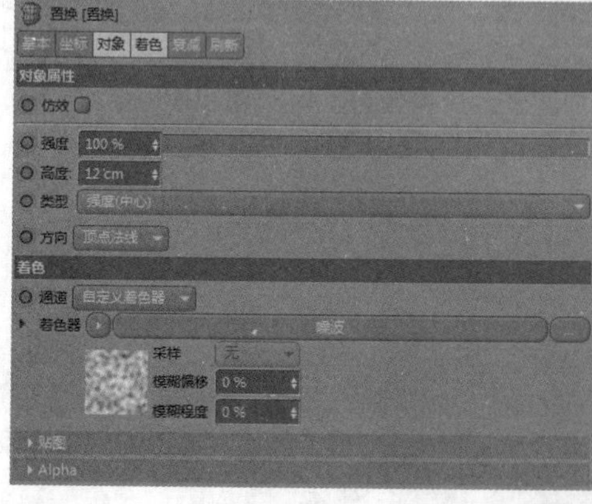

图6-80

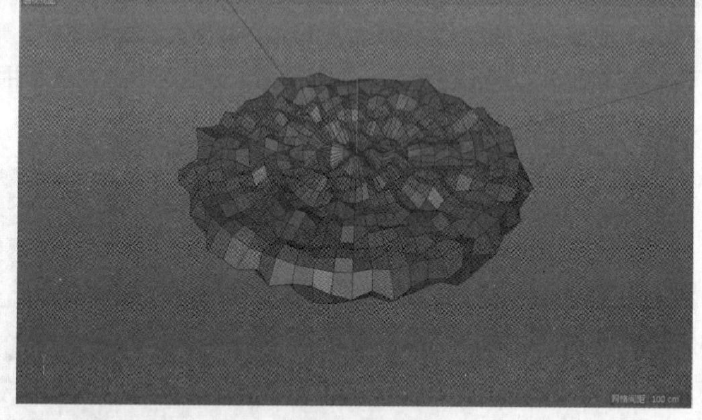

图6-81

步骤 03 单击按钮新建“减面”变形器，在“减少多边形对象”面板的“对象”选项卡中设置“削减强度”为94%，其他保持默认，如图6-82所示。得到了随机的三角面低面体造型，如图6-83所示。

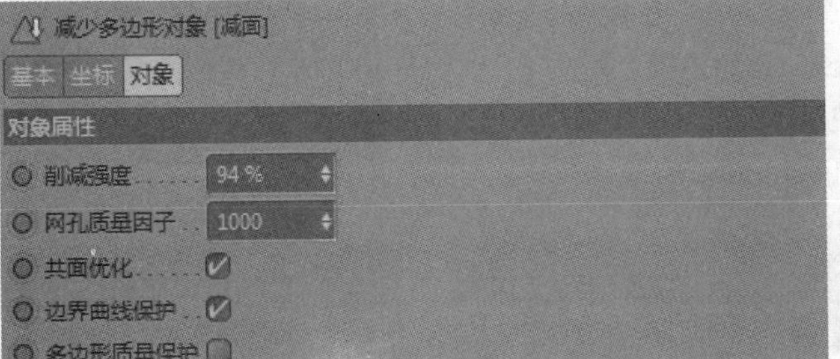

图6-82

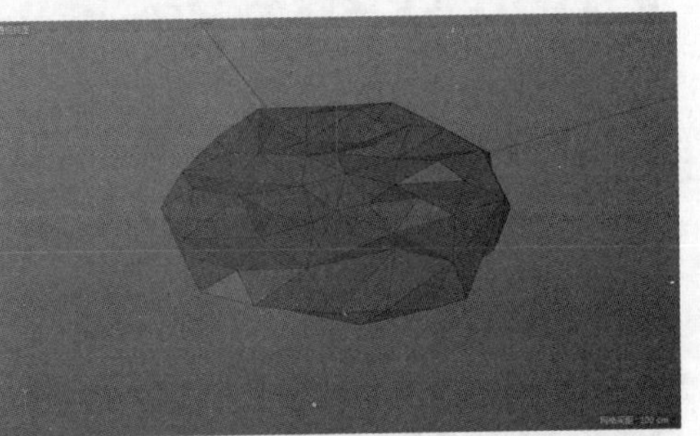

图6-83

技巧与提示

“减面”变形器在读取模型时会将平整的表面精简为一个面，如图 6-84 所示。为了让减面的效果均匀好看，必须将一些较大的平面改为有凹凸起伏的面，制作凹凸起伏效果最好的变形器就是“置换”变形器。

需要注意的是，应先为模型添加“置换”变形器，即将“置换”变形器作为模型的第一个子级，再添加“减面”变形器作为模型的第二个子级，如果两者颠倒就会出现如图 6-85 所示的效果。

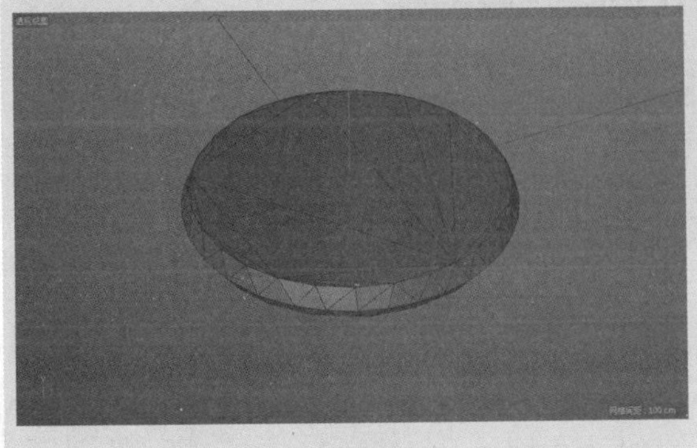

图6-84

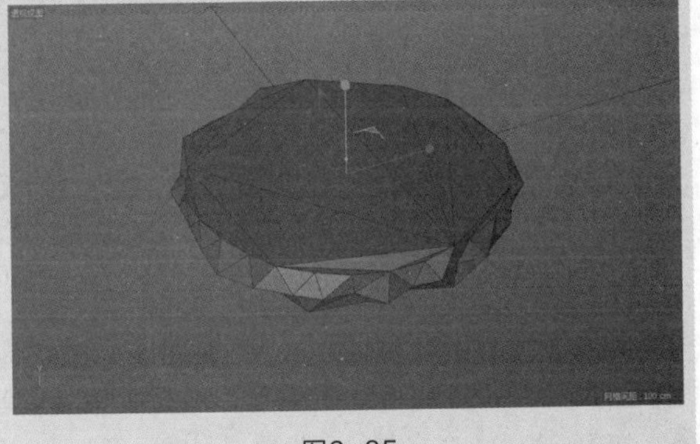

图6-85

步骤 04 将上一步完成的模型复制3份并且调整至不同大小，放置在偏后的位置作为边缘的小岛屿使用。在主体的小岛上放置两个更小的岛屿，效果如图6-86所示。

图6-86

步骤 05 单击 按钮新建"球体"对象，在"球体对象"面板的"对象"选项卡中设置"半径"为10cm、"分段"为24、"类型"为"二十面体"，勾选"理想渲染"复选项，如图6-87所示。将它转为可编辑对象，并缩放为鹅卵石大小，如图6-88所示。使用小岛的做法添加"置换"变形器和"减面"变形器，删除"平滑"标签，得到类似小石头的物体，效果如图6-89所示。

图6-87

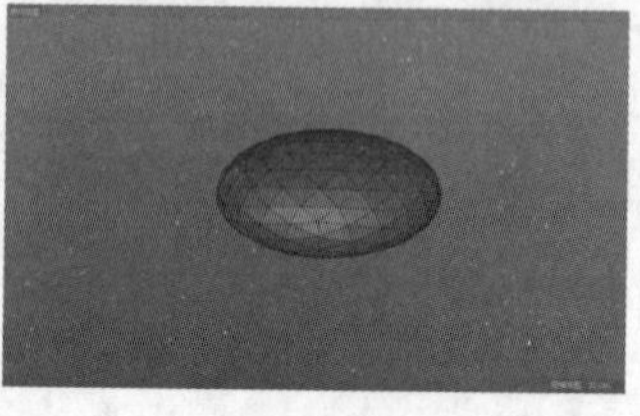

图6-88

图6-89

步骤 06 将这个小石头复制几份，调整至不同的大小并放置在小岛正面的各个位置，效果如图6-90所示。

图6-90

步骤 07 创建小岛的下半部分，单击 按钮新建"地形"对象，在"地形对象"面板的"对象"选项卡中设置"尺寸"的3个数值分别为150cm、90cm、120cm，如图6-91所示。单击 按钮添加"减面"效果器，作为"地形"的子层级，设置"削减强度"为98%，删除"平滑"标签，如图6-92所示。将这个地形旋转180°，放置到小岛的下方，效果如图6-93所示。

图6-91

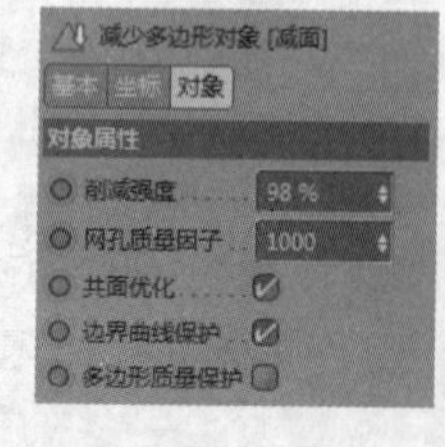

图6-92

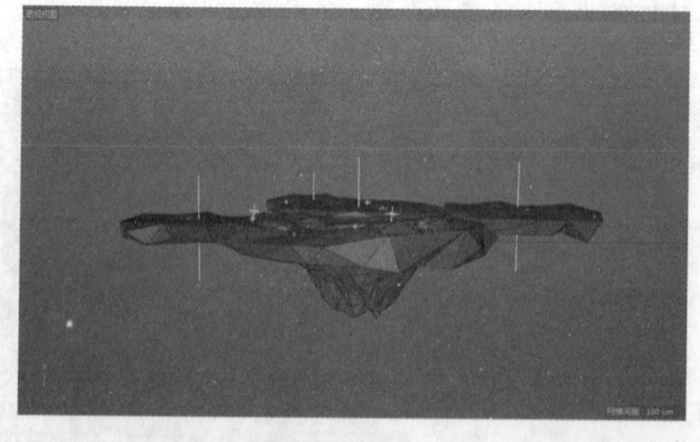

图6-93

步骤 08 单击 按钮新建"宝石"对象，并复制几份，调整至不同的大小，让它们好像散落在小岛的周围。新建"圆锥"对象，在"圆锥对象"面板的"对象"选项卡中设置"顶部半径"为0cm、"底部半径"为3cm、"高度"为12cm、"高度分段"为3、"旋转分段"为6、"方向"为+Y，并删除它的"平滑"标签，如图6-94所示。最终效果如图6-95所示。

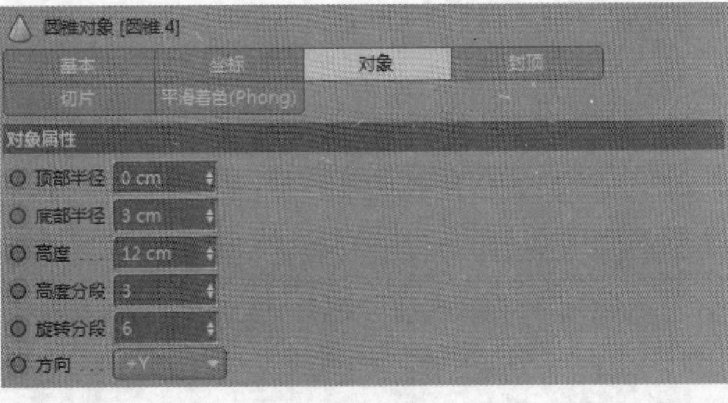

图6-94

图6-95

6.3.3 添加细节与装饰

步骤 01 单击按钮新建“圆锥”对象，在“圆锥对象”面板的“对象”选项卡中设置“顶部半径”为0cm、“底部半径”为20cm、“高度”为30cm、“高度分段”为8、“旋转分段”为8、“方向”为+Y，如图6-96所示。将这个“圆锥”复制2份，分别缩小一些，将这3个圆锥作为树冠使用。新建“圆柱”对象，将“圆柱”调整至合适的大小，作为树干使用，效果如图6-97所示。

步骤 02 复制几份这棵小树，分别调整至不同的大小，随机放置在不同的小岛上面，如图6-98所示。

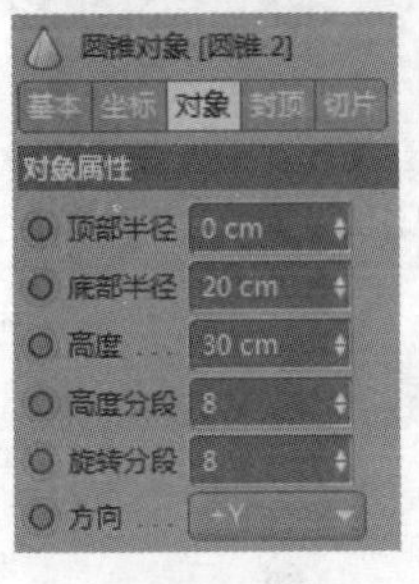

图6-96

图6-97

图6-98

步骤 03 单击按钮新建“圆柱”对象，在“圆柱对象”面板中的“对象”选项卡中设置“半径”为4cm、“高度”为90cm、“高度分段”为6和“旋转分段”为6，如图6-99所示。将它转为可编辑对象，切换到“点”模式，选择其中的结构点并进行适当缩放，使圆柱看起来像树干一样，如图6-100所示。

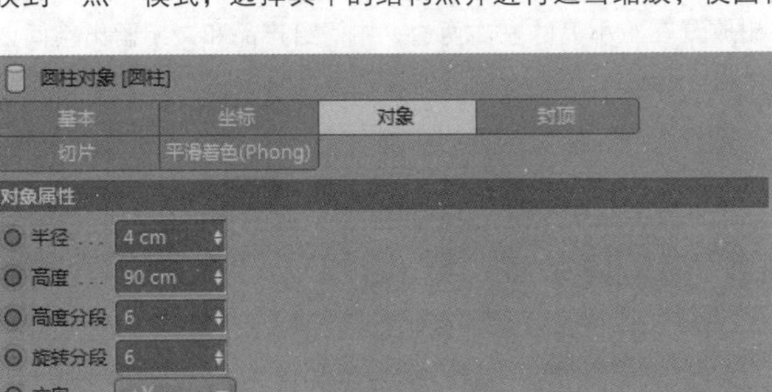

图6-99

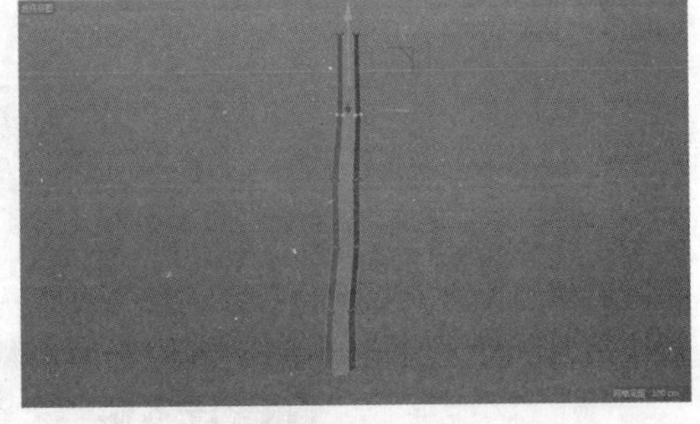

图6-100

步骤 04 单击按钮新建“锥化”变形器，将它作为树干的子对象，在“属性”面板的“对象”选项卡中单击“匹配到父级”，设置“强度”为70%，如图6-101所示。得到了上细下粗的树干形态，如图6-102所示。

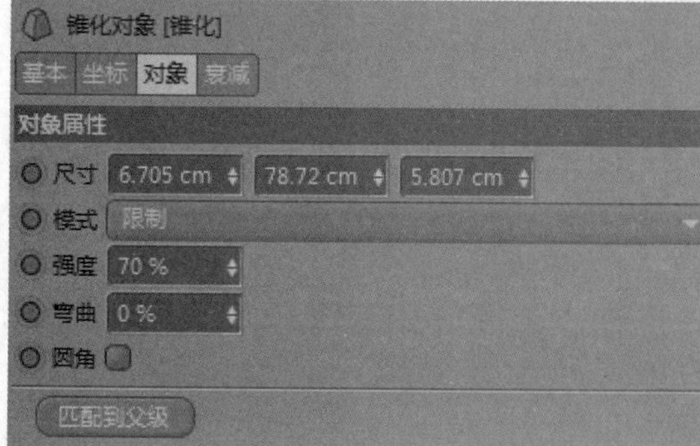

图6-101

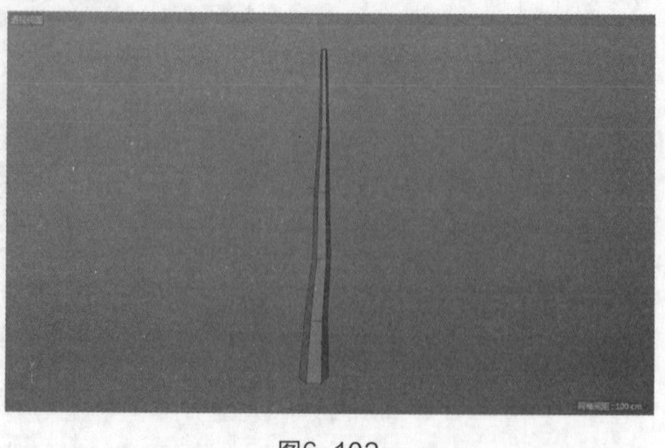

图6-102

步骤 05 将树干复制几份，用同样的方法调整树枝，并缩放旋转调整位置让其呈现出树枝的造型，如图6-103所示。然后把之前做的小石头复制几份，调整至不同的大小并作为树冠，将树冠放在树枝的位置。效果如图6-104所示。

图6-103

图6-104

技巧与提示

树冠的造型不要太古板，越随机越好，不要让每个元素都完全相同。

步骤 06 用同样的方法创建另一棵树，将这两棵树放置在主小岛的左右两边，中间给产品和文字留出空间，如图6-105所示。

图6-105

步骤 07 单击 按钮新建“管道”对象，在“管道对象”面板的“对象”选项卡中设置“内部半径”为35cm、“外部半径”为38cm、“旋转分段”为36、“高度”为20cm，如图6-106所示。新建“圆柱”对象，在“圆柱对象”面板的“对象”选项卡中设置“半径”为35cm、“高度”为7cm、“旋转分段”为36、“方向”为+Y，如图6-107所示。完成效果如图6-108所示。

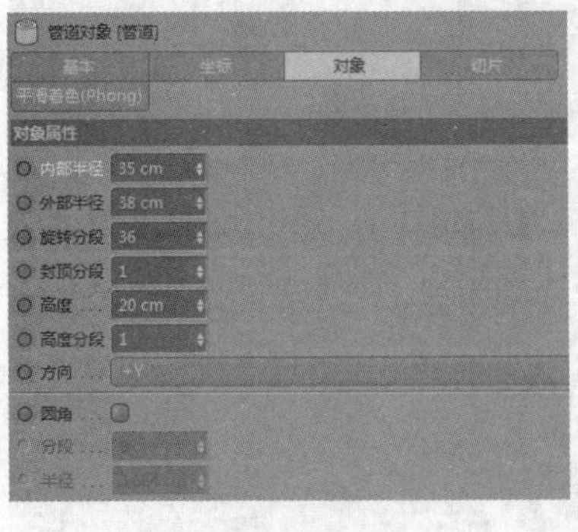

图6-106

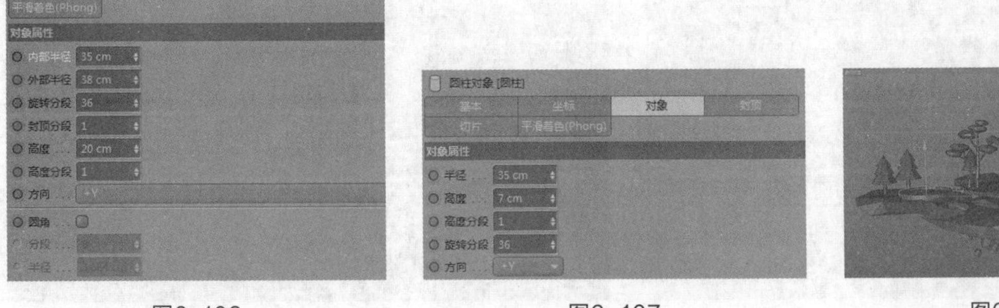

图6-107

图6-108

步骤 08 单击 按钮新建“圆锥”对象，在“圆锥对象”面板的“对象”选项卡中设置“顶部半径”为0cm、“底部半径”为60cm、“高度”为100cm、“高度分段”为8、“旋转分段”为8、“方向”为+Y，如图6-109所示。继续新建一个“圆锥”对象，将这个圆锥缩小一点并放置在大圆锥的上部，做出积雪的效果，如图6-110所示。将雪山复制2份并调整大小和位置，全部放在画面的后方作为背景使用，如图6-111所示。

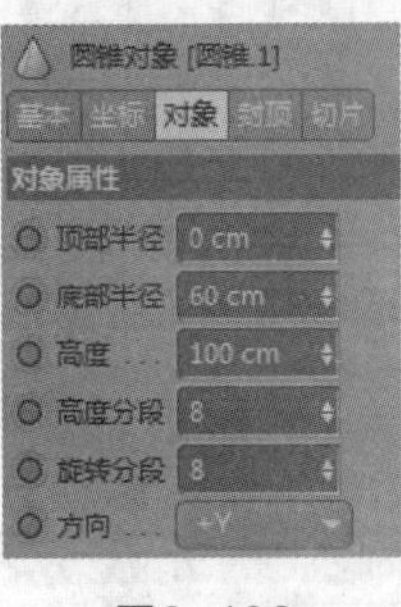

图6-109

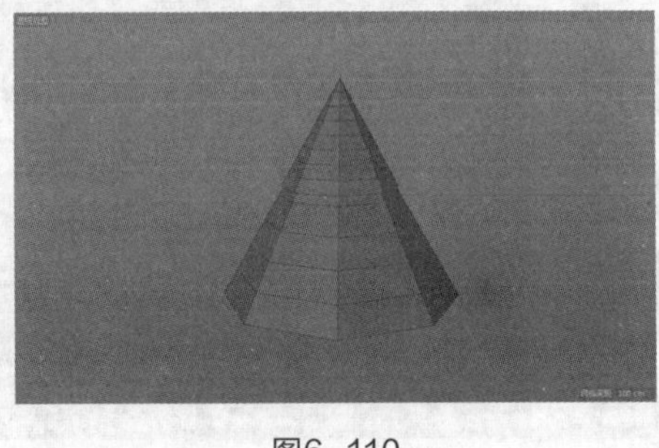

图6-110

图6-111

步骤 09 画面的上半部分空白较多，需要填充一些白云模型。单击 按钮新建“宝石”对象，并转为可编辑对象，将宝石多复制几份，调整大小和位置，放在画面的上部，如图6-112所示。

步骤 10 导入学习资源中的“Low Poly模型.c4d”素材文件，将风车、木椅和栅栏放置在右边小岛的树前方，将小飞机放置在左边的云彩上方，将文字放置在画面中心的小岛上，弧线对齐小岛的地面，如图6-113所示。

图6-112

图6-113

6.3.4 层次与色彩的把握

步骤 01 新建材质，双击打开“材质编辑器”，设置“颜色”的“H”“S”“V”分别为30°、25%、80%，如图6-114所示。将这个材质赋予5个小岛和下方漂浮的部分土块，如图6-115所示。

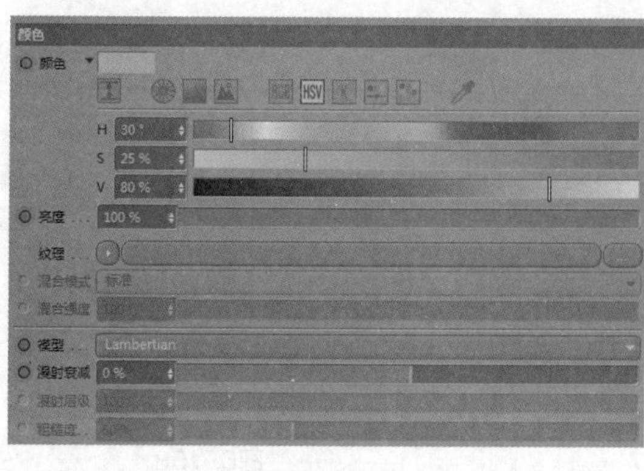

图6-114

图6-115

步骤 02 新建材质，双击打开“材质编辑器”，设置“颜色”的“H”“S”“V”分别为30°、90%、50%，如图6-116所示。将这个材质赋予小岛下方的土块和下方的部分漂浮土块，如图6-117所示。

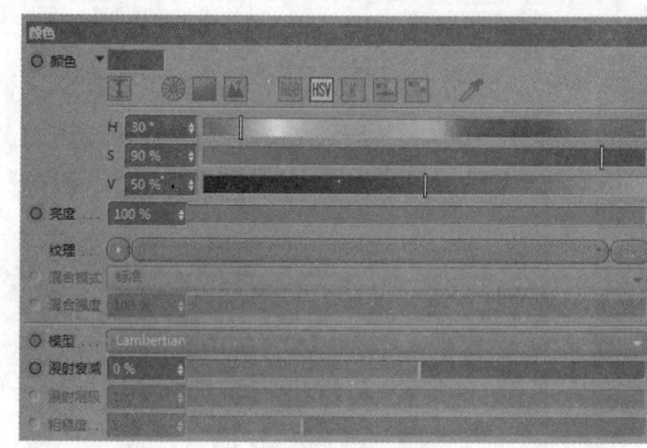

图6-116

图6-117

步骤 03 新建材质，打开“材质编辑器”，设置“颜色”的“H”“S”“V”分别为30°、45%、70%，如图6-118所示。将这个材质赋予小岛地面上的石块和下方的部分漂浮土块，如图6-119所示。

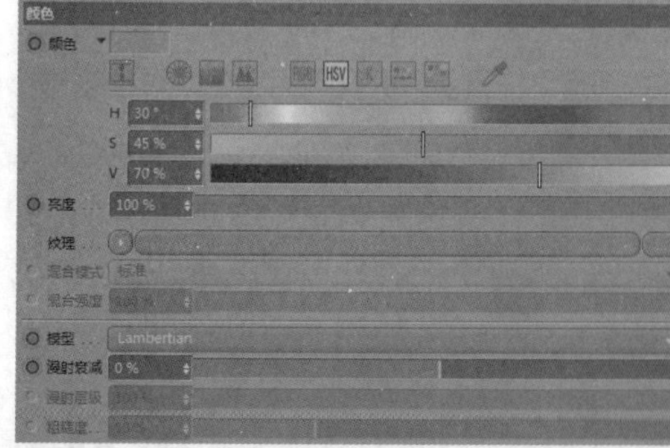

图6-118

图6-119

步骤 04 新建材质，打开“材质编辑器”，设置“颜色”的“H”“S”“V”分别为70°、30%、100%，如图6-120所示。将这个材质赋予中间小岛最上方的地面，如图6-121所示。

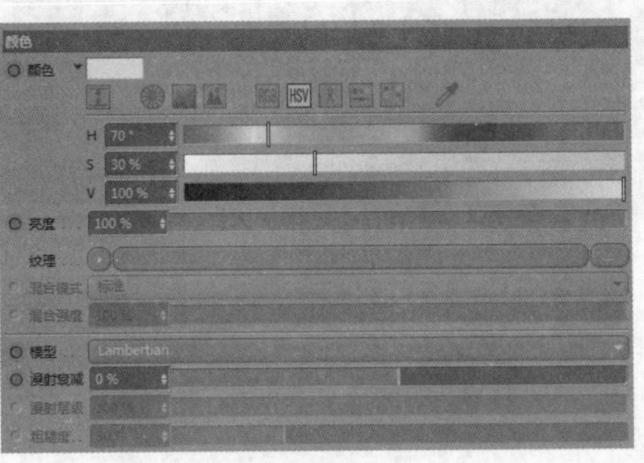

图6-120

图6-121

步骤 05 新建材质，打开“材质编辑器”，设置“颜色”的“H”“S”“V”分别为170°、40%、80%，得到浅绿色，如图6-122所示。树木只有一个颜色会比较单调乏味，将这个材质复制1份，调整“H”为210°，使颜色偏蓝，如图6-123所示。将浅绿色材质和蓝色材质分别赋予树木的树冠和水池的边缘，如图6-124所示。

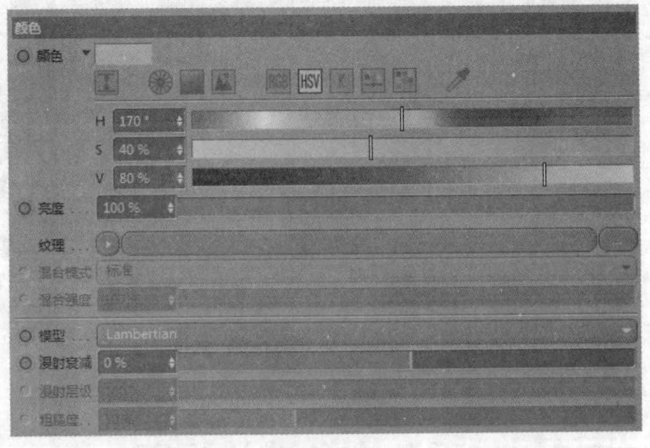

图6-122

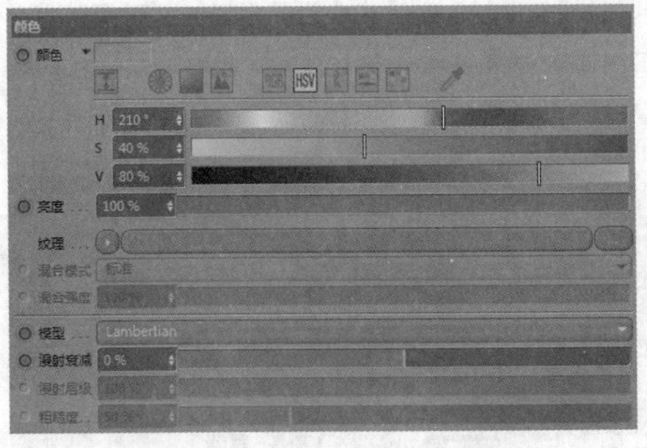

图6-123

图6-124

步骤 06 新建材质，打开“材质编辑器”，设置“颜色”的“H”“S”“V”分别为“150°、35%、65%，将这个材质赋予后方的群山，如图6-125所示。继续新建一个白色的材质并赋予白云和群山的顶部，如图6-126所示。

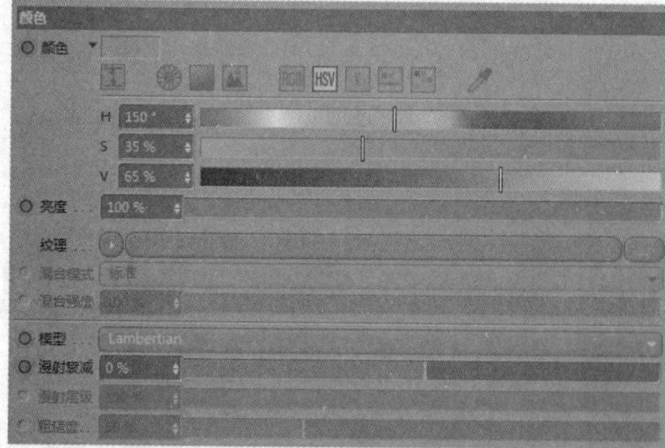

图6-125

图6-126

步骤 07 新建材质，打开“材质编辑器”，设置“颜色”的“H”“S”“V”分别为200°、70%、90%，如图6-127所示。将这个蓝色材质赋予水池的水面、文字和小岛上的小植物，如图6-128所示。材质部分就全部设置完成了。

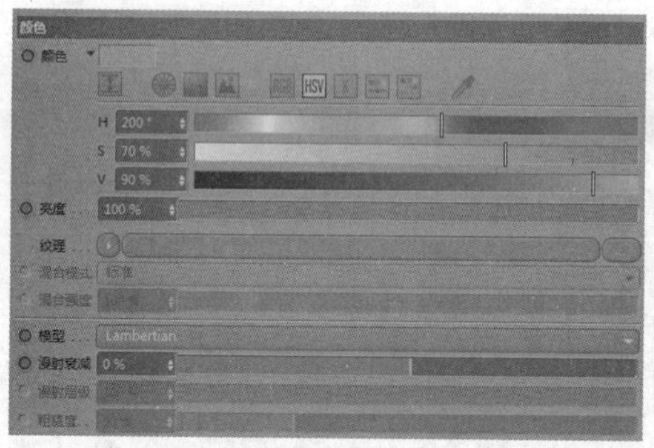

图6-127

图6-128

6.3.5 物理天空和渲染设置

步骤 01 新建“物理天空”对象，在“物理天空”面板的“时间与区域”选项卡中设置钟表的“时间”为上午10点左右，如图6-129所示。将“物理天空”旋转至左侧面，使其呈现从左上方向下照耀的效果，如图6-130所示。

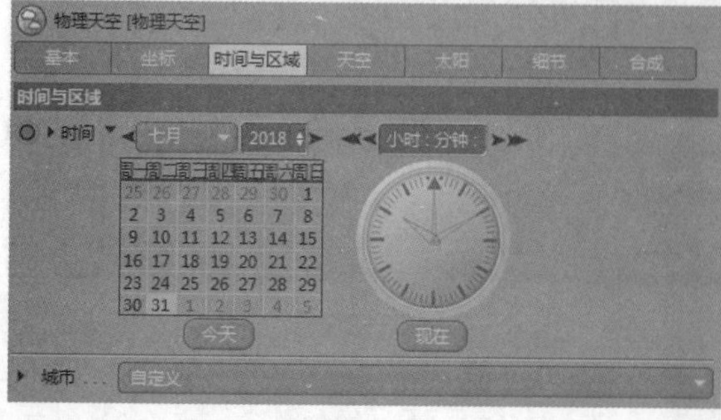

图6-129

图6-130

步骤 02 在“渲染设置”面板，打开“全局光照”选项进行渲染测试，如图6-131所示。

图6-131

步骤 03 后期需要将产品放入场景中，因此在Cinema 4D中进行设置，将文字固定在前方。给文字“半价限时抢”添加“合成标签”，在“对象缓存”选项卡中勾选第一个“启用”复选项，“缓存”参数中显示数字1，如图6-132所示。

步骤 04 在“渲染设置”面板中的“多通道”参数中找到“对象缓存”并勾选，此时“群组ID”参数为1，如图6-133所示。

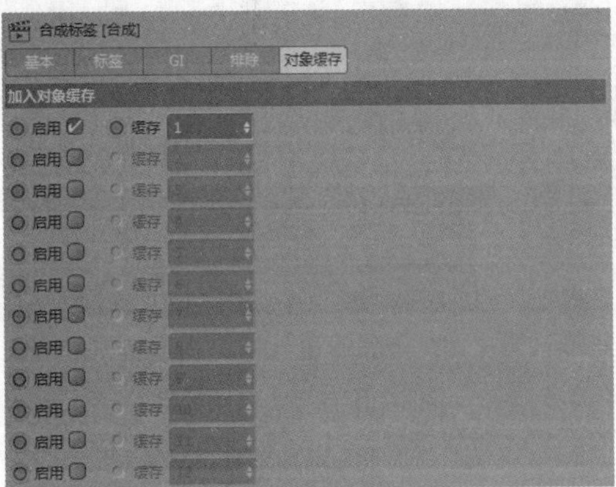

图6-132

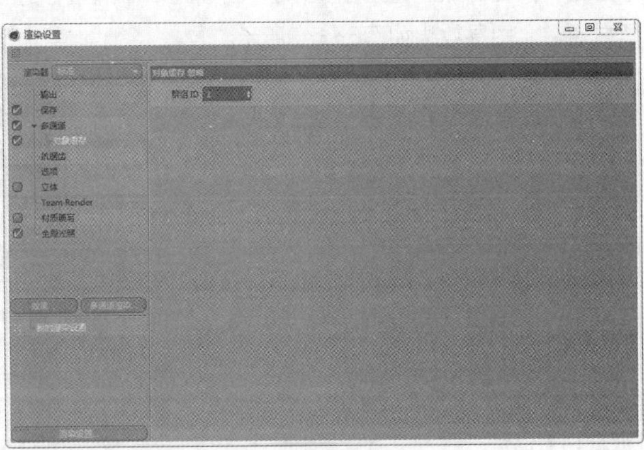

图6-133

技巧与提示

后期在 Photoshop 中调整图像时会置入一张产品图，而这张图放置在文字的后方，所以要对文字单独处理。添加“对象缓存”就像是给文字起了一个名字，名字为 1，在“渲染设置”里打开“对象缓存”就是将这个名字为 1 的图像单独处理。

步骤 05 进行输出的渲染设置。在“输出”栏中设置“宽度”和“高度”分别为1920像素和1080像素，如图6-134所示。在“保存”栏中勾选“保存”复选项，选择文件保存位置，勾选“Alpha通道”复选项。因为之前勾选了“多通道”，所以“保存”选项中增加了一栏“多通道图像”，勾选“保存”复选项，选择文件保存位置，设置“格式”为JPEG，如图6-135所示。单击“保存”按钮，渲染最终的图像如图6-136所示。

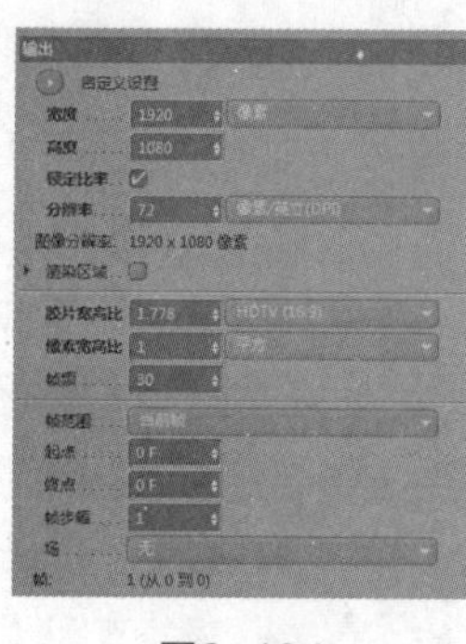

图6-134

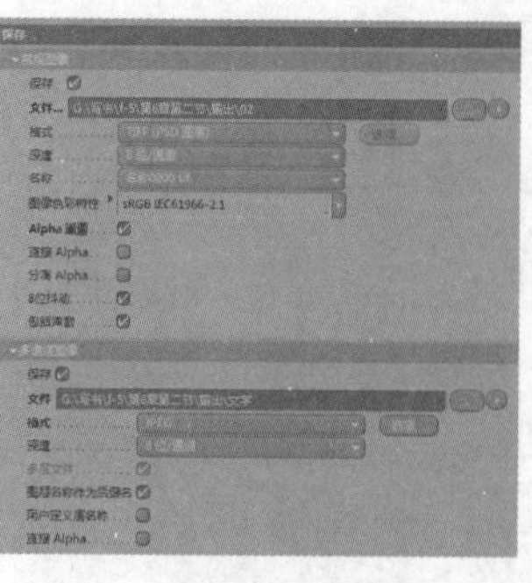

图6-135

图6-136

6.3.6 后期调整

步骤 01 在Photoshop中打开图像，在“通道”面板中有Alpha通道，如图6-137所示。按住Ctrl键，用鼠标左键单击该通道，通过黑白信息创建了选区，按快捷键Ctrl+J复制一个图层，导入学习资源“背景2.tif”素材文件，将该素材图层组置于新建图层的下方，如图6-138所示。

步骤 02 将黑白通道图放到同一个图像中，置于图层的最上方，如图6-139所示。在“通道”面板中选择一个通道，按住Ctrl键并用鼠标左键单击创建一个选区，选中图层3按快捷键Ctrl+J将文字单独提取成一层，隐藏黑白通道。图层效果如图6-140所示。

图6-137　图6-138　图6-139　图6-140

步骤 03 现在导入产品图片，选择学习资源“产品.psd”素材文件，将它放置在图层2和图层3之间，效果如图6-141所示。

步骤 04 单击“创建新的填充或者调整图层”，创建“自然饱和度”，在该面板中将“饱和度”设置为+30，如图6-142所示。添加一个“曲线”调整层，分别调整各条曲线，达到整体色调和谐的效果，如图6-143所示。将这个调整层置于所有图层最上方，得到最终的图像如图6-144所示。

图6-141

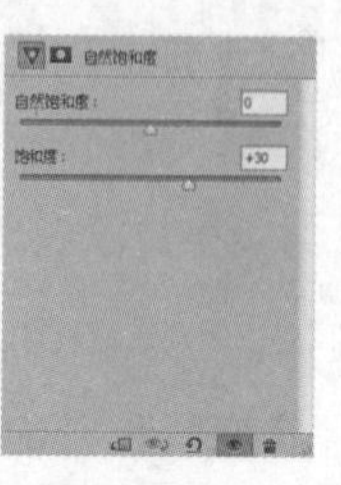

图6-142

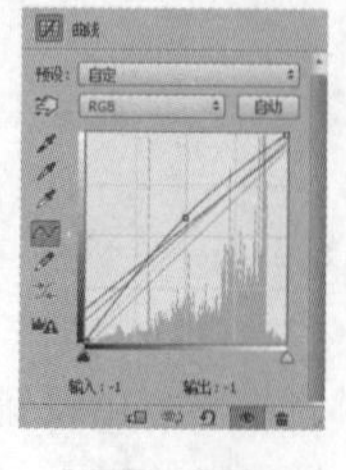

图6-143

图6-144

第7章 金属风格促销页面设计

本章学习要点

大型复杂场景的创建　　金属材质的制作与表现　　Photoshop后期调色

7.1 金属风格简介

金属是生活中常见的材料，例如厨房用的刀具、门框的把手和指甲刀等都是金属制品。金属材料的运用极为广泛，原因是金属有不同于其他材料的强烈质感。

金属的质感是由多个方面体现的，例如特殊的金属光泽、表面的划痕、周围物体的反射等共同形成了金属最后呈现出来的质感，如图7-1所示。

图7-1

虽然金属很常见，但金属是传统平面中较少涉及的风格，传统平面设计难以通过软件制作效果突出的金属质感的图片。大部分的金属质感会浮于表面，缺少凝重感，而通过三维软件Cinema 4D可以轻松完成效果明显的金属质感，真实地展现金属材质对周围环境的反射，将产品与材质融为一体，呈现出精彩的视觉效果。

由于金属本身的属性所限，往往给人坚硬、冰冷、严肃和理性的印象，因此在设计时金属一般应用于科技工业品、男性用品、奢侈品、珠宝等方面，可细分为汽车、手表、高端提包和戒指等产品。但金属质感并不局限于这些方面，例如，在本章第2节的案例中就使用金属制作了活泼多彩风格的字体场景。

电商视觉承袭传统平面设计的精髓，巧妙地运用了金属质感的优势，结合设计师们的精彩创意，在Cinema 4D这款优秀软件的帮助下涌现出许多精巧的作品，如图7-2所示。

图7-2

除了与产品结合，用Cinema 4D搭建漂亮的场景外，设计独特的金属立体字体也能更好地宣传产品，获取更多流量，提高转化率。

本章通过两个案例讲解金属材质场景在电商行业的应用。第一个是黑金风格的场景，如图7-3所示。另一个是金属和彩色搭配的促销图，如图7-4所示。

图7-3

图7-4

7.2 黑暗里的亮色——黑金风格页面设计

7.2.1 制作思路

模型部分：将设计好的主题文字从外部软件导入Cinema 4D中，通过“挤压”和“扫描”工具制作出立体文字；利用“矩形”“扫描”“挤压”工具做出主体字的底板；使用“克隆”工具和“随机效果器”制作背景流苏贴合“流”的主题；用“管道”“圆柱”“宝石”“齿轮”建立地面；增加图形和小元素丰富画面细节。

材质部分：设置黄金材质和多种反射的黑色体现不同质感。

灯光部分：通过几盏灯光照亮不同的物体以体现各自不同的层次关系；利用HDR贴图表现金属质感；使用反光板控制文字表面的细节变化。

后期部分：渲染输出后，在Photoshop中添加光效，调节色彩，最终的效果如图7-5所示。

图7-5

7.2.2 建立场景

1. 制作主体文字样条

步骤 01 在Illustrator软件中设计主题文字“流金岁月”，如图7-6所示。

步骤 02 选中设计的字体，执行“对象>路径>偏移路径”命令，在弹出的“偏移路径”面板上，设置“位移”为1mm、“连接”为“圆角”、“斜切限制”为4，如图7-7所示。单击“确定”按钮创建出新的路径，并将新的路径用鼠标左键拖曳至原始文字的下方以示区分，如图7-8所示。

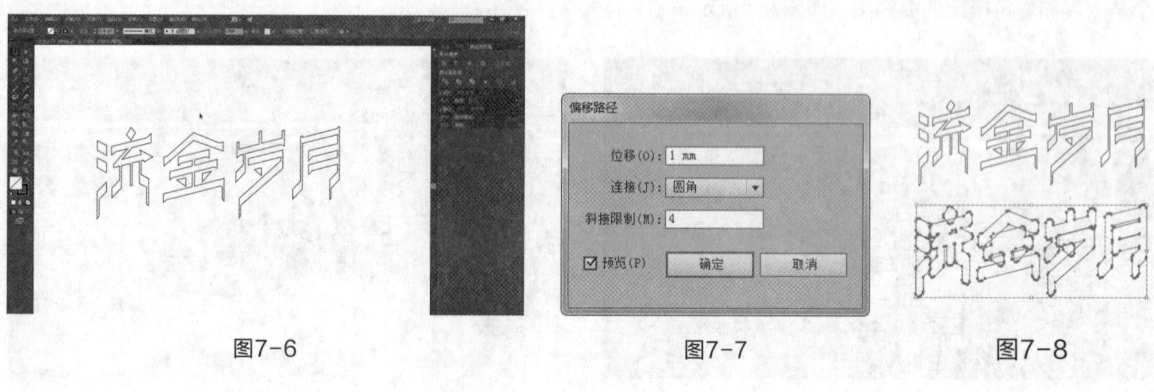

图7-6　图7-7　图7-8

步骤 03 选中偏移出的路径，执行“窗口>路径查找器”命令，弹出“路径查找器”面板，单击“联集”即可合并路径，如图7-9所示。重复以上“偏移路径”的命令，再创建两条路径，如图7-10所示。

步骤 04 单击“文件>储存为”菜单命令，弹出保存对话框，保存到合适的位置，弹出Illustrator选项面板，单击版本下拉列表，选择Illustrator 8格式，单击“确定”按钮，如图7-11所示，命名为line，保存为ai格式。

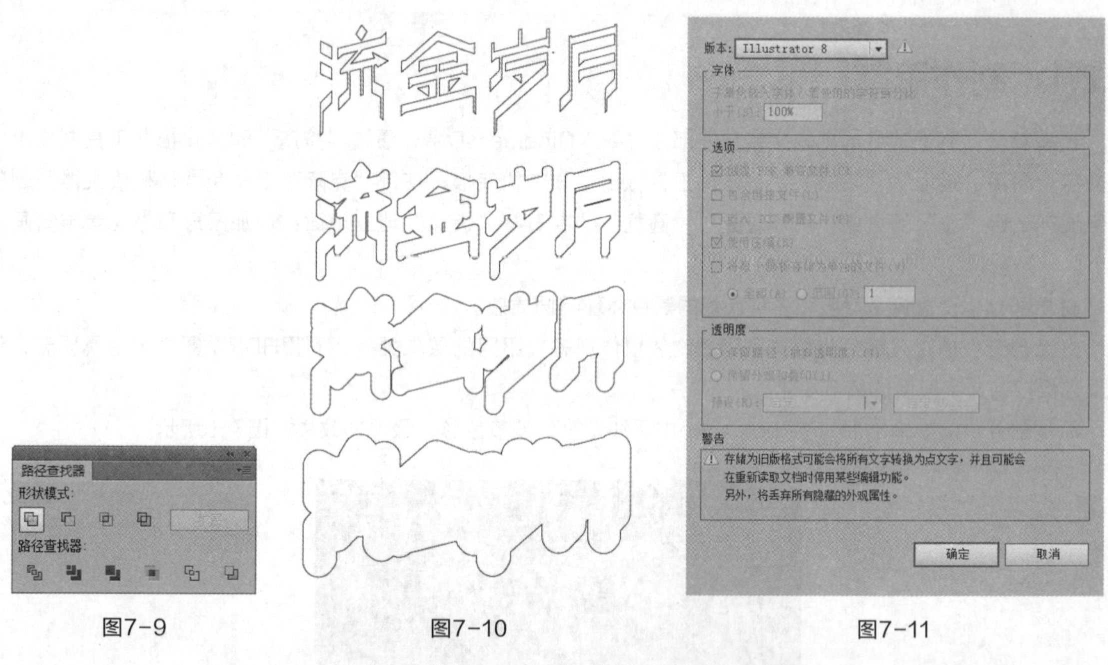

图7-9　图7-10　图7-11

技巧与提示

Cinema 4D 目前只支持 Illustrator 8 及以下版本的文件，如果 Illustrator 文件的格式高于 8 版本 Cinema 4D 会因无法识别而报错。

步骤 05 打开Cinema 4D软件，将上一步保存的文件导入Cinema 4D界面中，“缩放”设置为1，勾选“连接样条”复选项，单击“确定”按钮，如图7-12所示。导入样条后的步骤都在Cinema 4D中进行，如图7-13所示。

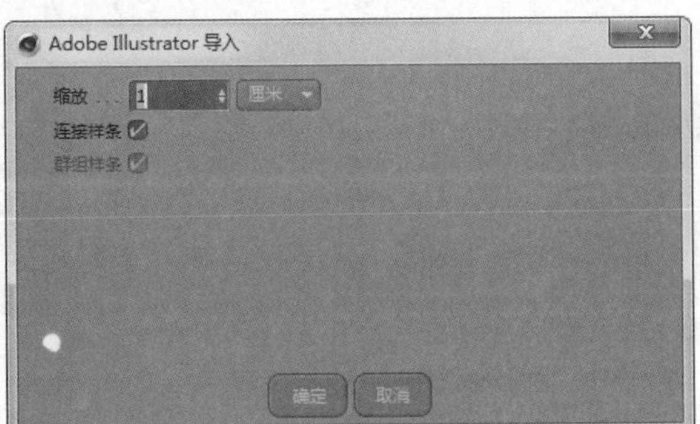

图7-12

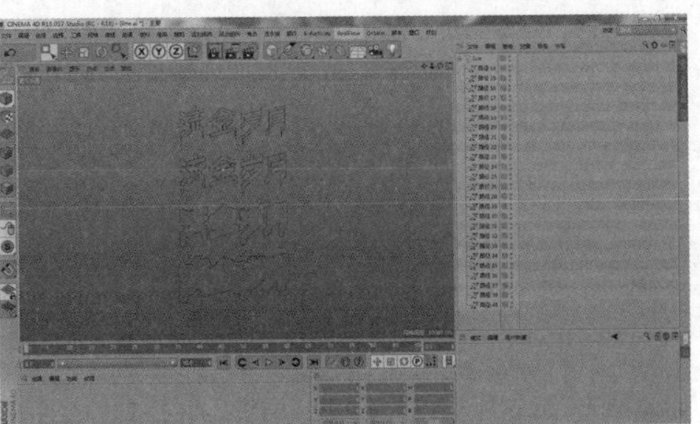

图7-13

步骤 06 在“对象”面板中选中物体line，单击鼠标右键弹出菜单，选择“删除（不包含子级）”命令，删除空白对象line，只删除了空白对象line而不影响其他物体，如图7-14所示。按快捷键O切换到“框选”工具，选择第1排的“流金岁月”样条，如图7-15所示。按快捷键Alt+G将选中的样条群组，再依次将第2排样条和第3排样条分别群组，如图7-16所示。双击“空白”将其重命名为1，再依次双击“空白.1”“空白.2”“路径.30”，分别命名为2、3、4，如图7-17所示。

图7-14

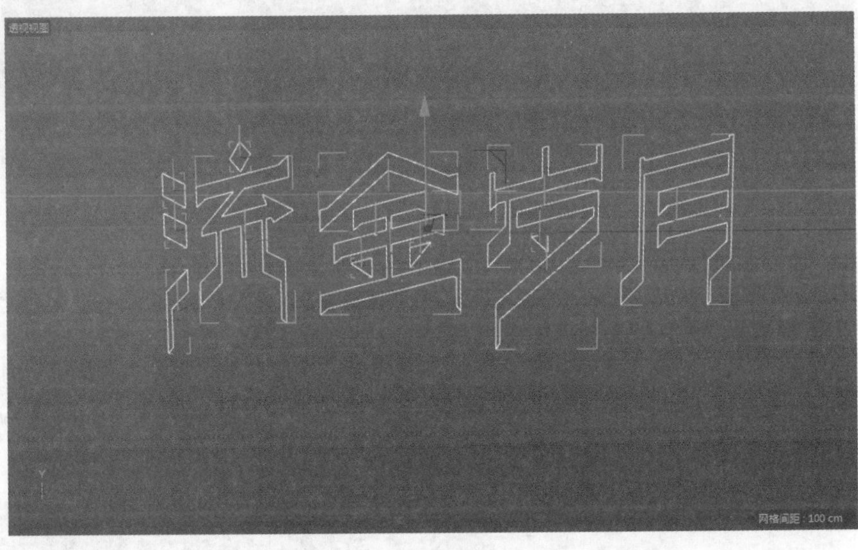

图7-15

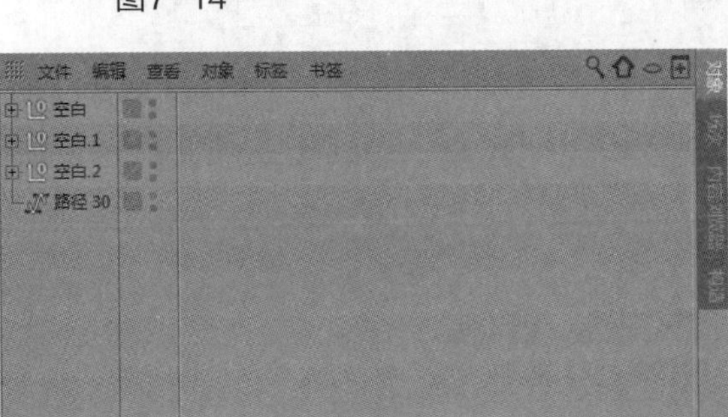
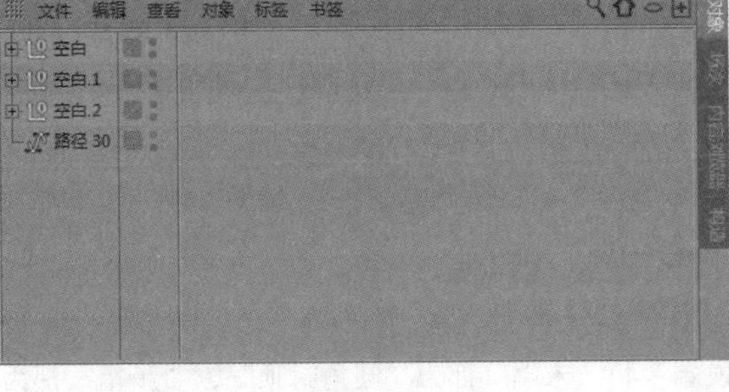

图7-16

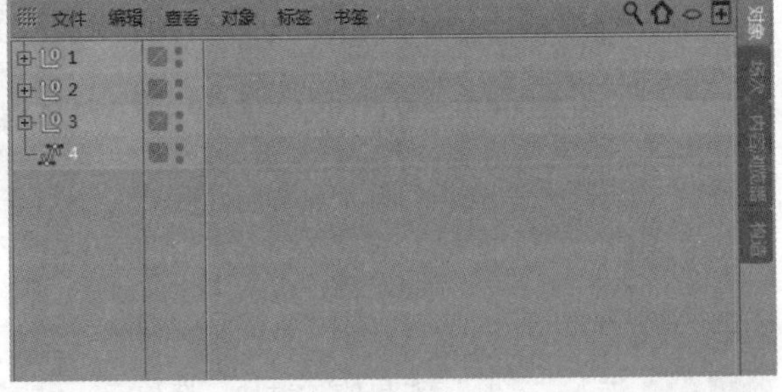

图7-17

技巧与提示

在实际工作中，常常将物体群组并重命名，虽然麻烦，但是能让后续的工作更加顺畅，减少因为命名不准确而出现的误操作。

一个工程往往包含上百个模型，3盏以上的灯光，超过10种材质，如果最终对象面板充斥着大量的“灯光．1”“灯光．2” “灯光．3”等，调整难度可想而知，所以需要每一步都给对象重命名。

例如，本案例中将场景中的物体命名为几个大类“文字”“文字背板”“灯光(light)”“背景(BG)”“托盘”“小元素”，清晰明了，为后期的修改提供了便利。

步骤 07 选中所有物体，在“属性”面板的“坐标”选项卡中设置4个群组的“P.X” “P.Y” “P.Z”的数值都为0，此时4个物体的位置在视图的中心，如图7-18所示。因为每个物体的中心轴不同，所以4组样条并没有完全对齐，按快捷键F4切换到正视图，选择“移动”工具，分别选中4组样条并拖曳到合适的位置对齐，如图7-19所示。

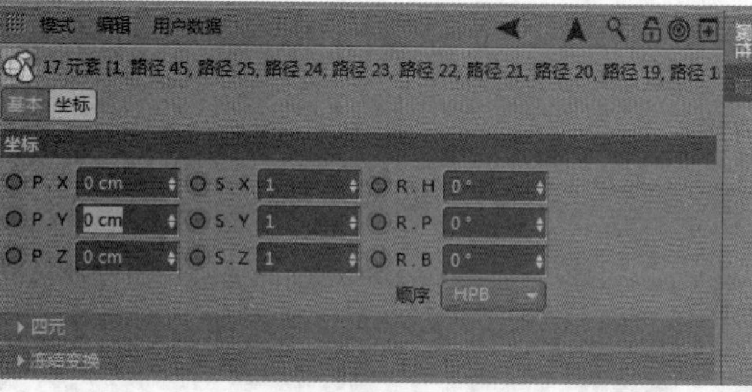

图7-18

图7-19

2. 建立模型

步骤 01 按快捷键F1回到透视视图，创建“挤压”生成器，如图7-20所示。

步骤 02 在“对象”面板中将“群组1”拖曳至“挤压”下方，作为“挤压”的子级，单击选中“挤压”，执行“属性面板>拉伸对象>对象”命令，设置“移动”的第3个数值为40cm，勾选“层级”复选项，其他保持默认，如图7-21所示。

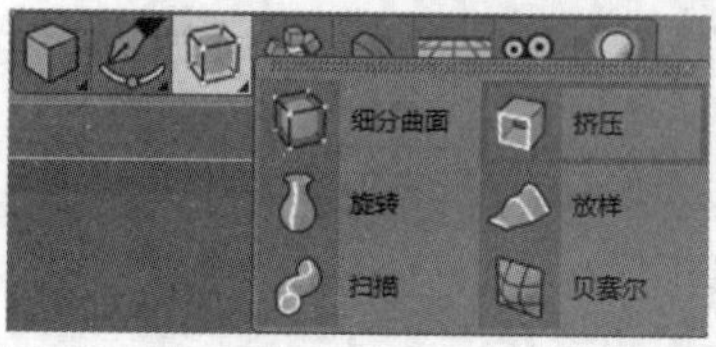

图7-20

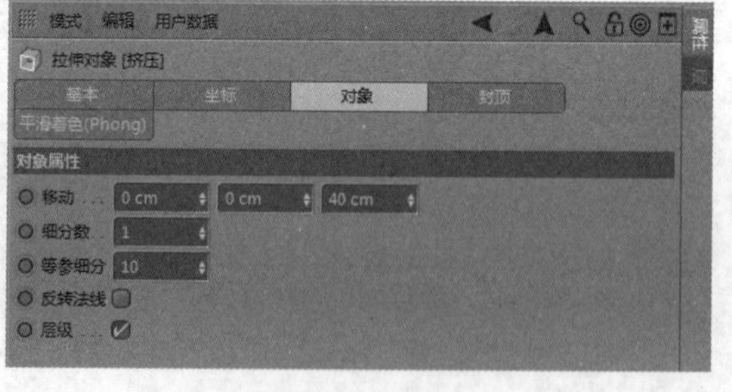

图7-21

步骤 03 进入“挤压”对象的“封顶”选项卡，设置“顶端”和“末端”都为“圆角封顶”、“步幅”都为3、“半径”都为1cm，如图7-22所示。得到了立体字的第一个部分，如图7-23所示。

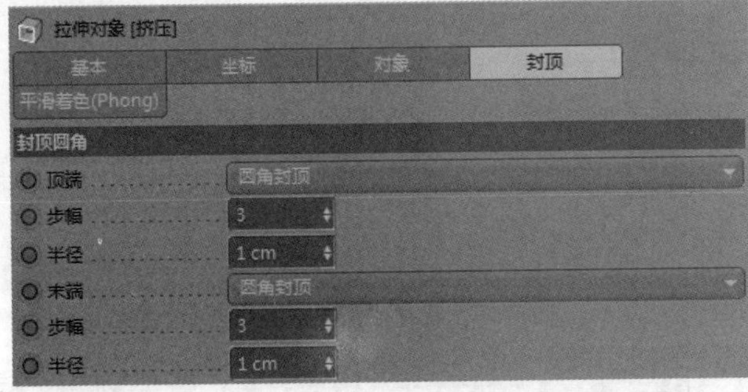

图7-22

图7-23

技巧与提示

将“挤压”的物体设置圆角是为了让物体的边缘变得比较柔和，并形成好看的光带。如果没有设置圆角，硬朗的边缘会给人尖锐、锋利的感觉，转折也显得比较单调。

步骤 04 在对象面板选择群组“2”，单击鼠标中键即全选“群组2”的所有子对象，单击鼠标右键弹出菜单，选择“连接对象+删除”命令，即可将“群组2”合并为一个样条，如图7-24所示。

步骤 05 创建“扫描”对象，将“样条2”拖曳至“扫描”下方作为它的子物体；创建一个半径为1.5cm的“圆环”。将“圆环”拖曳至“扫描”下方作为它的子物体，并将其置于“样条2”的上方，如图7-25所示。

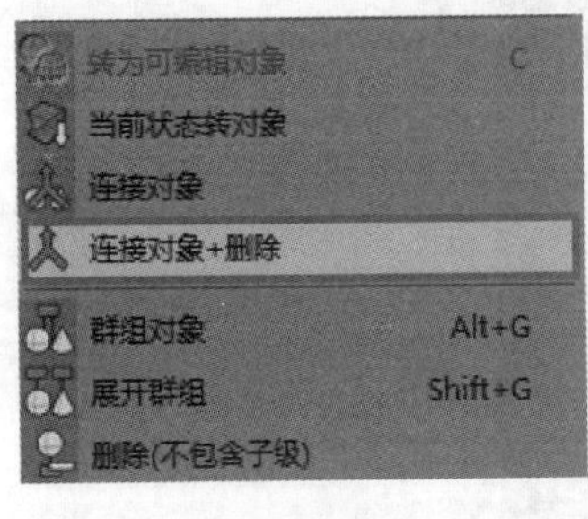

图7-24

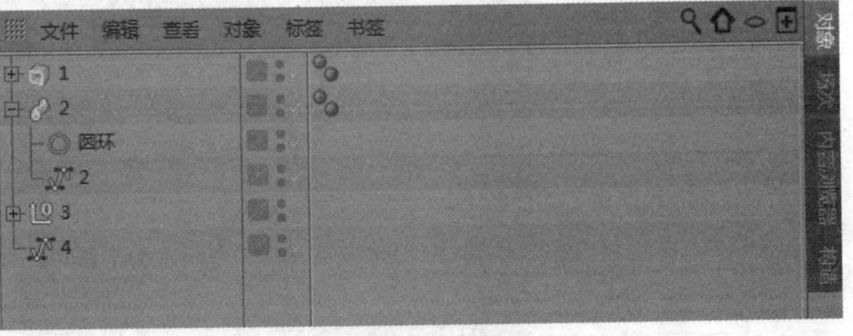

图7-25

技巧与提示

“扫描”是将第一个子物体作为“扫描”的形状，第 2 个子物体作为“扫描”的路径，二者有严格的逻辑顺序，上下颠倒就会造成错误。

步骤 06 单击按钮创建“挤压”生成器，在“对象”面板将“群组3”放到“挤压”的下方，作为“挤压.1”子级，单击选中“挤压.1”，在“属性”面板的“对象”选项卡中设置“移动”的第3个数值为50cm，勾选“层级”复选项，如图7-26所示。

步骤 07 选中“挤压.1”，在“属性”面板的“封顶”选项卡中设置“顶端”和“末端”都为“圆角封顶”、“步幅”都为3、“半径”都为2cm，其他保持默认，如图7-27所示。

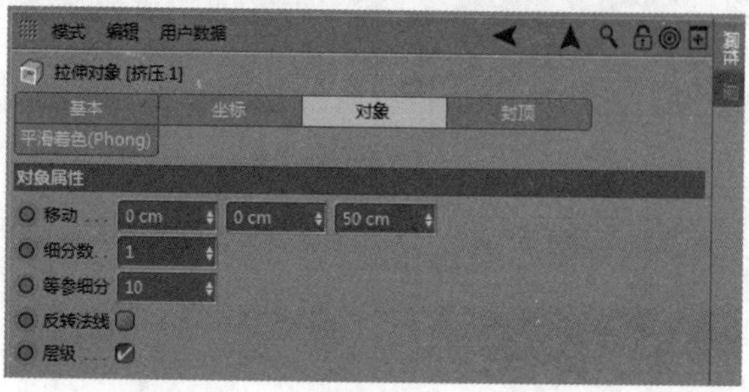

图7-26

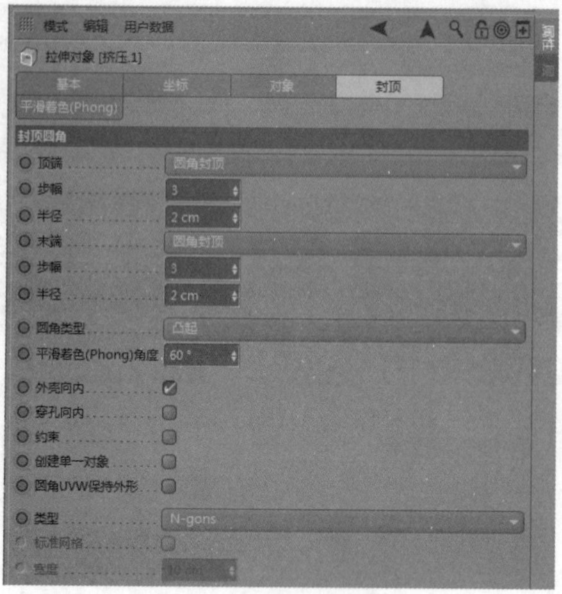

图7-27

步骤 08 在“对象”面板选中“样条4”，切换为“点”模式，按快捷键Ctrl+A全选所有点，在空白处单击鼠标右键弹出菜单并选择“创建轮廓”命令，如图7-28所示。

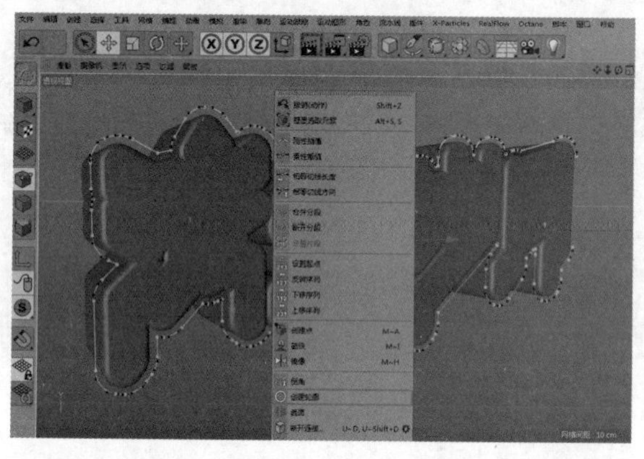

图7-28

步骤 09 在“属性”面板中取消勾选“创建新的对象”，设置“距离”为-1.5cm，单击“应用”，如图7-29所示。创建出轮廓线，如图7-30所示。

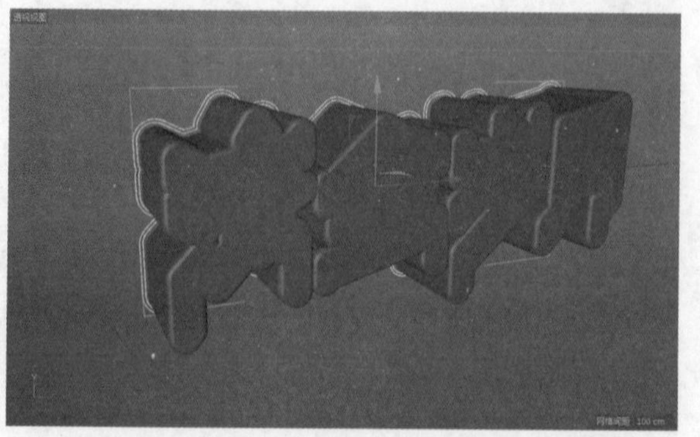

图7-29

图7-30

步骤 10 单击 按钮创建“挤压”对象，将“样条4”作为“挤压.2”子级。单击选中“挤压.2”，在“属性”面板的“对象”选项卡中设置“移动”的第3个数值为50cm，勾选“层级”复选项，其他保持默认，如图7-31所示。

步骤 11 选中“挤压.2”，在“属性”的“封顶”选项卡中设置“顶端”和“末端”都为“圆角封顶”、“步幅”都为3、“半径”都为0.6cm，勾选“约束”复选项，其他保持默认，如图7-32所示。

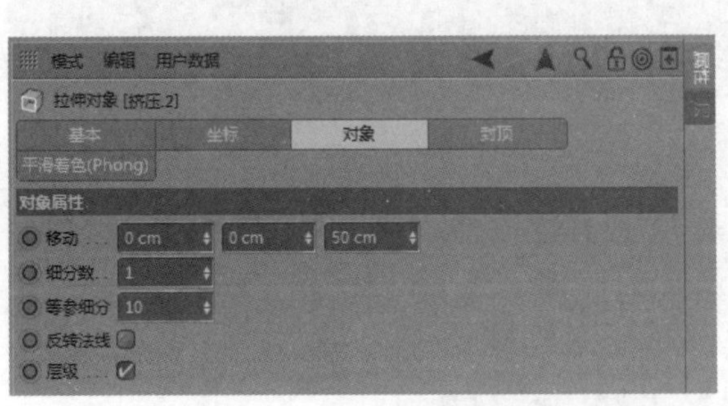

图7-31

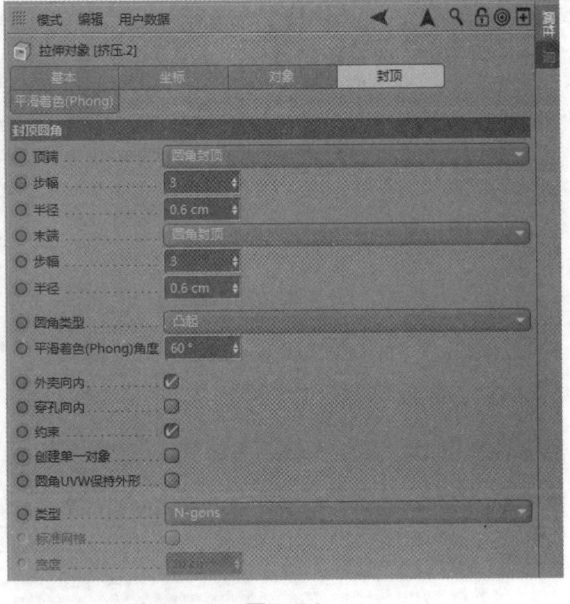

图7-32

步骤 12 在“对象”面板分别双击“挤压”“扫描”“挤压.1”“挤压.2”，分别命名为1、2、3、4。在“视图”窗口移动1、2、3、4在z轴上的位置，突显出层次和前后关系，如图7-33所示。

步骤 13 建立挂绳，在“挤压4”的上方建立“圆柱”，设置“半径”为5cm、“高度”为300cm。复制两个并设置“半径”为7cm、“高度”为60cm，放置在不同的位置。选中3个“圆柱”，按快捷键Alt+G群组并复制一个拖曳至合适的位置，得到了文字的挂绳，如图7-34所示。

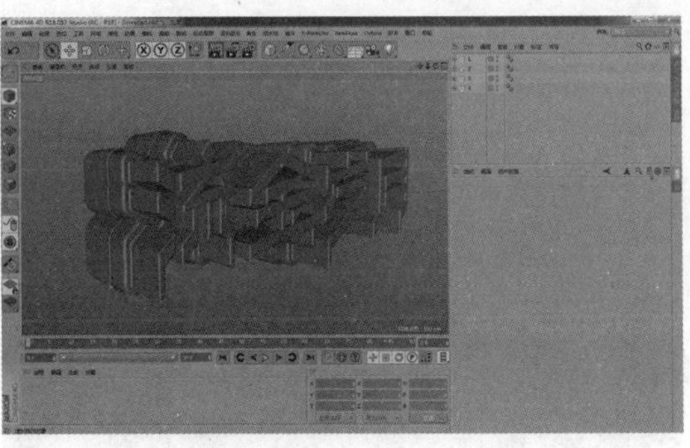

图7-33

图7-34

技巧与提示

放置字体时，应预想放置产品的位置，尽量在设计前勾勒草图，避免由于产品位置不理想而在 Cinema 4D 中重复渲染。

3. 添加文字背板

步骤 01 好看的文字效果需要合适的背板来衬托。单击“矩形”按钮，在“对象”选项卡中设置“宽度”为250cm、“高度”为250cm，勾选“圆角”复选项，设置“半径”为40cm、“平面”为XY，完成后沿z轴旋转45°，如图7-35所示。复制3个矩形，单击“缩放”按钮并分别调整至合适的大小，由内到外分别命名为“矩形1”“矩形2”“矩形3”“矩形4”“矩形5”“矩形6”，如图7-36所示。

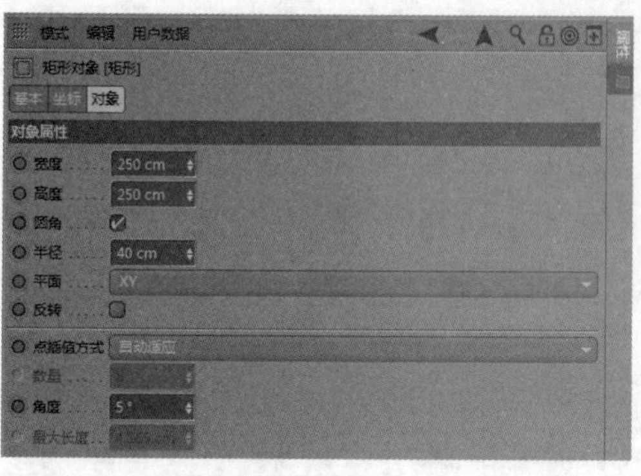

图7-35

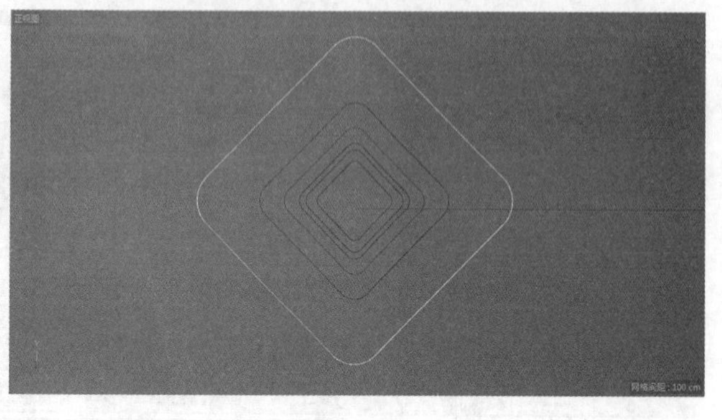

图7-36

步骤 02 创建“扫描”和“圆环”，将“圆环”的“半径”改为4cm，将“矩形1”和“圆环”作为“扫描”的子物体，得到圆管矩形。重复上述步骤，创建“扫描”和“圆环”，并调整“圆环”的大小，将“矩形2”“矩形3”“矩形4”“矩形5”“矩形6”都设置为圆管矩形，如图7-37所示。

图7-37

技巧与提示

将“圆环”设置为不同的大小是为了让圆管的大小不同，呈现出错落有致的层次感，从而增强画面的形式感，避免呆板。

步骤 03 将样条“矩形4”复制1份，新建“挤压”，将样条“矩形4”作为“挤压”的子对象，设置z轴“挤压”为0，得到了一个面片，如图7-38所示。

图7-38

步骤 04 将“矩形5”复制1份，命名为“矩形7”。创建“圆柱”，设置“半径”为9cm、“高度”为40cm、“方向”为+Z，如图7-39所示。单击“克隆”按钮，将“圆柱”作为“克隆”的子物体，在“属性”面板中设置“模式”为“对象”，将“矩形7”放入“对象”框内，设置“分布”为“平均”、“数量”为10、“偏移”为8%，其他保持默认，如图7-40所示。得到了成串的“圆柱”，如图7-41所示。

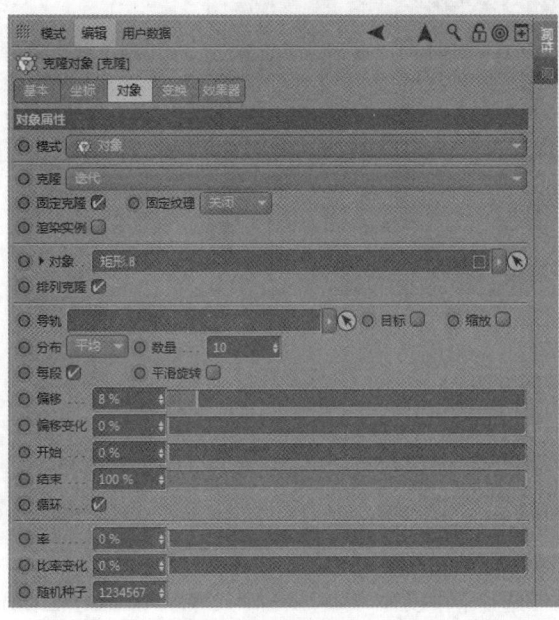

图7-40

图7-39

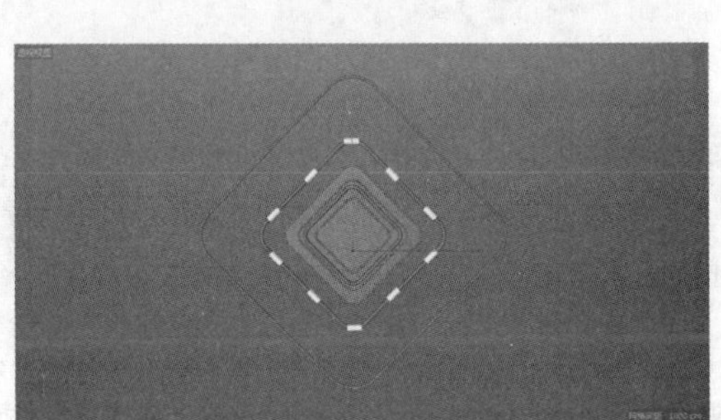

图7-41

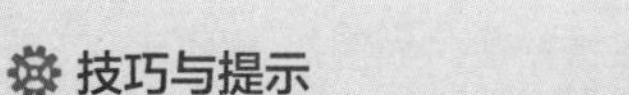

技巧与提示

添加“圆柱”是为了丰富画面。多个圆框组成的阵列虽然有较强的形式感，但是数量过多会变得呆板，因此要增加一些元素使画面更加活泼。“圆柱”的数量和大小可按需设置，形态不同即可。

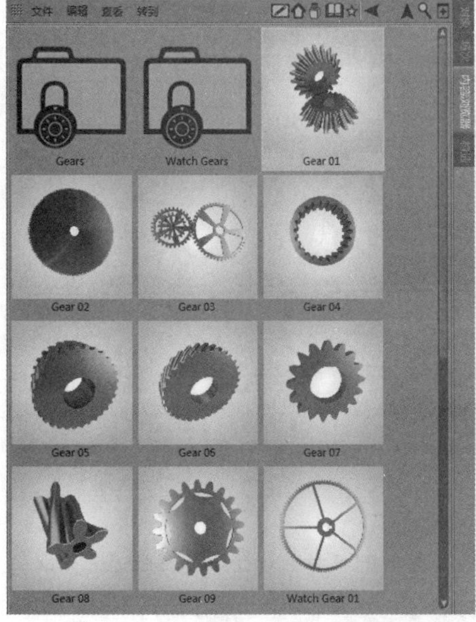

图7-42

步骤 05 在“内容浏览器”面板中单击“查找”按钮，在搜索框内输入“gear（齿轮）”进行查找，“内容浏览器”面板中出现了大量的齿轮模型，如图7-42所示。选择合适的齿轮放置在文字和背板之间，并增加齿轮的厚度值，如图7-43所示。

图7-43

步骤 06 导入学习资源中的素材文件Studio L，放置到合适的位置作为背景环境，为了方便观察，隐藏制作完成的文字，如图7-44所示。

图7-44

技巧与提示

“内容浏览器”中有很多软件预制的内容可供使用，其中包括模型、材质和灯光等，工作中可使用预制内容来提高工作的效率，也可以在互联网上下载外置的预制内容放到 Cinema 4D 软件中。

步骤 07 创建“立方体”，在“属性”面板的“对象”选项卡中设置“尺寸.X”“尺寸.Y”“尺寸.Z”分别为60cm、450cm、60cm，如图7-45所示。单击“克隆”按钮，将“克隆”命名为“立方体背景”，将“立方体”作为“立方体背景”的子物体。在“克隆”面板的“对象”选项卡中设置“模式”为“线性”、“数量”为28，设置“位置.X”为70cm、“位置.Y”和“位置.Z”都为0cm，其他保持默认，如图7-46所示。

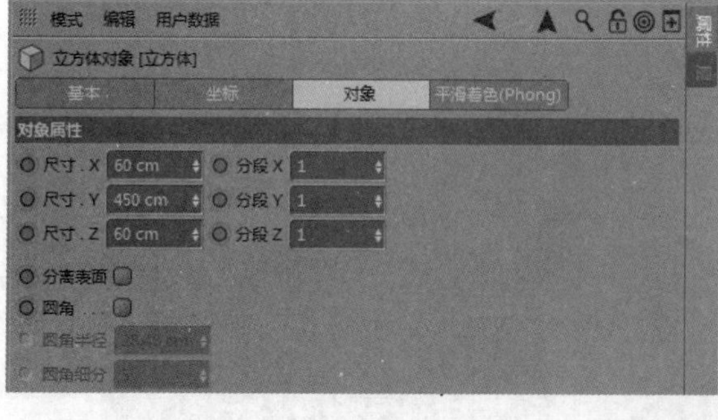

图7-45

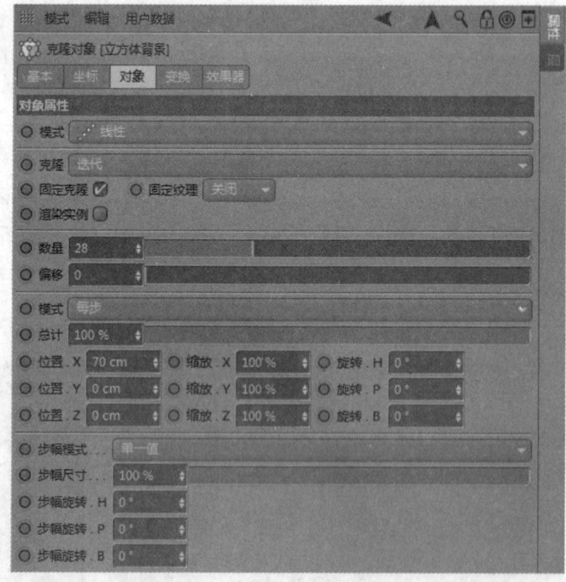

图7-46

步骤 08 选中“克隆”并单击“随机”效果器按钮，在“属性”面板的“参数”选项卡中设置“P.X”为0cm、“P.Y”为200cm、“P.Z”为100cm，取消勾选“缩放”和“旋转”复选项，其他保持默认，如图7-47所示。得到了立方体背景，如图7-48所示。

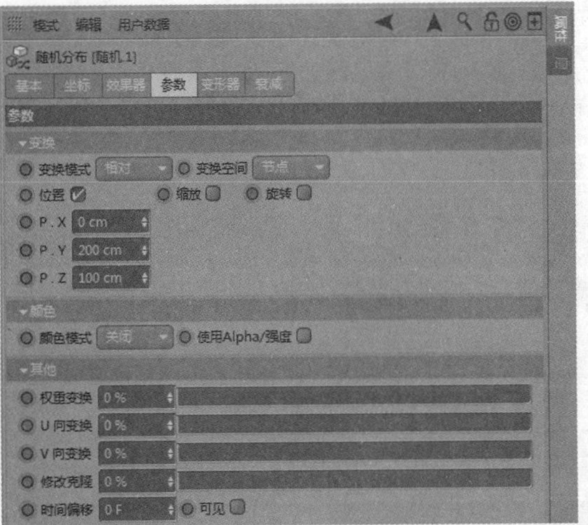

图7-47

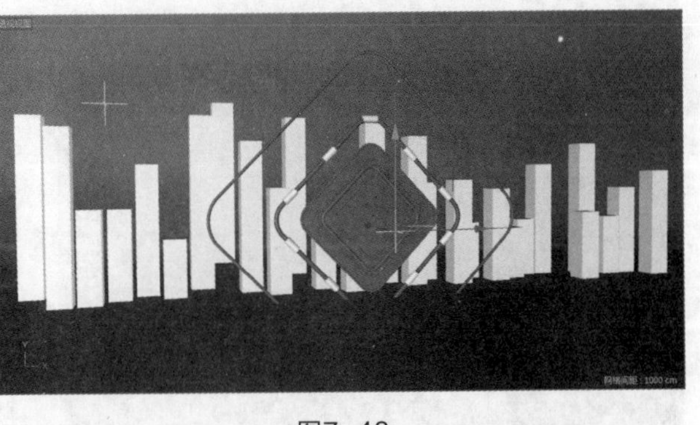

图7-48

步骤 09 将“立方体背景”复制1份，重命名为“流苏”，将“流苏”向上拖曳500cm。选中“流苏”的子物体“立方体”，在“属性”面板的“对象”选项卡中设置“尺寸.X”为4cm、“尺寸.Y”为350cm、“尺寸.Z”为4cm，如图7-49所示。

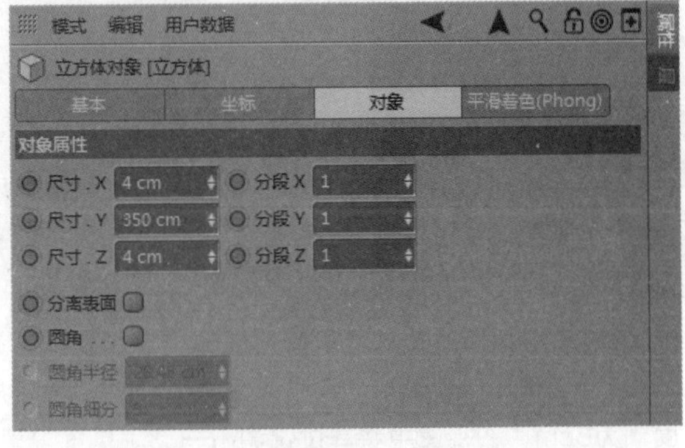

图7-49

步骤 10 选中“流苏”，在“属性”面板的“效果器”选项卡中删除“随机效果器”，新建一个“随机”效果器，并将新建的效果器放入“效果器”栏中，在“参数”选项卡中设置“P.X”为90cm、“P.Y”为120cm、“P.Z”为50cm，取消勾选“缩放”和“旋转”复选项，如图7-50所示。背景就创建完成了，如图7-51所示。

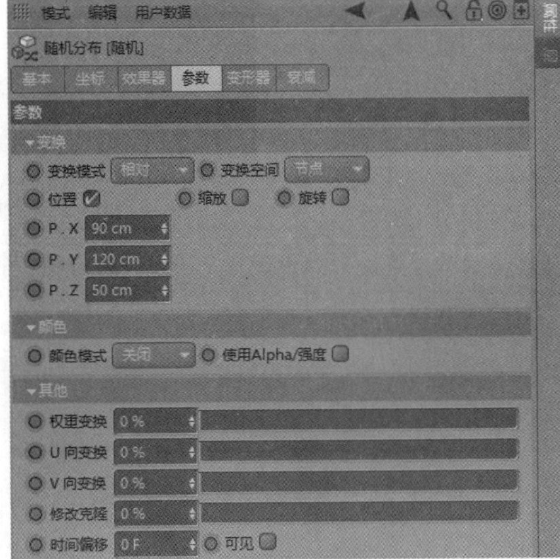

图7-50

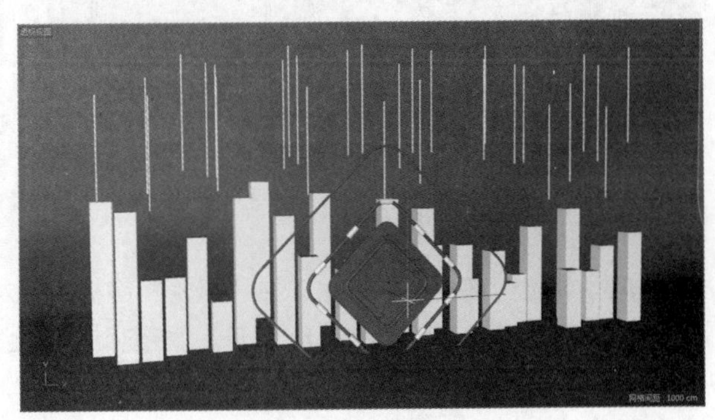

图7-51

步骤 11 创建“管道”对象，在“属性”面板的“对象”选项卡中设置“内部半径”为600cm、“外部半径”为700cm、“旋转分段”为90、“高度”为5cm、“方向”为+Y，勾选“圆角”复选项、设置“分段”为3、“半径”为0.8cm。如图7-52所示。按住Ctrl键单击“缩放”工具创建新的管道，再重复1次，一共得到3个管道。如图7-53所示。

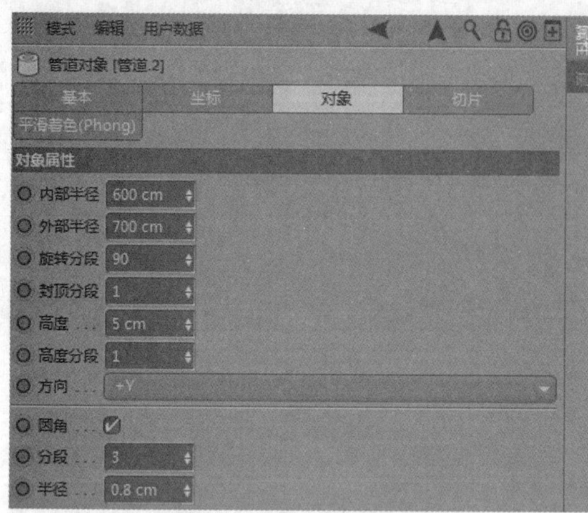

图7-52

图7-53

7.2.3 添加细节和装饰

步骤 01 添加商品托盘，单击“圆柱”按钮，在“属性”面板的“对象”选项卡中，设置“半径”为55cm、“高度”为8cm，其他保持默认，如图7-54所示。复制一个“圆柱”，设置“半径”为45cm、“高度”为5cm，在视图中将其位置调高一点。单击“管道”按钮，在“属性”面板的“对象”选项卡中设置“内部半径”为55cm、“外部半径”为58cm、“旋转分段”为36、“高度”为3cm，勾选“圆角”复选项，设置“分段”为3、“半径”为0.3cm，其他保持默认，如图7-55所示。

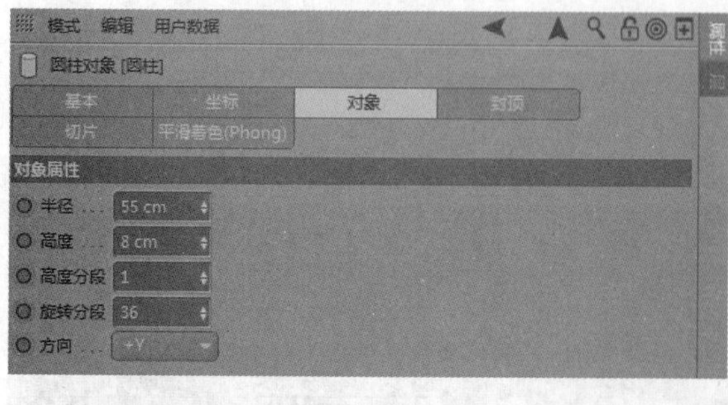

图7-54

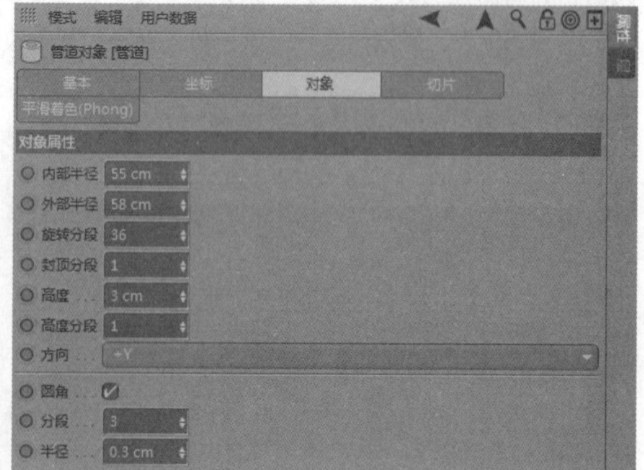

图7-55

步骤 02 新建“圆柱”并选中，在“属性”面板的“对象”选项卡中设置“半径”为15cm、“高度”为25cm，其他保持默认，如图7-56所示。调整3个“圆柱”和一个“管道”在视图中的位置，使其呈现出托盘的形态，如图7-57所示。

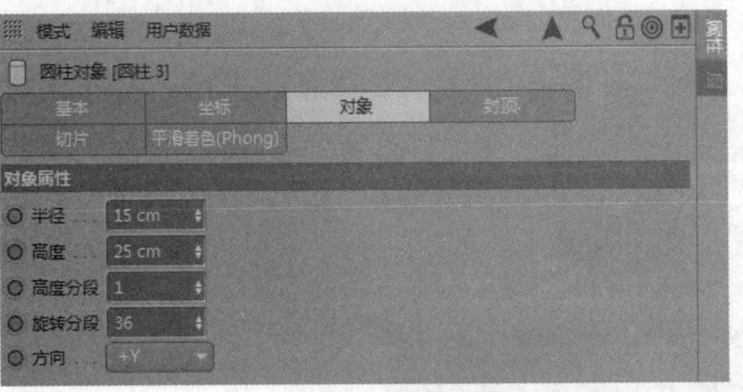

图7-56

图7-57

步骤 03 根据需要，放置在视图中合适的位置。此处根据运营的促销要求，放置了3个，如图7-58所示。

图7-58

技巧与提示

产品托盘的大小与数量应该根据产品的大小和店铺活动灵活放置，例如，案例中的产品是手表，托盘就偏小；根据运营的要求，需要一个主打产品和两个附带的促销品，因此制作了 3 个托盘，并且根据前后关系分出了主次。

设计师在制作中应该与运营团队灵活沟通，避免缺乏沟通导致出错。

步骤 04 单击 宝石 按钮创建5个“宝石”，放置在场景的空白处，填充场景两边的空缺，如图7-59所示。

图7-59

7.2.4 场景的质感与表现

1. 创建金属材质

步骤 01 场景主要由黑色环境和金色字体组成。先创建黄金材质，创建一个材质，命名为“黄金”。打开“材质编辑器”，设置“颜色”的“H”“S”“V”分别为35°、45%、100%，设置亮度为50%，其他保持默认，如图7-60所示。

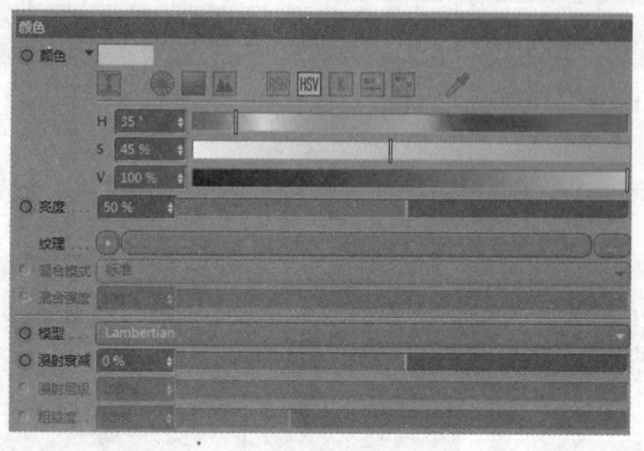

图7-60

步骤 02 切换到“反射”栏，在“层”选项卡中单击“添加”，选择“反射（传统）”创建一个新的反射层，如图7-61所示。在“层1”选项卡中设置“粗糙度”为10%、“反射强度”为100%、“高光强度”为0%；在“层颜色”中设置“颜色”的“H”“S”“V”分别为35°、45%、100%，设置“亮度”为50%，其他保持默认，如图7-62所示。得到1个黄金金属材质，如图7-63所示。

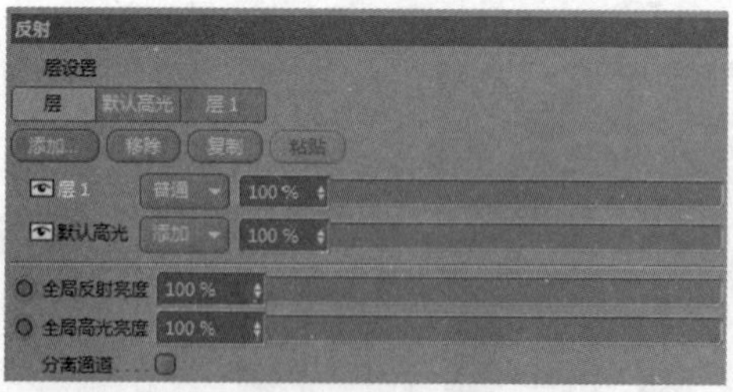

图7-61

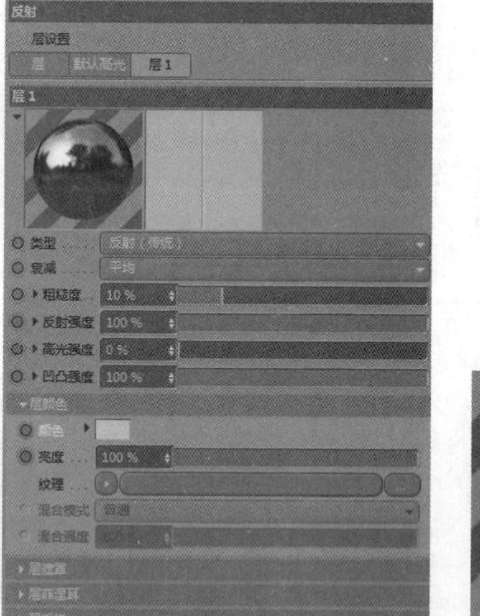

图7-62

图7-63

> **技巧与提示**
>
> 金属的特点是高反射，所以将反射的强度设置为100%。因为黄金属于有色金属，所以将“层颜色”设置为黄色，然后将固有色强度降低到50%，减少固有色对反射的影响。

步骤 03 将创建好的黄金材质设置复制一个，命名为“黄金（低反射）”。在“反射”栏的“层1”选项卡中设置“反射强度”为30%，如图7-64所示。在“默认高光”选项卡中设置“高光强度”为100%，在“层颜色”中设置“颜色”的“H”“S”“V”分别为35°、45%、100%，其余保持默认，如图7-65所示。得到一个新材质，如图7-66所示。

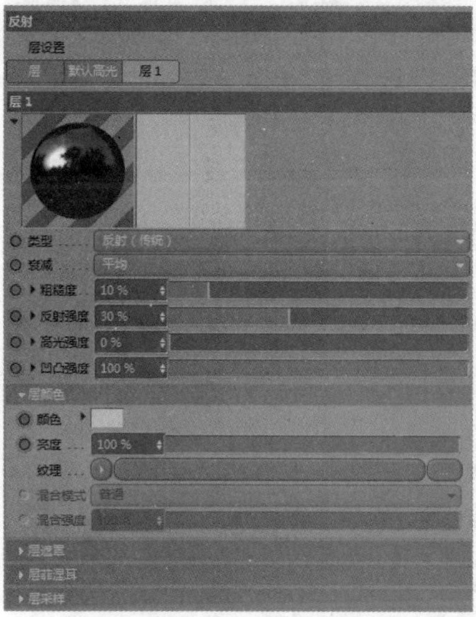

图7-64

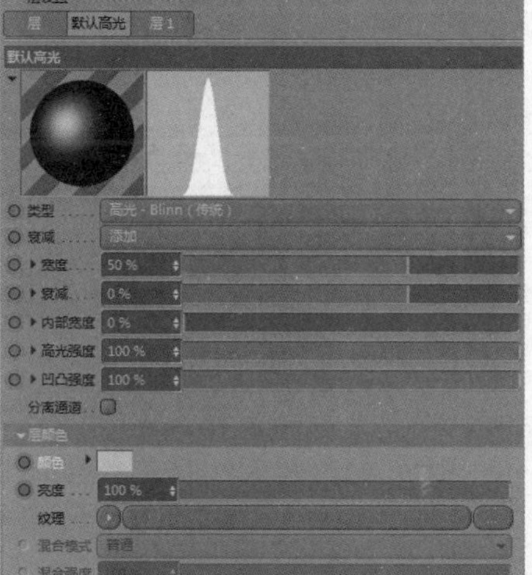
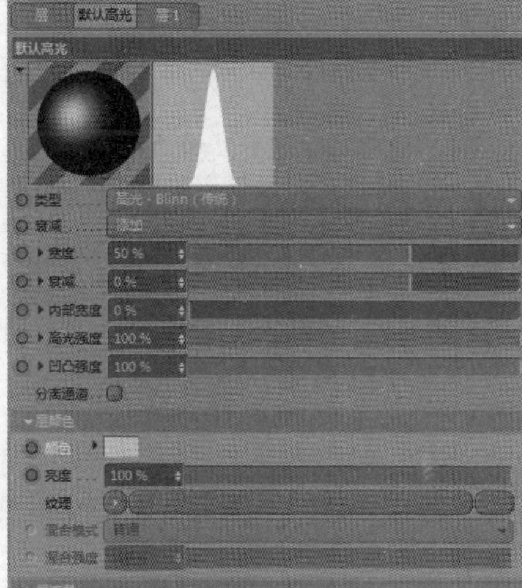

图7-65

图7-66

技巧与提示

这里创建了两个相似的材质，一个高反射、低高光，另一个低反射、高高光。如果整个场景都是高反射的材质，那么画面就会变得很混乱，因此一些不重要的装饰元素，例如背景和小元素等，可以替换成低反射、高高光的材质，既能体现出金属的质感，又不会因高反射而扰乱画面的整体效果。

反射是金属材质的重要特征，下面对“材质编辑器”中的“反射”参数进行介绍，如图 7-67 所示。

单击“添加”按钮可以添加新的反射、高光、各向异性或织物材质，常用的是“反射（传统）”和“高光 -Phong（传统）”，如图 7-68 所示。

单击默认高光进入高光设置面板，如图 7-69 所示，其参数介绍如下。

图7-67

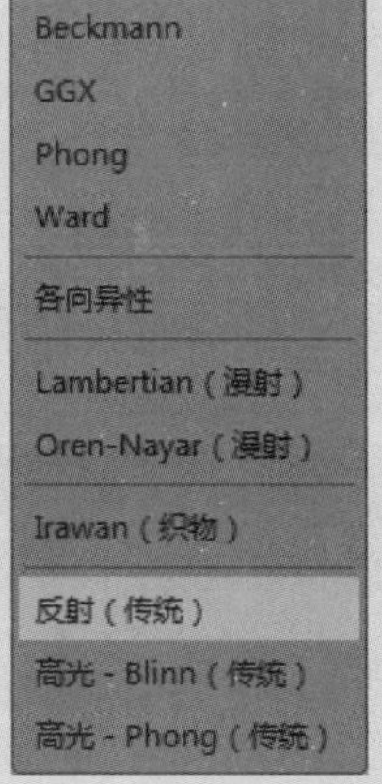

图7-68

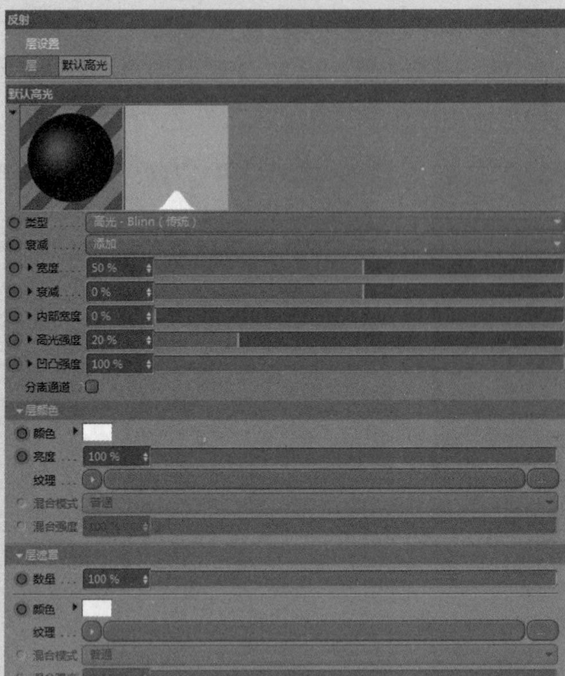

图7-69

1.默认高光

类型：设置高光的类型，也可以调整面板为“反射”或“织物”类型。

衰减：设置衰减模式，有“平均”“最大”“添加”“金属”4种模式。

宽度：高光的宽度。

衰减：高光的衰减强弱。

内部宽度：高光不衰减部分的宽度。

高光强度：高光的强弱控制。

凹凸强度：凹凸的强度控制。

2.层颜色

颜色：设置该高光层的颜色。

亮度：层颜色的强度。

纹理：添加贴图或着色器。

混合模式：添加的纹理和层颜色的混合模式。

混合强度：添加的纹理和颜色混合的强度。

3.层遮罩

数量：层颜色的强度。

颜色：设置该高光层的颜色。

纹理：添加贴图或着色器。

混合模式：添加的纹理和层颜色的混合模式。

混合强度：添加的纹理和颜色混合的强度。

单击默认反射按钮进入反射面板，如图 7-70 所示，其参数介绍如下。

1.默认反射

类型：设置反射的类型，也可以调整面板为“反射”或“织物”类型。

衰减：设置衰减模式，有“平均”“最大”“添加”“金属”4 种模式。

粗糙度：反射粗糙程度。

反射强度：设置反射的强度值。

高光强度：设置高光的强度值。

凹凸强度：设置凹凸的强度值。

2.层颜色

层颜色：设置反射的颜色。

亮度：层颜色的强度。

纹理：添加反射纹理。

混合模式：添加的纹理和层颜色的混合模式。

混合强度：添加的纹理和颜色混合的强度。

3.层遮罩

层遮罩：更改反射层的遮罩设置。

颜色：设置遮罩层的颜色。

4.层菲涅耳

菲涅耳：添加菲涅耳类型。

预制：添加菲涅耳的预制。

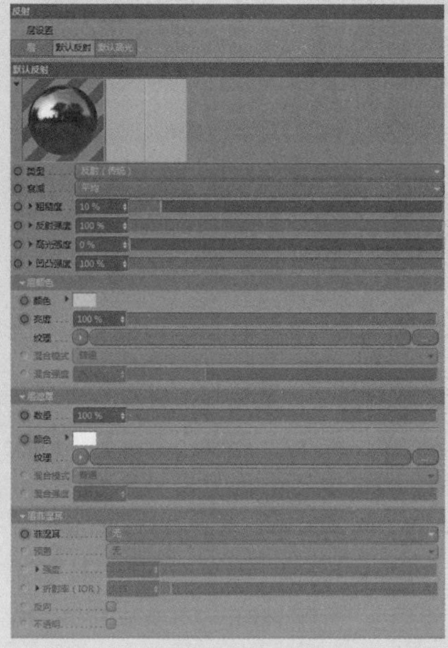

图7-70

步骤 04 创建一个材质，命名为“黑色”，打开“材质编辑器”，设置“颜色”的“H”“S”“V”分别为0°、0%、0%，设置“亮度”为100%，其他保持默认，得到一个纯黑色材质，如图7-71所示。

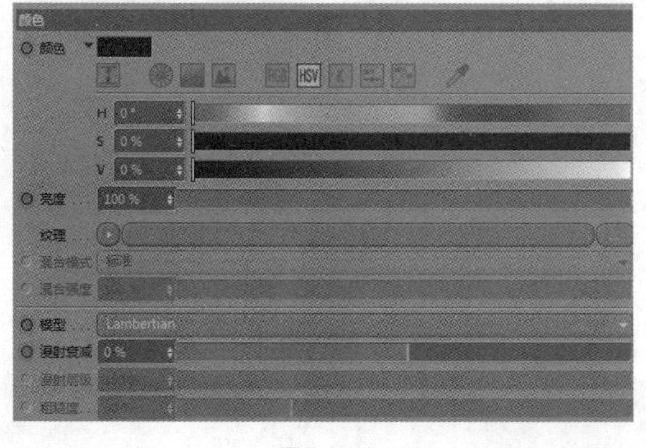

图7-71

步骤 05 切换到“反射”栏，单击“添加”，选择“反射（传统）”创建一个新的反射层，如图7-72所示。在“层1”选项卡中设置“粗糙度”为0%、“反射强度”为5%、“高光强度”为20%，其他保持默认，创建了一个黑色材质，如图7-73所示。

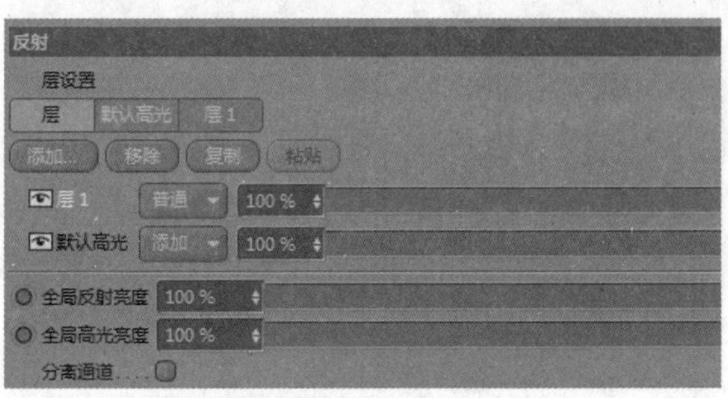

图7-72

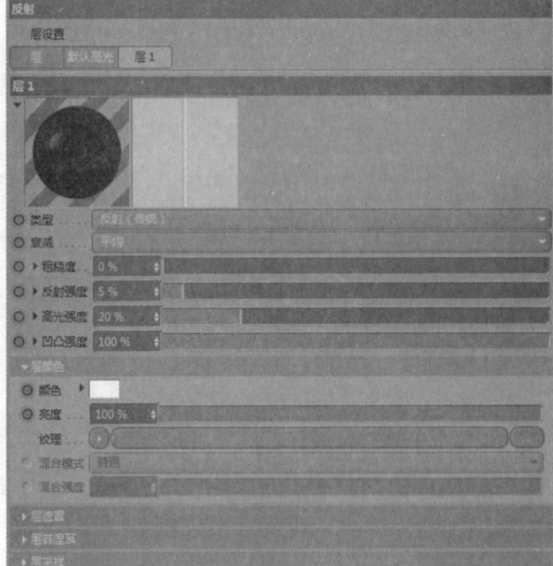

图7-73

步骤 06 完成主要材质后，创建剩余材质。创建一个材质球，不做修改，命名为“线框”。复制黑色材质命名为“网格”，勾选“Alpha通道”复选项，单击“纹理”按钮，在菜单中选择“表面>平铺”。进入“着色器”选项卡，设置“填塞颜色”为纯黑、“平铺颜色1”为纯白、“平铺颜色2”为纯白、“平铺颜色3”为纯黑、“图案”选择“图形2”、“填塞宽度”为5%、“全局缩放”为30%，如图7-74所示。完成了带空洞的材质，效果如图7-75所示。

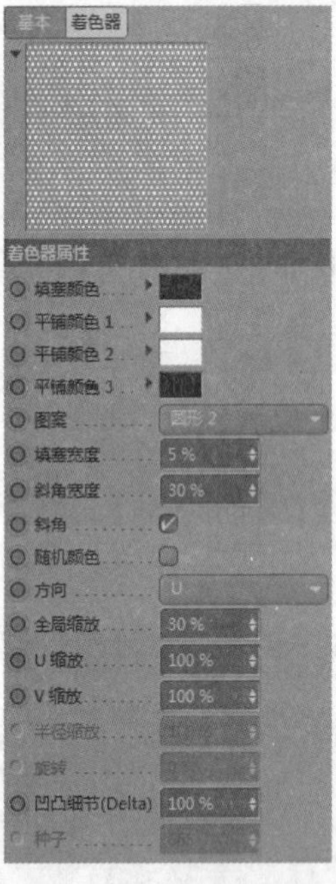

图7-74

图7-75

技巧与提示

使用 Cinema 4D 自带的程序纹理，不但节省软件资源、减少出错的可能，而且使修改更加方便。

步骤 07 将材质赋予物体，将“黄金”赋予文字的1和4，将“黑色”赋予文字的2和3 ，分别将“黄金”和“黑色”赋予吊绳，效果如图7-76所示。

步骤 08 将“黄金（低反射）”和“黑色”分别赋予文字背板和齿轮，给其中一块“挤压”背板添加“网格”材质，效果如图7-77所示。

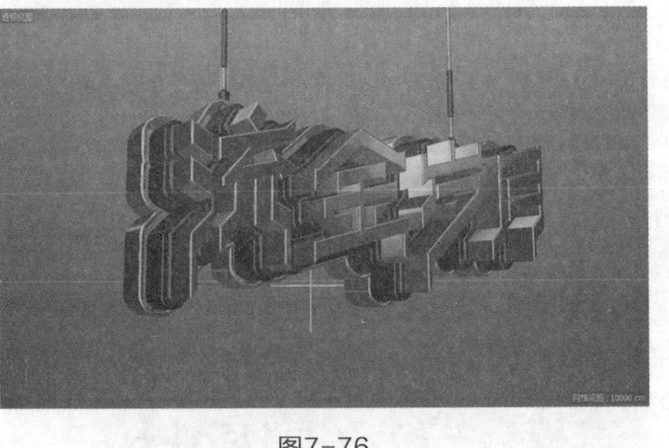

图7-76

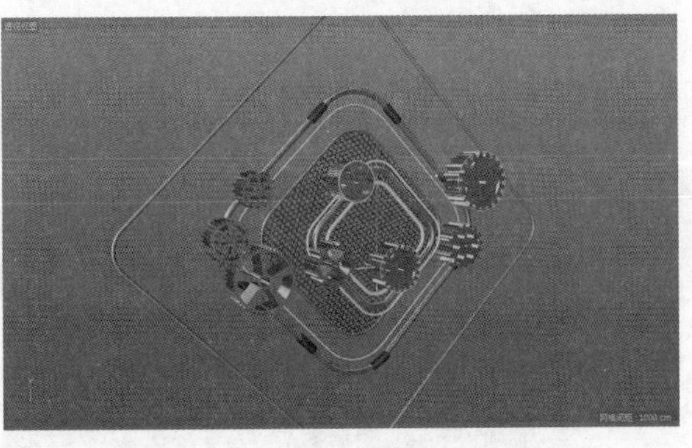

图7-77

步骤 09 将“黑色”材质赋予文件Studio L和“立方体背景”，将“黄金（低反射）”材质赋予流苏和底部圆圈，效果如图7-78所示。将“黄金（低反射）”和“黑色”赋予托盘，效果如图7-79所示。

步骤 10 材质赋予完成的效果如图7-80所示。

图7-78

图7-79

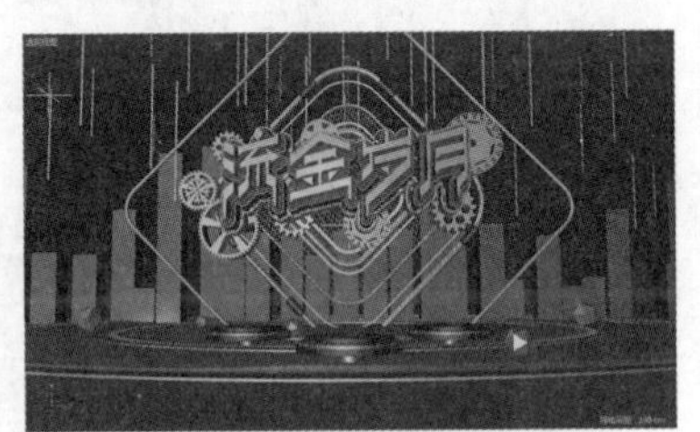

图7-80

2. 灯光和渲染设置

步骤 01 单击“天空”按钮，创建材质，仅勾选“发光”复选项，在“纹理”栏导入素材文件HDR，如图7-81所示。

步骤 02 单击按钮创建2盏“区域光”照亮场景，分别放置在场景的左上方和右上方，朝向场景中心，设置“投影”为“区域”，效果如图7-82所示。

图7-81

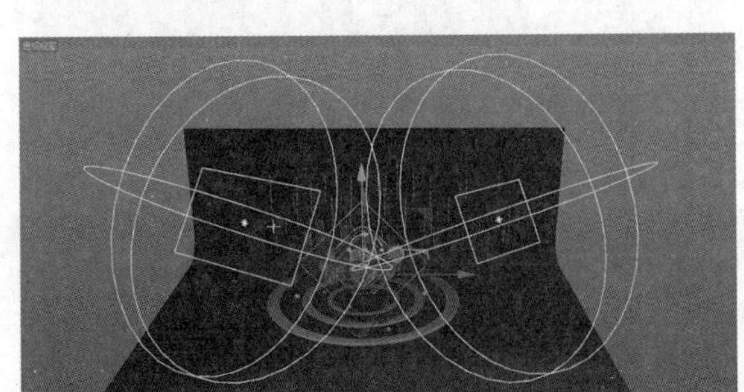

图7-82

步骤 03 单击 按钮创建4盏“灯光”，在“属性”面板的“细节”选项卡中设置“衰减”为“平方倒数（物理精度）”、“半径”为150cm，其他保持默认，如图7-83所示。在“投影”选项卡中设置“投影”为“区域”，其他保持默认，如图7-84所示。

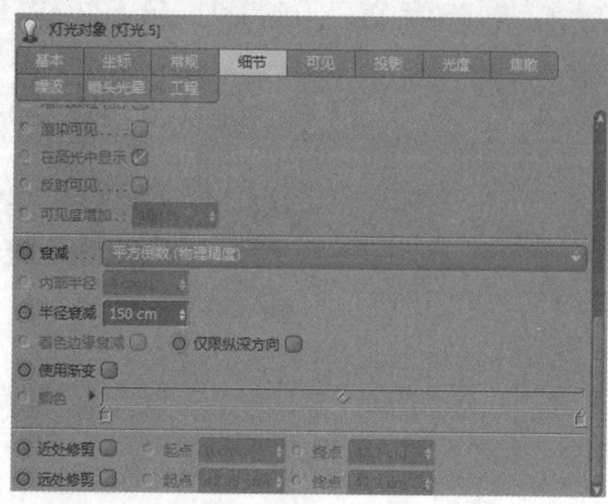

图7-83

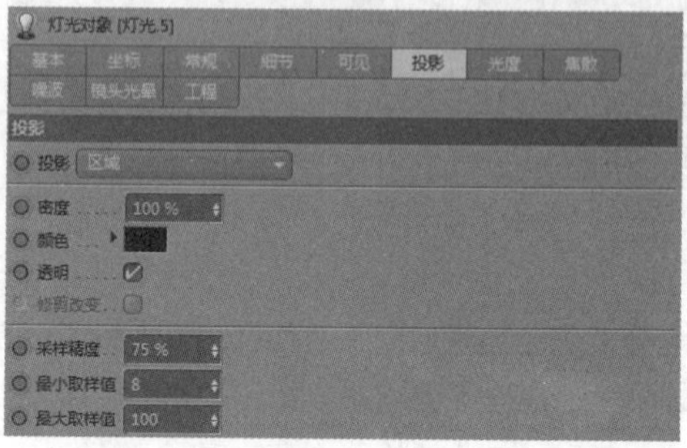

图7-84

步骤 04 在视图中调整它们的位置，使4盏灯光照亮视觉中心的文字部分，如图7-85所示。渲染测试的效果如图7-86所示。

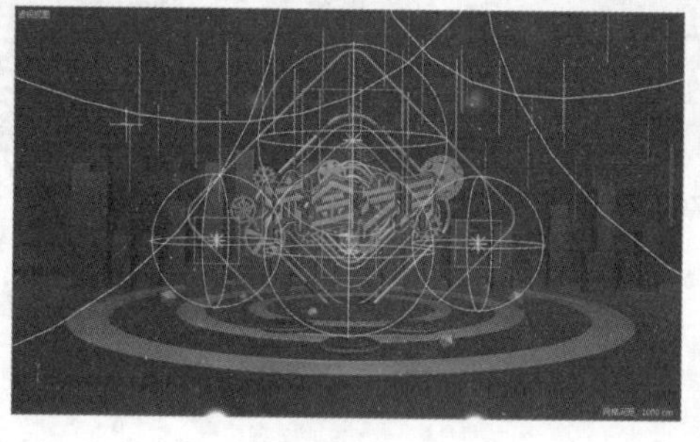

图7-85

图7-86

步骤 05 效果虽然不错，但是灯光不足以突出文字的金属质感，必须创建反光板。创建一个“平面”，设置“宽度”和“高度”分别为500cm和170cm。创建新材质，仅勾选“发光”和“Alpha”复选项，不改变“发光”的数据。在Alpha栏中勾选“柔和”和“图像Alpha”复选项，在“纹理”内载入“渐变”着色器，如图7-87所示。单击“渐变”着色器，设置“渐变”为黑-白-黑渐变、类型为“二维-V”，其他保持默认，如图7-88所示。

图7-87

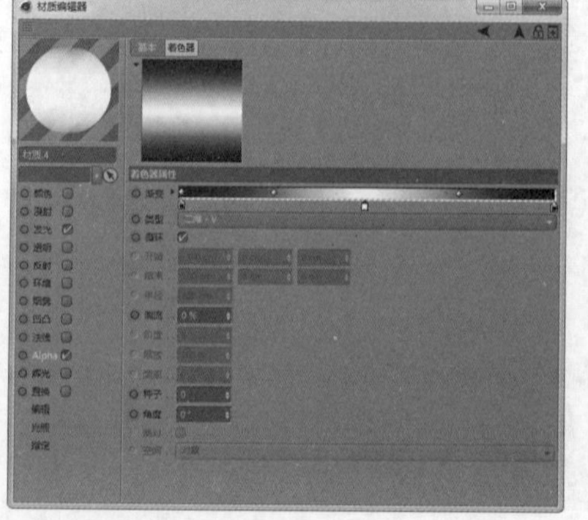

图7-88

步骤 06 将材质赋予"平面"，选中"平面"添加"合成"标签，如图7-89所示。选中"合成"标签，在"属性"面板的"标签"选项卡中取消勾选"摄像机可见"复选项，使反光板不被渲染，只对场景产生影响，如图7-90所示。

步骤 07 将"平面"复制3个，旋转至合适的角度，然后放置在文字的前方，效果如图7-91所示。

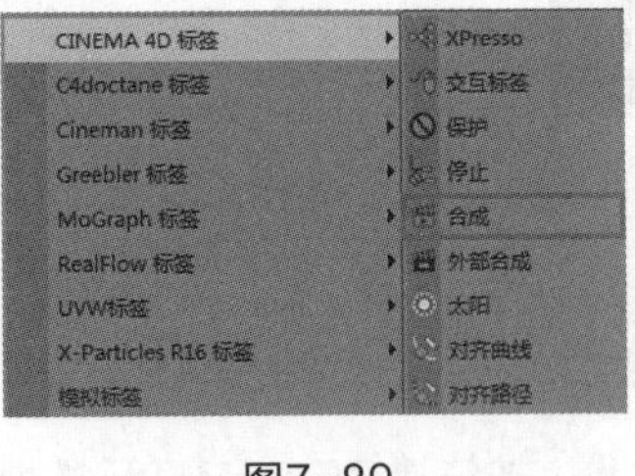

图7-89

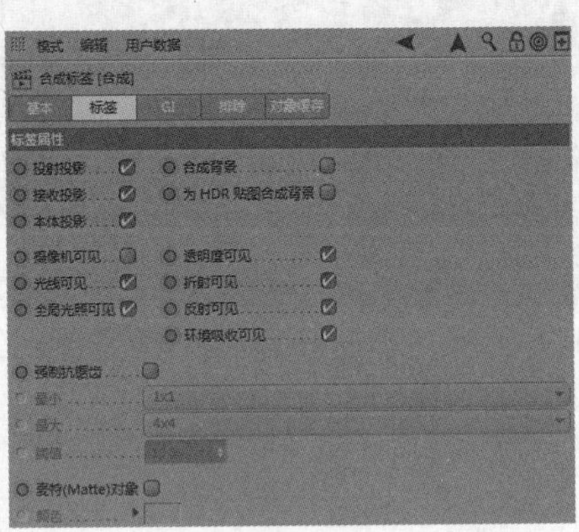

图7-90

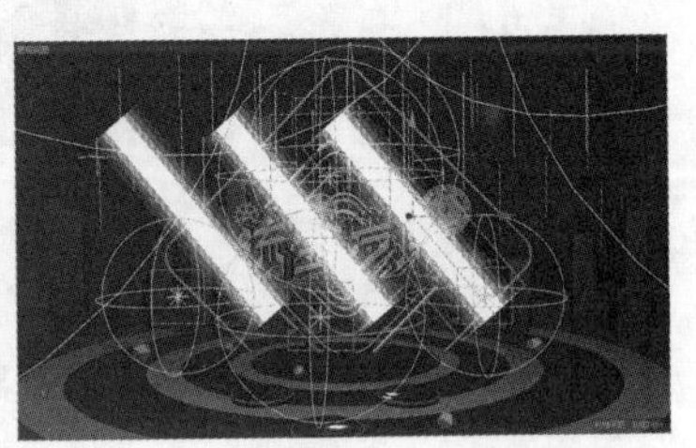

图7-91

技巧与提示

反光板的放置应该根据画面的实际情况来确定。例如，这个案例需要突出前方的文字，就将反光板放置在文字的前方，并且注意反光板和渲染视角的角度，不同的角度反射出来的效果是不同的。反光板往往会遮挡视线，所以往往使用"合成"标签设置"摄像机不可见"来使其不被渲染出来，但是投射自身的亮度在物体上。

步骤 08 单击"渲染设置"按钮，在"输出"中设置"宽度"和"高度"分别为1920像素和1080像素、"分辨率"为72像素/英寸（DPI），如图7-92所示。勾选"保存"，在"文件"中设置输出位置，设置"格式"为TIFF、"深度"为"8位/通道"，其他保持默认，如图7-93所示。单击"渲染"按钮输出图像。

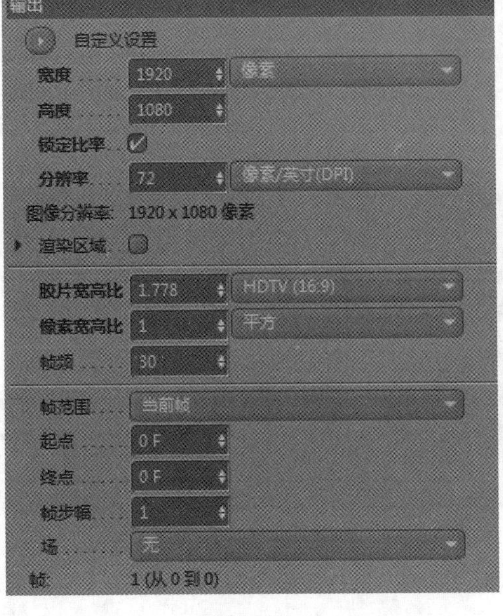

图7-92

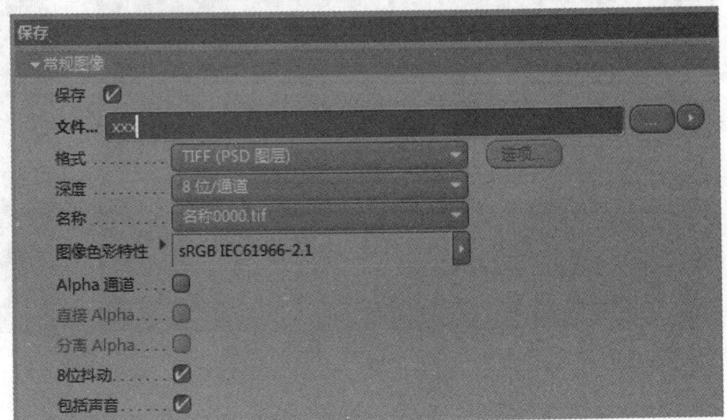

图7-93

步骤 09 渲染得到最终图像，效果如图7-94所示。

图7-94

7.2.5 后期调整

步骤 01 将渲染完成的图片导入Photoshop中进行后期调整，将背景层复制1份，按快捷键Ctrl+M打开“曲线”面板，提亮画面的亮部，调整暗部，如图7-95所示。

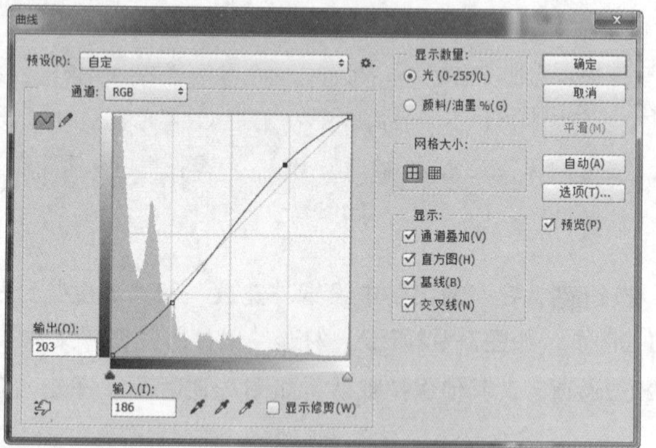

图7-95

步骤 02 导入素材文件“手表与光效”，将手表分别放置在3个托盘上，如图7-96所示。将光效素材均匀地放置在文字和背景板上，提亮金属文字的边角和转折位置，使文字更加突出，黑金风格的天猫首页图就完成了，如图7-97所示。

图7-96

图7-97

7.3 金属与色彩的碰撞——创意折扣字体设计

7.3.1 制作思路

模型部分：在Illustrator软件中设计字体，然后将字体导入Cinema 4D中，再通过“挤压”和“扫描”工具制作出立体文字；利用“矩形”和“克隆”工具做出环境和背景；使用“克隆”工具和“随机”效果器制作背景；用气球、圆柱和宝石建立地面图形和小元素丰富画面细节。

材质部分：用金属材质贯穿整个场景，主体部分使用红色和蓝色的对比，体现出欢快和谐的整体氛围。

灯光部分：利用几盏灯光照亮不同的物体，体现各自不同的层次关系；通过HDR贴图表现金属质感；使用反光板控制文字表面的细节变化。

后期部分：渲染输出后在Photoshop调节色彩，最终的效果如图7-98所示。

图7-98

7.3.2 设计字体

1. 创建主轮廓样条和内部样条

步骤 01 在Illustrator软件中，创建“7折”文字，建议选用偏粗的字体，效果更突出。按快捷键Ctrl+Shift+O将创建的文本转为轮廓图形，如图7-99所示。

步骤 02 选中“7折”的两个图形，按快捷键Shift+X让图形以线框形式显示，单击“直接选择工具”按钮，再单击“7”的节点，使其笔画粗细均匀，如图7-100所示。

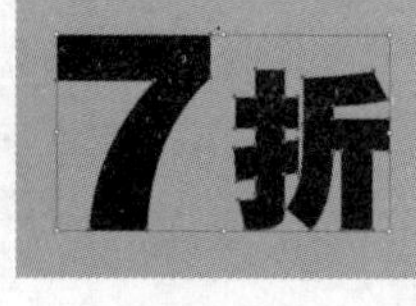

图7-99

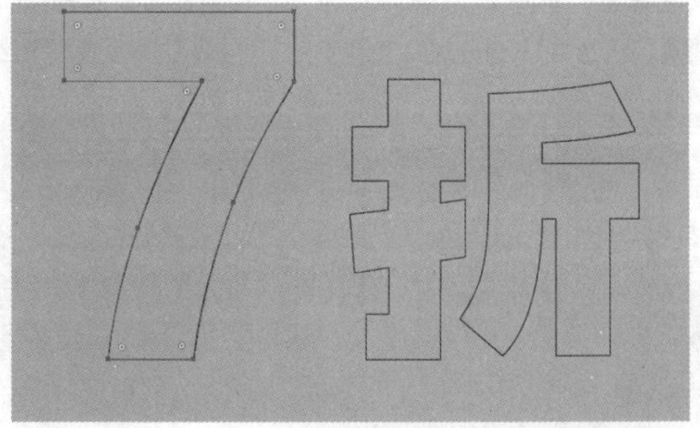

图7-100

步骤 03 在文字内部沿着线框勾画线条，如图7-101所示。移动勾画的线条，使其与文字样条分开。按快捷键Ctrl+A全选线条上的点，单击“直接选择工具”按钮拖曳样条转角处的圆角标记，得到圆角的样条，如图7-102所示。

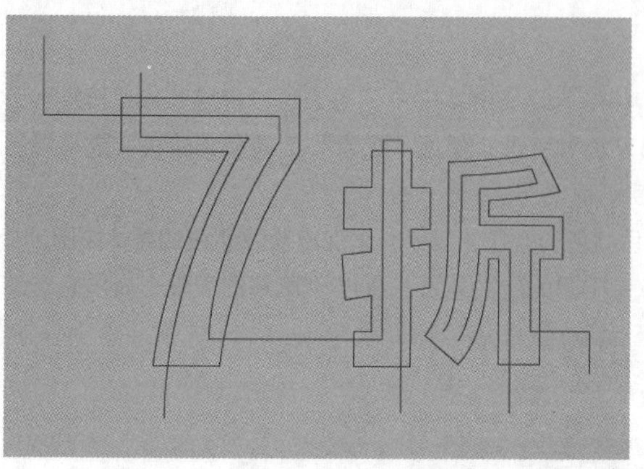

图7-101

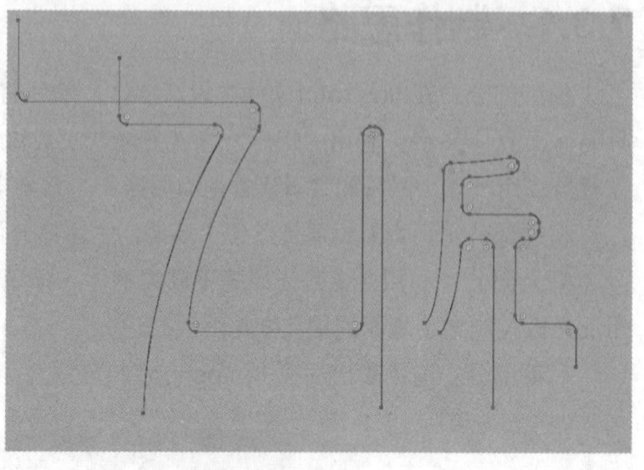

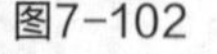

图7-102

技巧与提示

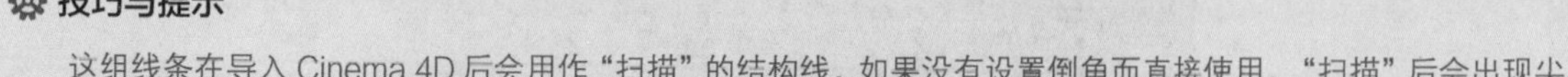

这组线条在导入 Cinema 4D 后会用作“扫描”的结构线，如果没有设置倒角而直接使用，“扫描”后会出现尖角，给人尖锐凌厉的感觉，影响视觉效果，如图 7-103 所示。

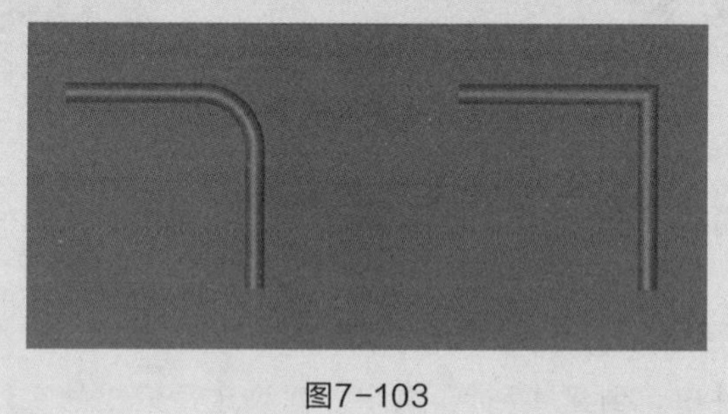

图7-103

步骤 04 在文字的内部沿着线框勾画出3根线条，作为放置文字的背板，如图7-104所示。移动画出的线条，使其与文字样条分开。

步骤 05 选中文字样条，单击添加锚点工具按钮，并在线条转角的合适位置单击，增加文字的分段，单击“直接选择工具”按钮，再选中一些分段后删除，在“描边”中设置“粗细”为7pt，效果如图7-105所示。

图7-104

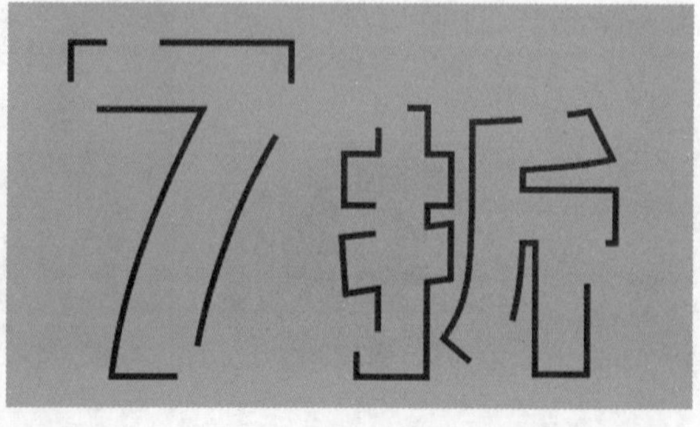

图7-105

步骤 06 选中线条，单击“对象”，在菜单中选择“扩展”，弹出“扩展”面板，勾选“填充”和“描边”复选项，单击“确定”按钮，如图7-106所示。按快捷键Shift+X，转为线框模式，如图7-107所示。

步骤 07 调整位置，共得到3组线条，如图7-108所示。

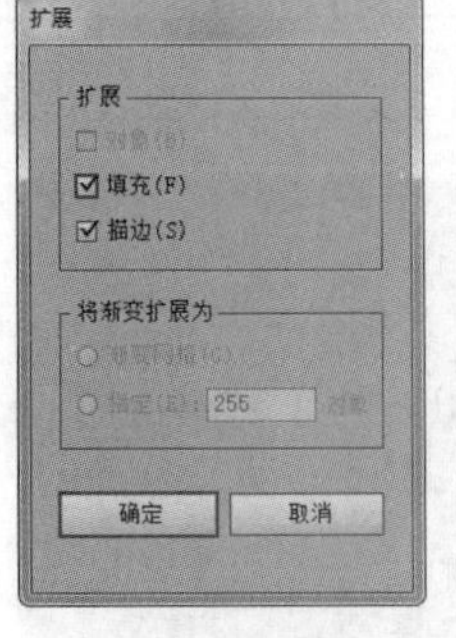

图7-106

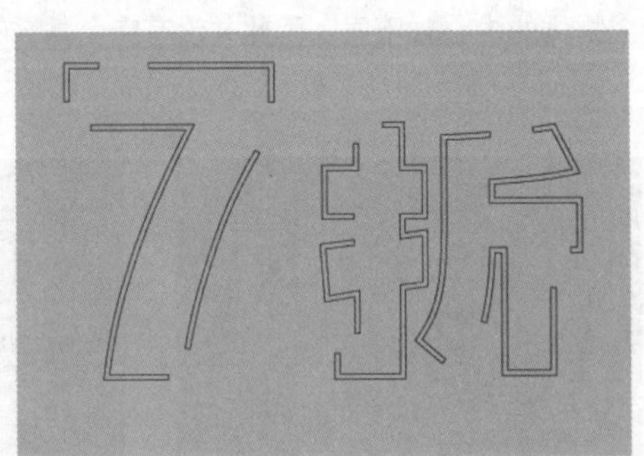
图7-107

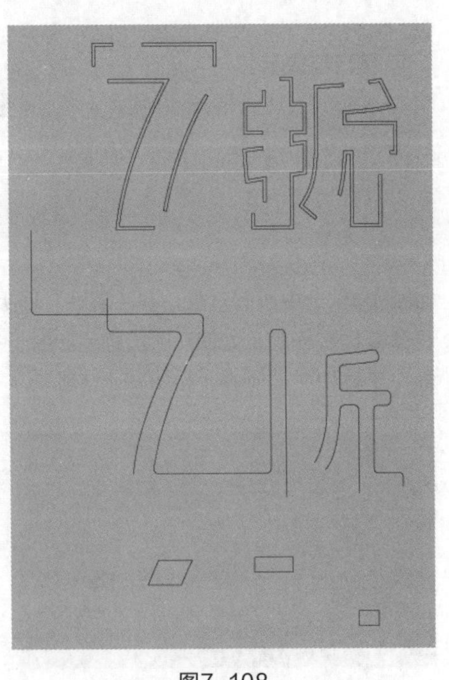
图7-108

技巧与提示

在 Illustrator 中将作用不同的线条分门别类地放置，避免导入 Cinema 4D 后还要逐一调整。

2. 导入Cinema 4D

步骤 01 将线条保存为Illustrator版本，导入Cinema 4D中，选项保持默认，得到Cinema 4D样条，如图7-109所示。选中群组，按快捷键Shift+G解除群组，得到分散的样条，如图7-110所示。

步骤 02 在工具栏选择“框选”工具按钮，由上至下分别选中3组样条，并且分别按快捷键Alt+G进行群组，然后命名为“外框”“支撑”“装饰板”，如图7-111所示。

图7-109

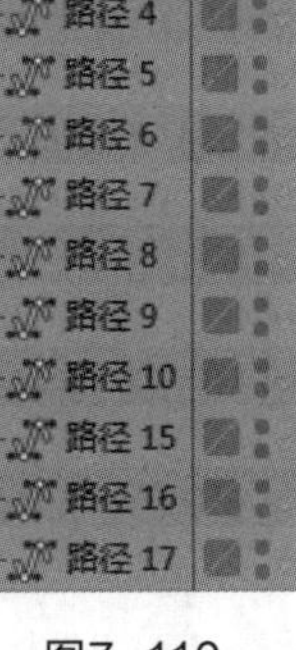

图7-110

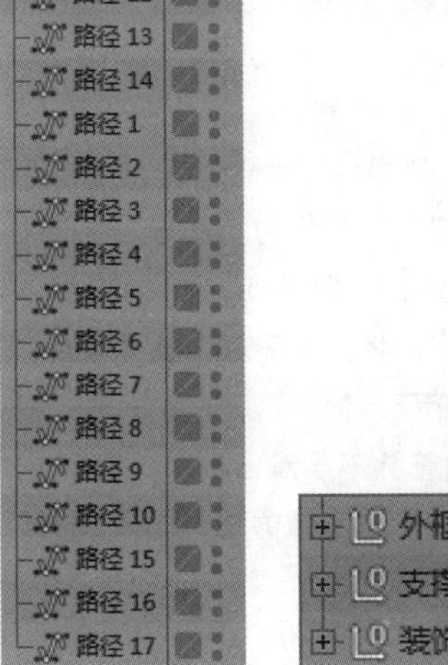

图7-111

⚙ 技巧与提示

群组是为了将相同的物体放在一起操作，而且 Cinema 4D 中的样条是分散的，如果不慎将样条的位置改变了，后面做立体效果时就会“差之毫厘谬以千里”。

群组便于修改，对象栏目看着也更加清爽。

步骤 03 选中所有对象，在“属性”面板中设置“P.X”“P.Y”“P.Z”都为0cm，如图7-112所示。使几个样条聚拢在一起，如图7-113所示。由于每个物体的中心轴不同，因此并没有完全重合在一起，需要使用“移动”工具把它们对齐，如图7-114所示。

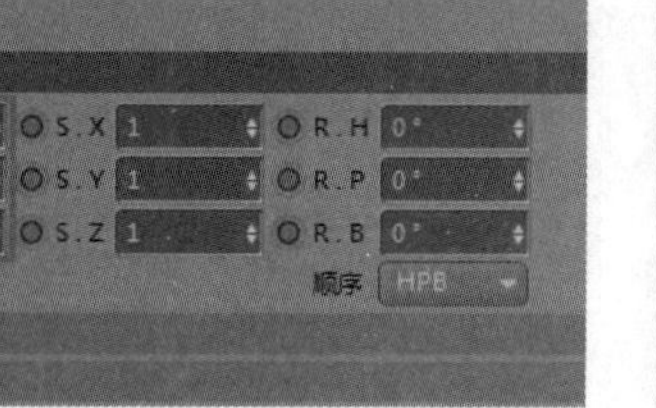

图7-112

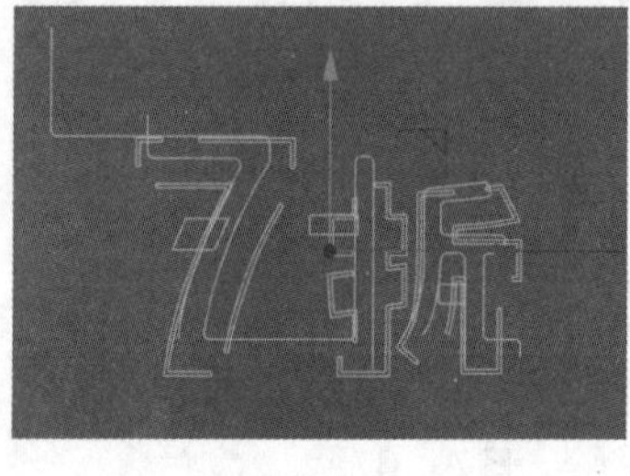
图7-113

图7-114

3. 建立立体文字模型

步骤 01 单击![挤压]按钮创建“挤压”对象，将“外框”样条作为它的子级，并将“挤压”命名为“外框”，如图7-115所示。在“属性”面板的“对象”选项卡中，设“移动”的3个数值分别为0cm、0cm、60cm，设置“细分数”为1，勾选“层级”复选项，其他保持默认，如图7-116所示。得到了立体的文字，如图7-117所示。

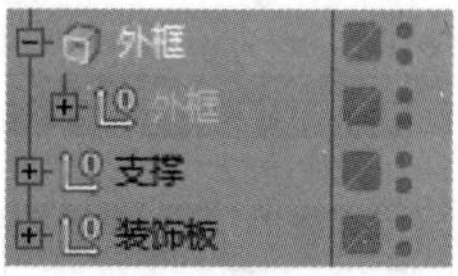

图7-115

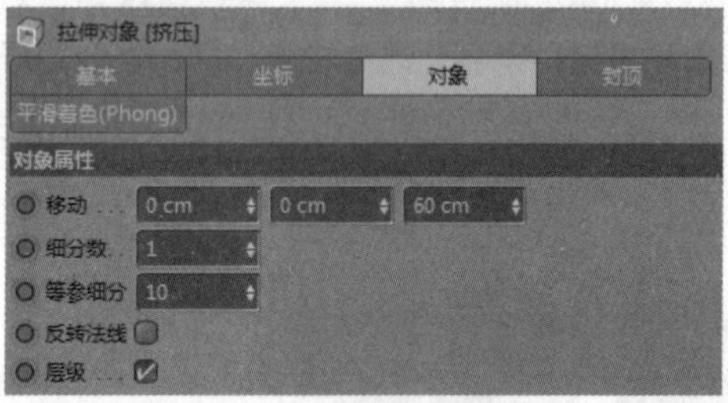

图7-116

图7-117

步骤 02 单击![圆环]按钮新建“圆环”对象，设置“半径”为5cm，将“圆环”复制3份。单击![扫描]按钮创建一个“扫描”对象，将“扫描”对象作为“支撑”的子对象，然后复制3份“扫描”对象。把“圆环”和“路径11”作为“扫描”的子物体，“圆环.1”和“路径12”作为“扫描.1”的子物体，将“圆环.2”和“路径13”作为“扫描.2”的子物体，将“圆环.3”和“路径14”作为“扫描.3”的子物体，如图7-118所示。得到圆管支撑，效果如图7-119所示。

步骤 03 仔细观察会发现圆管并不平滑，选中“路径11”“路径12”“路径13”“路径14”，在“属性”面板的“对象”选项卡中设置“点插值方式”为“统一”、“数量”为50，增加样条的路径，圆管也因此更加平滑，如图7-120所示。

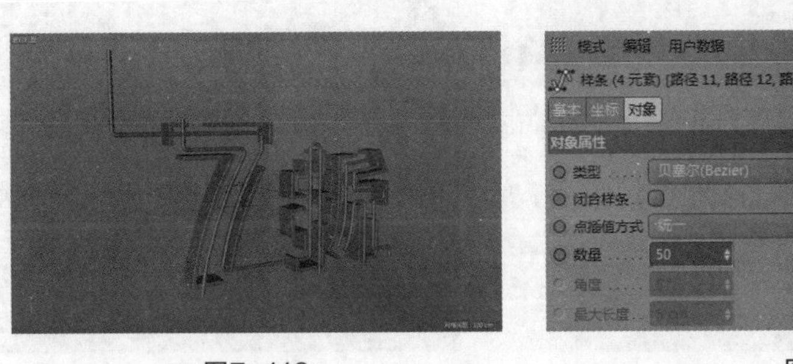

图7-118　　图7-119　　图7-120

技巧与提示

扫描的原理是使用一个样条（本案例中是圆环）沿着路径（本案例中是样条路径）排出物体，因此路径的细分程度很重要，如果细分不够，就会使物体不够平滑，出现明显的连接线。如图7-121所示，“点插值方式”设置为“统一”，“细分”增加到50，线条的排布更加密集，扫描所得的圆管也因此更加平滑。

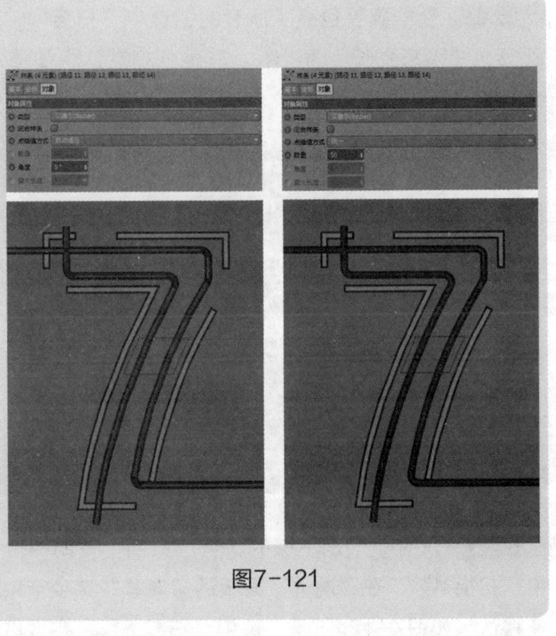

图7-121

步骤 04 将4条扫描得到的圆管移动z轴方向的位置，不让其互相交叉，都放置在“外框”的中心位置，效果如图7-122所示。

图7-122

步骤 05 将“支撑”复制 1份得到“支撑.1”，打开群组，选中“圆环”“圆环.1”“圆环.2”“圆环.3”，进入“属性”面板的“对象”选项卡，勾选“环状”复选项，设置“半径”为8cm、“内部半径”为7.5cm，如图7-123所示。得到稍粗的圆管，效果如图7-124所示。

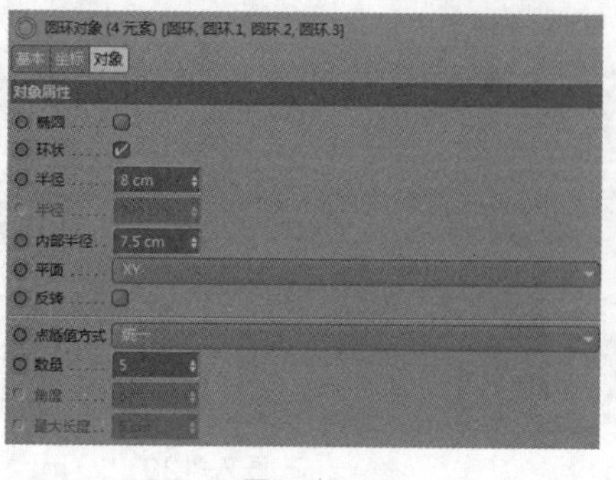

图7-123

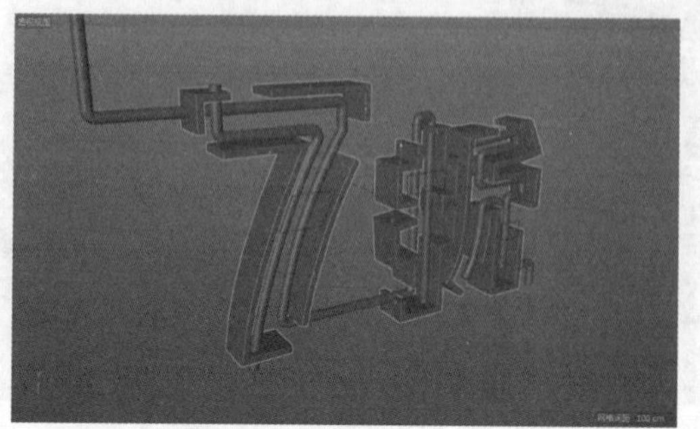

图7-124

步骤 06 新的圆管包裹了原有的，选中“扫描”，在“属性”面板的“对象”选项卡中设置“开始生长”为25%、“结束生长”为45%，其他保持默认，如图7-125所示。缩短了新圆管，使其只包裹原有圆管的一部分，如图7-126所示。

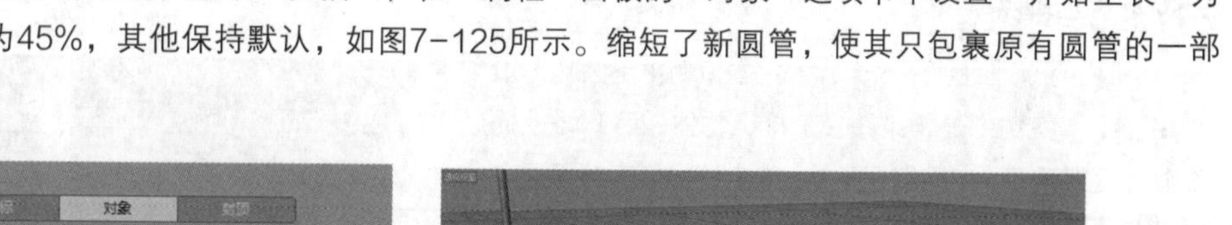

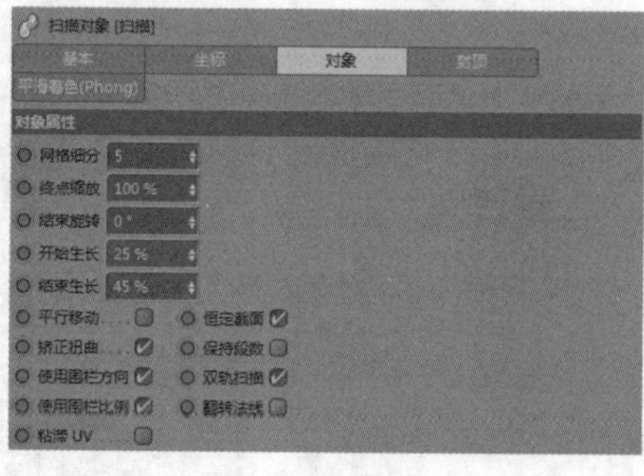

图7-125

图7-126

步骤 07 仅有一个是不够的，将“扫描”复制两份，一个命名为“扫描.4”，另一个命名为“扫描.5”。选中“扫描.4”，在“属性”面板的“对象”选项卡中设置“开始生长”为65%、“结束生长”为57%，其他保持默认，如图7-127所示。选中“扫描.5”，在“属性”面板的“对象”选项卡中设置“开始生长”为90%、“结束生长”为83%，其他保持默认，如图7-128所示。得到两个不同的圆管，如图7-129所示。

步骤 08 用相同的方法，调整“开始生长”和“结束生长”的数值，设置“扫描.1”“扫描.2”“扫描.3”，如图7-130所示。

模式 编辑 用户数据
扫描对象 [扫描.4]
基本 坐标 对象 封顶
平滑着色(Phong)
对象属性
网格细分 5
终点缩放 100 %
结束旋转 0 °
开始生长 65 %
结束生长 57 %

图7-127

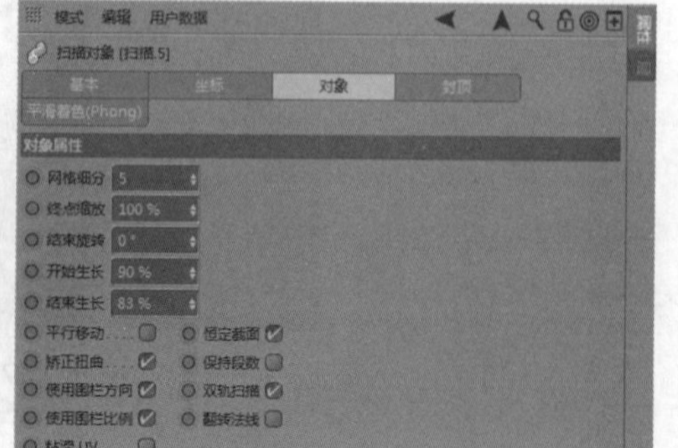

图7-128

图7-129

图7-130

步骤 09 单击 按钮创建“挤压”对象，重命名为“装饰板挤压”，把群组“装饰板”作为“挤压”的子对象，选中“装饰板挤压”，在“属性”面板的“对象”选项卡中设置“移动”第3个值为10cm，勾选“层级”复选项，其他保持默认，如图7-131所示。在“封顶”选项卡中设置“顶端”和“末端”都为“圆角封顶”，“步幅”都为3、“半径”都为1cm，其他保持默认，如图7-132所示。得到了3块装饰板，但是装饰板与文字距离太近，所以将它向前拖曳，如图7-133所示。

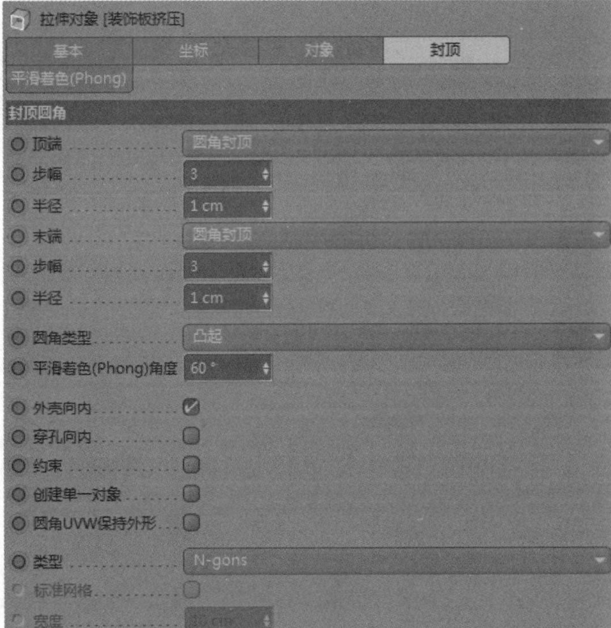

图7-132

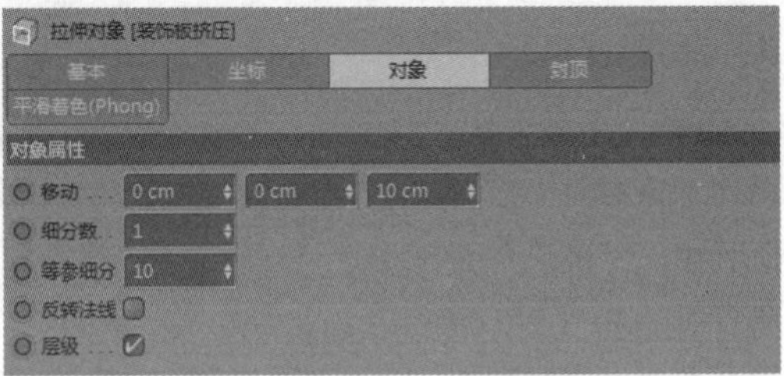

图7-131

图7-133

步骤 10 创建“文本”对象，在“属性”面板的“对象”选项卡中设置“深度”为6cm，在“文本”框内输入SALE，设置“高度”为22cm，在视图中调整文本的位置，如图7-134所示。将“文本”复制1份，命名为“文本.1”，并将文字改为“Logo”，放置到合适的位置，如图7-135所示。

技巧与提示

此处直接使用 Logo 代替了品牌商标。在电商设计中应该保证露出品牌形象，将品牌的 Logo 巧妙地融入画面是个不错的选择。在工作中可以将品牌 Logo 作为样条导入 Cinema 4D 中，通过“挤压”得到立体效果。如果品牌 Logo 较为复杂，可以选择在 Cinema 4D 模型中空出 Logo 的位置，渲染出图像后在 Photoshop 软件中合成。

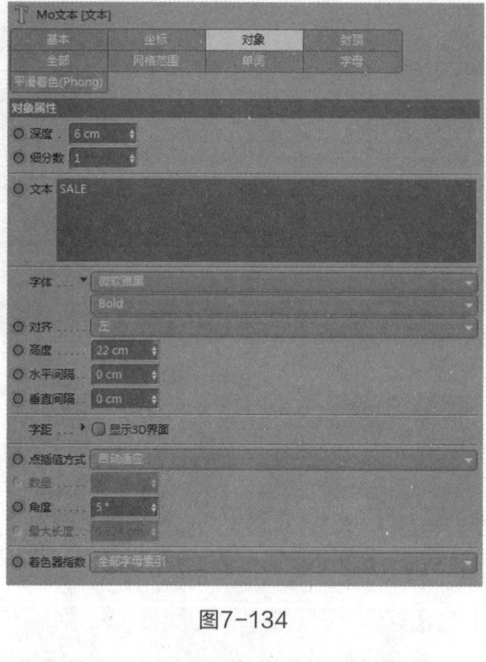

图7-134

图7-135

4. 添加细节

步骤 01 主体文字大致完成，但是还缺乏细节，需要在“支撑”和“外框”之间加入小元素丰富画面。新建两个“圆柱”，一个叫“圆柱”，另一个叫“圆柱.1”。选中“圆柱”，在“属性”面板中设置“半径”为3.5cm、“高度”为3cm、“旋转分段”为36、“方向”为+Y，如图7-136所示。选中“圆柱.1”，在“属性”面板中设置“半径”为2.5cm、“高度”为7cm、“旋转分段”为36、“方向”为+Y，如图7-137所示。将两个圆柱群组，命名为“支撑元素”，放置在视图中合适的位置，如图7-138所示。

步骤 02 将“支撑元素”复制若干个，放置在“支撑.1”和“外框”之间，作为连接的小零件使用，如图7-139所示。

图7-136

图7-137

图7-138

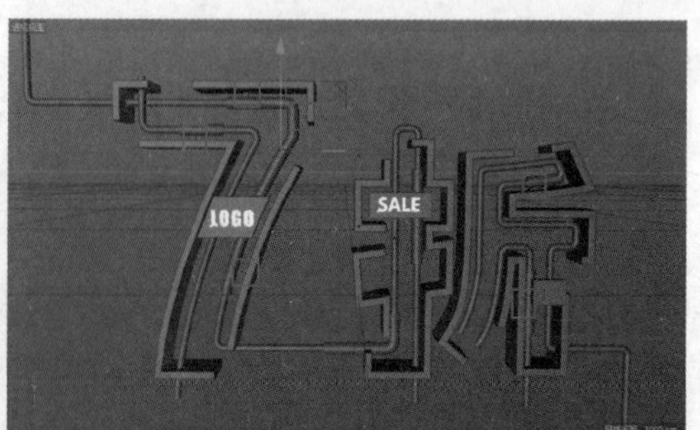

图7-139

技巧与提示

在 Cinema 4D 设计中，除了要将主体形态做好，还要添加一些小细节，观者也许不会第一眼就注意到，但是会感受到画面的充实饱满，所以细节也是必不可少的。

步骤 03 将“支撑元素”复制一个，缩放至合适的大小，放在“扫描.1”的顶端，如图7-140所示。将“支撑元素”群组命名为“支撑元素汇总”。

图7-140

步骤 04 制作吊牌，新建“圆柱”对象，在“属性”面板中设置“半径”为50cm、“高度”为30cm、“高度分段”为1、“旋转分段”为6、“方向”为+Z，如图7-141所示。按快捷键C，将“圆柱”转为多边形物体，在“点”模式下，按快捷键O切换至“框选”工具，在正视图中选中右边的点，拖曳到合适的位置，如图7-142所示。得到一块面板，取消“点”模式，按住Ctrl键使用“缩放”工具，复制一个偏小的面板，并在视图中向前拖曳，如图7-143所示。

图7-141

图7-142

图7-143

步骤 05 创建2个“圆柱”对象，分别作为吊牌的吊绳和接头。选中“圆柱.4”，在“属性”面板的“对象”选项卡中设置“半径”为7cm、“高度”为15cm、“方向”为+Y，如图7-144所示。选中“圆柱.2”，在“属性”面板的“对象”选项卡中设置“半径”为3cm、“高度”为250cm、“方向”为+Y，如图7-145所示。把它们放置到合适的位置，如图7-146所示。然后复制2个圆柱，放置到另一侧，如图7-147所示。

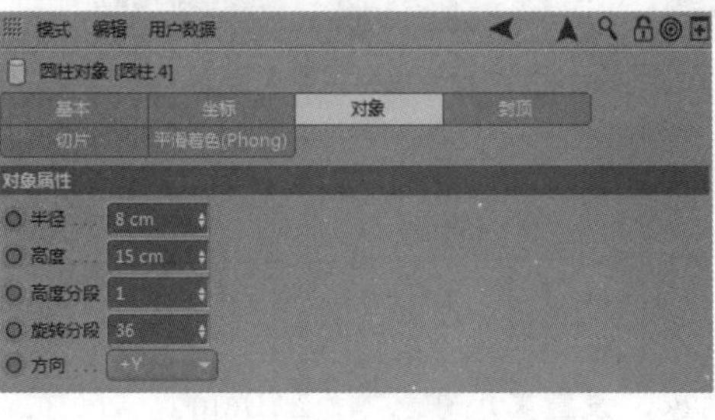

图7-144

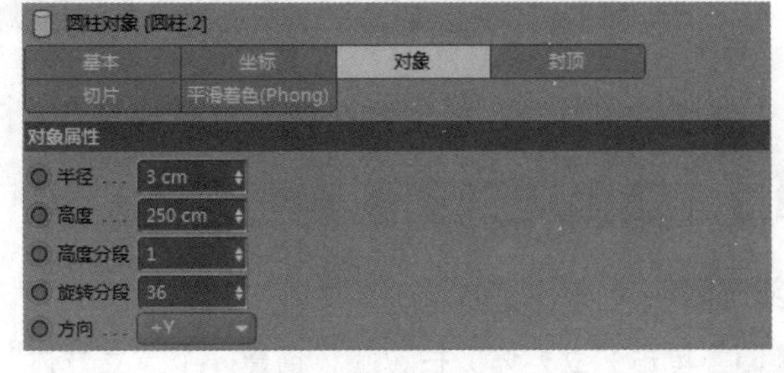

图7-145

图7-146

图7-147

步骤 06 创建“文本”对象，在“文本”框内输入“全场”文字，将其放置在面板上，如图7-148所示。将“全场”文字、“圆柱”吊绳和“圆柱”面板群组，命名为“吊牌”，如图7-149所示。

图7-148

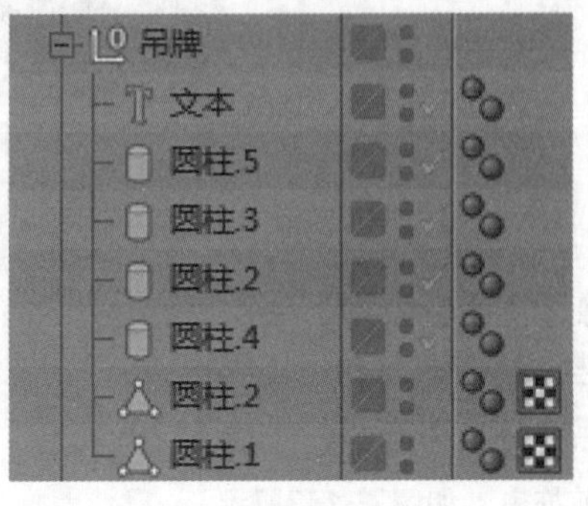

图7-149

步骤 07 至此“7折”文字主体部分就完成了。将“支撑元素汇总”“Logo”“SALE”“外框”“支撑”“支撑.1”“装饰板挤压”“吊牌”全部群组，命名为“文字主体”，如图7-150所示。模型在视图中的形态如图7-151所示。

图7-150

图7-151

7.3.3 背景和元素创建

1. 创建底座

步骤 01 单击“立方体”按钮，创建一个“立方体”对象，设置“尺寸.X”为210cm、“尺寸.Y”为90cm、“尺寸.Z”为150cm，勾选“圆角”复选项，设置“圆角半径”为3cm、“圆角细分”为3，如图

7-152所示。把它放置到“7”字的下面，如图7-153所示。

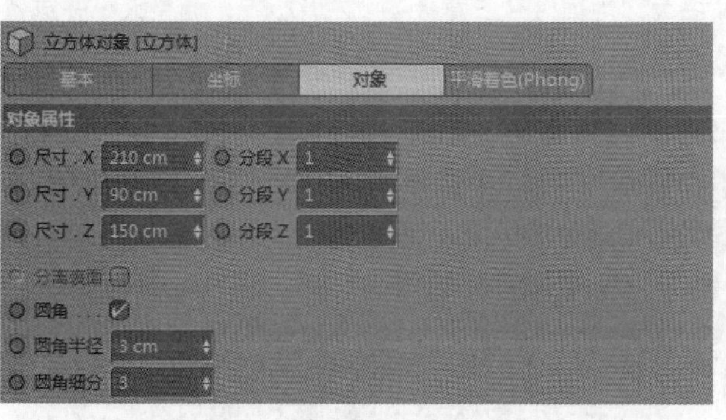

图7-152

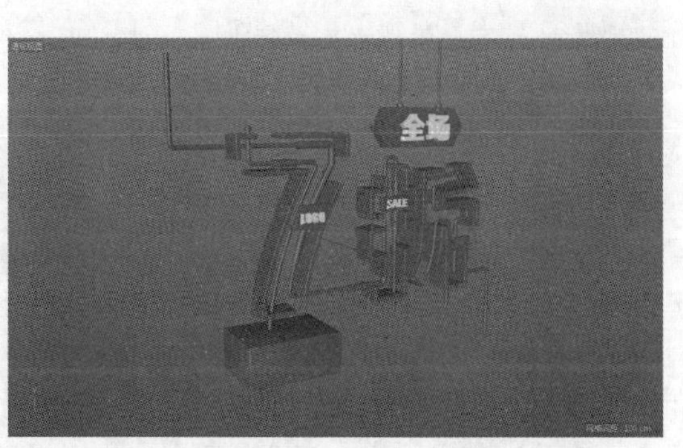

图7-153

步骤 02 新建2个“立方体”，其中一个设置“尺寸.X”为280cm、“尺寸.Y”为65cm、“尺寸.Z”为140cm，勾选“圆角”复选项，设置“圆角半径”为3cm、“圆角细分”为3，如图7-154所示。另一个设置“尺寸.X”为300cm、“尺寸.Y”为60cm、“尺寸.Z”为250cm，勾选“圆角”复选项，设置“圆角半径”为3cm、“圆角细分”为3，如图7-155所示。调整它们的位置，放置在“折”字下方，如图7-156所示。

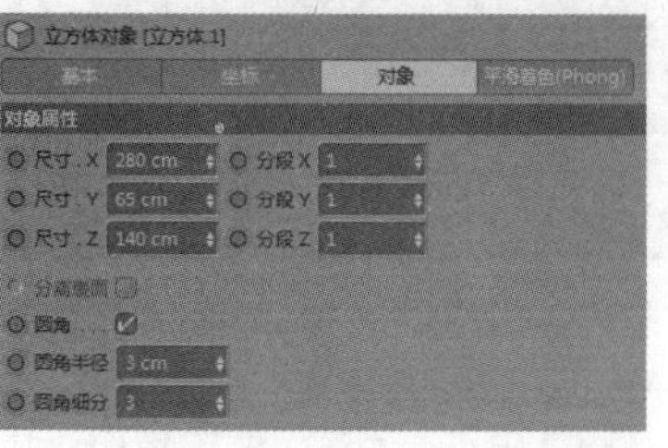

图7-154

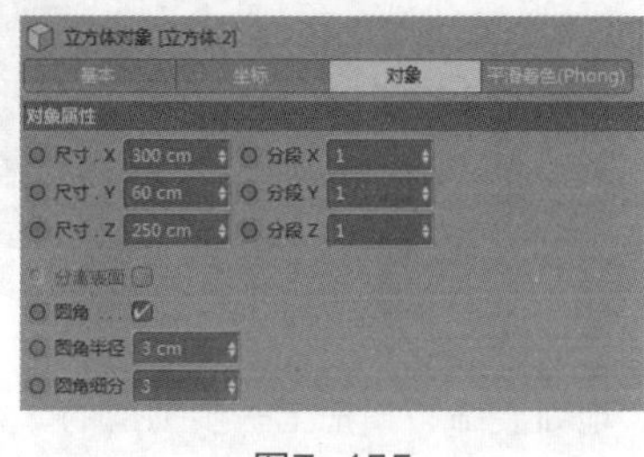

图7-155

图7-156

步骤 03 新建“文本”对象，设置“深度”为20cm，在“文本”框内输入“不止新品”文字，设置“高度”为40cm、“水平间隔”为8cm，其他保持默认，如图7-157所示。将其放置在下方的台上，如图7-158所示。将创建的3个立方体与文字群组，命名为“底座”，如图7-159所示。

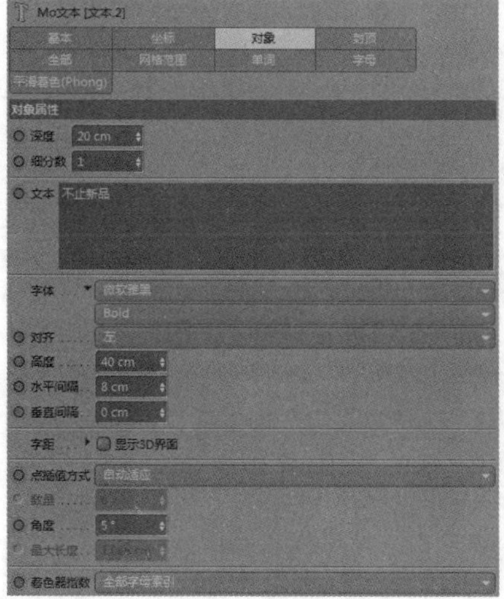

图7-157

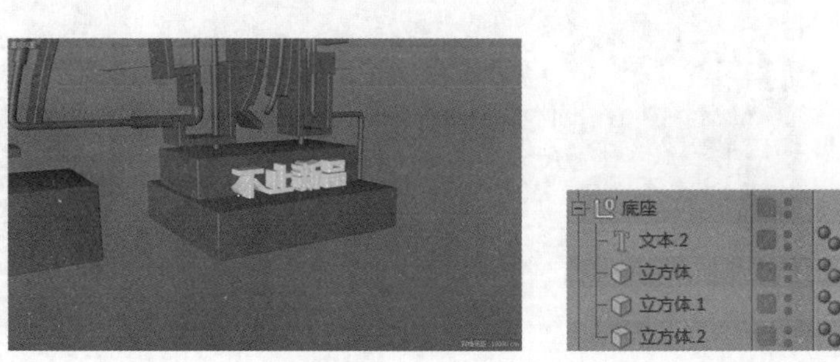

图7-158

图7-159

2. 创建背景

步骤 01 创建背景模型，创建3个“平面”，分别命名为“地面”“右背板”“左背板”，调整大小并放置在主体文字后方的左右两侧，如图7-160所示。在透视视图中调整位置，使主体文字位于画面的中心并创建“摄像机”，如图7-161所示。

图7-160

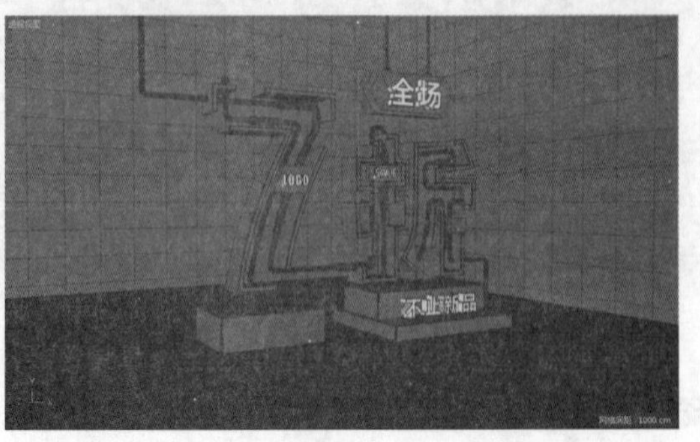

图7-161

步骤 02 空无一物的背板和地面效果较差，需要添加一些地面的装饰。单击按钮新建“立方体”对象，在“属性”面板的“对象”选项卡中设置“尺寸.X”为140cm、“尺寸.Y”为10cm、“尺寸.Z”为1500cm，其他保持默认，如图7-162所示。

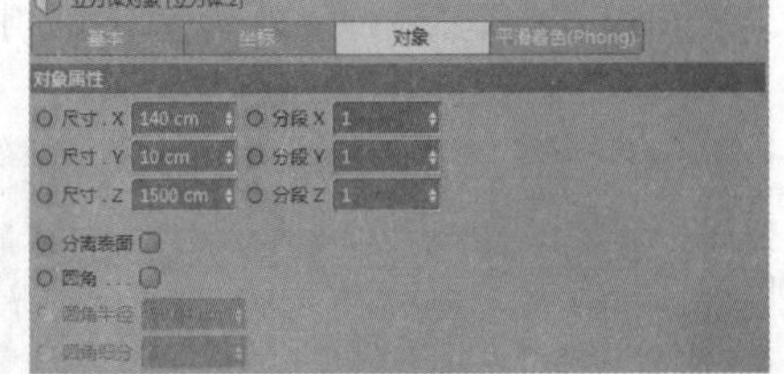

图7-162

步骤 03 创建“克隆”对象，命名为“地面装饰”，把上一步创建的“立方体”作为“克隆”的子物体，在“属性”面板的“对象”选项卡中设置“模式”为“线性”、“数量”为8、“位置.X”为160cm，如图7-163所示。选中“地面装饰”，创建“随机”效果器，在“属性”面板的“参数”选项卡中取消勾选“位置”和“旋转”复选项，仅勾选“缩放”复选项，设置“S.Z”为0.3，如图7-164所示。把创建完成的“地面装饰”放置在地面上方，如图7-165所示。

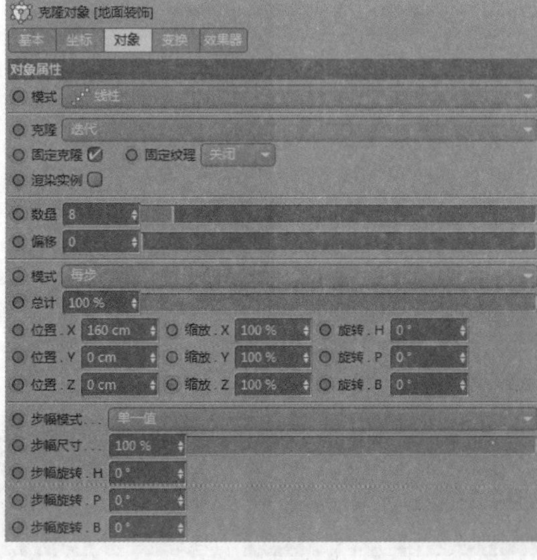

图7-163

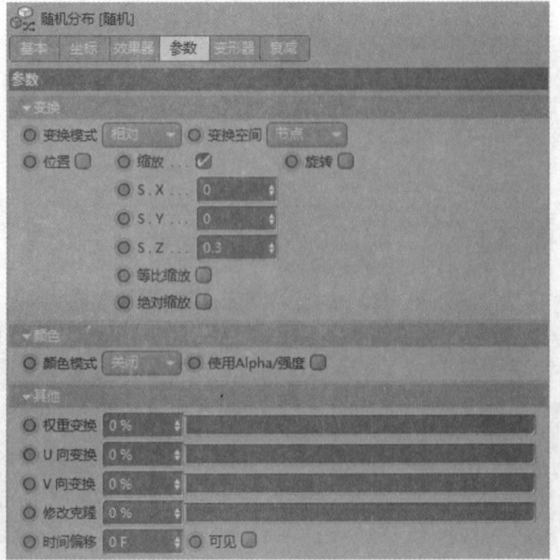

图7-164

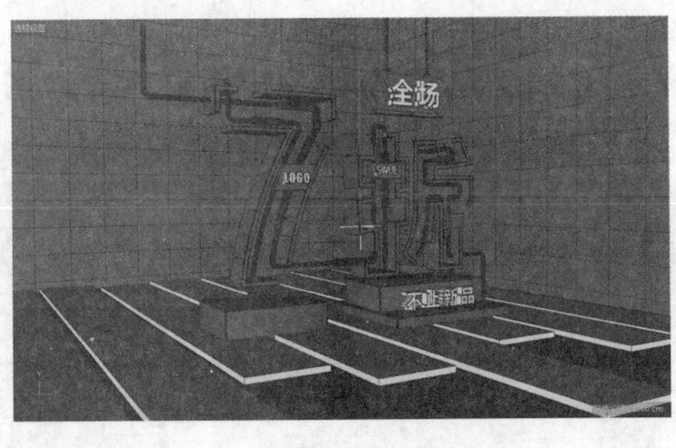

图7-165

步骤 04 创建右侧背板的装饰，创建一个“圆柱”对象，在“属性”面板的“对象”选项卡中设置“半径”为15cm、“高度”为70cm、“旋转分段”为36，如图7-166所示。在“封顶”选项卡中勾选“圆角”复选项，设置“分段”为3、“半径”为2cm，如图7-167所示。

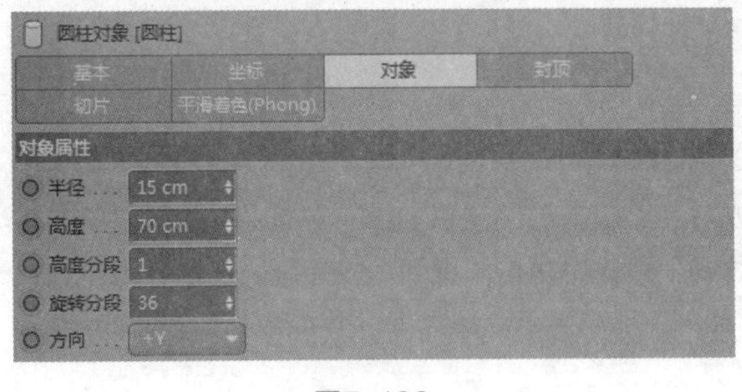

图7-166

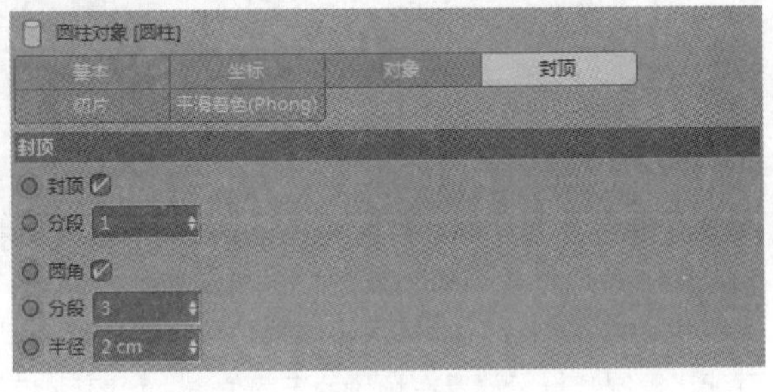

图7-167

步骤 05 创建“克隆”对象，重命名为“右背板装饰”，把上一步创建的“圆柱”作为“克隆”的子物体。选中“右背板装饰”，在“属性”面板的“对象”选项卡中设置“模式”为“网格排列”，设置“数量”分别为10、1、20，设置“尺寸”分别为850cm、200cm、1600cm，其他保持默认，如图7-168所示。放置在右背板的前方，右背板模型就完成了，如图7-169所示。

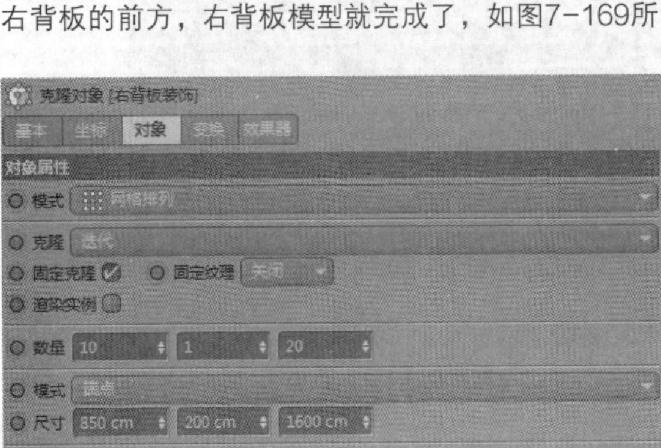

图7-168

图7-169

步骤 06 创建左侧背板的装饰，单击按钮创建一个“立方体”，在“属性”面板的“对象”选项卡中设置“尺寸.X”为100cm、“尺寸.Y”为25cm、“尺寸.X”为30cm，勾选“圆角”复选项，设置“圆角半径”为12cm、“圆角细分”为5，如图7-170所示。创建“克隆”对象，重命名为“左背板装饰”，把创建的“立方体”作为“克隆”的子物体。选中“左背板装饰”，在“属性”面板的“对象”选项卡中设置“模式”为

"网格排列"，设置"数量"分别为8、10、1，设置"尺寸"分别为1300cm、880cm、200cm，其他保持默认，如图7-171所示。放置在左背板的前方，左背板模型就完成了，如图7-172所示。

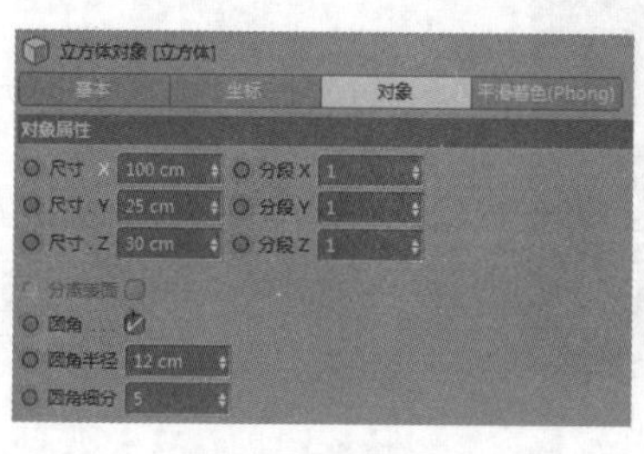

图7-170

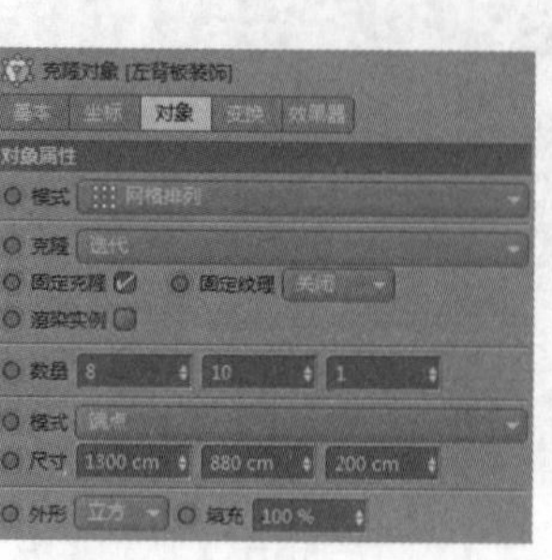

图7-171

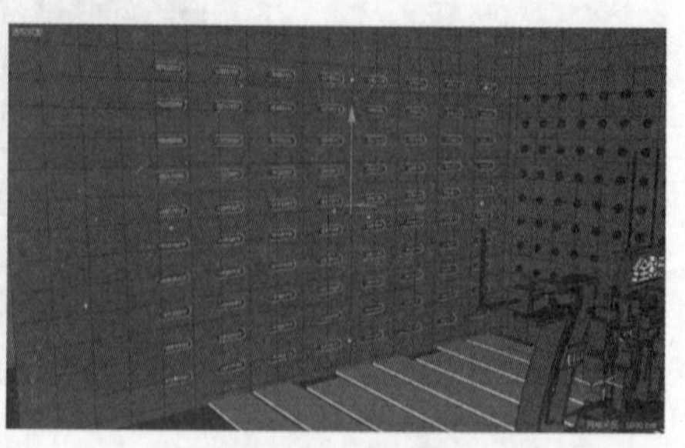

图7-172

技巧与提示

这里如果没有背板装饰，背景就会很单调，只有一面孤独的色板，但是有了小元素，细节增加了，画面也更加饱满。读者可以尝试添加其他图形，但是切记适度，不然背景太复杂会喧宾夺主，不能突出前面文字。

3. 创建小元素

步骤 01 背景完成后，画面变得丰富了，但是字体的左右两边还有许多空白。由于场景的主题是打折和促销，那么可以适当添加一些气球或者彩带元素。在"对象"面板中单击"搜索"按钮，在搜索栏中输入"balloon（气球）"，即可出现软件自带的气球模型，如图7-173所示。选中第一个并双击，在场景中创建气球，复制几份，放置在场景的不同位置，如图7-174所示。

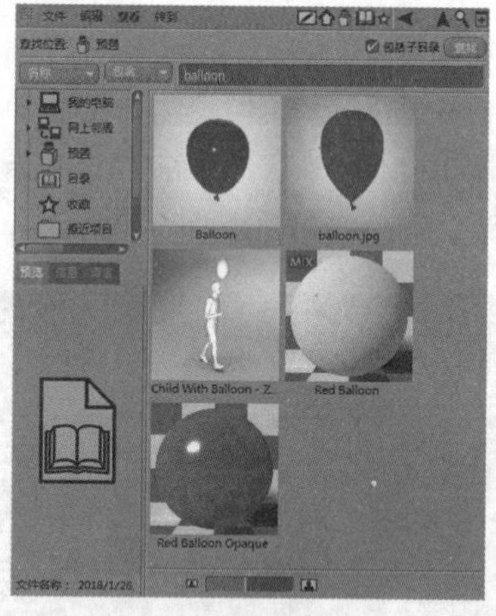

图7-173

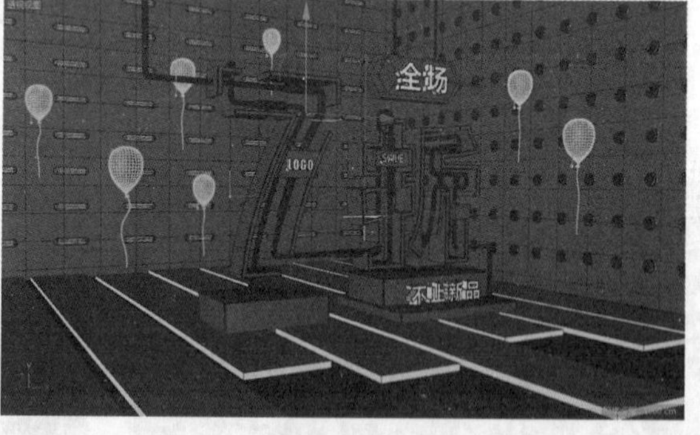

图7-174

技巧与提示

如果搜索之后没有发现气球模型，可能是安装了精简版的软件，或者删掉了软件的预制，建议安装完整版的软件。

步骤 02 在画面左右放置了气球之后，添加地面上的元素。单击 宝石 按钮创建"宝石"对象，复制几份放置在地面上，建模就完成了，如图7-175所示。

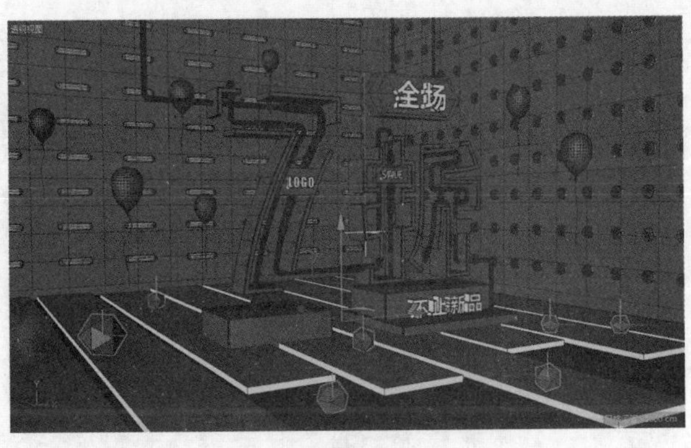

图7-175

技巧与提示

还可以尝试用其他元素代替“宝石”，例如小球或者自己搜集的模型，但是不要太复杂，以免影响了整体效果。

4. 创建材质

步骤 01 场景主要选用了红色和蓝色的低反射材质，再搭配金属材质。创建主体文字的蓝色，在材质面板空白处双击创建材质，打开“材质编辑器”。在“颜色”栏选择HSV模式，设置“H”为200°、“S”为80%、“V”为90%，其他保持默认，得到了蓝色材质，如图7-176所示。

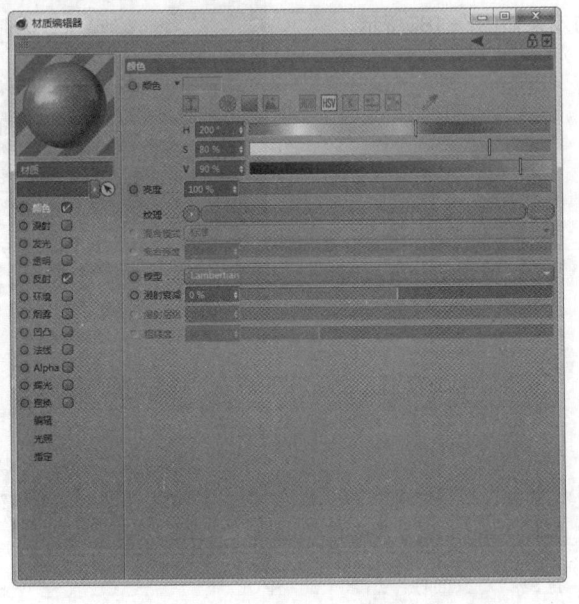

图7-176

步骤 02 切换到“反射”栏，单击“添加”按钮，选择“反射（传统）”并改为“添加”模式，如图7-177所示。单击“层1”选项卡，设置“粗糙度”为0%、“反射强度”为100%、“高光强度”为20%，将“层颜色”改为与上一步骤相同的蓝色，在“层菲涅耳”中设置“菲涅耳”为“导体”、“预置”为“自定义”，其他保持默认，如图7-178所示。创建了一个带反射的蓝色材质，命名为“蓝色反射”，如图7-179所示。

图7-177

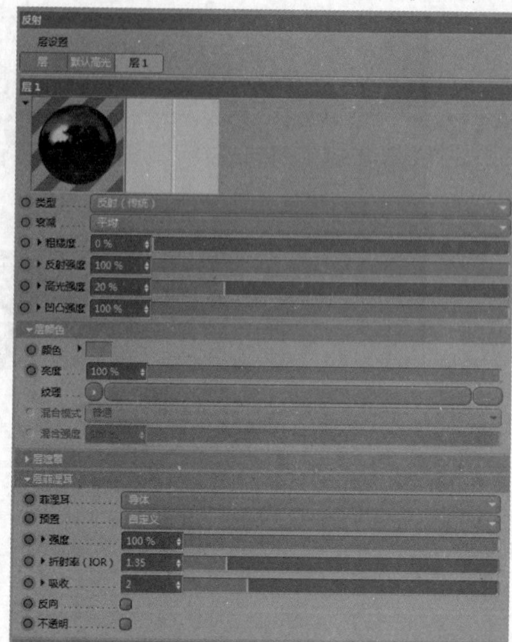

图7-178

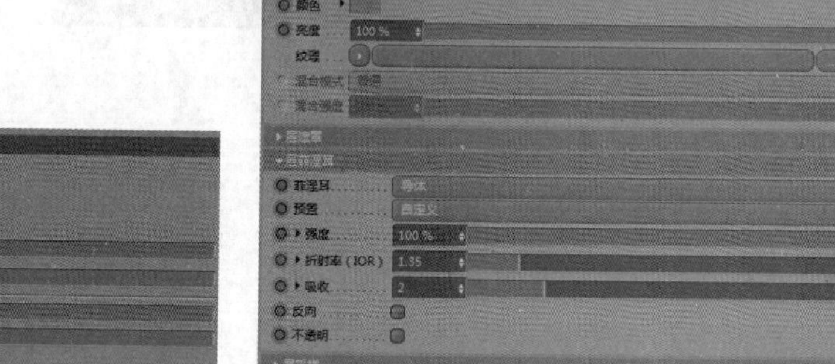

图7-179

步骤 03 将材质赋予“外框”、“吊牌”的背板、吊绳底部、“装饰板挤压”、“支撑元素”的封顶部分和任意两颗宝石，得到的效果如图7-180所示。

图7-180

技巧与提示

当模型很多，材质也很多的时候要选择合适的方法进行材质赋予。Cinema 4D 中有下列几种赋予材质的方法，读者可以根据情况进行选择。

方法 1：选中“材质”，拖曳到视图中想赋予的物体上。优点是直观、不容易漏掉物体。缺点是有时会拖曳错误、物体过小难以成功、多个材质叠加时层级关系不明确。

方法 2：选中“材质”，拖曳到对象面板中想赋予的物体上面。优点是快速、多个材质叠加时层级关系清晰。缺点是不直观、容易漏掉一些物体的材质。

方法 3：在视图中选中物体，然后选择“材质”，鼠标右键单击“应用”即可赋予材质。优点是快速同时赋予多个物体、操作直观。缺点是容易漏掉一些物体的材质、多个材质叠加时层级关系不明显。

方法 4：打开“材质编辑器”，将物体拖曳到“指定”栏中。优点是材质多物体少时速度快、可以快速删除已经赋予该材质的物体的材质。缺点是不直观、容易漏掉一些物体的材质、多个材质叠加时层级关系不明显。

这几种方法读者要灵活掌握，根据实际情况进行操作。

步骤 04 创建红色材质球，命名为“红色漫反射”。勾选“颜色”复选项，设置“颜色”的“H”“S”“V”分别为15°、85%、100%，勾选“反射”复选项但不做修改，如图7-181所示。将“红色漫反射”赋予“支撑.1”、“不止新品”、“全场”、“支撑元素”的底座和几个宝石体，如图7-182所示。

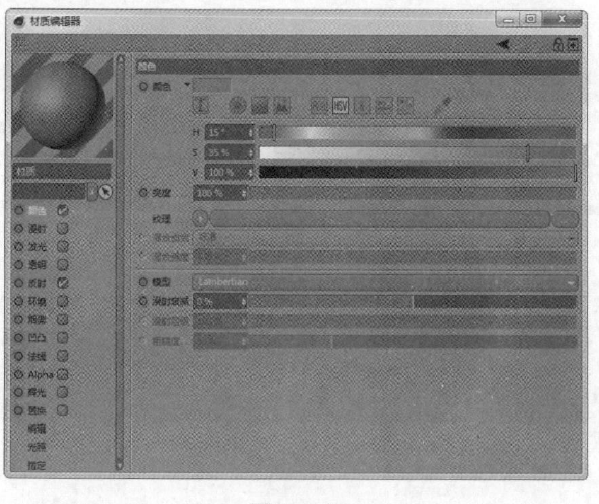

图7-181

图7-182

步骤 05 将“红色漫反射”复制1份，命名为“左背板材质”。打开“材质编辑器”，调整“颜色”的S为65%，得到了一个饱和度较低的橙红色，如图7-183所示。将其赋予“左背板”和“左背板装饰”，如图7-184所示。

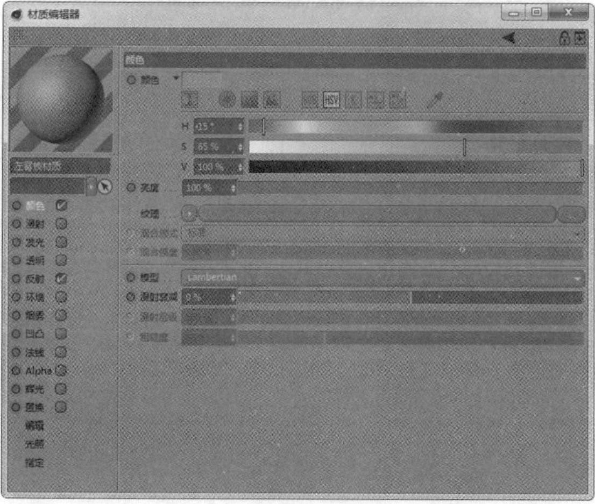

图7-183

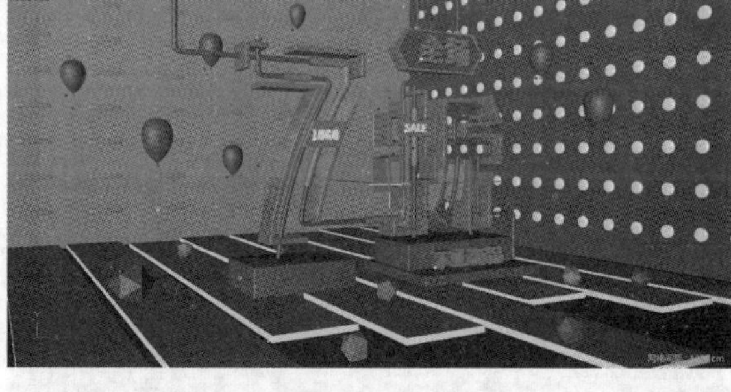

图7-184

技巧与提示

为什么同样是橙红色，这里却要设置两个呢?

在三维软件中，除了通过前后关系和内外关系表现三维层次感，还可以利用色彩来体现，例如，饱和度高的颜色和饱和度低的颜色进行对比。虽然颜色相同，但也要在统一中寻求变化，避免一个颜色造成的视觉疲劳。

步骤 06 创建白色材质，命名为“白色漫反射”。勾选“颜色”复选项，设置“颜色”的“H”“S”“V”分别为180°、0%、95%，勾选“反射”复选项但不做修改，如图7-185所示。将“白色漫反射”赋予“地面装饰”、“右背板”、吊牌的前面板、3个底座、“Logo”和“SALE”文字，如图7-186所示。

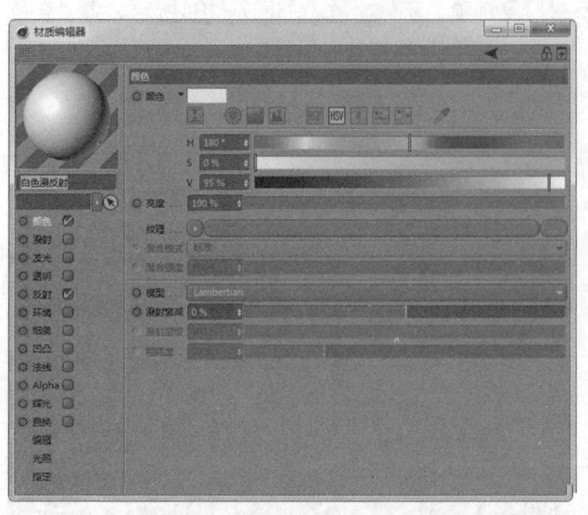

图7-185

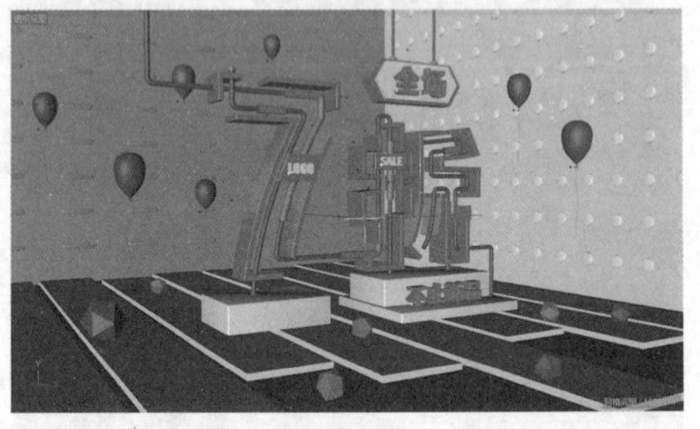

图7-186

步骤 07 创建反射材质，命名为“金属”。勾选“颜色”复选项，设置“颜色”的“H”“S”“V”分别为180°、3%、70%，如图7-187所示。勾选“反射”复选项，添加“反射（传统）”，命名为“默认反射”。切换到“默认反射”，设置“反射强度”为75%，其他保持默认，如图7-188所示。将“金属”赋予“地面”、“支撑”、“右背板装饰”、“吊牌”的两个悬挂和剩余没有材质的宝石体，如图7-189所示。

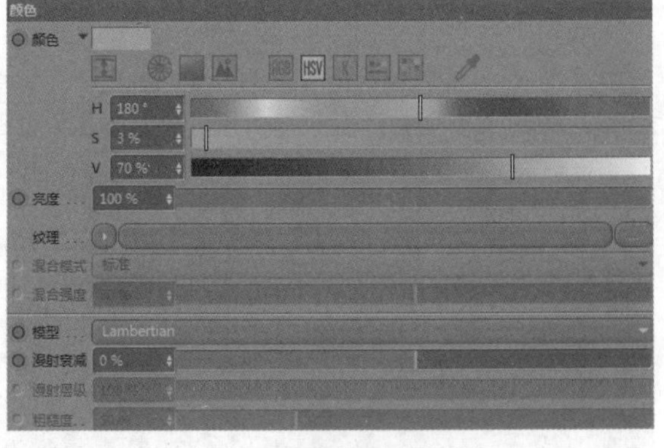

图7-187

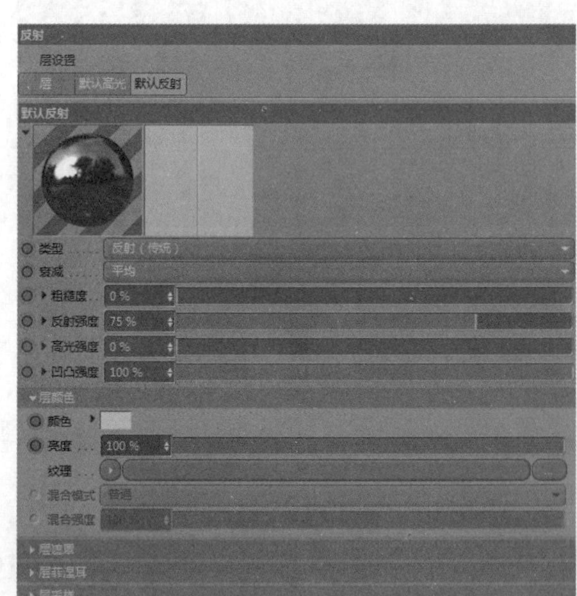

图7-188

图7-189

技巧与提示

菲涅耳是反射材质的一种物理现象，为了金属材质的真实感通常会设置这个参数，但是这个场景中金属部分偏少，添加菲涅耳后场景中的反射会被削弱，金属材质不明显，因此没有设置菲涅耳。

创作时需根据场景的实际要求灵活设置参数，切不可死记硬背。

步骤 08 创建气球的材质，命名为“蓝气球”。勾选“颜色”复选项，设置“H”为200°、“S”为75%、“V”为75%，复制这个颜色，如图7-190所示。勾选“透明”复选项，将刚才复制的颜色粘贴到“透明”栏的“颜色”中，其他保持默认，如图7-191所示。勾选“反射”复选项，单击“添加”创建GGX反射，命名为“反射”，设置“粗糙度”为10%、“反射强度”为30%、“高光强度”为40%，在“层菲涅耳”中设置“菲涅耳”为“绝缘体”，其他保持默认，如图7-192所示。

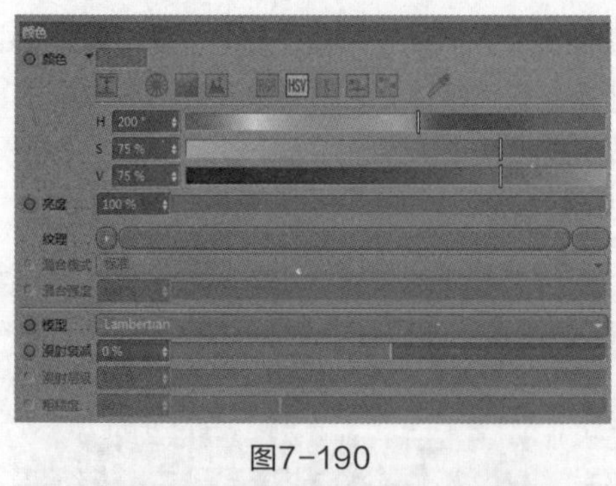

图7-190

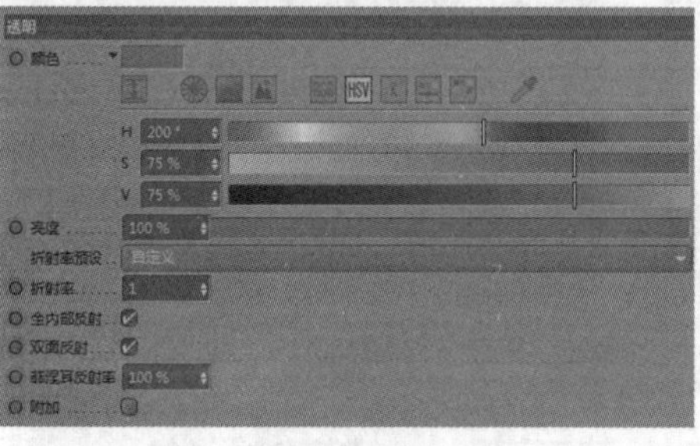

图7-191

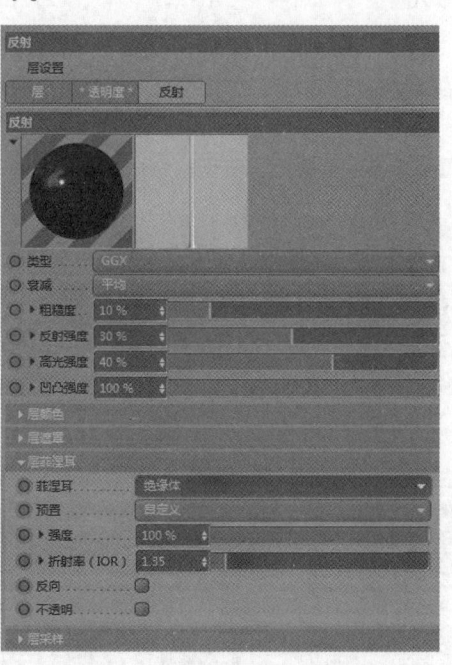

图7-192

步骤 09 创建橙色气球的材质，将“蓝气球”材质复制1份，命名为“橙气球”。在“颜色”中设置“H”为10°、“S”为65%、“V”为100%，复制这个颜色，如图7-193所示。将复制的颜色粘贴到“透明”栏的“颜色”中，其他保持默认，如图7-194所示。

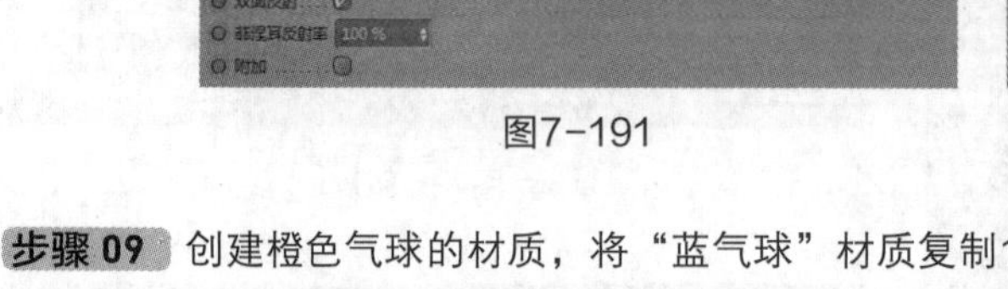

图7-193

图7-194

步骤 10 将“蓝气球”和“橙气球”两个材质分别赋予不同的气球，做到错落有致，整个场景的材质就全部设置完成了，如图7-195所示。

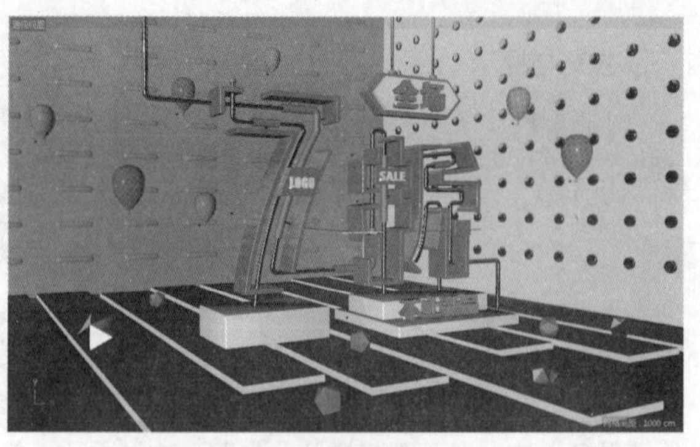

图7-195

5. 创建灯光

步骤 01 创建一处面光源照亮整个场景，单击 区域光 按钮新建“区域光”对象，在“常规”选项卡中设置灯光“强度”为100%、“投影”为“区域”，如图7-196所示。在“细节”选项卡中设置“水平尺寸”和“垂直尺寸”分别为700cm和500cm、“衰减”为“平方倒数（物理精度）”，如图7-197所示。在视图中将“区域光”放置到场景左上角处，使衰减外框的控制点靠近文字的边缘，如图7-198所示。

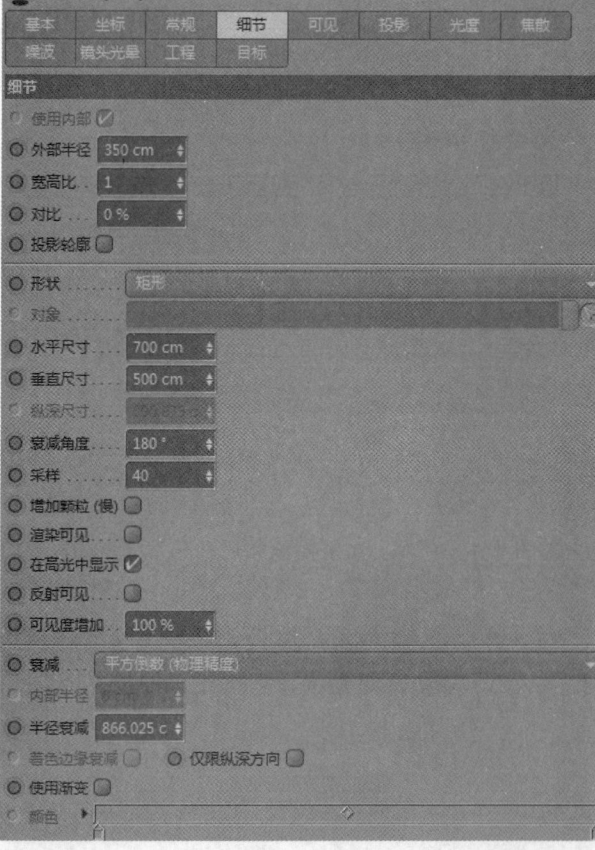

图7-197

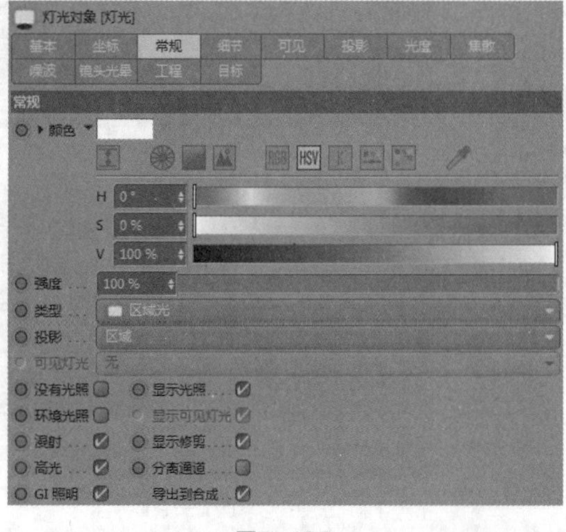

图7-196

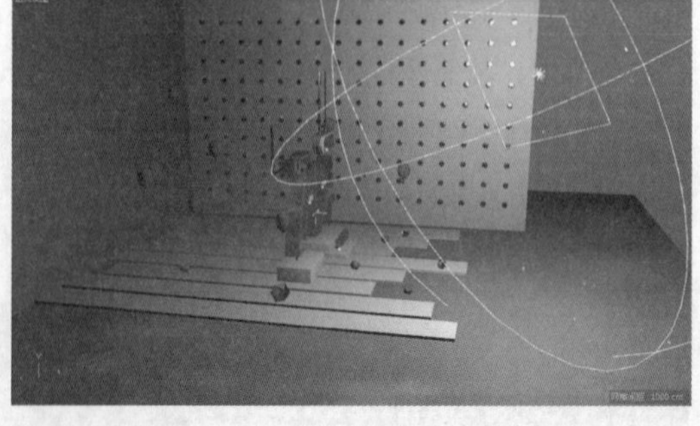

图7-198

步骤 02 一盏灯光是完全不够的，为了突出文字，在文字前方创建一盏“灯光”。在“细节”选项卡中设置“衰减”为“平方倒数（物理精度）”、“半径衰减”为350cm，如图7-199所示。在视图中调整它的位置，让其位于文字的正前方偏上位置，如图7-200所示。

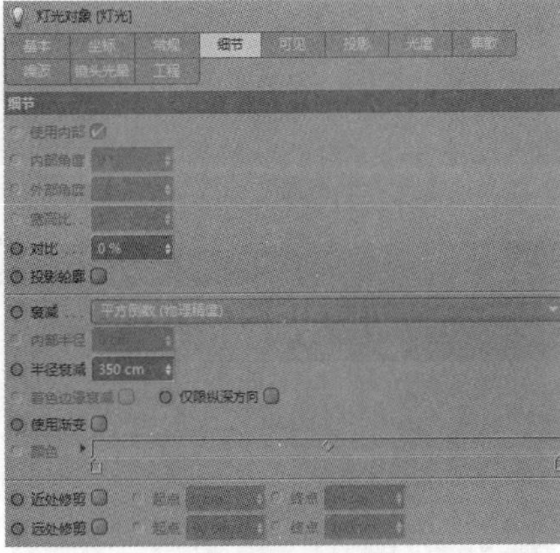

图7-199

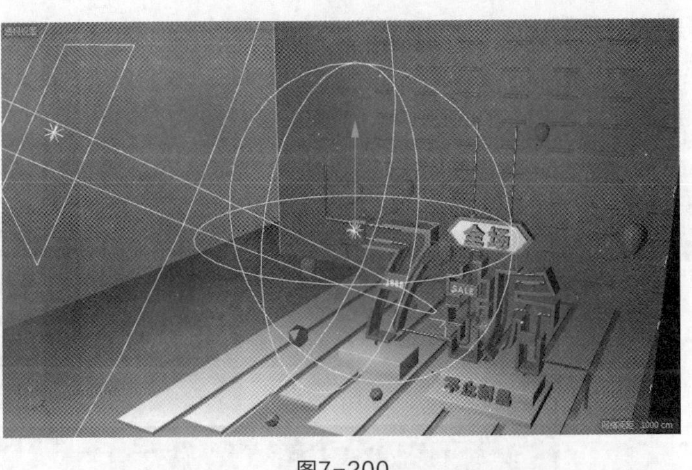

图7-200

步骤 03 为了让金属材质呈现出更好的效果，添加HDR环境。新建“天空”对象，并创建新材质，命名为HDR，在“发光”栏中导入一张HDR图片，取消勾选“颜色”和“反射”复选项。然后将该材质赋予“天空”对象，如图7-201所示。

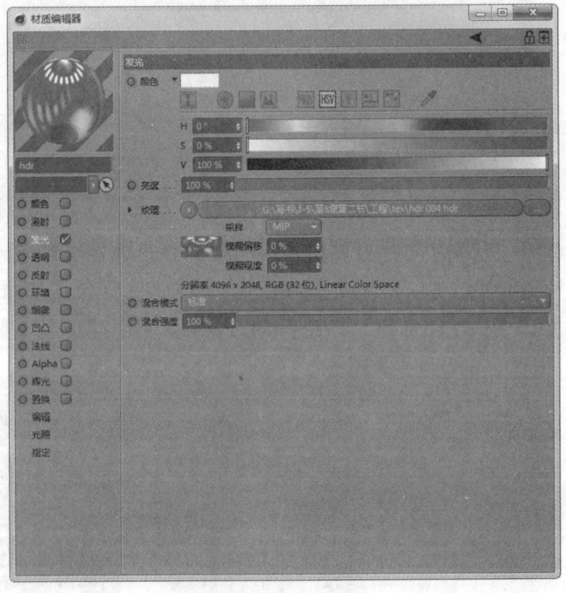

图7-201

步骤 04 进行渲染设置。单击“渲染设置”按钮，并打开“渲染设置”面板，单击“效果”选择“全局光照”和“环境吸收”复选项。在“全局光照”中，设置“预设”为“室内-预览（小型光源）”，其他保持默认，如图7-202所示。在“环境吸收”中，设置“最大光线长度”为60cm，其他保持默认，如图7-203所示。

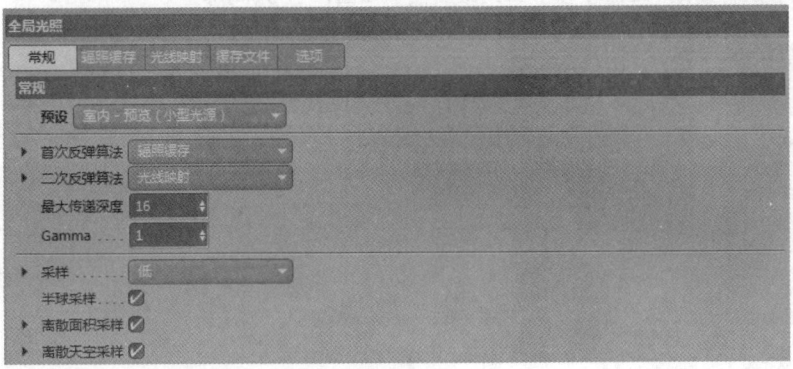

图7-202

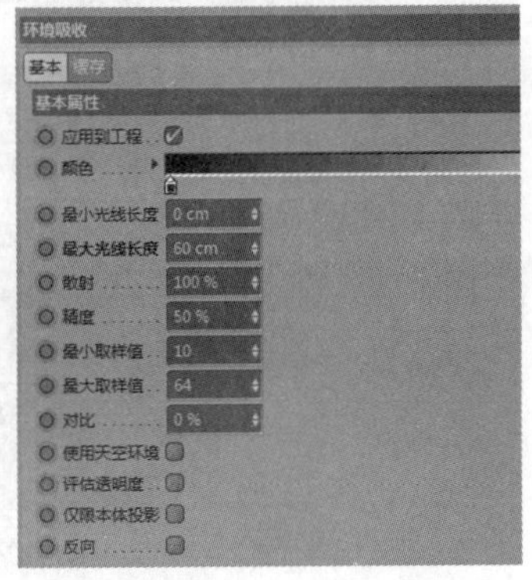

图7-203

步骤 05 勾选“输出”复选项，设置“宽度”和“高度”分别为1920像素和1270像素、“分辨率”为96像素/英寸（DPI），如图7-204所示。在“保存”中选择输出位置即可保存图像。单击“渲染到图片查看器”按钮即可渲染图像，渲染效果如图7-205所示。

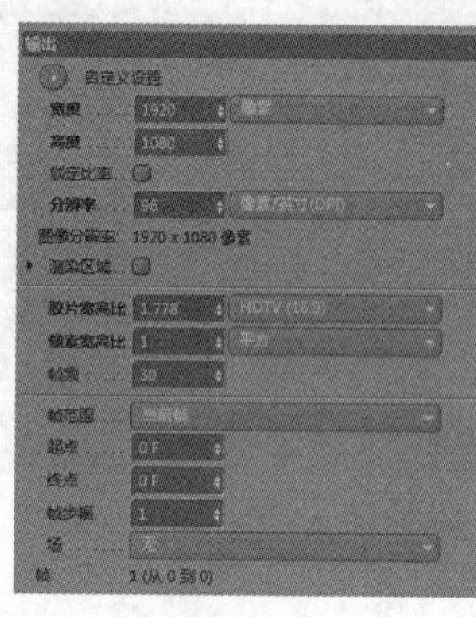

图7-204

图7-205

7.3.4 后期调整

步骤 01 在Cinema 4D中的修改已经完成了，但是图像在色彩和细节方面还需要完善，把输出的图片导入Photoshop中调整。图片的层次感不强，深色与浅色之间的对比不够明显，需要通过后期调整进行改良。进入Photoshop的“图层”面板，单击按钮新建“曲线”调整层，在曲线的上部和下部各新建一个点，分别调整，增强明暗对比，如图7-206所示。得到明暗层次更理想的图像，如图7-207所示。

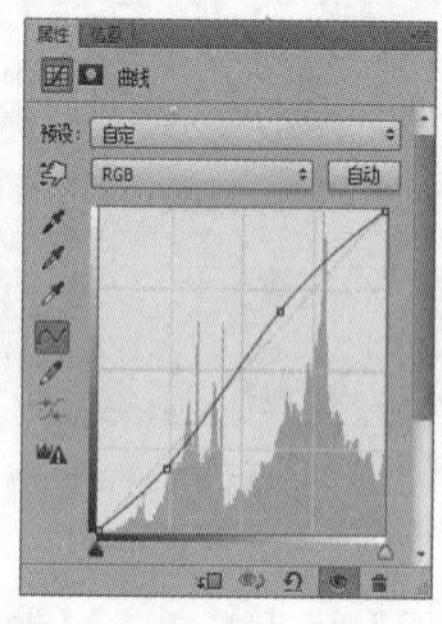

图7-206

图7-207

步骤 02 在Photoshop的“图层”面板中调整饱和度，单击按钮新建“色相/饱和度”调整层，将“饱和度”角标向右拖曳，提高图像的饱和度，如图7-208所示。得到最终图像如图7-209所示。

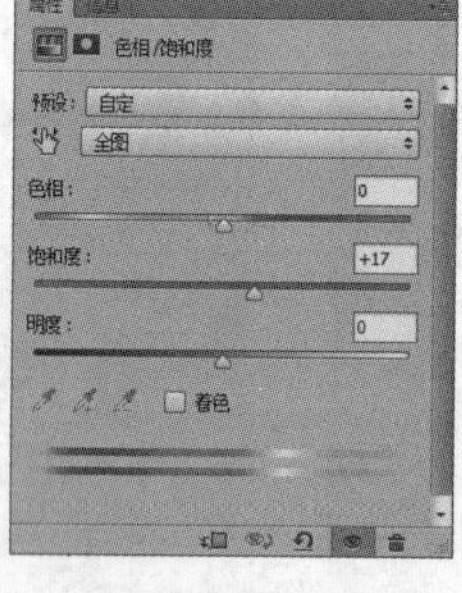

图7-208

图7-209

第 8 章 “618 狂欢盛典”主题页面设计

本章学习要点

- Cinema 4D各种建模工具的运用
- 灯光与反光板的配合使用
- 一个完整的主题页面的制作流程

8.1 前期构思和制作流程

8.1.1 前期构思

在拿到设计项目后，不要急于动手制作。首先要明确客户的诉求，例如这个案例是用来宣传商家的家用电器，而且是用在“618”网络购物节。从这两方面来看，一方面是不能做得太花哨，容易给人华而不实的感觉；另一方面也不能太呆板，否则表现不出购物狂欢的气氛。

首先来说一下配色，选用了蓝色作为主色调，蓝色给人以信赖和科技的感觉。为了增加欢快的气氛，还使用了橙色和朱红色，但因为场景中的物体过多，两种色彩不能满足需要，所以为了丰富画面，还使用了金色和浅绿色来点缀。对于场景元素而言，主题文字肯定是重点，然后配合一些其他模型元素，整体画面看起来很丰满，但是并不凌乱，如图8-1所示。

图8-1

8.1.2 制作流程

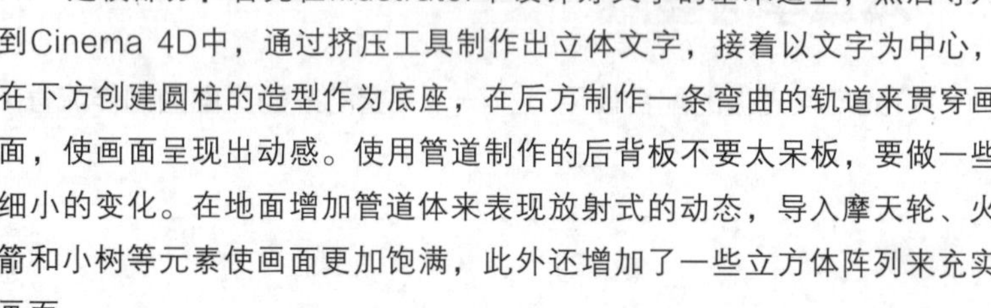

建模部分：首先在Illustrator中设计好文字的基本造型，然后导入到Cinema 4D中，通过挤压工具制作出立体文字，接着以文字为中心，在下方创建圆柱的造型作为底座，在后方制作一条弯曲的轨道来贯穿画面，使画面呈现出动感。使用管道制作的后背板不要太呆板，要做一些细小的变化。在地面增加管道体来表现放射式的动态，导入摩天轮、火箭和小树等元素使画面更加饱满，此外还增加了一些立方体阵列来充实画面。

材质部分：我采用了深蓝色作为主色调，有益于体现商品科技含量高和可靠耐用的品质。为了突出活动喜庆的氛围，使用了大量的朱红色，并与深蓝色形成了对比。为了凸显文字部分，在一些地方加上了金色，另外还添加了一些绿色作为点缀的颜色。

灯光部分：使用了常规的三点布光法，既简单又能获得良好的光照效果。

后期部分：在Cinema 4D中继续渲染出详情页所需的其他素材，如优惠券底板、产品底板等，最后在Photoshop中调整色彩，添加产品，完成的页面效果如图8-2所示。

图8-2

8.2 创建模型场景

8.2.1 创建文字模型

步骤 01 首先在Illustrator中设计好文字字体“狂欢盛典”和“冲刺618”，如图8-3所示。选中“狂欢盛典”文字，执行“对象＞路径＞偏移路径”菜单命令，打开“偏移路径”对话框，设置“位移”为7mm、“连接”为“斜接”，然后单击“确定”按钮，创建一个外轮廓图形，如图8-4所示。

步骤 02 将创建的外轮廓图形拖曳到下方，方便进一步的编辑。继续选中外轮廓图形，用同样的方法创建出另一个外轮廓样条，如图8-5所示。

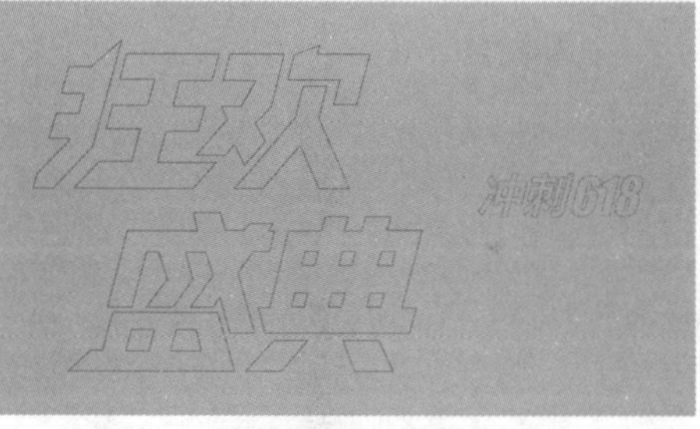

图8-3

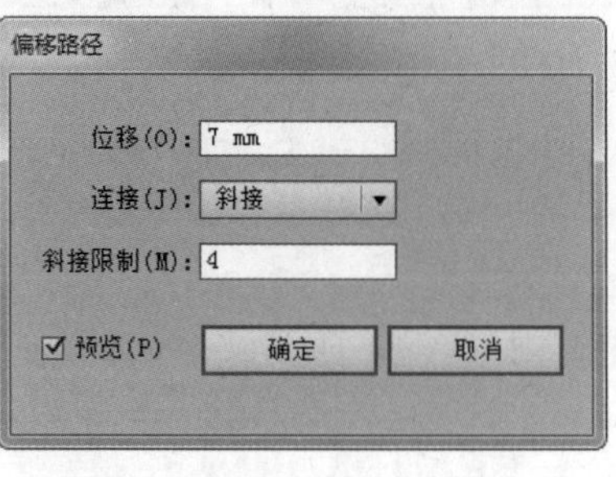

图8-4

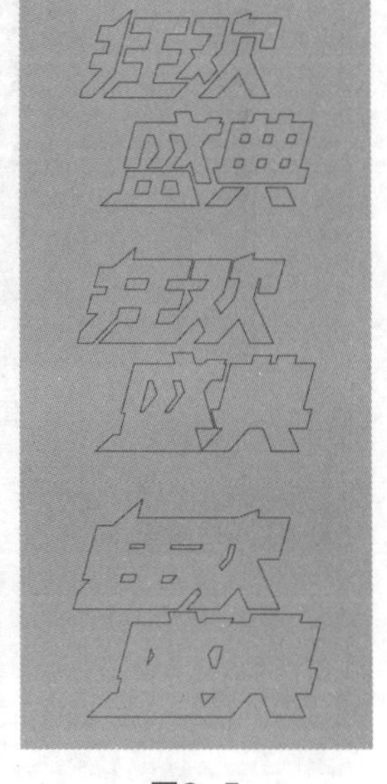

图8-5

步骤 03 选中“冲刺618”文字，执行“对象＞路径＞偏移路径”菜单命令，打开“偏移路径”对话框，设置“位移”为4mm、“连接”为“斜接”，然后单击“确定”按钮，创建一个外轮廓图形，如图8-6所示。将外轮廓图形拖曳到下方，以方便进一步的编辑。

步骤 04 将这些样条线存储为Illustrator 8版本，然后把Illustrator 8版本的图形导入Cinema 4D中，保持默认选项，得到的效果如图8-7所示。

步骤 05 在Cinema 4D里面选中这个样条线组成的群组，然后按快捷键Shift+G取消群组，得到散乱的样条线，接着把这些样条线分别框选出来并进行群组，得到3个“狂欢盛典”的文字群组和两个“冲刺618”的文字群组，如图8-8所示。将这些群组放置在场景的中心位置，然后调整位置使它们对齐，效果如图8-9所示。

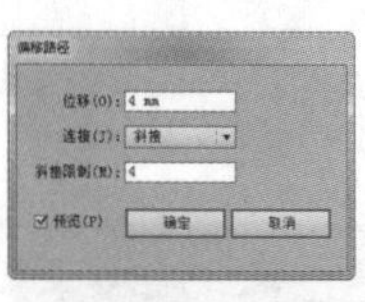

图8-6

图8-7

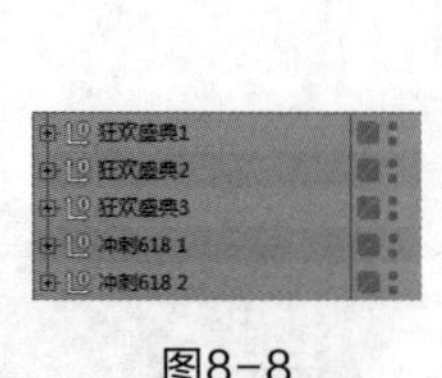

图8-8

图8-9

步骤 06 现在来调整文字的大小，将它们的整体高度调整到600cm左右。单击 挤压 按钮新建“挤压”对象，在“对象”选项卡中设置“移动”的第3个数值为20cm，勾选“层级”复选项。在“封顶”选项卡中设置“顶端”和“末端”都为“圆角封顶”、“步幅”都为3、“半径”都为1cm，如图8-10所示。将这个挤压对象作为“狂欢盛典1”群组的父物体，效果如图8-11所示。

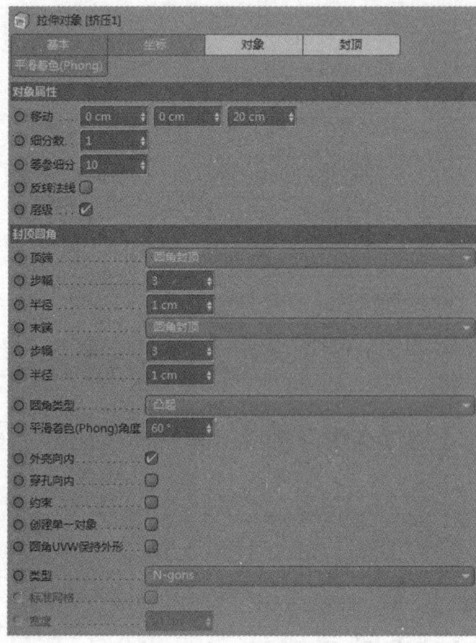

图8-10

图8-11

技巧与提示

在制作项目的时候，需要经常在 Cinema 4D 中导入一些其他格式的文件，比如常见的 Illustrator 文件，或是三维通用格式 FBX。由于制作这些文件的单位不同，所以导入后的文件大小也都不尽相同。所以如何判断导入文件的大小，就成了一个比较关键的问题。

这里介绍一个比较简单的方法，首先创建一个大小为 200cm×200cm×200cm 的立方体，然后根据它的大小来对比估算导入素材的大小。本例导入的 Illustrator 文件要远远大于场景的需要，所以要将它缩小。

步骤 07 单击挤压按钮新建“挤压”对象，在“对象”选项卡中设置“移动”的第3个数值为30cm，勾选“层级”复选项；在“封顶”选项卡中设置“顶端”和“末端”都为“圆角封顶”、“步幅”都为3、“半径”都为2cm。将这个挤压对象作为“狂欢盛典2”群组的父物体，如图8-12所示。用同样的方法制作后面的背板，将“挤压”对象赋予“狂欢盛典3”群组，并且复制2份，调整成不同的厚度，如图8-13所示。

步骤 08 用上一步的方法做出“冲刺618”文字的立体造型，“冲刺618”文字的第一层要薄一些，“冲刺618”文字的第2层要厚一些，并且将第2层复制1份，一共3层文字，最后调整文字的前后关系，如图8-14所示。

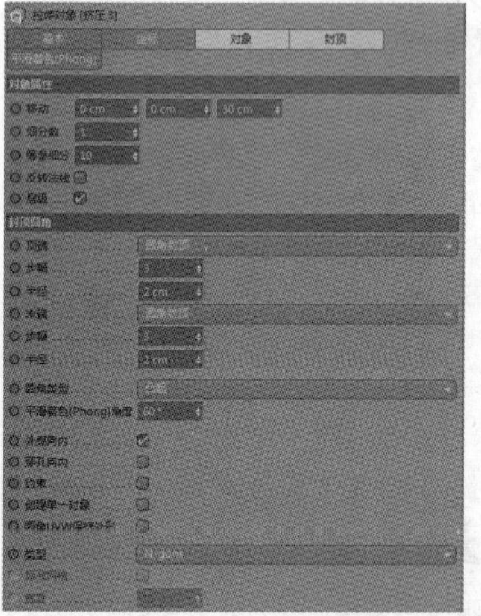

图8-12

图8-13

图8-14

8.2.2 创建主体模型

步骤 01 单击 按钮新建“圆柱”对象，在“属性”面板的“对象”选项卡中设置“半径”为390cm、“高度”为120cm、“高度分段”为1、“旋转分段”为72；在“封顶”选项卡中勾选“封顶”复选项，设置“分段”为1，勾选“圆角”复选项，设置“分段”为3、“半径”为3cm，如图8-15所示。

步骤 02 把这个圆柱复制1份并设置“半径”为410cm、“高度”为30cm，如图8-16所示。将复制生成的圆柱放在底部，然后继续将这个圆柱复制2份，将高度调低，穿插在上部圆柱的中间位置，效果如图8-17所示。

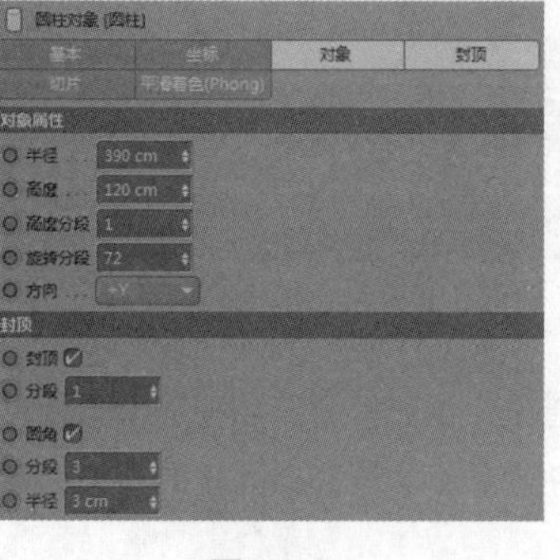

图8-15

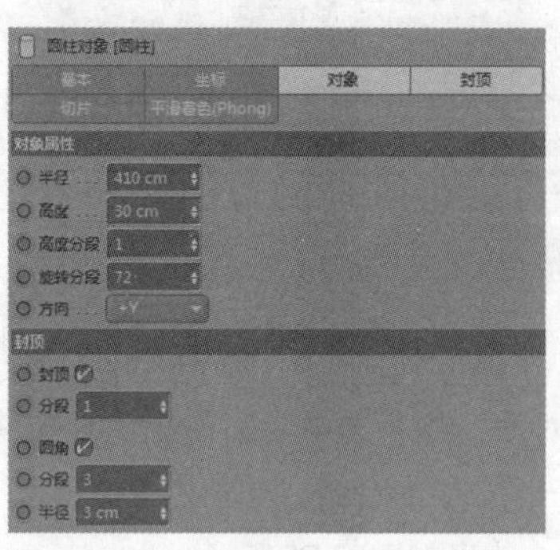

图8-16

图8-17

步骤 03 单击 按钮新建“圆环”对象，设置“半径”为392cm（即比圆柱稍大）、“平面”为XZ，如图8-18所示，然后将它放置在圆柱的中间部分。

步骤 04 单击 按钮新建“球体”对象，将球体半径设置为9cm。新建“克隆对象”，在“属性”面板的“对象”选项卡中设置“模式”为“对象”，在“对象”参数框中载入刚才创建的“圆环”，设置“分布”为“数量”、“数量”为26，如图8-19所示。将球体作为“克隆对象”的子对象，效果如图8-20所示。

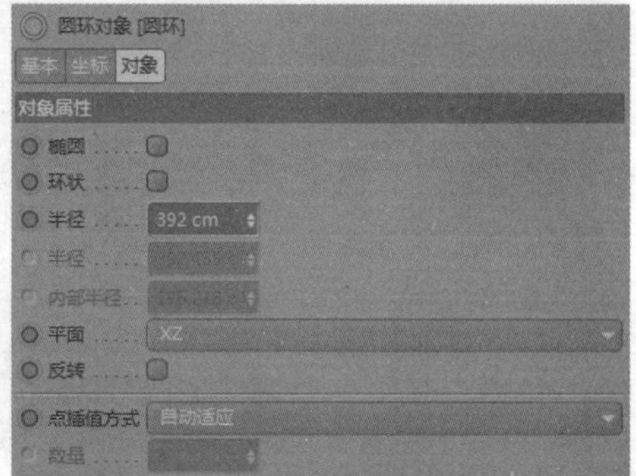

图8-18

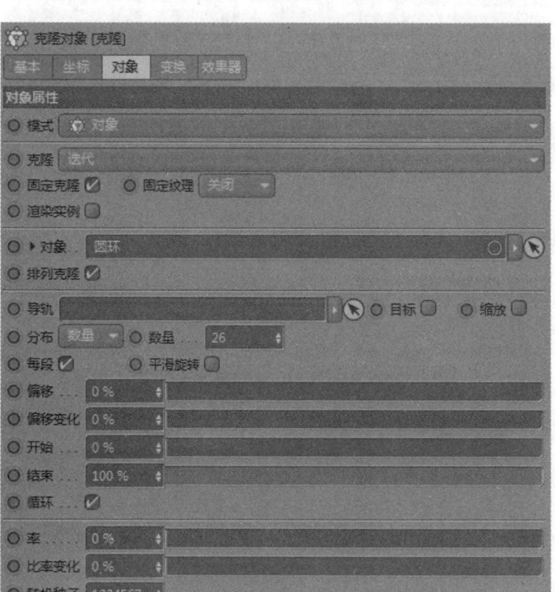

图8-19

图8-20

步骤 05 单击 平面 按钮创建一个“平面”对象作为地面，将它放置在圆柱的最下方，然后把平面拉大，直到看不见两侧的边缘，如图8-21所示。

步骤 06 下面来制作台阶。单击 立方体 按钮创建“立方体”对象，在“属性”面板的“对象”选项卡中设置“尺寸.X”“尺寸.Y”“尺寸.Z”分别200cm、50cm、200cm，设置“分段Z”为3，如图8-22所示，效果如图8-23所示。

图8-21

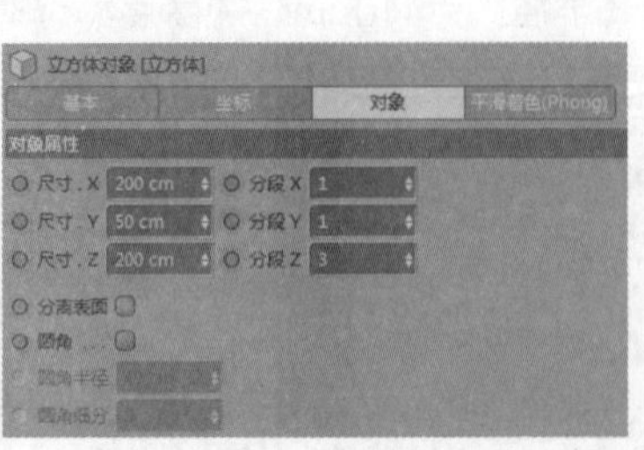

图8-22

图8-23

步骤 07 将这个多边形物体转为可编辑对象，然后选中后面两个面并按快捷键D挤出厚度，接着选中最后的面并按快捷键D挤出厚度，这样就创建了一个3层的台阶，如图8-24所示。将这个台阶放置在圆柱的前方，调整视角，将文字和台阶稍微向左偏斜一些，效果如图8-25所示。

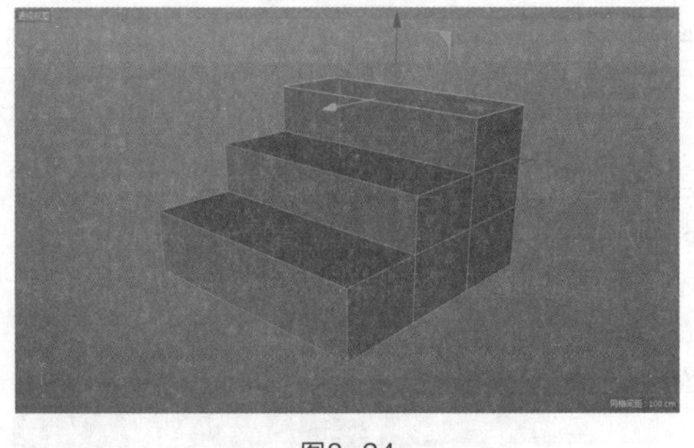

图8-24

图8-25

步骤 08 创建放射状的圆环。单击 管道 按钮新建“管道”对象，在“属性”面板的“对象”选项卡中设置“内部半径”为580cm、“外部半径”为720cm、“旋转分段”为72、“高度”为15cm、“方向”为+Y，勾选“圆角”复选项，设置“分段”为3、“半径”为3cm，如图8-26所示。再复制一个管道，并将其放大，完成效果如图8-27所示。

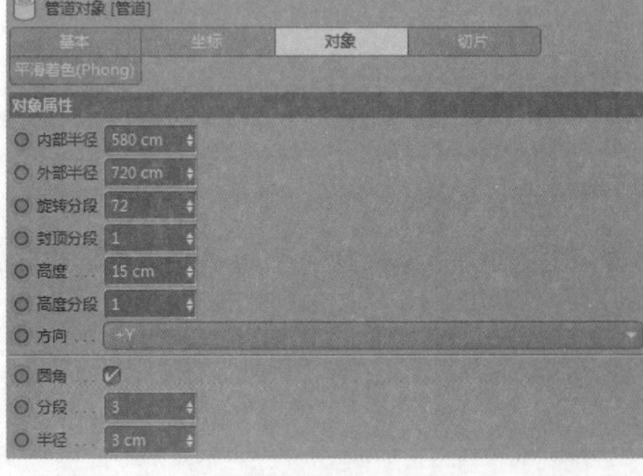

图8-26

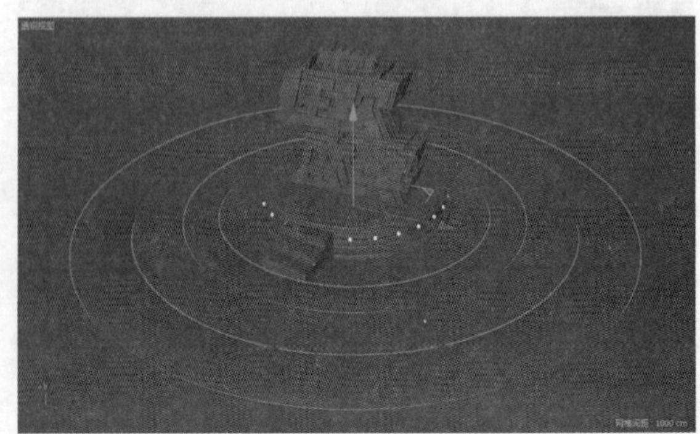

图8-27

步骤 09 创建外部的大范围框。新建“管道”对象，在“属性”面板的“对象”选项卡中设置“内部半径”为1550cm、“外部半径”为1700cm、“旋转分段”为72、“高度”为80cm、“方向”为+Y，勾选“圆角”复选项，设置“分段”为3、“半径”为6cm，如图8-28所示。

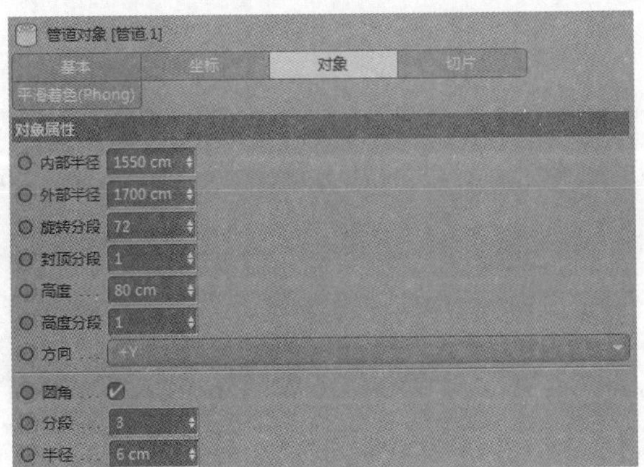

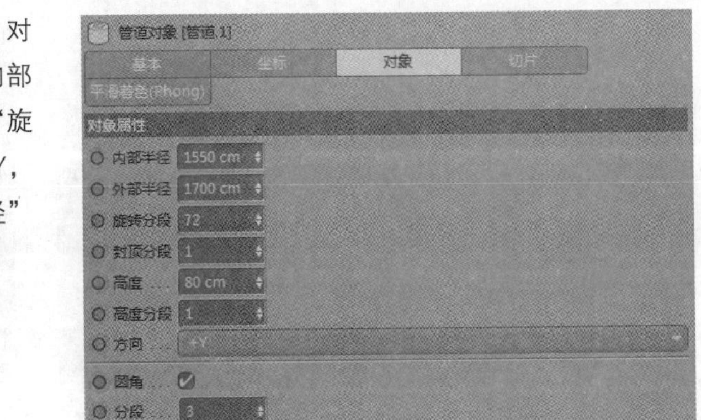

图8-28

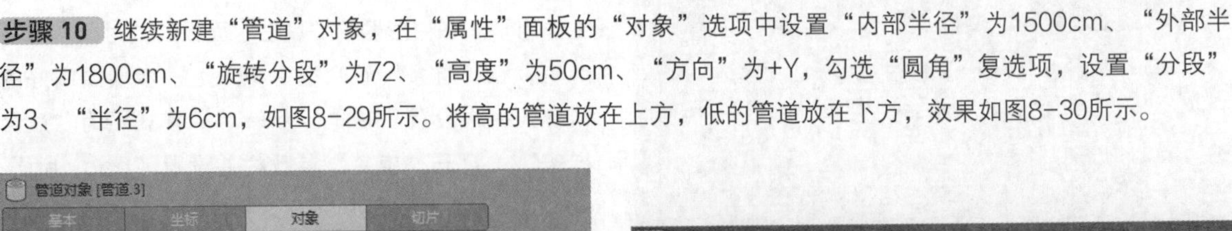

步骤 10 继续新建“管道”对象，在“属性”面板的“对象”选项中设置“内部半径”为1500cm、“外部半径”为1800cm、“旋转分段”为72、“高度”为50cm、“方向”为+Y，勾选“圆角”复选项，设置“分段”为3、“半径”为6cm，如图8-29所示。将高的管道放在上方，低的管道放在下方，效果如图8-30所示。

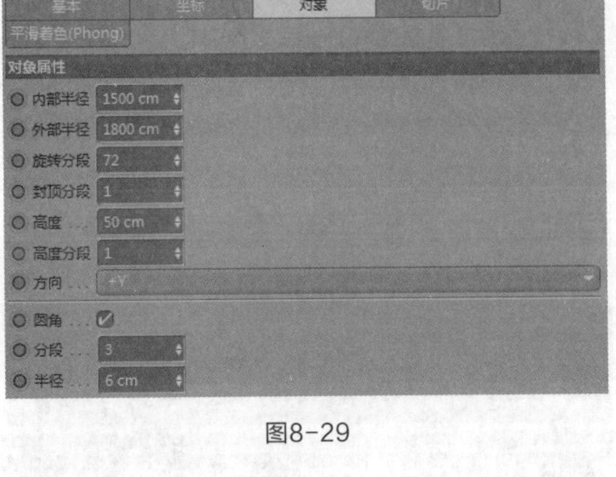

图8-29

图8-30

步骤 11 创建环绕文字的轨道对象。使用“画笔”工具在场景中勾勒出弯曲的样条线，然后在4个视图中调整好样条线的形态，完成效果如图8-31所示。

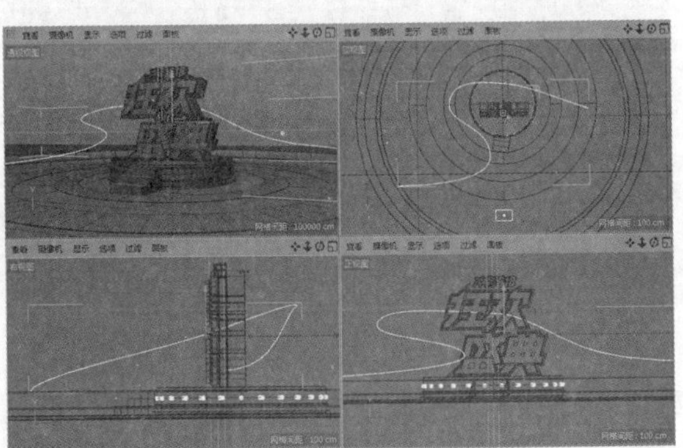

图8-31

步骤 12 新建“圆柱”对象，设置“半径”为35cm、“高度”为4600cm、“高度分段”为100、“旋转分段”为3、“方向”为+Y，如图8-32所示。单击 晶格 按钮创建“晶格”对象，设置“圆柱半径”为3cm、“球体半径”为3cm、“细分数”为8，如图8-33所示。将圆柱体作为晶格对象的子层级，得到类似钢架的形态，如图8-34所示。

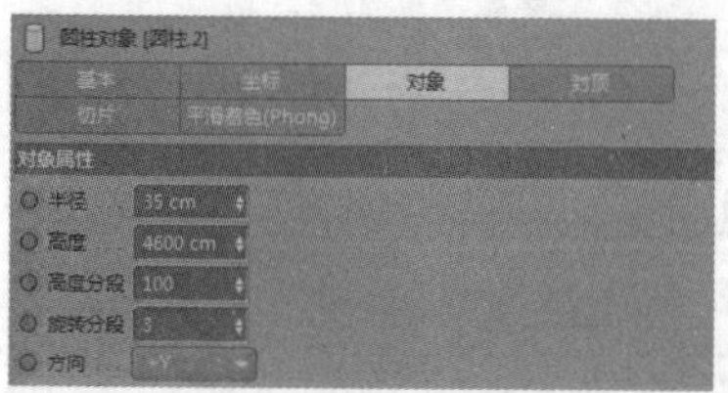

图8-32

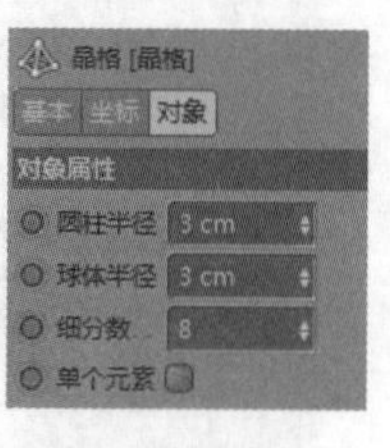

图8-33

图8-34

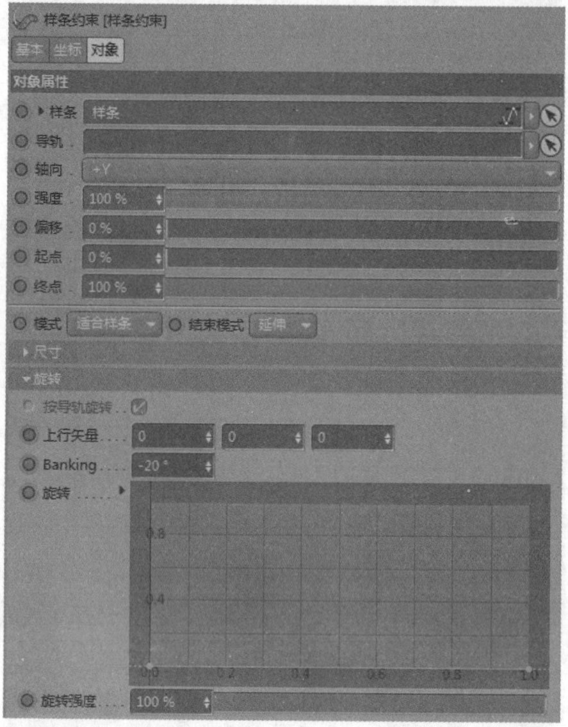

图8-35

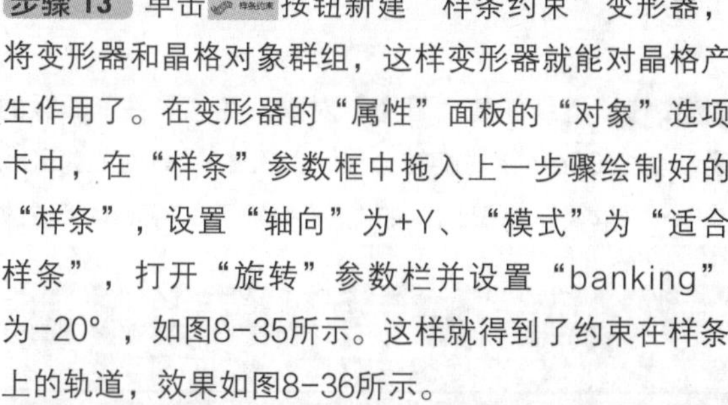

步骤 13 单击按钮新建“样条约束”变形器，将变形器和晶格对象群组，这样变形器就能对晶格产生作用了。在变形器的“属性”面板的“对象”选项卡中，在“样条”参数框中拖入上一步骤绘制好的“样条”，设置“轴向”为+Y、“模式”为“适合样条”，打开“旋转”参数栏并设置“banking”为-20°，如图8-35所示。这样就得到了约束在样条上的轨道，效果如图8-36所示。

图8-36

技巧与提示

将轨道约束在样条上时，我们设置了“旋转”的参数，如果想要更多的造型变化，可以继续调整“旋转”和“尺寸（即缩放）”参数。

步骤 14 创建商品底座。单击按钮新建“圆柱”对象，设置“半径”为100cm、“高度”为18cm、“高度分段”为1、“旋转分段”为72、“方向”为+Y，如图8-37所示。

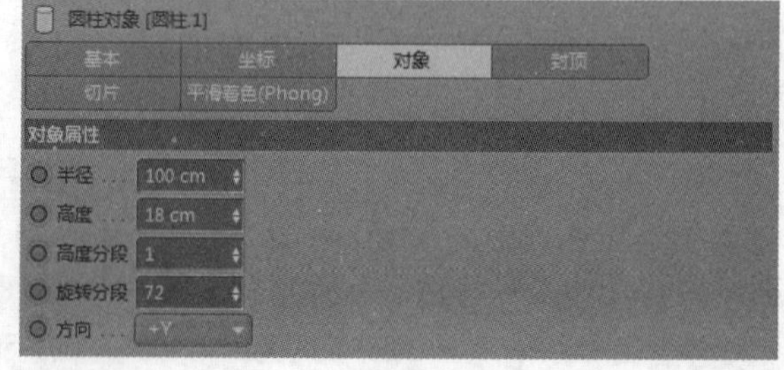

图8-37

步骤 15 单击管道按钮新建“管道”对象，设置“外部半径”为100cm、“内部半径”为105cm、“旋转分段”为72、“高度”为5cm、“高度分段”为1、“方向”为+Y，如图8-38所示。继续新建“管道”对象，设置“外部半径”为115cm、“内部半径”为140cm、“旋转分段”为72、“高度”为5cm、“高度分段”为1、“方向”为+Y，勾选“圆角”复选项，设置“分段”为3、“半径”为1，如图8-39所示，商品底座的完成效果如图8-40所示。

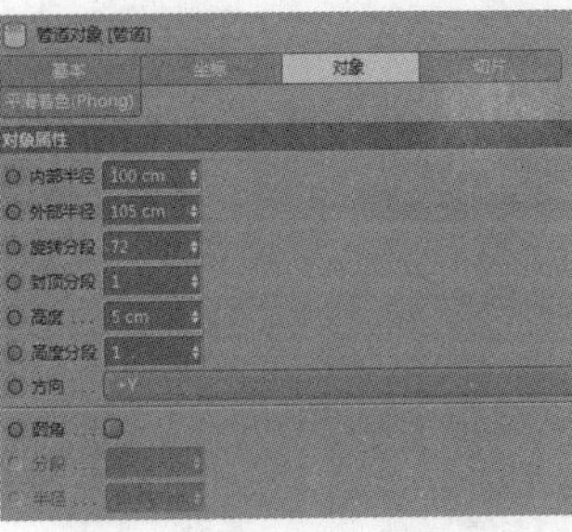

图8-38

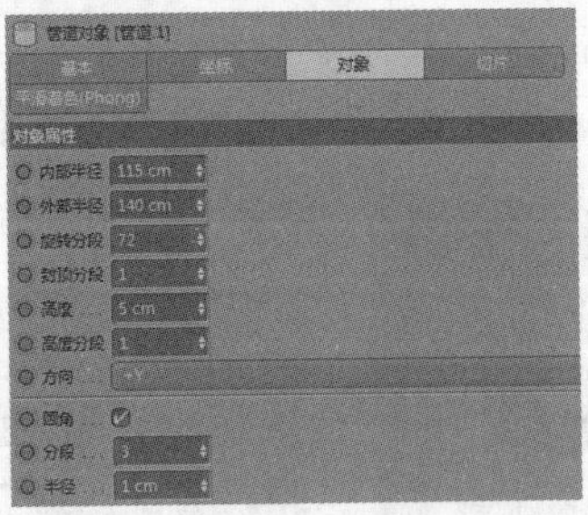

图8-39

图8-40

步骤 16 将商品底座放置在场景的前方，再复制1份，一左一右，效果如图8-41所示。

步骤 17 创建后面的圆形背板。新建“管道”对象，设置“内部半径”为430cm、“外部半径”为460cm、“旋转分段”为72、“高度”为10cm、“高度分段”为1，勾选“圆角”复选项，设置“分段”为3、“半径”为1.2cm，如图8-42所示。这个是最外部的管道，以这个圆管为基础复制4个管道体，并分别调整各自的大小，得到的效果如图8-43所示。

步骤 18 将这个圆盘造型作为背板使用，放置在场景的后方，再复制1份并缩小放置在场景的最左侧，效果如图8-44所示。

图8-41

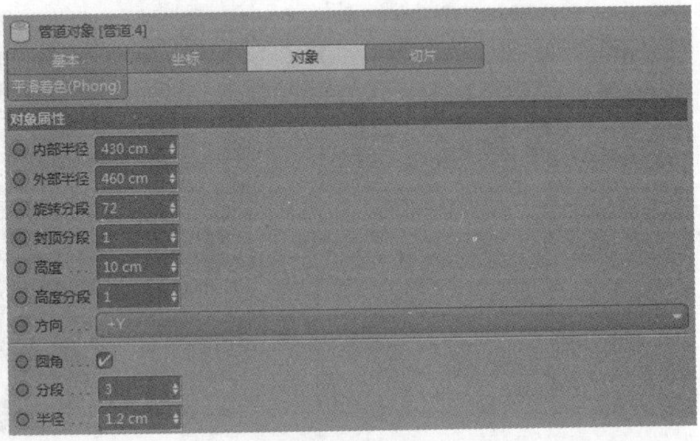

图8-42

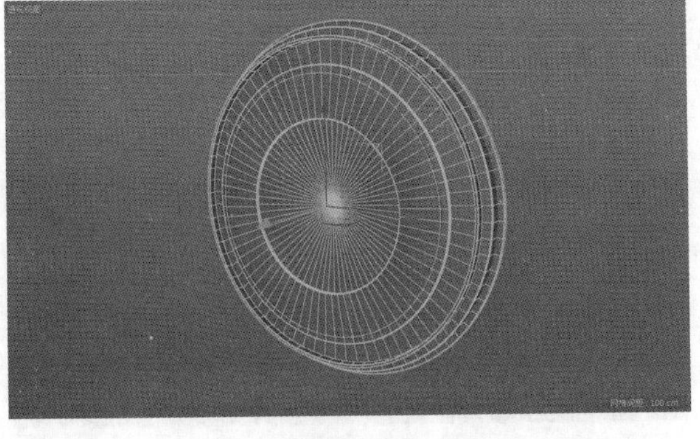

图8-43

图8-44

8.2.3 导入外部模型

步骤 01 在学习资源中找到相应的素材模型文件，把这些文件打开，里面包含火箭发射台、摩天轮、喷射火箭、热气球、吉他摆件、小树和摩天大楼等模型。把这些模型复制并粘贴到场景中，然后调整大小和位置，大楼、摩天轮和吉他放在左侧，火箭发射塔和喷射火箭放在右边，把小树放在左右两边并复制几份，如图8-45所示。

步骤 02 此时的画面中还有些空洞，可以添加一些元素进行填充。单击“立方体”按钮新建“立方体”对象，在“属性”面板的“对象”选项卡中设置“尺寸.X”“尺寸.Y”“尺寸.Z”分别为80cm、60cm、20cm，勾选“圆角”复选项，设置“圆角半径”为2cm、“圆角细分”为3，如图8-46所示。

图8-45

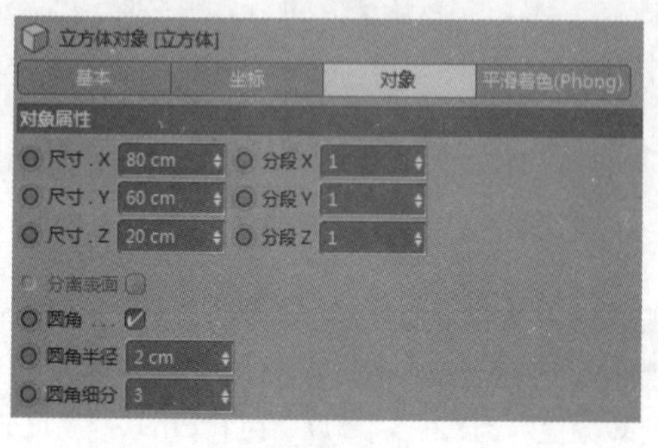

图8-46

步骤 03 新建“克隆”对象，在“属性”面板的“对象”选项卡中设置“模式”为“线性”、“数量”为7、“位置.Y”为90cm，如图8-47所示。将立方体作为克隆对象的子对象，并且复制1份，方便后面设置多种材质，得到的效果如图8-48所示。

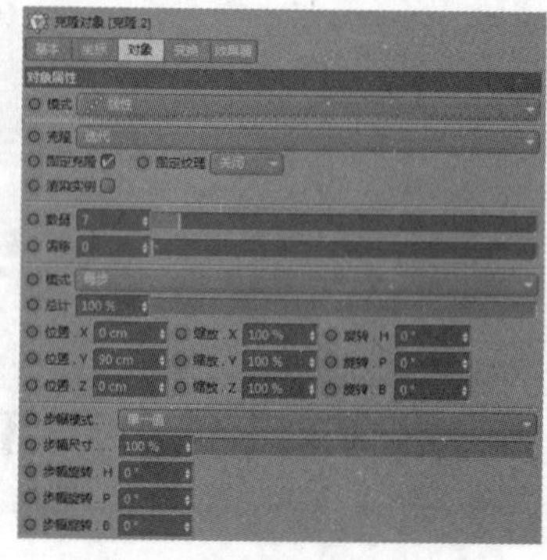

图8-47

图8-48

步骤 04 将这个克隆对象复制几份，并且把立方体调整为不同的大小，克隆的数量也设置为不同，然后把这些克隆对象放置到合适的位置，效果如图8-49所示。

图8-49

⚙ 技巧与提示

三维场景最忌讳的就是画面空洞无物，但是完全靠自己建模也不太现实，一般可以用两种方法来增加画面的丰富程度。

一是平时多收集一些素材模型并整理好，这样可以根据需要随时调用。比如，表现欢乐的场景可以用到小黄鸭、卡通小人、摩天轮和彩带等模型；表现科技的场景可以用到管道、电路、齿轮和飞船等模型。这种方式的缺点是收集的模型来源不一，质量参差不齐，风格不统一。

二是使用克隆工具阵列小球、圆柱或立方体等基础图形来填充画面。这种方式的缺点是效果看起来略显呆板。

所以，这两种方式一般要搭配起来使用，这样画面既不会太空洞，也不会太杂乱。

8.3 材质与灯光

8.3.1 创建材质

步骤 01 创建一个材质球，双击进入材质编辑面板，设置“颜色”的“H”“S”“V”分别为220°、85%、35%，如图8-50所示。将这个深蓝色的材质作为主要材质，定下整个场景的色彩基调，然后将这个材质赋予文字的第3块板、圆形背板部分最大的一块、几个立方体阵列的子对象的其中一个、产品底板的外环等，如图8-51所示。

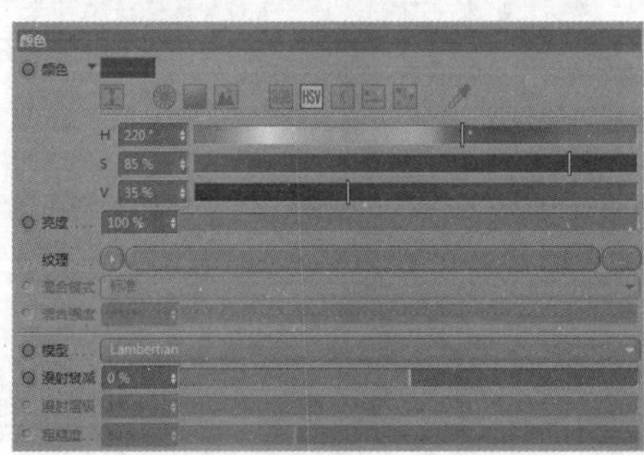

图8-50

图8-51

步骤 02 将上一步的材质复制1份，在材质编辑器内取消勾选“反射”通道，然后设置“颜色”的“H”“S”“V”分别为220°、70%、20%，如图8-52所示。这样就得到了一个没高光的更深的蓝色，然后将这个材质赋予地面，效果如图8-53所示。

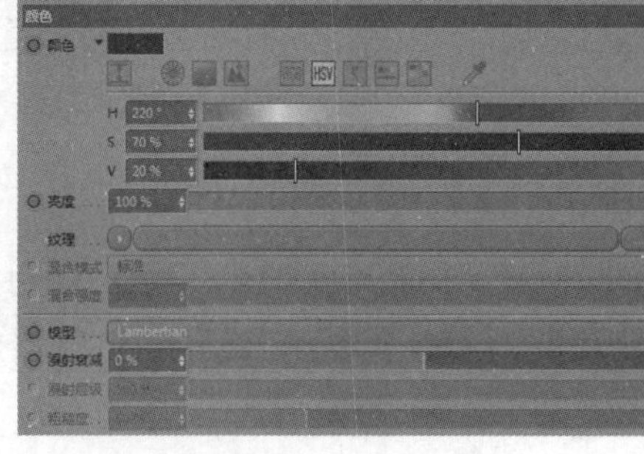

图8-52

图8-53

步骤 03 将第一步创建好的材质复制1份，设置“颜色”的“H”“S”“V”分别为220°、70%、30%，如图8-54所示。在“反射”面板中单击“添加”按钮，添加“反射（传统）”类型的反射，即“层1”，在“层1”中设置“衰减”为“添加”、“粗糙度”为5%、“反射强度”为10%、“高光强度”为20%，如图8-55所示。将这个材质赋予地面上的两条管道，效果如图8-56所示。

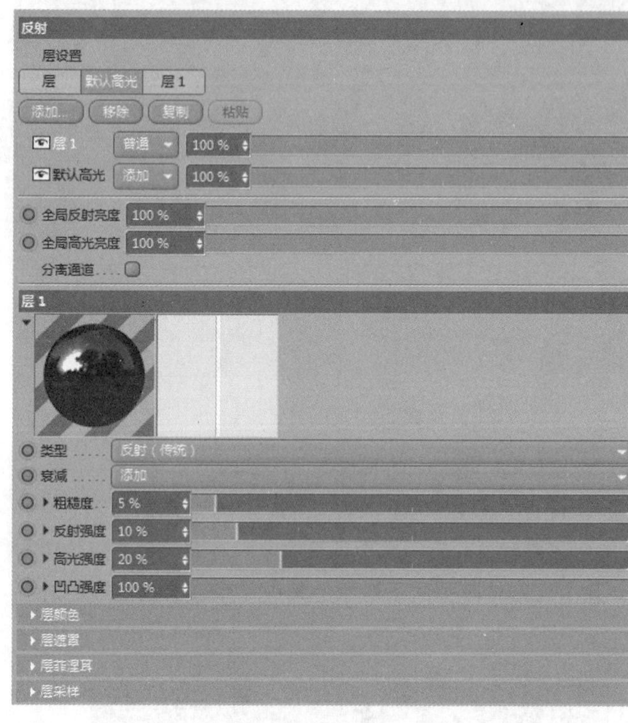

图8-55

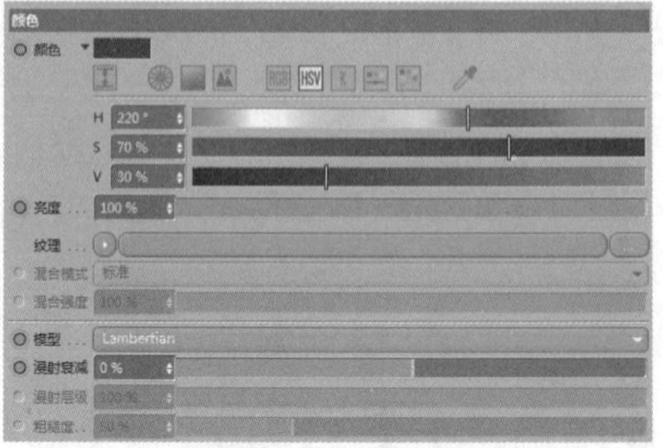

图8-54

图8-56

步骤 04 创建深红色材质。创建一个材质球，双击进入材质编辑面板，设置“颜色”的“H”“S”“V”分别为340°、100%、60%，如图8-57所示。这样就得到了深红色的材质球，将这个材质赋予主题文字的底座、产品底板的主体、圆形后背板、台阶侧面和小立方体等元素，效果如图8-58所示。

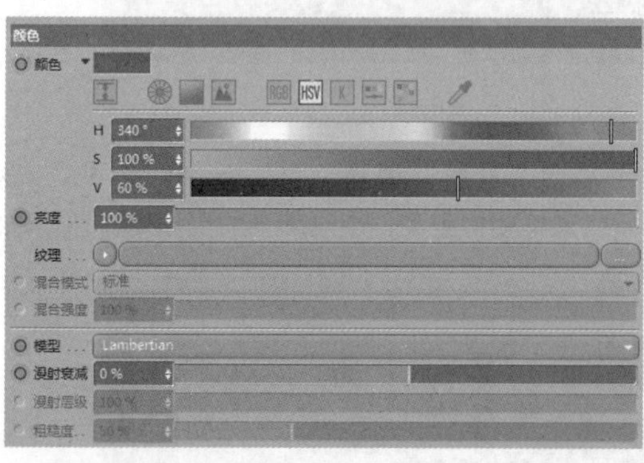

图8-57

图8-58

步骤 05 创建橙红色材质。将上一步创建的材质复制1份，设置“颜色”的“H”“S”“V”分别为5°、80%、90%，如图8-59所示。将这个材质赋予主题文字的最后面、“618”文字的正面、底座的最下层、弯曲的轨道、台阶的正面、圆形后背板和部分小立方体等对象，效果如图8-60所示。

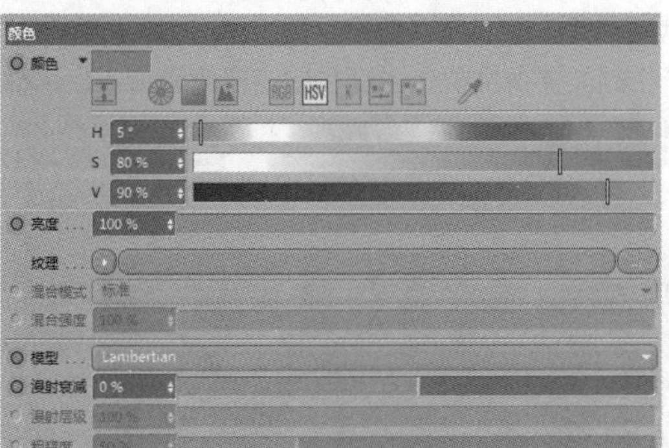

图8-59

图8-60

步骤 06 创建金色材质，这里的金色材质并不是完全的金属材质，因为高反射的物体在如此复杂的场景中会显得比较花，所以不会设置太高的反射强度。新建一个材质球，来到材质编辑器，设置“颜色”的“H”“S”“V”分别为30°、55%、100%，如图8-61所示。

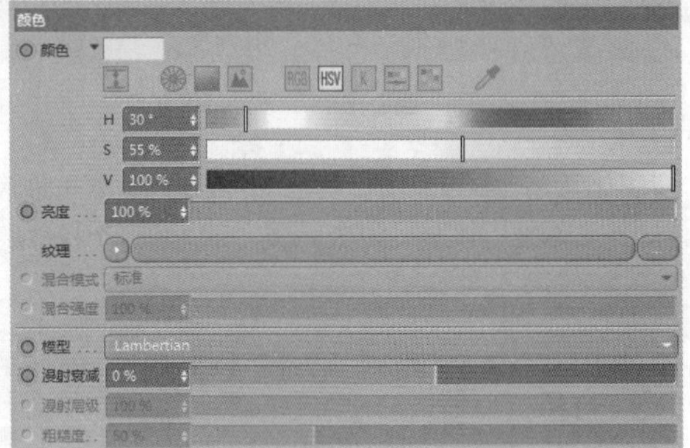

图8-61

步骤 07 在“反射”参数栏中单击“添加”按钮，加GGX反射层，即“层2”。在“层2”参数栏中设置“粗糙度”为5%、“反射强度”为80%、“高光强度”为20%，打开“层颜色”参数栏，设置“颜色”为浅黄色，如图8-62所示。将这个材质赋予“狂欢盛典”正面文字、文字底座的装饰小球、产品底座的环和圆形后背板的元素等模型，效果如图8-63所示。

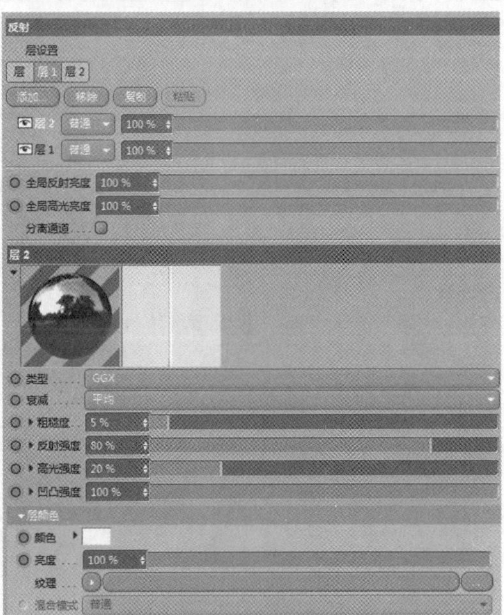

图8-62

图8-63

步骤 08 创建绿色的材质。创建一个材质球，双击进入材质编辑面板，设置“颜色”的“H”“S”“V”分别为170°、40%、80%，如图8-64所示。将这个材质赋予主题文字的夹层、主题文字底座的装饰条、小树的叶片和后背板的元素等，效果如图8-65所示。

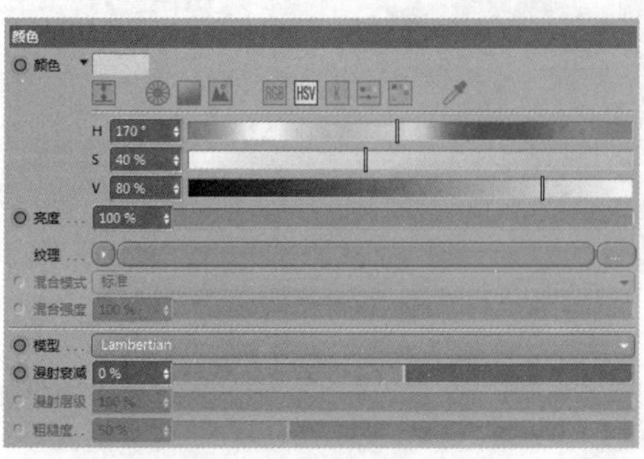

图8-64

图8-65

步骤 09 制作树干材质。创建一个材质球，双击进入材质编辑面板，设置“颜色”的“H”“S”“V”分别为30°、90%、40%，如图8-66所示，将这个材质赋予所有小树的树干，如图8-67所示。

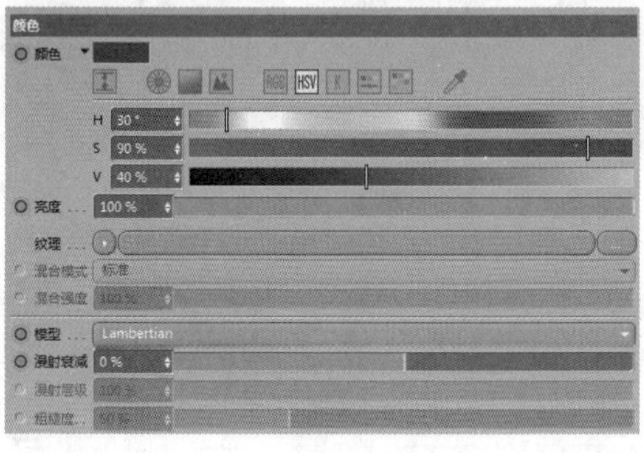

图8-66

图8-67

8.3.2 灯光与反光板

步骤 01 创建光源照亮整个场景。单击 目标聚光灯 按钮新建“目标聚光灯”对象，确保目标对象在主题文字上，这样灯光才会照在场景中心。在“属性”面板的“常规”选项卡中设置“类型”为“区域光”、“投影”为“区域”，其他保持默认，如图8-68所示。在“细节”选项卡中设置合适的光源大小，设置“衰减”为“平方倒数（物理精度）”，如图8-69所示。将灯光复制2份，并且调整位置，左1盏，右1盏、顶部1盏、衰减的边缘靠近物体，如图8-70所示。

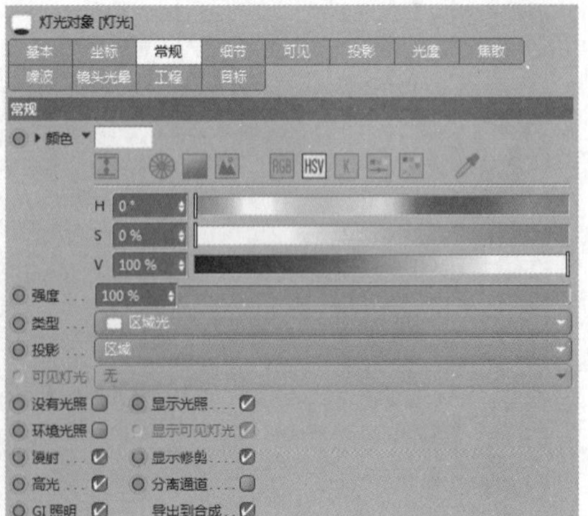

图8-68

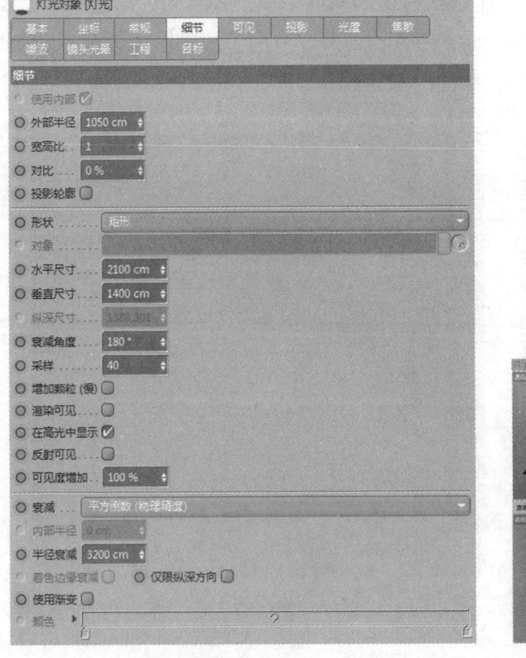

图8-69

图8-70

步骤 02 对场景进行测试渲染，可以看到场景中的物体基本被照亮，但是有两个明显的缺陷，一是背景呈现出“死黑”，二是金色材质的颜色不正，比较难看，如图8-71所示。

图8-71

步骤 03 下面来进行调整，首先创建一个“背景”对象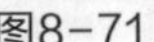，然后创建一个材质球，在材质编辑器中取消对勾选“反射”通道，在“颜色”通道的“纹理”中添加“星空”贴图，接着将这个材质赋予“背景”对象，如图8-72所示。这样背景就有了天空的样子，效果如图8-73所示。

图8-72

图8-73

步骤 04 创建文字正面的反光板。首先创建一个材质球，在材质编辑器中取消勾选对“颜色”和“反射”复选项，勾选“发光”和“Alpha”复选项，如图8-74所示。在Alpha通道中的“纹理”中设置“渐变”为黑-白-黑-白-黑-白的渐变、“类型”为“二维-斜向”，如图8-75所示。

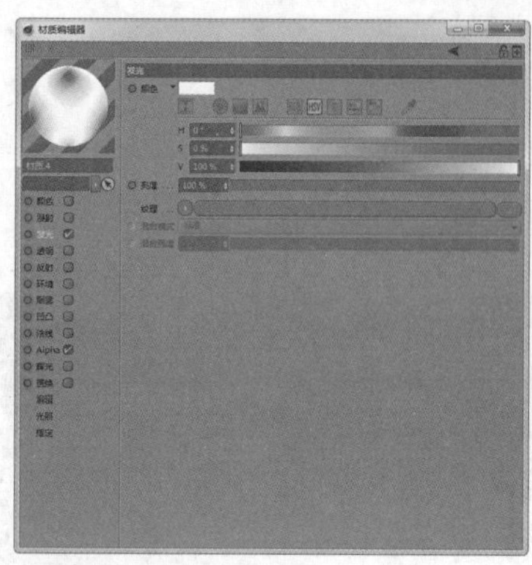

图8-74

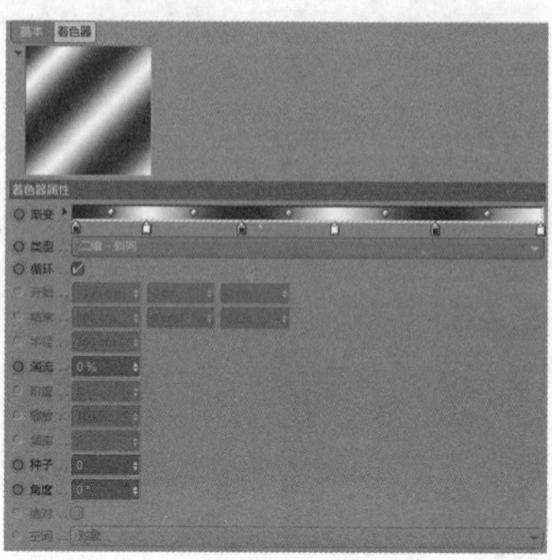

图8-75

步骤 05 单击 平面 按钮新建一个“平面”对象，在“属性”面板的“对象”选项卡中设置“宽度”和“高度”分别为700cm和470cm，如图8-76所示。将这个平面放在主体文字的正前方并紧贴着文字，作为反光板使用，将上一步设置好的材质赋予该平面，如图8-77所示。给该平面添加“合成”标签，然后在“标签”选项卡中取消勾选“投射投影”“接受投影”“本体投影”“摄像机可见”复选项，这样可以让平面对物体产生影响，但自身不会被渲染，如图8-78所示。

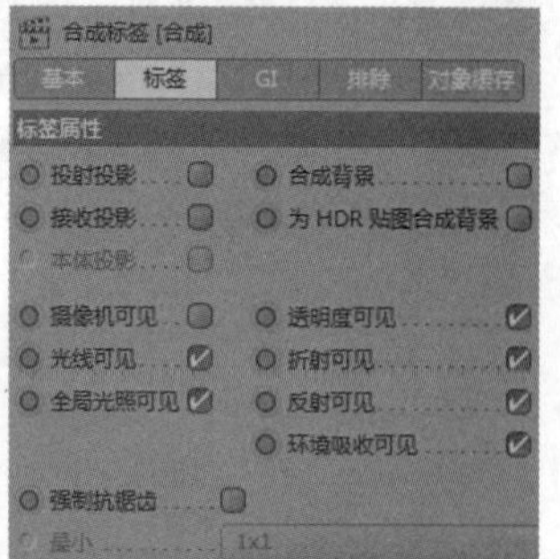

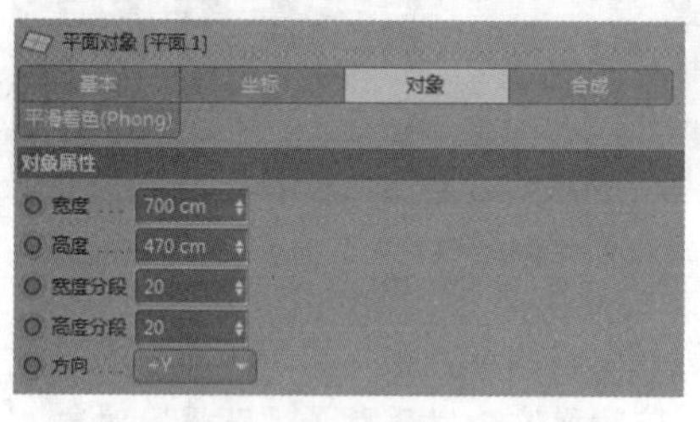

图8-76

图8-77

图8-78

步骤 06 打开“渲染设置”面板，打开“全局光照”选项，在“输出”参数栏中设置“宽度”和“高度”分别为1920像素和1080像素，勾选“保存”复选项，设置保存位置，如图8-79所示。

步骤 07 单击渲染按钮 渲染到图片查看器，即可渲染出最终图像，如图8-80所示。

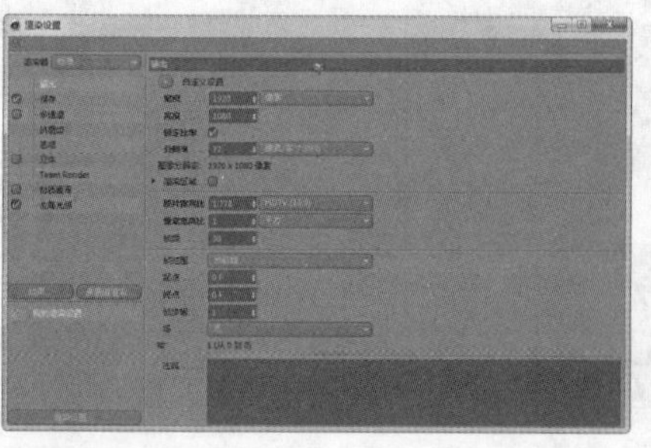

图8-79

图8-80

8.4 制作详情页元素

8.4.1 创建产品底板一

前面已经完成了主题页面的核心部分的制作，但下面的详情内容还需要风格统一的视觉元素，所以接下来继续创建这些元素。新建一个Cinema 4D工程文件，将产品底板复制进去，将它单独渲染1份，如图8-81所示，然后将这个图片保存。

图8-81

技巧与提示

渲染输出时要记得勾选“Alpha 通道”，方便后面在 Photoshop 中提取这个图像。

8.4.2 创建产品底板二

步骤 01 创建“立方体”对象，在“属性”面板的“对象”选项卡中设置“尺寸.X”“尺寸.Y”“尺寸.Z”分别为200cm、125cm、30cm，勾选“圆角”复选项，设置“圆角半径”为10cm、“圆角细分”为5，如图8-82所示。

步骤 02 创建一个“立方体”对象，在“属性”面板的“对象”选项卡中设置“尺寸.X”“尺寸.Y”“尺寸.Z”分别为175cm、100cm、1cm，如图8-83所示，模型效果如图8-84所示。

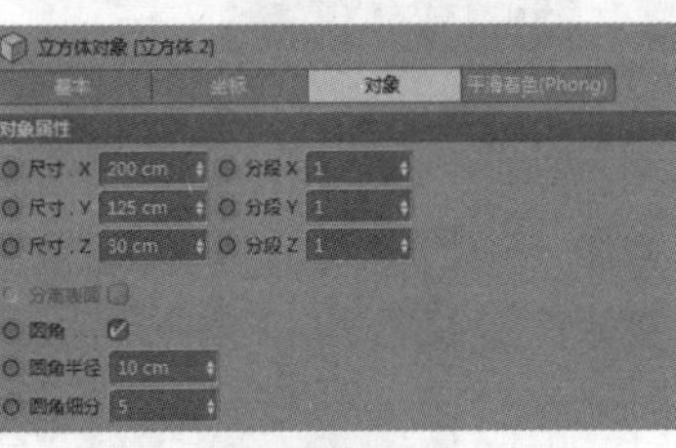

图8-82

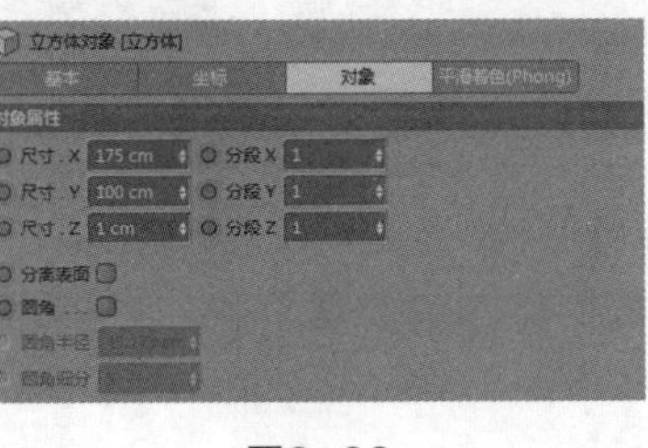

图8-83

图8-84

步骤 03 单击画笔按钮在左下角和右上角勾画出圆角样条线，效果如图8-85所示。创建“挤压”对象，然后将样条线赋予“挤压”对象，将它们挤出厚度，效果如图8-86所示。

步骤 04 将案例中的深红色材质、橙红色材质和深蓝色材质复制过来，分别赋予不同的物体，效果如图8-87所示。将这个图像也渲染出来，用于在Photoshop中制作完整的页面效果。

图8-85

图8-86

图8-87

8.5 在 Photoshop 中完成最终设计

步骤 01 在Photoshop中新建一个设计文档，设置“宽度”为1920像素，“高度”为3700像素，分辨率为72像素/英寸（DPI），如图8-88所示。

步骤 02 打开学习资源中的素材文件“Photoshop背景.psd”，然后将这个图像置入文档中，如图8-89所示。

步骤 03 将前面渲染好的场景图像、方块板和产品底座导入文档，将场景图像放置到最上方，作为吸引视觉的主体；将方块板放置在场景图下方，复制几份，其中3个缩小做成“优惠券”底板，大的作为“促销产品”的底板；最下方放两块产品底板，如图8-90所示。

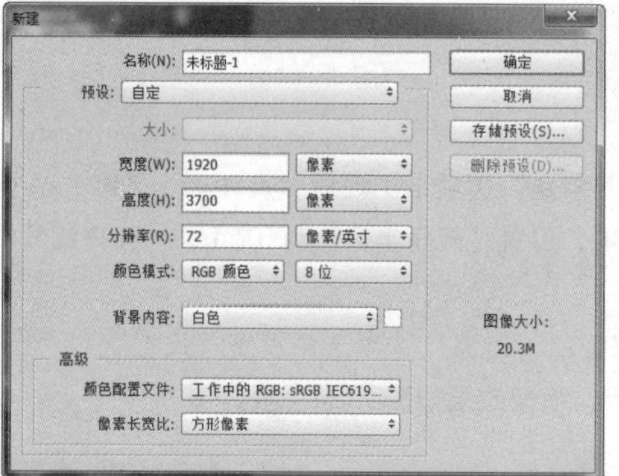

图8-88

图8-89

图8-90

步骤 04 在图像上放入产品图片和促销信息，但是画面会比较空旷，所以添加一些线条将相同的物品连接起来，两边放置一些小热气球元素，这样就完成了整体页面的制作，如图8-91所示。

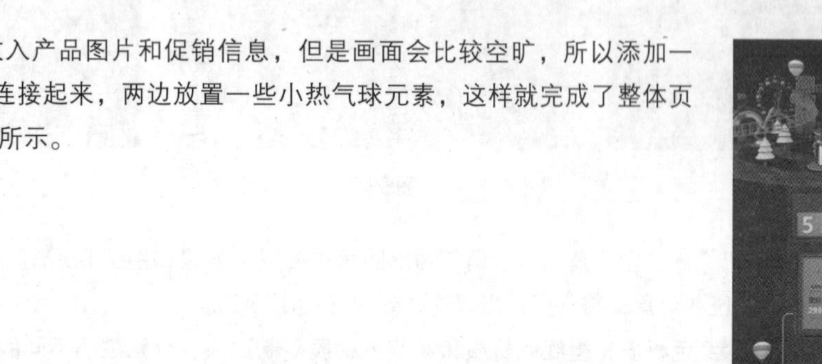

图8-91